U0337230

大贱年

1943年卫河流域
战争灾难口述史

王 选 ◎主编

邱县卷

中国文史出版社

图书在版编目（CIP）数据

大贱年：1943年卫河流域战争灾难口述史.邱县卷 /
王选主编. —北京：中国文史出版社，2015.12
ISBN 978-7-5034-7207-7

Ⅰ.①大… Ⅱ.①王… Ⅲ.①灾害 – 史料 – 邱县 – 1943
Ⅳ.①X4-092

中国版本图书馆 CIP 数据核字（2015）第 297973 号

丛书策划编辑：王文运
本卷责任编辑：全秋生
装 帧 设 计：王 琳　瀚海传媒

出版发行：中国文史出版社
社　　址：北京市西城区太平桥大街 23 号　　邮编：100811
电　　话：010-66173572　66168268　66192736（发行部）
传　　真：010-66192703
印　　装：北京中科印刷有限公司
经　　销：全国新华书店
开　　本：787mm × 1092mm　1/16
印　　张：28.5
字　　数：407 千字
版　　次：2017 年 9 月北京第 1 版
印　　次：2017 年 9 月第 1 次印刷
定　　价：860.00 元（全 12 册）

文史版图书，版权所有，侵权必究。
文史版图书，印装错误可与发行部联系退换。

《大贱年——1943年卫河流域战争灾难口述史》
编　委　会

主　　　编：王　选

副　主　编：李诚辉　徐　畅

执行副主编：常晓龙　张　琪

特　邀　编委：郭岭梅　崔维志　井　扬

编　　　委：（按姓氏笔画排序）

王占奎　王　凯　王晓娟　王穆岩　刘　欢

刘婷婷　江佘祺　江　昌　牟剑峰　杜先超

李　龙　李莎莎　李　琳　邱红艳　沈莉莎

张文艳　张　伟　张　琪　祝芳华　姚一村

常晓龙　董艺宁　焦延卿　谢学说　薛　伟

| 目　录 |

南辛店乡

邱城镇

陈村回族乡

陈一村

采访时间： 2007 年 5 月 4 日

采访地点： 邱县陈村回族乡陈一村

采 访 人： 李 娉 高海涛 张 翼

被采访人： 石怀亮（男 74 岁 属狗）

石怀亮

我叫石怀亮。74（岁）了，属狗的，和没上学一样。要钱呢，咱没钱，上不起，咱不上了。回族。

（民国 32 年）我都在俺一村。那时叫陈村，那还不分几个村呢。这以后才分四个村。都逃走了，剩了白家一户，西边石配龙（音）家一户，还有谁家，卜家一户。都跟没人一样。没法，做啥人都逃走了。

在咱这吧，土匪也给你拿走了，也又吃了。老杂儿也给你拿走了，也又吃了。打劫户咱老百姓咪，你有一点，给你弄走。都给你打走了，抢走了。在家里弄点粮食，给你抢走。你也吃不着，你不敢种地了。

我记得那一年走时没下雨。涅那边都有井，搅辘轳，搅辘轳种。我记得没下雨。天可不热了。这一说都拉起来了，人死了，都没人管，没人，都是死了。不知道咋死的，饿死的。那会儿都是饿死的，这个霍乱病啊啥病啊，咱也弄不清。

我记得他那个小孩啊，俺村里那个地里小孩，扔街上，领着上那去了，叫他领走吧，找个主。都撂到街上，给小孩买个馍馍，买个啥，小孩在那吃，大人就走了。向那一扔，都走了（流泪）。在这个街上，我还记得这个。街上，死那人，都死那了，顾不住。

民国 32 年以后，跟这儿待不住了，都逃走了。那会儿逃走（时）是10 岁。走时偷个番瓜，那都是八月里，几月里，都那会儿，几月走的，我弄不清，我记得，那种的番瓜，偷几个番瓜吃（流泪）。偷几个番瓜出去了，到外边找小锅燎燎（音），煮煮，都吃了。

我逃走那会儿都没有人了。大部分都走了啊。你跟这待不住，老杂儿抢，皇协军抢。土匪，土匪都是啥，我拉一杆儿，谁家有，我都抢走，我晚上吃。都是那（哭）。到以后都没啥人了，都逃走了。给家不能待，地里也不收，还不下雨。家里都逃走了。那会儿逃走，没有下雨。俺家五六口。俺家弟兄仨，俺一个姐姐，俺父亲，俺母亲。到以后民国 32 年都走了。灾荒，哪一月走的，弄不清了，也没详细记到心里。

那吃啥，给地里薅点灰灰菜吃，那能顾住一点了，谁还出去？给家，吃半饱谁也不愿出去。出去要饭吃，那会儿没法，你给家待不住了，才出去的。出去要饭。到定县，哪有给一块窝窝，给一块饼子，就要去。有那做买卖的，卖破衣裳的，也顾生活。

逃到定县。给那待了三年吧，回来了。回到家一看，也下雨了，也能种地了，平和了。回家开点地，种种。回来，这家里，院里那臭蒿子都这么粗，不能住。那个绿豆，胡绿豆角儿，这一片，长胡绿豆，都是胡绿豆，臭蒿子，都是臭蒿子，那蒿子盖房当椽能使，像这粗（以手比量），都跟这房子这么高。灰灰菜，都是灰灰菜。给家做啥咪，逮兔子吃，逮鹌鹑。逮到一块，去了皮毛，煮煮就吃。那兔子多着呢，在院里跟出穗（音）一样的，一群一群的。数俺回来得早。俺回来家没人呢。啥时回来了，我记不清了。多些户？那会儿有 60 户人家。你看吧，我这 74（岁）了，我那会儿 10 岁，1964 年了。逃荒三年。（回来）蒿子都长那个样。

日本人见过，他也长得跟咱人一样，发黑。不是咱这白脸啊，发黑。侵略中国，来侵略中国了。俺这五里地，一个城墙，邱县城。他跟那占着呢。那城里死人多了，那井里都填满了，那也是中国人。跟咱这抢一样，能不祸害？啥也祸搅啊，逮着啥吃啥。逮住鸡都吃鸡，逮住羊，给牵走。他光家来，连个门也没有。那会儿自家顾不住自家，谁还弄门咪？日本人来，不按点来，那说出发就往那儿去。

那会儿，你好户，老杂儿给你砸光。老杂儿，啥也拿走，那都是土匪。哪儿人也有。和街上那小劫道的一样。咱村里没有，尽外边的。咱村里没有那个。他跟日本人也不啥。他也不打他，他俩不对头。他光抢吃抢喝，谁家有了，去都抢。土匪跟八路军也不打，跟日本也不打。光抢地主家了。谁家有法抢点吃。那就几个人弄点吃的，顾点生活。有破破烂烂的给你弄走，他不抢人，光要吃的。你像日本那样，抢人，打死多少人，日本打死人多了。城里井里填人填满了。我没见过，谁敢过去走啊？那会儿我小，听说的。听老人说。像俺姑姑，俺姑姑说的，住在邱城里。问一个人，这城里有多远，他说还（有）八里远，根本离城里五里地，这个转圈，这个城墙一圈八里。

那会儿有八路军，少，该没见过？那会儿八路军跟咱这穿便衣，看那会儿八路军穿衣服比咱穿的还朴（素），跟个庄稼人一样。我在地里碰见的，离这有二里地。他说："你做啥去？"我说："到俺姑姑家。"他说："那少说闲话啊。"我跟那碰见八路军了，给他说了，他能了了啊？不叫你说闲话。八路军轻易不见，见了不要说闲话。俺村里也有，也是灾荒年回来以后，日本还没走呢，到以后打跑了。那日本起这向曲周修了一天马路，土马路。他垫好了，咱八路军挖的沟，不让走车。白天弄好了，叫他给你挖了。城里，东边，日本人在那修飞机场，没修成。

灾荒年以后，有了歌谣，八路军唱的，没有八路军，谁敢唱这个歌。我不会那个，光会听，咱不会那个。到后边有八路军了，八路军过来以后，开地啊，干开了。之后下了雨了，下了雨给地里摘啥，摘点野菜，摘点叶儿啊，顾生活，开点地儿呀。

井有，那会儿都打不深，打两丈多深，就有水了。哪个村里没有十眼八眼的。那会儿哪有清井，没有条件，尽是砖井。

定县那边也下雨，没发大水。那边也没听说得霍乱的。我听那边老人说过，说过这霍乱病都跟那脑溢血一样，"嘣"栽那就完了。那会儿都霍乱病。这会儿说脑溢血。那会儿小，民国32年以后回来，听老人说的，咱也不知道啥是霍乱病。咱也没见过。光提着有那个话，咱这老百姓一得霍乱就完了，死得快。上哕下泻。那个有那个断不了。咱也不懂那。我听他们说，现在也有，一口吃不对啊，上哕下泻。

采访时间：2007年5月4日
采访地点：邱县陈村回族乡陈一村
采访人：高海涛　张　翼
被采访人：王子成（男　82岁　属兔）

王子成

（我叫）王子成，82（岁）了，属兔的，没上过学，起小没大人，十来岁大人就死了。我跟着我老娘，我一个娘，一个妹妹，在一块过。

都没在家，没人，一个村里都没人，都逃出去了。

那会儿都四口人，我一个妹妹，一个母亲，一个父亲。下雨之后，路上能走了，逃出去了。民国31年挪出去的，民国33年回来的。挪到陈棚，叫老杂儿又给抢了一回，回来了。民国32年下雨之后，又上邢台了。上北京卖雇衣，把破衣裳给北京卖去。那一家都死几口，有死三口两口的，有死多的，有死少的。饿的，有得病的，得病没先生治，也不中。谁知道啥病？那会儿小，才十二三（岁），没多大，不记事。

民国31年逃出去，逃到西南陈棚，曲周。地里也收庄稼，底下那小偷偷得你不能过。白天皇协军抢你，到夜晚八路军要公粮，没法过。后响要公粮，白天抢，小偷砸你，还扒你的衣裳，拿你盖的，你不能过。

再挪邢台，那边有日本人在那儿呢。收庄稼，收好着呢。你种庄稼呢，快熟了，我都下地拢去了。你种，你吃不着，他白天都给你拢走了。你弄好些粮食，白天皇协军给你抢走了，还能吃上不？有两个庄稼，都土匪，劫道的，半道劫你。灾荒年，你不能出门。

8月22日，连下雨。叠叠连连下了七八天。都下漏了。这会儿洋灰不？这会儿房好，那会儿尽土房。上边篷的柴火，上边弄点麦秸一盖，一糜（音）不顶事了都。你下多少，它光照里进了，它流出去了啊？房都下漏了，下得房倒屋塌。我在家。屋里搭上小棚，弄上席，下雨大，这房都漏了。得病，谁治？还有人治？人不能过了，年轻人过，把你衣裳扒了，把你衣裳卖了，顾生活，成这了。没有名医，没人治病，没有先生。他顾不住吃，他能在家，他有东西，也在家待不住，后响穷户捶你，你东西在哪儿呢，要是没有，打你叫唤，打你一个哭叫呢。不像现在，没有先生，现在那么多先生。

得霍乱病，我不清楚。那会儿小，有是有。这西向里这一片黄道会（音）。汉民都是黄道会，杀你，摘个人杀，我没见过。我那一点呢。灾荒年回来，老人说话，我听一点。北街这一家一家的老人都饿死家了。灾荒年，这南北两街剩两家了，两家没十个人。这里这是大村，才两家人，没人。院里、街上都不能走了，长那臭蒿根这么粗，弄些都没法弄。踩，踩个小路。地里，下雨，找柴火，这光这院里，长这一片尽是柴火，哪也是柴火，不能走路了，黄蒿，臭蒿子，都跟竹竿样的。

村南，有粮食，不能种。到后边，偷你的，白天皇协军抢你的，黑了，八路军不给你要公粮，他吃啥？这是逃荒回来以后。地里长的尽绿豆，一块一块的能吃，你晒晒，你捶捶，能吃。白天皇协军给你抢走了，不能待。人都出去了。有东西不能要，有东西都抢你。像这门一关，睡觉了，多胆大，一下门给你弄开了，你能睡觉啊？皇协军起早围你村里了，抢你来了，日本人给他当道，他敢出来，他抢着吃，他也尽是老百姓。

日本人见过，来过。他也没啥。都咱这个中国人皇协军抢。我给日本人还出过夫呢，都民国 32 年，他盖炮楼，在老邱城东边焦路，焦路也盖炮楼，坞头也盖炮楼，还有陈二寨，这个坞头东边，给他们搬砖出夫。俺那时小，给你一把糖。他出来一看小孩，他也是哭，他出来了，他家没人啊？他家也有小孩，日本人也有小孩的，给你一把糖吃，给你饼干，糖。

日本人来过，来了光逮鸡，他好吃鸡。他在这儿呢，枪院子里一竖，逮鸡去了。跟这会儿，枪一拿，打日本人了，那会儿都不敢，他知道，家都给你抄了。俺这里日本人挑了好几个呢，不是八路军，是搞地工的，拐他的枪。以后，逮住了，都挑了。邱城，拿刺刀都挑了好几个。

井里打水，园井，拿个绳，把勾摆水，挑那个担上，两头挑水，挑着吃。井多着呢，现在都没了，不在了。

采访时间： 2007 年 5 月 4 日
采访地点： 邱县陈村回族乡陈一村
采 访 人： 李　婷　高海涛　张　翼
被采访人： 周银泰（男　68 岁　属龙）

我姓周，叫周银泰，今年 68 岁。我属大龙的，算上过几天吧，上过几天小学。我家是北边这个村的，叫杨二庄。

民国 32 年在这个杨二庄，那会儿小，也说不很详细。当时那会儿逃荒，我父亲、我母亲都逃荒走了，我跟着俺奶奶在家住着。给家住，那会儿也没吃的。俺一个村里，剩一家宝贵（音），一共剩了四家。我听说那会儿都逃走了。有照南逃的，有照北逃的。

俺家那会儿逃到元氏县，在石家庄南边吧。我跟我奶奶在家里。

民国 32 年是干旱年，我听说干旱不行，那会儿。七月里，我听俺老穆七（音）说过，七八月里下雨，播种都不能播了。老穆七俺村一个年纪大的，死了好几年了。那会儿小，光听人家老人说。

那会儿咱这一片有这个霍乱病。哪有人说这咪，但究竟是咋回事，咱不知道，那会儿小，四五岁。

日本人走时，我清楚来着。日本人，打败仗，在马固往南走咪，我见了。清楚这个。

吃过蚂蚱。吃过。那（时）到处满地都是蚂蚱。几月份咱记不清。我记得逮，尽蚂蚱，给锅烧热了，蚂蚱倒锅里，盖上锅盖，里边乱蹦，那会儿都是囫囵个儿的吃了，那也不开膛。那会儿都没人了，剩俺村里那个四麻子家，当时那会儿四五家，三四家人，都走了，以前，灾荒年当时都是六七十户。都灾荒年，都（是）民国 32 年，逃走了。到以后待二三年，人都回来了。回来家里院里那臭蒿子长得跟房一样（高）。那都满院的，没人了，成荒草胡地了。灾荒年以后人都回来了。

记不很多，我那会儿太小，记不准。

陈二村

采访时间：2007 年 5 月 4 日
采访地点：邱县陈村回族乡陈二村
采 访 人：高海涛　张　翼
被采访人：马振玉（男　80 岁　属龙）

马振玉

（我叫）马振玉，80 岁了，灾荒年那时候我都 16 岁了，属大龙的，上过小学，学习不好。

过灾荒年，我在家不能待，县城离这五里地，日本人整天到这来，老百姓天天往外跑，吃饭也吃不着。一到天黑了，村里都没啥人了，都跑出去了，在地里睡。那年轻人啊，日本人逮住你，他都说你土八路，都给杀了。

在家那个时候，到民国32年那个时候啊，灾荒年，天也不下雨了，县城里边有日本人，有中国人当的那个皇协军，整天在这村里抢啊。在这村里不能待，有土地也不能种了，天又旱，都逃荒走了。逃荒逃到定县，定县南边全是威县、曲周里的人了，那都满了，那要饭吃的门外都排着队，这个没走，那个去了。那北边要比咱这儿还好着咪（音）。灾荒年那个时候，都很苦。

灾荒年，我父亲得过那个病，我没有。那个病找先生找不起。我们那个时候整天拾柴火，碰到一个老头，我们村东头朱家庄的一个老头。那老头干巴又瘦，跟他一说话，他说："哪儿的？"我说："邱县，困难了，我父亲得病，治不起，既没钱，又没吃的。"他说啥病，我跟他说就这个情况。那老头他说："别的还有啥事？"我说："别的没有，不能动，不能吃，不能喝的，家里又没啥吃。"那老头说："我给你个方儿吧。"那老头给说了个偏方，到村里找那个东西，反正都是不要钱的东西，熬了熬，熬那个汤，喝了两罐治好了，治好了。去谢谢那个老头，那个老头说："哎，谢，都是穷人，我也是穷人。"还是穷人好。

先是旱，到种庄稼的时候没下雨，都没井，都不能种。这个老百姓家不能有东西，白天皇协军，黑了是老杂儿、土匪。有法他也不敢种，都不能种。你种上，他黑了都冲你来，都把你命要了。他一看你有粮食了，有东西了，都把你弄死，东西他都拿走了。灾荒年以后，逃荒出去以后，八月（初）几下的雨，能种地，家没人了，还有老人，不能种地了。到民国32年、33年都往回走的时候了。有的在外面做点小买卖，家有老人，小孩，到家都死了，到家都不能活了。都那个样。

灾荒年，主要（原因）一个是日本人、皇协军。到黑了土匪、老杂；一个是不能种。那我记不清了，死了那么多人呢，都不见血那人，到地里，路上都是，走到这，躺着一个，走到那边，躺着一个。不知道啥病，都饿死了，走也走不动。

那不能活，苦着呢。

到以后，种上庄稼以后，生了蚂蚱。开开地了，都种上庄稼了，生蚂蚱，都能蹬了，能动了，都打蚂蚱，那会儿没药。

是一九四几年解放了啊，日本人失败了啊，那个时候日本才投降。败的时候，都没枪了，都夯拉着手，中国人领着，两边夹当中都回石家庄了，以后这才回的国。日本投降以后，咱这解放以后，解放了我还在这个无极县来。共产党那个时候兴种地，开荒。以后，都斗地主，打土豪、资本家。以后这都得了胜利果实了，都在家有吃有喝了。在家，老穷人没地分点地，分了这地，人都有吃有喝。越待越好，新中国成立以后，都平田置地了，都好了。咱这边，到如今了。

咱这个村，过去啊，是个老穷村，又穷又破。现在这会儿共产党领导，你看这街上盖的都是楼。我家小孩住的也都是楼。我在后边住，小孩在前边住。新中国成立以后，分了地以后，都分了田地了。这土地改革以后，又兴邓小平改革，一改革，都叫种地，自种自吃。现在这会儿，有吃有喝了，现在这会儿这个胡锦涛主席，让农民不要交公粮，土地自种自吃，啥也不要，不要公粮不说，年年还补助老百姓两个钱呢。

那时候，各家各户，按人头下秧，不花种，各家各户给。你看这个好劲。

灾荒年那个时候受了不少罪了。那会儿以后，日本人赶走了以后，都跟蒋介石干了起来，打蒋介石，蒋介石跟共产党不和，共产党一下把他赶到台湾。到这会儿，台湾都（快）归回来了，台湾。归回大陆。是吧？这共产党对人宽大政策。

灾荒年那个时候，那人都死的数不清了，都在家里饿死了。一家一家的人大部分都饿死了。逃荒你往外逃，逃不出去。逃出去了，你没有钱，没有吃的，怎么走啊？都现在这个时候，勒摘这个树叶，掺着花籽，吃那个东西，那人受得了啊？都饿死了。早逃的，逃出去了。晚逃的，都饿死在家了。我那会儿逃荒的时候啊，我母亲，哥哥，和我一个妹妹，逃荒逃到河南，到那待了一季儿，不行。要饭吃，要不到，过不下去了，这会儿又回来了。回家家里又不行，还是不行啊，在家又没吃的，又往北逃，逃到北边定县那。我家里还有我父亲，我，还有个妹妹，还有我奶奶，还有好几口子呢，这几口子一点过不下去了。弄点秫秸面，搞点高粱壳儿，磨了磨，在家烙了烙，还得藏着，不藏，都给（人）抢走了。要了饭吃，才逃到无极县那边。到无极县待了三年，日本投降了，那会儿说回家吧，回家待了一年多，这人都回来了。这个农民啊，种点地呀，都收获了，都家家户户有吃的。

抗日战争那个时候，那家伙真不行。日本人一来呀，那家伙跟那老虎一样，你看见他了，都吓骨缩了。来到这儿，连抢带砸，直霸民女。那个时候，中国那会儿没人了，下边也没军队，这日本人后来失败了，全是叫农村当民兵那个游击队给干了，都是游击队把他们赶走了。

中国那个时候苦着来。苦的中国那个时候啊，要啥没啥。要枪炮不行，要吃的，没吃的，那会儿中国那队伍吃啥，小米都炒了，那个小米装布袋里，往这一挎，到出兵，到打仗时候，打完仗了吃。那个水壶里边，一拧，你拌点面（音），里边倒点，手一掬，在那吃。

那中国共产党那个队伍啊，都能吃苦。嗨，那个队伍不是蒋介石那个队伍，一弄那一桌排着，山珍海味，啥都有。共产党这个队伍都是吃小米，还干的。那个苦劲儿，一天天的，背着布袋，背着枪，又天天打仗，一天天动，看那家伙苦的。

当兵，当八路军，在这个定县那当八路军，村里也照顾，照顾点吃头。那个时候，也挺好。家里人在这村里，都不干别的事了。我那个时候 16 岁。

我这一辈子啊，灾荒年，日本人都经过了，现在社会主义，享了国家的福了。我都病了一年了，才缓过劲儿来。

采访时间：2007 年 5 月 4 日
采访地点：邱县陈村回族乡陈二村
采 访 人：高海涛　张　翼
被采访人：穆玉凤（女　88 岁　属猴）

（俺叫）穆玉凤，88 岁，属猴的，那会儿穷，上不起学。娘家是杨二庄，14 岁到这儿的。

灾荒年旱得种不上了，旱得安不上苗了，走了，没下雨。旱得不长苗了，都逃走了。逃得这个村没多少人了。逃到那外边去了。我也逃了，逃到外边好几年，北边定县。好几年。

灾荒年，那会儿受罪，吃不上，喝不上，逃出去了，逃出去要饭吃，在定县那住了好几年。过了几年了又回来。那发大水发

穆玉凤

得吃不上，喝不上。饿得走不动，吃啥？吃糠，吃菜。你不逃出去就饿死了。饿死了多少人哪。先旱，后来又发大水又淹了。先旱，旱得一点苗也没有，种不上苗，都逃出去了。后来又发大水了。灾荒年回来又发大水了，发大水都淹了，淹了又不见雨了。大水那是几年，我记得。回来又下大雨，发大水了。

那记不清几个井，多少人。

得霍乱的时候，饿得人走不动了，死的人也不少。那叫啥病，我也搞不清楚，咱村有，我家没有。整天不方便出门，我也不知道谁有那病。

皇协军来了抢东西，都在这抢东西，他们在城里住，来这抢东西。那边那个城里，邱城，可不是？抢东西，摸不着东西，不让他抢东西，他都打。可不是？土匪见过，也是抢东西。土匪都是庄稼人当土匪。他是穷，抢东西，抢人，把人都抢到东乡（音）里了，连阿訇都抢走了。那是头灾荒年里。到后边，皇协军进来了，日本人进来了。他（土匪）打听了，看你家没人了，"你都回家吧"。他主要是抢走人叫拿钱赎呢，拿钱放人。那时候日本（人）进来了，谁还拿钱赎人啊？他撵回来了，抢走那人要钱呢，你不给钱，那人不叫回来。

没有在这打（仗）。日本鬼子见过，东西都给抢走，把人也打死了不少。那头灾荒，我记得是日本鬼子打县城，那城墙都打倒了，把人打死很多。到这村里来了，在这祸害了半庄，把东西抢走，抢走咱的人。抢人干啥？祸害你。从家抢的东西，还打人。

采访时间：2007 年 5 月 4 日

采访地点：邱县陈村回族乡陈二村

采 访 人：高海涛　张　翼

被采访人：石邓氏（女　98 岁　属鼠）

石邓氏

（我叫）石邓氏，98 岁了，属鼠的。

我是逃荒出来的，要饭出来的，走到这要三天三夜（想哭）。

那年下了一场雨，灾荒年下的，也不知啥时候下的。哪能不漏？那房子都漏了，就这个角上不漏。那灾荒年，房顶秫秸棒子，都秫秸棒子，都那，院子不下了，屋里还漏呢。泥坯，砸都砸死屋里了。那咋整啊？没地方去，这一个小屋，三四个孩子。都这一个屋子。上哪去，都在屋里吧，砸死就砸死。全屋子漏，那一个角不漏。那个角不漏，在那住，都在那。我家没人，就几个孩子，没老人，就我们这几口。要饭吃，那咋整？房塌了，砸了个大窟窿，一个老人也没有。我一个人拉着这几个孩子，啥也没有。下雨了，不能走了，要饭吃去，要来了就吃，要不下来拉倒。那房子不能待。那还能不要饭去，光站屋里？要不来饭，那饿得我孩子光叫唤。光在家，那不行，那咋整？

没大水，就我记事，发过一场水。五六月里，发了一场水。水下来了，北边过来的。解放了不？打仗？那记不清。那会儿三十多岁。北边过来的，房子都漏了。挪到高地里坐着，脚都让水泡着。没啥吃的，孩子饿得光叫唤，他（指着 61 岁的儿子）那会儿不大。

村里没多少人，灾荒年，还有在外头的。有饿死的，饿死的不少。

有霍乱病。逃荒回来了，那还是挨饿，有霍乱病，那会儿都有，咱也不知道什么时候得。我没有，饿得没劲了，没得啥病。我没得过那病，都没得过。就我这个孩子得过病，别的没有，俺孩子后来到那个波寨，我就说俺啥也不跟你要，你只要孩子好了就行，俺啥什么也不跟你要。

啥要饭吃，谁有都吃一块，给个做吗，给你一块，给你一卷。那多了去了，咱记起了啊？有人家的，有没有人家的，有的外出，有要饭吃的，有不走的，那记不清了。是不是？事情太杂了，现在谁还记清了啊？

哪里有人上哪要去，哪家没人都不去。（那时候）没有（日本人），没有（皇协军），那（八路军）也没有了。没有，没有解放。我不记得这个解放不解放。没记得。那个不记起了，那都不记得了。不知道，那一天都走了，谁还能看见他们呀。记不起了都。要饭吃，顾我自己还顾不上呢，还看他去呢，那我都不知道了。

皇协军要我的东西，还抢，我又穷，我啥也没有（欲哭），我说我是个穷人，我那孩子都还小，给你点东西吧，拿点钱，回去吧，都给抢走了。那不咋整？那怎么不害怕呀？（哭泣）都抢走了，给你点东西，给你点盖的，都抢走了。

没见过日本人。这边打那边，那会儿不让露头，偷着瞧，沟里瞧瞧，我记着有人挖壕。皇协军跟八路军打。皇协军，我也见过。他们在这边，这边打那边。

采访时间： 2007 年 5 月 4 日
采访地点： 邱县旦寨乡东大省庄
采 访 人： 王穆岩
被采访人： 闫淑梅（女　75 岁　属鸡）

（我叫）闫淑梅，娘家是陈二村，回族乡，是敌区。

民国 32 年旱，没种上麦子，民国 32 年吃蚂蚱有毒，喝漏房水。民国 32 年，蚂蚱遮天，灾荒真可怜，男女老少去抓蚂蚱，回来当饭吃。有粮食也不能吃，白天日本人吃，晚上老杂抢。拿钱也买不到

闫淑梅

吃的，日本人经常进村，烧庙，烧耕地的牛，没的吃。

日本鬼子每天上我们村，大人孩子，没在家睡过，都去地里睡。

八月二十八阴历下雨，民国 32 年逃到石家庄，要饭去了。民国 33 年跟着姑姑回来，蹚着水进来的。

陈三村

采访时间： 2007 年 5 月 4 日
采访地点： 邱县陈村回族乡陈三村
采访人： 李　婷　高海涛　张　翼
被采访人： 丹灯生（男　75 岁　属鸡）

丹灯生

我叫丹灯生，今年 75 岁了。我属鸡的，上过小学，高小毕业。

这个灾荒年不能在家住的这个原因，我给你说说。黑家老杂儿，白天皇协军。我那会儿都十来岁了，才知道事。给地里弄点绿豆角、胡绿豆，回来攒了有 14 斤。好几天，攒了有 14 斤哪，不舍得吃，和我父亲，给别人家推，推那个面。出门碰见皇协军，这是咱亲自在场，俺爹在头里，我在当间，俺娘在后边。还没到那一家呢，皇协军来了，给抢走了。我一看他抢走，我就搂住他腿，搂住那皇协军腿啊，那不是老杂儿，城里的皇协军。不给他上公粮，他来抢了。都那一点东西，给抢走了。我没磨推了，回来都挨饿。回来到天黑了，这咋过，到天黑了没啥吃的。到黑了，又是老杂儿，土匪。俺家没人，那路西的一个老头，盖的一床被子，我在街门上睡，他在院里睡。我听着哎呀哎呀，我去看去了，他们给老头盖的卷走了。老头光穿着裤衩在那屋里哭呢。有啥法，没法。那都是人吃人的年景。那都是见你一点东西都偷你的。

我在家是待不住了。因为啥，没有吃的，没有烧的，这老人一看，不行了，老人领着俺姐姐，俺兄弟，也走了。我，俺妹妹在家呢。还挨饿，晚上，老杂儿，砸你。

从那时起，家不能待了，都向河南逃了。我说的这是民国30年，民国31年这都逃走了。逃到菏泽县。是俺姥娘家把俺领走了，又是不中。当乞丐吧，没人给。都是近的，都是一趟街吧，都是俺老人家的人，要个馍馍吃，还是不中。几家亲近的，也没啥吃的，好几个孩子，又回来了。地下走，一走好几天。地下跑，才11岁。不行，又回来。民国31年。在家住了有三个月。俺家大人说，你不行，你还得走。到北边定县，跟俺姐姐，俺兄弟。从这向北边走，走邢台，俺父亲推着小轱辘车，低棚小车，推着俺这几口子。到邢台，晚上没地儿住。俺大爷在那做买卖呢，前边睡了一晚上。这一晚上，连衣裳都给偷走了。都是邢台那个街上乞丐，偷你了。那咋整啊，没啥吃，咋整啊，你东西被偷走了，还得想法啊。俺个小兄弟，那会儿有一岁多，两岁，给到人家好户家里。给多少钱，给了13块钱，给俺这一家子上北边，反正够俺这一家子火车价了，上定县火车价。给那两个钱。那叫他先逃个活命。逃到北边，要饭吃去了。都是民国31年至民国32年。

都这时。到北边定县，又把俺姐姐嫁到那了。俺姐姐那会儿15岁。给两个钱，都是定县，定县杨桥。东南角里，现在是定州市，离杨桥30里地。现在她家一大家子人。俺姐姐年前还来了，俺姐姐身体健康。都是灾荒年嫁到那了，要不是灾荒年，许那了啊？家穷，给那要饭要不上饭，家没法待，饿了，还不中了。这以后，过了民国32年，好了，她那也过好了。俺娘在定县做点买卖，这才好了。回家来，俺弟还在那扔着呢。后来到邢台，又拿着钱去给俺兄弟给那家，人家不待见，不喊你妈，不喊你爹。俺娘给他原来的钱，又加倍给他，又回来了。还不赖呢，俺家做买卖的，又给他要回来了。

这以后又回家了，叫我走着，俺爹俺娘坐火车。我走着，都我自家，走到白城，是个据点呢，日本人占着呢。我是11岁，他都好比跟你这个岁数，20多岁，到夜里，查店来，一查查着，这事我亲自经历过。这一回算把我吓毁了。这个翻译官，他奶奶个逼，他不说大宝是八路军，他训我。把大宝叫一边，把我弄他屋里，店家一个屋里。把我这个腿，这挤着我的腿呢，说要卸筋呢，把筋卸了（音）呢。"你说，你必须给我说，你不说他是八路军，你是小八路啊。"他都这问你了，"咱有啥说啥呗，俺是灾荒年逃那要饭吃，俺根本不知道八路军是咋回事。"实际上，这个大宝，他没当过八路军，他是地下党。他光给八路军办事。我心里知道，我不敢说。那家伙说了都是命。我说啥，他反正不把我毁了，保险不毁我。一下子卸筋呢，我不说又把我提上，捆得十字八道的，就这个桌子，叫我躺那，拿壶凉水，照我嘴里，逼着嘴灌，冷灌。见我不咽，他倒不是要灌死你，他训人。有日本人在，有翻译官在，都训你。都那个可怜劲儿。那有啥说啥，还是要饭吃，保险咱不能随便说。那老毛子票摆满了，"你说了，你说了实话，这票都给了你，不用你要饭吃。"那也不中。那有啥说啥。这经过都是这。

下雨，我没在家。灾荒年都走了，逃出去了。那皇协军跟那老杂儿，我都经过。

刚才说了，剩了（音）30多口子。我家都出去了，到外边待到民国31年，到民国32年回来了。11岁逃出去的，13岁回来的。

民国32年，从河南回来到家，过了秋天回来的。又住了三个月。那会儿人不少。那会儿，共产党都成立儿童团，叫我当儿童团。四门啊，扭秧歌。"老总老总，你给了我吧，鸡又瘦，猫又丑，没肉"。那都是扭秧歌，那人现在都不在了。日本人走啊，我就回来了。俺那个大爷叫日本人一进村就给打死了，我到北边，还见过日本人呢，回来以后日本就退了。回来没见面。

霍乱病没有经过。都是没啥吃的，都是你想吃我，我想吃你，都是那个劲头。那都是饿死的。有蝗虫都是那一年，那都吃蝗虫，很多蚂蚱。俺这个回家，有一家，有啥吃的，都想请这个回民领导，回民领导去了吃啥呢，那你面面，水水，酱酱？你管人一顿饭不？弄两个蚂蚱，给你炸炸，叫你吃。请阿訇，也吃那。我这经常吃。灾荒年没逃走的时候，我在家经常吃。

反正下雨那一年，我反正记得那会儿是秋天下的。光唱那个歌儿，民国 32 年，泗县斗争时候编的那个歌儿，老师教的那个歌儿，那是以前下的雨，后边编的歌儿，我都会，我这会儿都忘了。我唱那个歌儿唱得准着呢，不是开斗争会呢吗，叫小学生办花会，挑了 24 个人，有我，那都是 1944 年，可能是。往泗县斗争，办花会。这儿去了一辆小马车，拉了 20 多个小孩。打花会，去了好几个地。要经过考，俺这个村里打花儿，我也去了。

那会儿在泗县呢，在俺爷爷家，我是跟那斗争去了，请那领导，回来分给谁牛，分给谁地。我参加以后，我记得给谁斗争。我小，光听着批你点地儿，批你个条儿。那是民国 32 年以后啊？

采访时间：2007 年 5 月 4 日
采访地点：邱县陈村回族乡陈三村
采访人：李 娉 高海涛 张 翼
被采访人：马明泰（男 84 岁 属鼠）

马明泰

（我叫）马明泰，84 岁，属鼠的，上过学，上时间不长，就不上了。以后，我当了几年兵，在部队上认了几个字，也不多。

民国 32 年咱们村里大部分都逃出去了，都走了。给这站不住，把人都饿得不中，都逃走了。俺这一个村啊，这是陈三村，民国 32 年还不是这个样儿呢，那会儿还不是那个啥咪，以后才成立四个支部。这以后，灾荒年，我一记起，我都想哭（泪闪），饿得人站不住，都逃走了。逃到外边以后，这回来了。那会儿都有日本鬼子、皇协军，在这儿没点东西，有点他给你抢走了，你吃不着。那时候还有这个啥，还有土匪呢，这个土匪，他抢你，他知道你有，他砸你户，他捶你，有点东西，都给你找着。到后边，我咦，我看在这站不住了，我都跟着俺妈逃出去了。逃到这个大名，离着 110 里地，给那儿待了有几个月。到七月里，七月里才下雨。那不下雨。要下雨还能灾荒？都是七月里，七月下雨那会儿。想不起来那个歌了。

逃到大名俺姨姨家，给那儿住了一块儿。给那住几个月，一遇上大水了，我跟着俺妈都回来了。回来一到家，摘那个胡绿豆。这个地也没人种了，都长的这臭蒿子，都长一人多深，连个路也没有。那会儿都逮鹌鹑，都给那逮鹌鹑呢。

又逃到苗小庄（音），待了一段，有一个多月。一个多月，那儿发大水了，遍地那水，这屋里水都这么深（比高度约到腰部），那屋里水把砖都淹了。这现在不种高粱了，那会儿种高粱，高粱还收点，谷子也收点。那边发大水淹了，咱串亲戚去了，这一淹，这个咱心里住那都没意思了，没意思都回来了（此处泪闪）。回来了，在家，我在后边住着呢，后边有三间屋，跟着俺娘都回来了。那会儿回来都八九月里了。那会儿还有这个日本鬼子咪，日本鬼子、皇协军。到八九月，摘那个啥，顾生活，摘那个胡绿豆。胡绿豆，那不是好绿豆里边有那个黑子啊，那个黑子就叫胡绿豆，不是那个黑子，都是好绿豆。那个黑子，就是胡绿豆。

那荒地里，那人都跑走了，没人了。这家，这我现在盖这房多好，那会儿尽是土，条墙，打墙，没一个砖。现在都盖的，你看这现在盖的这哪有土啊？尽是一盖到顶尽是砖。那会儿尽是条墙，打墙。

都说那会儿大名府，有个十二庄，那会儿这一道这六街里，一发水，一淹，都照俺这儿逃。有亲戚的有啥，都照这儿逃，也不知道这个河开口子。下的小阵雨，天上都是阴天，都发水势，都听着那河哗哗哗一个劲儿响，水都从南边过来了。听着那会儿响，赶紧挡啊，听着水过来了，谁不挡啊？我逃到这一家，光这一个庄子有 12 亩大，连菜园，连住的，连场，有 12 亩大。挡了，挡不过来，好，水都这么高，水都一漫天了，看不见边，都过来了，都这么高水，也看不见边。水过来了，都这屋地下，水这么深。那好房泡不倒，那会儿那条件低。有那个好户头啊，坝台子高，水上不去，那个房不要紧，不好的都泡倒了。那水，都屋地下那么深水。平地里都好几尺水。

都十来月里，按阴历说都是八九月里。按阳历说都是十来月份。大名也是个啥，那会儿说大名府，那个地方是个大地方。这个苗小庄是个小村，就在大名的西南方向，住亲家去了。在东面这儿苗小庄，苗家是大户，那水没上去，那个庄子高，逃到那家，又在那家住了几天。住了几天，水以后落下去了。打了庄稼了，有这个高粱没淹了的，都蹚着水在那个地里，捞那个啥，整高粱，有那个谷袋，把谷穗、高粱穗儿都整下来了，看能叫它下了啊？一年到头这，你种了，能打上一点。咱在那没意思了，以后就回来了。把这房也泡倒了，房倒屋塌的，咱这都没意思了，那啥吧，回来了。在那住的时间不长，没听说有霍乱。那会儿还有日本，皇协军。

上水都是民国 32 年。民国 32 年都八九月份。都八月里吧，按阳历都 9 月份。按阴历说都是六七月去的，八九月回来了。

那回来了，给家转回来了。皇协军跟这个日本人到了，你有点他给你弄走，还有这个土匪。他黑天还搉你户。有点，有点都给你整走。我都摘这胡绿豆，这一出去，这一天，那会儿，这布袋，都摘这么高一布袋。吃不了，摘那个胡绿豆磨成面，和这个好绿豆一样。那会儿都蒸窝窝，现在不蒸窝窝了，尽吃这个馒头。那会儿都蒸这个窝窝，那一样。都那也吃不了，俺两人吃不了。也越待越冷，一看都待不下去了，转不了了，一看那不中，俺都逃走了。

回来给这个村里住多长时间啊？住了有一个多月，就是没两月，按两月说吧。回来都待两月。吃水？都这个砖井水。吃这个砖井水。这两月下雨不下雨，那会儿，说不准。时间长了，几十年了。

那时候，都是几百口人。从大名回来，那都没人，大都走了，这人都逃走了。那会儿回来的时候人还多点，那回来人不多，在家饿着，谁在家等着死啊。谁不往外逃啊。

井，都那个砖井，打那个砖井，吃那个水。咱村也有七八口。那会儿都这个砖砌的井。没盖儿。那会儿都是那个啥，那会儿条件低，像这会儿啊，都是水管子。

不大有人拉肚子。那会儿秃子也多，有麻子。你看现在这会儿没秃子，也没麻子。现在这个科学。

那会儿一个霍乱病，一个咽食倒食（音），现在都说癌。现在名词多了。那会儿都说有这个气鼓，咽食倒食，霍乱。重要都这几种病。那会儿啥病都得，那会儿条件低。那都是天热时候，得这个霍乱，有，不很多。民国 32 年有，平常的时候也有得霍乱的。这时间长了，都忘了。这现在这个霍乱病叫啥名字，咱都不知道了。这个病咱都那会儿听说过，民国 32 年那会儿，听说有这个病。大部分人都走了，这村里没几个人，也没说有得霍乱的。回来以后，也没听说谁得霍乱病。

日本人，在这邱县，都跟这皇协军，都跟这住着。那还不来？来。见过这个皇协军，这都见过。抢哎，抓鸡的。你看，他都护着这皇协军当那枪头子，他都护着皇协军来，他也来。

那会儿弄不清谁劫道。我经过这个事儿，我住在这个后院咪，我这个三间北屋。有一黑天听着有几个人在我这院里，那都是他弄点东西，在我这院里分咪。我都听见了，我都隔着那个窗户看呢，我拿着那个棍子，在门后头站着呢（做握棍站立状）。我心里话，你要上我这屋里来，你整我的门，我就拿棍子揍。嗨，他没有进，他一进，我都打他呢，他没进。他都分了分，都走了。那都弄不清了，黑天半夜的。

这一段还没说呢，我给家住了一段。这里南新庄有个集，东南呢有个集，赶集去了。到那儿，这一去是整个啥，整个瓦梗子（音），烂七八糟，小炮（音）啦，牌儿啦，整些到那儿能卖两个钱，能换二斤米，回来能顾生活。都因为这去了。去了有三四个人哪。把那东西卖了卖，买点米，这回来了，回来没到家，住到邱寨了，住到邱寨住了一晚上，起早来吧。到南边，离咱这儿，叫张屯，离这儿 5 里地。到张屯北边，那天还不明呢。还怕明了，怕抢，赶集黑天走，一过张屯，是城里，日本人上曲周修马路，皇协军在马路这儿，在张屯这儿等着咪，在这儿查着咪。俺一走，走到这儿了，那会儿都兴推这个小红车，都独轱辘，木头的。木头车，推那，推着三四辆。这人都商量好了，说你谁在头里，谁在后边。你在头里，你推着空车子走。俺这买的米啊，都在后边呢。你推着空车子走，你这一有动静，俺都不走了，不中，这三四辆车不走了。一到那儿，听见动静，这皇协军查你，这都一辆一辆，这四辆小车都叫他查住了。你查住查住呗，他叫弄到张屯去，张屯跟这儿还近点。推着小车走到张屯。

皇协军在那看，叫俺几个在那儿烤，他在那儿看呢。俺这个村里有一个叫马东阳，马东阳是头营营长，他也巧了，他也在俺这，也给这个部队在这住着。俺这邻家，他也去了。他推着小空车，他跑回来了，他给马东阳报告了，一说哪儿哪儿查住了，马东阳派了一个排去了，到那，一打，看俺的这个皇协军，他一听见枪一响，呀，这咋枪响了？他一看事儿不好，他掂起枪跑了，也顾不住看俺了都，没人看了，俺把小车一推，往西北跑回来了。那个东西他要是整走，把俺查走，都把这个东西弄走，那俺都得不着了。俺这个东西他没查走，俺又弄回来了。都是民国32年，这个情况。光说调查，这是个实事。

马东阳是俺村的，有名，那也是英雄。马东阳以后走了，在南边升了剿匪司令。打仗有种，枪打多激烈，那都是这个样（做昂首阔步行进状），那都领着干（哽咽）。

石国都，这俩人，这都有名，石国都是个连长，牺牲了。这县里领导都有名，都是俺三村的。

都说民国32年的事儿，别的都不用说了？那会儿这当兵的事儿还用说吧？逃到邢台，跟俺舅那儿待了一段，待了一个多月，不中，不中，向北走吧，向北走，逃到这个，第一个是牛村，俺这回民，就尽找这个回民村，第一个是牛村，回民村，第二个，九门台县，这是个回民村，到那儿有那个水浇地，那儿还收，这个年景还好点，都往那儿逃啊，都逃那了，一到这个大倪（音），我都跟那儿当兵了。

大倪离大兴庄12里地，这算大兴庄走的。大倪介绍的，上大兴庄上部队走的。给那儿换了衣裳，换了衣裳上部队都走了。在大倪介绍的，在大兴庄走的。就是这个意思。

在那儿都参加部队了，那个回民支队，村里主任，回教会主任，那会儿兴回教会主任，回教会主任给介绍的。我叔给大兴庄参加部队了，大兴庄离大倪 12 里地，也是回民，给大兴庄参加部队，参加回民支队，走了。我都给那儿干了，1942 年到 1945 年，到 1945 年都回来了，都复员了，我挂彩了（露出肩膀上的伤口）。

1945 年都回来了。回来了，给家，那会儿解放了，日本人都没了，日本鬼子投降了，和平了。给家都种地，都参加劳动。上边对我有照顾，生活帮助，在劳动上也帮助。有点地啊，有代耕的，村里还派人给我做啥，那会儿（情绪激动）。

你看这当兵，1942 年到 1945 年当兵，当了三年兵，尽是跟日本鬼子打了，尽跟日本鬼子干。从上去以后，这个都给你杆枪，这都干。这不像这会儿，现在参加义务兵，光学习，学习几年回来了，那会儿不是这个情况，那会儿都是给你一杆枪，你参加部队，给你一杆枪，今天参加，明天都得干，跟日本鬼子干。那会儿都是修这个炮楼，几里地一个炮楼。说不好听，跟蜘蛛网一样稠，几里地一个，几里地一个。日本人、皇协军封锁，你都走不远。天黑行军，你敢白天走啊？都是黑天走，你看他修着炮楼，里面有日本人，日本人尽利用当地这老百姓，当皇协军，汉奸，他熟哎，当地人熟哎。日本人知道啥？他对咱不熟，他叫这个皇协军挡他的枪头子呢。要是住到那儿，到解手时，还怕那汉奸他汇报你。他一汇报你，那家伙都包围你。不中，那会儿，跟这个力量啊，日本鬼子规模大，咱没他力量大，尽打游击战争。没你力量大，破你铁道，你不能行动，把你铁道给你扒了，破铁道，拿炮楼。

拿梅店（音）炮楼，是正点上午。梅店也是一个镇，也算一个集市，这个村是个炮楼，可是没日本人，都是皇协军。这个村叫梅店，归哪个县，那会儿咱弄不清了。

这个炮楼，那会儿七月几吧。那会儿谷子都秀齐了。那会儿正在上午，部队光去了一个连二连，给大街上过去了。他皇协军，他早早把吊桥拉起来了，一说八路军来了，他不敢出来了。他那草鸡，你知道不。一到那儿，这个政治战士，直接向吊桥下边那去了，给他讲去了。八路军，你看胆大不胆大。正在上午，给他讲去了：皇协军同志们，下来吧，下来，你要想给这当兵，就当，不当兵，就给你路费，让你回家，我让你下来，保险没事儿。他推辞。

梅店那边还有个浙西店（音），浙西店（音）全是日本人，纯粹尽日本人。梅店都是伪军。梅店离浙西店5里地，那离铁道近，他给那去信了，给浙西店日本人去信了。那日本人武器好，尽好武器，他想接来，叫浙西店把他接走。这时候这个指导员给他一讲咮，这儿下来吧，你一会儿缴枪，都不打。做啥，想当兵的当兵，不想当兵的都回家，给你路费。他都给你一回答：你下头等着吧，等一会儿，俺这准备准备，商量商量。俺这下去了啊。他给你回答的这。

他给你回答的这，你等他着呢，他推辞推辞，都等着叫那个接他的来呢。这把他一接走，他都不用下来。这个时候，浙西店接他来了，浙西店日本人来了。这儿隔着这个炮楼，那个花生缥子，这个缥子都这么深，满山地里，过去一个排，西里呼噜，西里呼噜，把日本人打回去了。把日本人一打回去，这一个排还没有回来呢，哈哈哈，这个炮楼都下来了。他一看不中了，抗不住了，哈哈哈，都下来了，都把枪都给弄下来了，这炮楼都整顿下来了。这一个排还没回来呢。这把炮楼拿了。

那会儿打那个游击战，浙西店，三个人打火车道，派他三个人，第一个就有我。俺仨人打火车道。尽带大部分手榴弹，打毁了都，都给那儿打，在那儿打火车道，都是浙西店。那会儿那天气还不好，下小阵雨，都是十来月那会，那都冷了。那庄稼秧子都这么高，黑天在那地里，哪有路啊？在那打火车道了。等火车到了，俺仨人都投手榴弹，把火车都打停住了，离着浙西店不远停住，打那个照明灯上，照明弹一打，打得明亮儿的，它那个东西不是打上去就落下来，跟罩子一样，给罩。他也知道俺不怕，那地上不尽是沟？在那地上来回踏。到后边，一看，打得火车它也不走了。因为啥打它，黑天把他铁道破了，到白天他修。黑天这个火车道给检查呢，俺仁人把这火车道打着停止住了，不能走了，俺仁人都撤回来了。

那会儿都是经常拿炮楼，扒铁道，拿炮打火车啊。都是跟日本鬼子打交手仗。在保定南梁园也是住伪军，给那拿东西去了。八路军跟里边搞着关系咪，这个伪军里边啊搞着关系咪。你不搞关系，不好拿。那会儿都是这，你咋都能把它做啥了。都是这个岗，几点几点都是我的岗，你都来，点火花旗儿为记。这个时候我们都去了，他悔了，他不但不给你做啥，他里边增加人了。他（后）悔了，说话不算话了。我们这去了，有那个突击组，突击组扛着、提着。你不扛，你上，好上啊。你上，拿啥，那会儿跟那个手榴弹一样，里边装着辣椒面子，熏劲儿大。是那个突击组，都扛着、提着，在头里。这个手榴弹一投，一熏他们，后边这部队都照里进，这跟尖兵一样，那个突击组先上，突击组替他先上，先过去，过去一组了，这后边这部队都过去，都上去。可这个关系毁了，那里边准备好了。机枪啥准备好了，你还没上呢，里边打开了，照外一打。去了一个连，挑了七八个人，突击组，我在里边。一到那一看，上边咱打开了，你还能进了？说到那儿，伤到咱心儿了，照外打咱开了。一看事儿不好，出溜下来了。都趴那个墙跟前了。里边一个劲儿照外打。咱也不能闲着啊？你照外打，俺都照里投手榴弹。干了开了，都隔着墙干开了。那会儿牺牲人不少。那会儿连伤带亡，连挂彩的，连做啥，牺牲有一个排。这那会儿搞关系，搞不好，就那样。

那是经常，三天两头打。一上去都干。跟这会儿当兵的不一样，这会儿，当兵的学习几年回来了（笑）。

我这还不赖呢，没死里边（笑）。死里逃生，这一回我挂彩。又是一回负伤，那会儿都是中央部队了，这一回是跟他干咪，那会儿日本投降了，这不那个中央，老蒋的队伍？我这挂彩，这是跟他干的。八路军都有侦察员，侦察员汇报了，说城里尽老弱残兵，没有正规军。说这个部队不旺，不是那正规军。那还不好拿。半夜 12 点左右，一到那，还没瞅见呢，打咱开了。不正规军？尽正规军，打咱开了，往外一打，进不去了。打吧，黑天月黑头，到后来，谁也摸不着谁了。连长找不着三排了，三排也找不着这班长了，谁也找不着谁了。这月黑头，打得谁也找不着谁。去了一个连三个排，支队，俺这回民支队，支队长叫金大愣，挂的彩（哽咽）。见天，三天两头，打。（挂彩是在）赵小庄。

采访时间： 2007 年 5 月 4 日
采访地点： 邱县陈村回族乡陈三村
采访人： 李　娉　高海涛　张　翼
被采访人： 石彦芳〔男　86 岁　属狗〕

石彦芳

（我叫）石彦芳，86 岁，属狗的，小学毕业，那会儿上高小上不起。那我看过梅兰芳的戏，天天看梅兰芳的戏。

我家都在这陈三村。我家都我兄弟跟俺母亲在家呢。我逃到邢台。一个月来一趟，看俺母亲。

民国 32 年情况都是这：不能种地了，白天，日本、皇协军光来抢，黑天，土匪。光来，见天来。那我小，伺候他了。在我邻家，我大爷家。和我兄弟，我俩伺候他。烧鸡，拿柴火去。住了一后响就走了。要不桌椅板凳都管那咪？扔里边烧，你要不伺候他。

北边 5 里地、10 里地都根据地。俺村大部分都走了。俺父亲出去了，俺跟家里两个小孩也出去了。俺这一家分三家了，俺母亲，俺弟弟在家，我跟俺家里两个小孩逃到邢台，我父亲逃到北边定县要饭吃。我家里到邢台要饭吃。我光卖破衣裳，石家庄卖破衣裳。我村多着呢，定县回民多，回民村，在那要饭吃。有打工的，也没人雇工。

俺村饿死人多着呢，都饿死家门口了。我一个亲叔叔，我赶到家，我们回民 16 抬，洗洗，土葬，四个人抬到地里。我回民按规定都是 16 抬。他出去邢台，走到半路又回来了。回来了，毁了。埋到村外场边了。到好年月，我又起到地里了。我叔叔他儿也不少，叔伯叔，两个姑娘都逃到外边，给了人家了。我一个弟弟参军了。俺村子一个当营长，也是刘伯承队伍。打邢台以后，打玉门关牺牲了。那会儿日本投降，我都回家了。我后来又逃到太原，那地方好混。那会儿没解放，还有日本人。逃到太原以后，我母亲捎信到了，俺村里来人多，捎信。日本人、皇协走了，归了馆陶了。日本人在时那也是邱县，现在改成邱城镇，还是邱县。

才解放，咱这个村还没人呢，剩 36 口。陈村四个大村，以前好几千口子呢，都出去了，个别在家呢。我母亲跟俺那兄弟，她不想出去。惨着呢，我们那里，从那以后，皇协军一走，回来了。

日本进来那一年，我 16 岁。俺这个村离邱县最近，都能看到日本人、皇协军了

民国 32 年下了七八天雨，得霍乱有，都是饿死的多，人没啥吃了。那是 1945 年，编的那个歌儿："民国 32 年，灾荒真可怜，想起那灾荒年，真可怜。人人病疾，肚里没饭，灾荒真可怜。"

我没在家，逃邢台了。一个月两月来家看我母亲来，卖点破衣裳又回去了。到邢台，石家庄，破烂衣裳，市场大着呢。俺一个叔伯哥在家呢。队长是俺村的，班长也是俺村的，县大队保护着县政府，共产党的政府。日本人那会儿正兴盛着呢。俺爹带俺去，他们不要俺。不回去了，回去尽日本人了。一个人每天给两手榴弹背着。那会儿保护政府也没枪，没 20 杆枪，10 来杆枪。俺这村北边修炮楼，修了两次没修起来。白天修了，晚上扒了，八路军给它扒了。那时日本快投降了，县城占不住了，北馆陶走了。我没在家，我听说吧，我逃太原了。

民国 32 年，1943 年，哩哩啦啦，下了七八天。我没在家。我母亲跟俺弟弟在家呢。都下的水。

下了七八天，这个人不能动。八九十来地，有个日本炮楼，有个集，一下雨，不能卖东西了。我没有在村，那以后我就不回来了。那人吃人年

景，谁也不顾谁。那娶媳妇还不顾呢，那谁，他媳妇给邢台，吃不着，饿的，他自个顾不了自个。下了七八天，肚里没饭，也不能走了。吃野菜，吃蚂蚱，大街上臭蒿子长鞭杆粗，盖房使那椽。俺这个村尽土房，五层尖角，土条子，土坯的，又是泥。顶上盖的秋秸棒、高粱，光漏，一年泥一回。

都是砖井，有土井，没有盖。一般的井没有盖。俺这个村都五六口井。俺这个三村，北边两口井，东边一口井，南边一口井。五口井。我脑袋不浑。

有病都是浮肿病，浑身涨。咱不知道霍乱病。吃野菜吃的，吃蚂蚱。那一年蚂蚱特别多，我没在家，我在邢台，他们在家呢，我一月两月回来一次。割了秋，八月九月，七八月生蝗虫，带翅膀的。盖地都是虫，天、太阳都盖着了。

是个有名"穷大村"，新中国成立以后，我们这个村变化了。

这头里死了的，叫石国都，也是我村的，叫日本人包围沟里边了，叫打死了。这立个碑。几个县的皇协军大扫荡，他这儿归冀南军分区，那指导员带一部分人冲出去了，那是前王庄，后屯北边。那战斗死了不少人。他有一支小手枪，死以前，压到脊梁后边了，地下党员不能公开。战斗以后，日本人走了，去一扒拉，底下有个枪呢，叫军分区弄走了。那会儿我16（岁），民国二十八九年。民国 26 年日本进的邱县，二十九军退却，县城里边死了 400 多口子呢。

民国 32 年灾荒年，白天，皇协军过来，后晌县大队过来。县大队说你土匪，皇协军见年轻人说你是八路军。不能待，那会儿不能待。都是老人，小孩在家待。没年轻人，年轻人不能待。

有一个当土匪的叫石授田，政府里边有名。俺村一个叫石收田，逮住，拉出去："咱问清，石啥田，你是？""石收田。""你几岁了？""30 岁了。"这才没，要不就啪，糊涂打那了。俺村有地下党员报的，那家伙叫除奸队。俺村跟马固，尹庄，张屯，调人来。他们村也跟俺村调人，不经政府，有权处理你。除奸队，地下党员。

俺这有村长，他不给日本人、皇协军办事，不中。不给八路军办事，不中。你得给拿公粮，北边也要公粮，你要光给城里办事，给日本人办事，八路军那不中，把你办了。交公粮，8里地，10里地的，那个村叫贾庄。要钱，要公粮，你不交老百姓不能过，两头拿。有的不交，叫日本人弄走了，叫洋狗差点咬死了。村里没人管还不中，那会儿八路军没权力，没人。政府没20杆枪，才成立政府。俺村党员最早的1938年，我看过那县志，县志上有。

东西长屯、韩宋庄，这都是根据地。宋任穷在这经过，叫人看小孩。七八里地都是根据地。白天八路军来得少，都是后响来。头一个营长叫马东阳、石国都的，打的后固庙，到邢台、威县，打过日本，刘伯承手下有名的营长。威县有个何梦九县长，害死人多了。

民国26年十月初五，俺这村遭劫，土匪头子叫王安业，带老些人，牛都弄走了。我家还喂着牛。俺这个村有民团，两家买杆枪，三家买杆枪。那会儿国民党时期，有十来杆枪。那会儿没有八路军。听说土匪上这个村来，我那会儿16（岁），有杆枪，站着那口里，有两杆快枪，抵挡着人家呢。到明了，把枪抽回去了。家一躺，"梆"一声响，我起来了，牵了小牛就跑。到大街上一看，土匪都过去了。这不包围了，把牛一扔不管了。那会儿那土匪在这个村里抢了老些东西。土匪，那会儿叫老杂儿来，我村算没死人，光东西抢走了。

王安业又投馆陶了，都日本人、皇协军吧。日本人、皇协军一走，八路军把他收住了，把他逮住，枪毙了。他那个村叫石峪，我不知道归哪儿，归馆陶？

到民国26年十月十一，我们村过很多二十九军伤兵，（到）邢台抵抗日本。到十二号，日本撵这个二十九军，到马落堡这个村。那会儿有城墙，那会儿这死人死得多着呢。就机枪啊，向那打，死人多着呢。问咱老百姓这个城多大，十里。是方圆十里，他认为是十里地呢。我后来在东南角那看着呢，"当"一炮，北边过去了，我其实那看着呢，落到城北有二三里地。干了一个杨槐树，落到树上了。到十月十三，看见有明了，

"梆"的一炮，把南门打开了，二十九军占不住了。老百姓都逃命，要不走，日本人来了，没好。我那个岳父在县城住着呢。那会儿我没结婚呢，也算一般户吧，啥都没要，穿着衣裳跑出来了。日本人打开县城，杀了三个钟头，下命令。杀了一个多钟头，杀到十字街了。后面不叫杀了。一个洞，被日本人堵到里头了，两头都堵了，死了四百多口子呢。邱城，十月十三，天明，都是八九点，十点那时候。村里都跑了，怕炮弹落到这，我也跑了，跑北边十五里地。打大炮，都是空中走，撵那个二十九军。

陈四村

采访时间： 2007 年 5 月 4 日

采访地点： 邱县陈村回族乡陈四村

采 访 人： 高海涛　张　翼

被采访人： 丹灯朝（男　91 岁　属蛇）

（我叫）丹灯朝，我今年 91（岁）了，属小龙。那时候，社会艰苦，咱没上过多长（学），认个票啊，走动认个那儿，走个厕所，不过明面上认两个字。

给家都不能待了，加上荒乱，荒乱是什么呢？有这个土匪，劫道的，抢你，夺你的衣裳。还有皇协军，日本人。知道日本人不？他跟中国待了八年，他是吸收咱们中国人给他帮忙。皇协军，咱们都见过他们，这些人，过都不能过了，土地不收了，没人种了，日本人抓住你，给他抬枪炮子弹，打中国人。

这都是民国 32 年。那都没法过了。我逃到石家庄。在那卖雇衣，给那劳工用的。那时候那个国家，买那个用呢。给这卖几件挣一块，挣两块，糊口。家都不能待，逮住你，逮住你甚至于叫你当他那个兵，你不当他那个兵，他都拿刺刀挑你了。狠着呢，那家伙厉害。

民国32年，灾荒真可怜，让人没饭吃。逮蚂蚱当饭餐，地里那个蚂蚱，懂那个不？吃你那个苗，你种的什么，它吃你那个苗。吃了苗都不长了。光过那个日子，咱中国人死都是成打几千，成万。都打死了，打死那人多着呢。饿的，这街上都躺着呢，都饿死了。没吃的，给现在这待了八年，占着你中国，折腾你，打你中国人，侵略。你说它算侵略吧。日本人他没给中国占过来，南半部，他都没有走到。这个日本人以后他无条件投降了。

民国32年都这个情况，人人没饭吃。街上死那人啊，多着呢。哪儿能弄点吃，都跟那儿逃走了，有饿死的，有打死的，大体情况都是这个样。你看那个时候不，生蚂蚱，那都是害虫，吃苗，苗一吃，不能收粮食了。那家伙多了，地下都那么深，咯洋咯洋（形容数量多）。有一块地，一会儿都给你吃了了。你看那个动静，厉害着呢。那个年头都民国32年、33年，都那里边，都在那几年里头，重点都民国32年。民国32年还下大雪，雪一下，都那么深。冬天，这一下雪，又是死人，没啥吃，他冻，还吃不着东西，都死了。百分之六十几的死人，都是冻死了。都是那一年。民国32年是正时间，年景赖着呢，没吃的，还抢你的，有点东西，抢去了。皇协军、当地的土匪，都坏人，抢你了，搅闹得庄稼人都没种上地。皇协军来了，日本人来了，跑了，啥不要了，起来就跑，这个家都不要了。日本人来了，这一刺刀，给你挑了。那会儿过的是那个日子。日本人重点在这，皇协军搅闹，死老些人。拿刺刀挑了，枪打的，饿死的。得什么病？饿，没吃的，还冷，没衣裳穿了，走着那都死了。

有霍乱，七八月那时候，得那种霍乱。得霍乱也是起饿上说起，他没吃的，心慌。得霍乱是躺下就没气了，霍乱都是晃晃得都躺下了，心里也不做主了，心脏不做主了，一躺下就死。霍乱哪有医生啊？没医生。那个年景里头都没医生了，医生也都饿跑了。你看，没有国家了，没家了，国家，国家，没有国，都没家。国家失掉了，成那日本人了，庄稼人都没家了，来了都跑，家一丢都跑。不跑，拿刺刀挑你。

下半年，七八月都有点冷了。那地里那苗有长上的，那都没收东西，没东西吃。七月几，秋都凉了，昼夜不停下了七八天，这房都漏了，都没地方待着，那会儿尽那个土房。人都冻死的冻死，饿死的饿死。一直下了七八天，那地里平地那水，这人都没有过头了。下雨的时候，我在邢台呢，也是卖卖这东西，卖卖那东西，糊口。弄个破衣裳，到那边卖卖。咱村里这来来往往的，这家有到那里去的，那也有回家的，都这个样，来回跑买卖，卖点衣裳了，卖点粮食了。家还有几个人，卖点麸子面。

灾荒年三村是一千多人。现在估计是七千来人，大半是。咱又不当干部，这都是大估计。你要当干部，这个村分四村，一二三四村，这是四个支部，以前都是一个支部。这会儿人多了，弄了四个支部，多少咱弄不清楚，大体都是这个样。灾荒年，按村来说，这个人死都天天死，都这个情况，具体来，一年死多少，咱弄不清。

过了灾荒年，剩了多少人？那大体来说也有100人，也得死20个不行，死20%。是能动的都没死，是不能动的，在家都饿死了。民国33年、34年头半年都回来了，种地了。日本人投降了，都回来在家了。

日本人一律的都走了。这偏西南部，离这70里，永年县，剩了十来个日本人在那生产呢，没走，待了好几年才走。这都后头我往外跑跑，做买卖咪，做啥咪，从那过咪，这还有几个日本人呢。都是这个时候，咱也不是调查。这咋还有日本人咪？那会儿没走，那会儿这几个都撇这儿了，傻这了，跟这种开地了。日本人走了，他们在这待了两三年呗。

日本人来过，逮鸡，逮了鸡他都吃，柴草拉到街上，这个鸡，他拿着这个棍子，搁里边都烧去了。挂着腿，点着，他都吃。他叫你："你注意，逮，捉鸡的"。他叫你逮鸡的。他要吃，都是咪西咪西，他说他那个话，我的咪西咪西，你的，叫咱给他逮鸡。你逮了，我给咪西咪西。咱怕他吧，他拿枪，咱是个老百姓。咱不怕他？他叫咱干啥，咱干啥。"你的"，就是你去。咱回答不上，叫去咱都去。他咪西，咱回答不上。这个纸烟，他吸的那个，叫"大巴狗"。这个他给咱传话了，"我的大巴狗，你的咪西咪西。"叫咱，叫我咪西咪西。我的咱不会，咱给他答复一个这不会。咱也不敢接他的。我那时候二十三四吧，现91（岁）了，你往前推。

那个动静，他厉害。他占的好比一个邱城，城里那些老百姓，他一个也不害，都是好好的。日本人说你是好好的，他夸奖你咪。给他逮住鸡来了，他说：好好的，好好的。给他逮住了，吃去了，他不说好好的？城关里边他不降，他都说好好的，城关外边，都那是我二十三四那时候，也都光躲着，不敢找他。那时候，都是拿枪杆的。我做买卖。那时候都是军务的人，二十三四（岁），小伙子，都是。当兵的还不弄走了？那时候当兵都是老蒋，国民党。现在台湾还是国民党，好些呢，逮住你，不当不行。城关那儿，都得当。多少皇协军啊，皇协军比日本人还多呢。这个村子照西，白家庄，一个炮楼，都不说炮楼了，都是碉堡。那都一直对曲周县。他那个楼子里头啊，五个日本人，十四五个皇协军。这五个人支配着他这几个人，听他的话。有一个人，邱城的，当这里边皇协军，姓唐，叫唐锦江。他组织了五个人，不愿意伺候日本人了。日本人光打他，打他，光受气，就是光受气，你还降他？当你的那个亡国奴兵。他心里恼火了，组织了五个人，咱多咱有这个机会，一个人一个。这五个人，一个听电话的，一个看书的，一个睡觉的，有一个下电网的，炮楼转圈大战沟，跟这房那样儿的，打在那。他这几个分开了（交互咬耳朵动作），那个意思，下手吧。梆梆梆梆，上边这几个都打了，那一个在战沟里头了。啊啊啊，光叫唤，这都打。一会儿，死了，这都解决了。哈哈哈。这皇协军给东西，枪炮、子弹、机关枪、那炸弹子弹，这一拢，这村里要了车，拉着，上根据地来了，找八路军来了，投八路军来了。起那，这各个楼上，日本人给皇协军不住一起了。你在那个屋里，俺在这个屋里。到后响，把枪拿过来，把皇协军枪都拿走。他惊了。哈哈哈，他不敢在一起了。你看那个家伙，那都危险着呢，打不好都毁了。

八路军的根据地在东北边的辛店，东北，距离邱城 20 里地。这边都是皇协军，北边都是根据地。照那 60 里地，又是日本人占的地方，离邱县 60 里地，你照那儿走 20 里地，40 里地那有日本人占着。他这是一道线，他控制你八路军不能行走，他是这个战略部署。白家庄钉子，马村钉子，后村钉子，这一个钉子都传着那边，那边那个大柴堡是个钉子。那都到了馆陶县了。马村、后村、焦路，都在这东半部呢，到了馆陶了。北馆陶，南馆陶，大马堡，他这多远一个，路线他都划开了。八路军都不敢走了，他这是一道线。到威县这是一道线，一道城墙一样，不叫你来回走了。

咱这个村里有一个当官的，领着150号人，都是八路军，在这边西南方向，离着都是十来几里地，南边的啥地方，解决了几个日本人，也是拿了个钉子，得了机关枪两架，大概是几架，子弹也弄了，回来休息来了，走到土楼那儿，挖边的是那个战沟，见过那个没有，里路挖的那个沟，人都跑里边，到那个沟，这个沟是个大沟，这个村不通那个村，他们撵上了，他们撵来了，他们都有那个耳机呢，那会儿咱没有，那会儿他们有。那一叫，都是几个土八路，日本人说是土八路，馆陶这的出来了，威县这的也出来了，曲周的也出来了，这几个地儿都挤住了，困住他们了，不能走了，那150号人，都被解决了。这家伙，都是咱这个村东头的人，石国都，我见过，死了，叫他们打了，这150个人都被解决了了，堵着那个沟里，不能走了，他们那个炮弹，那个牛腿炮，一张，200米以后，100米以后，假如就说100米，到那，"咚"一个劲儿照那摞。起早起6点那会儿，一家伙到下午三四点，都打了，都打死了，石国都是搞的那八路军，他不是正式军，大部队，他都是当地的，死了一百多个人，他是连长，家在正东三村里，快出村了，他家在那住着呢，现在没人了，当八路军成天不在家，家里没有下一代人了。

民国32年当时我全家六口，母亲死亡了，父亲死亡了，兄弟哥哥都死了。现在我这一成家，这会儿这下一代全家又六口了。

我父亲是皇协军打死的。五次运动，他这个日本五次运动，都扫荡唻，扫荡都是扫荡这八路军唻，是那个意思，到那个村里检查，那个村里没有。好比这一房里头，有都躺着呢，没有都说没有。我父亲一跑，叫皇协军给打死了。没法，亡国了，那都（欲哭）。

都是这个灾荒年，下雨着死了。我母亲，下雨，也是跟霍乱一样，没吃的，没啥，七八天，不吃，给绝食那种意思一样，死了。心烦呢，心里不做主，那个心嗒嗒嗒嗒。你看那个表针嗒嗒嗒嗒，那个心率，她不嗒嗒了，闭住了，就死了。跟这个表咪，表针它不动了，就不走了。那都那一类，上哕下泻。这老人都说吧，老人都传，传这个病的名字吧。那个霍乱他都一栽都没气了。现在这个得脑溢血，是吧？这个脑溢血一栽倒，没气，嘴里出血，鼻里出血，没气了。突然都没气了，好好的，都是这个里边一崩，血管都出血了，一出血，栽那儿，都完了。现在老些这个病咪。半身不遂，好说栓住了，你胳膊不那么动了，腿不能动了。

哥哥也是得病死的。他是民国31年32年，那一段落。他是那个痨病，也是治不好。那都算是正经病呢，都是该死的病。

传染说不清了，你说咪？都在一块儿住着呢，都在这个土地上住着呢，一家人都在一块儿吃饭，我哥有两个小孩。

那个砖井，往里边下去打水。有六七眼井。有时候盖盖子，有时候发现这个水不卫生了，有这个坏人，外国人，给咱这下药来了。就那说吧，谁都没见。给这井找个井盖，都给他盖住。那个时候，都说，是不是，谁也没见，谁也没见这一路人，都光那个说吧。这是防止，弄那个盖住。其实这个事儿，那还没有日本人呢，谁也没有见真，防止吧。那是好年景，日本还没进中国，正在太平洋进攻呢。他来大陆，头一批，尽是日本人，那家伙，又白又胖。你看，多凶啊，当他们打了一年，二等兵又弄过来了，二等兵又打了，又打垮一部分，三等兵来了，不是秃，都是瞎。哈哈哈，没好人了他都。

都一直，一直照南整，这家伙，老蒋吧，打一仗，让一仗，不顶用，一个劲儿地退。站不住，攻这跑了，跑到了老远地方，他都没人了。日本他没多少人，你看他虽然占着咱中国，他一个钉子才几个人，他那个碉堡啊，里边都是没有几个人，尽皇协军，都是咱中国人，闹得不轻，也毁得不轻，八年，这八年，多大的损失啊。

回民起阿拉伯，这事儿陈着呢。来到这儿也不是自己要这来的，这都是按这会儿说，中国这儿吧，都是西方请来的。大体来说都是蒙古大帝，也可能算是兵，我也弄不很清楚，在这儿侵略中国，到西方给这个回民请来了，打鞑子，这个中国人请他们来了，不要叫这个兵走了，是吧？都在这住吧，都在这安家吧。大体来，都给这安家了。

回民也有联系，你好比这儿，这一个回民，出门了，走到俺这儿，有什么困难难住了，到那儿，求一声。好比说我这是邱县，回民到这儿有什么什么事儿，来到打搅咱，帮帮忙，那都帮。跟咱这个汉民那个意思不一样，汉民不管这个。回民都有这个联系，像你有什么困难了，到那儿帮助帮助，给你抬抬难，你行走没有路费了，拿个路费，帮帮你个路费，走吧。没吃的，管吃。都这种联系。

咱这十来里地，都出现黄沙会。黄沙会，都是庄稼人，他在那个组织，就是那个组织，他那个也有头，都在他那个门。黄沙会，都说他叫白莲教，他这个东西也是个邪门，尽杀（人），成功了，他要杀人，他那个害人。日本进中国的时候没了。灾荒年的时候，没了。年代多了，见过一回，咱也不知道他出的什么招，咱也不知道他那个意思是啥。弄个刀，这一个板，上边是个大刀片，在街上，做啥呢，是游行啊，是干啥。给那墙上说的，看他也反正都是这人，也不穿军装，穿的衣服也没组织，谁穿啥都穿啥，穿啥都有。是不是？都是那一路人，是干啥的，那咱不知道。老以前咪，我都十几（岁）那会儿。那都是黄沙会。没有回民，回民不信一些邪事。

回民都说求主，主都是一个，就是一个，没有两个主。旁的啥都不信。初三，十三（音），你好比一个穷人，来到咱这村庄这儿了。很穷，也不管你是回民，也不管你是汉民。看你很可怜，很困难，都抬抬你的难，帮帮你的忙。你哪一样困难，帮忙你哪一样，你都该走你都走。就是这个。

黄沙会就那个形象。街上过来老些人呢，都在枪上竖的刀，人不少。都说这西半部都有，这西半部都是曲周户的，曲周户的老百姓，这时候都没这了，都没了。

这个土匪，还有老杂儿这一个名称呢，这个都是一回事，那时候日本没进中国，老以前，有这个外国人，有哪一国，跟咱中国卖锡卖铜。那一路原料，枪炮子弹都用那一路东西。有那个买家拉了一车，向曲周走啊，来一伙子土匪，他说不是土匪，给他抢了，铜铅都给他抢了。说那啥，说逮住胡子了，头里叫他们逮住一个，逮住胡子了。那外国人，谁道是日本人不？反正是外国人。给咱中国这好东西都盗走了。那大炮弹那前边都是铜，铜疙瘩里头都有那个走针儿，一碰，那个炸弹，"腾"那一塞。再一碰，把那个针点着，"哗"，家伙都那日本的炮弹。那好年景，还没战争呢。

打国民党期间，好干部、好党员都打死多少。你看这些坏人，国民党那会儿，他参加到共产党里边了，他混搅摊儿，他说他是真的，老干部是假的，打老干部。光邱县死了 480 口，打伤打残 3000 名。你看（国家）受多大损失。

杨二庄

采访时间：2007 年 5 月 3 日
采访地点：邱县陈村回族乡杨二庄
采 访 人：陈洪友　李玉芝　张少勇
被采访人：王桂兰（女　79 岁　属蛇）

没下雨那年，旱，还没下雨我就出去了。有旱灾，没种上庄稼，然后下雨，八月份下的雨，下了七八天。下雨没回来，三年之后回来，回来之后 18（岁）。饿死的饿死，也有得霍乱病的，我大爷家的儿子王小儿、王小磊得霍乱死了，二哥（家）的（两个）孩子也死了。

灾荒年逃出去了。没下雨前蚂蚱就出来了，有蝗灾，吃蝗虫，吃，那能不吃蚂蚱么，用水煮着吃，自己熬盐吃。

日本人去过，那抢东西，没杀人。东村杀不少。当八路军的有。

旦 寨 乡

鲍 庄

采访时间: 2007 年 5 月 4 日

采访地点: 邱县旦寨乡鲍庄

采访人: 韩仲秋 刘 洋 刘 燕

被采访人: 鲍玉甫（男 76 岁 属猴）

鲍玉甫

小时候念过，念得不好散了，上学上不好，那时鬼子在这，念的八路军的学校，是根据地，共产党经常在这住。没在跟前见过，古城营离鬼子近，一跑往俺庄跑，俺庄往南跑。

那会还小咪，我家十来口人，没啥地，有十来亩地，这一季接不住那一季，姐妹五个，还有哥哥嫂子，种地不够吃，就借，有个古城营有粮食，借了收下来还给人家，借一斤还要多还斤半，那还得找人。

鬼子到过，从这走，这儿是根据地，杀人倒没杀过，放过火。鬼子少，皇协军多，有时候抢东西。往北八里地是日本人占的，张葛、马夫营都是日本人炮楼，往南都是根据地。

民国 32 年过灾荒年，小偷小摸的有。三年没收，地里没收，没井，天不下雨，那人都逃荒。

农历七月初三下七天七夜雨，那人都得吐泻抽筋，霍乱子病，没有医生，见过得这病的，村里见的，俺家没有。六七月的，七月的时候，下雨后那潮劲，人受潮了，没劲。逮昆虫吃。听说有过那病很少，民国 32 年多了，主要人不吃粮食，死得不少，老人小孩，连饿带得病，年景又不好，又没有医生，老先生没有，交通又不便，也没自行车就走。没听说怎么治，老人们说这就是霍乱子病，后来都有粮食吃了，好了。一个村一个村的没人了。我逃荒走了，下雨以后，九月里，逃到山东邹城，待了一个年，到五六月回来的，头年九月走的。

在那里要饭，人多地少，他们人都上关外了，光靠要饭，人家不给窝窝，只给萝卜。切开，给一半。要饭的多，要饭的在门上排着队，吃完饭，锅一刷不给了，都那时等着，人吃饭赶紧走了，这个给了，那个又去了。那人少很多了，外边女的嫁给人家了，小孩给人家了，剩没几个人了。

灾荒年，鬼子来家扫荡啊，在家不敢，睡在地里，吃饭下地睡，怕扫荡的来了。那会不来，听大人说的。那没几家人家，那人都没劲跑了。那会死人都不少。下雨头七天，没下雨能见着人，下完雨出来就没人行了。吃没吃的，烧没烧的，吃蝗虫吃蚂蚱，黑夜白天不停，下着雨在地里逮蚂蚱，摘野豆角回来煮。三年不收，从民国 31 年就不收了，民国 32 年严重，民国 33 年生蝗虫，把麦头都咬了。

吐泻抽筋在家就得了，传染，知道传染也没法，十来月哩都逃荒走了，灾荒年。邻近都一样，这几个庄都死人不少。

采访时间：2007 年 5 月 4 日
采访地点：邱县旦寨乡鲍庄
采访人：韩仲秋　刘　洋　刘　燕
被采访人：邢同杰（男　80 岁　属龙）

上了两天学，不顶事，九岁我就上，上了有二三年学，能认两个字，从那会不上了，光锄地割草，都忘了。都忘了不顶事，顶事我早当八路军了。

邢同杰

一直就住这村，日本来那时，有200人，人少。那会咱家14口人，俺家人多，姊妹弟兄四个，两个姐姐，姊妹六个。过了民国32年都饿死了。那会啊有50亩地，那光吃孬的，吃窝窝还加糠，不够吃的加糠，吃得孬着呢，没30斤粮食，黄窝窝还得加糠。民国33年我要饭，下去200多里地要饭，那是在冠城县。那边好年景，那边收啊。没见过粮食粒，树上的叶子捋了，洗洗刷刷那么吃了。

灾荒年，除了粪啥也吃，就是没吃过粪。没点吃的，捡了这树叶，捡了这野菜弄回来就吃。都饿死了。我没点啥吃，摸着啥就吃，我冷吃，冷嚼花生皮，搓搓，愣咽，那瘦的，后边不出去就饿死了。

日本人和皇协军奇孬，他把你带走，皇协军上写着，活着进，死着出来。不叫你吃，不叫你喝水，出来放风不叫你尿。在俺村逮的人，回来就不能动了，跟死了一样，身上的虱子呀。在里面的人出来的很少，都饿死，渴死。

逮那些人，说你是八路军，他打你，打死，打昏你。这不，八路军的人黑夜来了，白天就走了。那家伙打人打着死。中国人孬着呢，不说中国人向中国人，他当皇协军了，他打你，来到这家打昏你了。他不抢东西他吃啥呀，他啥也拿，他让人把东西送过去，他扫荡，铺的盖的这些东西，他让你背着给送到炮楼里，他再把你送到监狱里。我那会15（岁）。俺家那时四口人饿死的饿死，俺父亲，俺娘，我这小，俺哥哥都逃出去了。他不逮我，都逮走了年轻的。

灾荒年旱啊，不下雨。从正月里冬天里下了点雪，从三月里一直到八月里才下。不下雨，他没下雨。他下了一回，八月里下了一次，黑夜白天下了八天雨。人都得了吐泻抽筋，死得快，人埋不及。还有饿死的。俺爷爷、奶奶都死了，都是吐泻抽筋，都饿死了。小孩多着唻，都扔那不管了，没啥吃都饿死了。日本跟皇协军，有点东西他拿走了。还饿，没东西。民国32年，人煮煮都吃了，人吃人，狗吃狗那东西。

哪有先生啊，没法治，俺没医院，没人活，你死死去呗。有扎针的，老百姓扎针，不顶事，好就好，不好就算。没先生，除了八路军，打伤了人家能活。人家还给老百姓治？顾不上老百姓。

咱这村得吐泻抽筋的多着呢。没治好的，都死了。要不能死那么多。八月里，都得那吐泻抽筋都死了，俺爷没死。一个村里这屋子，一根洋火也没有，啥也没有，没盐吃，不吃菜，生虱子，没有不生虱子的，浑身净虱子，大虱子都长了尾巴了。这一年也不吃盐，汗毛里长虱子。

我逃到冠县，光给胡萝卜，不给馍馍，那嚼嚼也饿不死啊。来了一个多月，两月，我回来了。要不上来，吃不饱，成天来那住着。那人姓于，那时干部在那边住着，日本，皇协军老逮人，又没啥吃，我就逃出来了。他说你就在这熬着吧，人家对咱不赖。麦子熟了，我在那待了一个多月就回来了。回来看人都饿死了，俺爹娘光吃麦子，麦子能搓一半粒了都弄过来了。那是三月里，拽着麦子泛青来，拽着吃。走不动，走路一晃一晃的。要不是日本跟皇协军，那也不要紧，要不铺的盖的能换点吃的，他一下给弄光了。五天来三天，啥也拿他，只要拿走的他就拿，铺的盖的都拿走。这人孬着。

那一会，日本（人），皇协军。八路军打不过人家，黑夜偷着打。

那时候那八路军来这屋住着，我那小来，才十五六（岁），到现在北京胡司令还有呢，他见我认得他。当年那八路军，被日本皇军包围了，一天一挪，在一个村待三天，待两天，光逮，到黑了要到庄里住着，一到黑夜吃了饭就跑地里，跑到坟壕那里，逮着就打死了。

那会啊不好混，摸你手净茧子老百姓，接着就把你围住了，他说你是八路军，十个人得死八个，那会当八路军一个眼，哑巴他就要，只要会走就要，打不过日本那家伙。

那蚂蚱呀，屋里、院子里、地里，一脚都说不清踩多少。小蚂蚱一碗一碗地吃，一碗还不够，还吃不饱呢，有坑有水也能过来，一脚得扁死一百。蚂蚱不难吃，好吃。一口一口地吃吧。

北王楼

采访时间： 2007 年 5 月 5 日
采访地点： 邱县旦寨乡北王楼
采访人： 刘 洋 刘 燕 韩仲秋
被采访人： 崔部书（男 81 岁 属兔）

崔部书

（我）一直住在这，没来鬼子以前念了两年半（书）。

成社的时候，1956 年时候，450 来口，一个大村，鬼子进时，人口没数。日本进中国时，是三口人，我和父母。那时 20 多亩地，够吃了，就三口人。那时兴种高粱、棉花、麦子，玉米少，光种豆子、黍子。一过了灾荒年就不行了。也种麦子，那一亩地收一口袋百十斤，高粱、谷子差不多，小麦一年放一次，哪能收 200 斤，就收一季，割麦子，下播豆子，黍子，玉米少。

棉花那时 100 斤，一般的吃小盐，有的是自己炼，有的买。我小时候，还弄过盐，弄个池子，那时有碱地，推一车子碱土，有时用老破锅，能弄二三斤，一池能弄二三十斤，够吃一年，买的多。

那时兴邮票、铜子、银圆、中央票，好几种票来。那时按银圆说，十几块钱 100 斤，吃棉籽油，那才是真正的。一边一个大梁，用大油锤，有二三十斤，砸，一打一挤，油能弄出来。那时不兴买卖，做买卖的很少。村里一个茶馆，饭店都没有。我记事都光洋油，那是日本进来的，一桶一桶，前边都点棉油，到后边都用的洋油了，洋油亮。

鬼子来过，来回过，没住过。在村里杀过（人）。1944年，过了灾荒这一年收东西，收了麦子以后五月端午那天。"四二九合围"，鬼子从这来了一片，五月端午这回打死俺前院的一个哥哥，俺们都一块跑的，往南跑，跑到西南黄河全，又跑到白虎寨村后，到那日本把俺围住了，俺和俺侄。他爹牵个牛，没围住，在八路军控制的那沟被打死了，牛被弄走了。

一个皇协军五月端午让我给他摘杏，他怕八路军过来，他下来了，让我上去，我给他晃了一大些，那回弄得不少。

日本人在方城固住了好几天，一个被弄死了，还有个姓刘的，东边死了一个，一共死了四个（人）。

皇协军比日本还孬来，咱这块很少，这是根据地，离这20里村有个岗楼，临西，有个岗楼，南边30里北边20里都有炮楼。曲周县改称旗帜县，现在又改过来了。三八六旅经常来回住，这几个村都是根据地，日本不断的来，打死的人可不少。临西杨安镇，"四二九合围"打死了两个，四分区的一个司令，一个主任，冲了好几回没冲出去。数那回厉害。

过灾荒，那一年这一会，1942年，民国31年，这一年就歉收，到1943年根本就没收。那时没收，天不下雨，七月十五才下雨，就种点小菜、荞麦，一亩地收两布袋，一布袋70来斤。麦子、豆子，一布袋是100斤，带着皮，还兴碾子，磨子，70斤，落50斤面。都是皮，皮很厚。属于麦类，不好吃。荞麦立了秋能种，七月初三，七月初五下的雨，头一场雨下透了，到八月十五又下七黑夜，不住地下，房子都漏了。那家伙七天七夜不停，村里向西流，西边一条河，下完还流了一个月，东南几个村都往这流，下雨流的。

有向外逃荒的，能喝热水，把檩条劈了烧，吃不着东西，草籽。卖家里的零碎东西买了米。有个交易所，八路军运过来的。出去逃荒的，俺村占了一半，西北角的一个耶律寨，那个村出去的人多。

霍乱病灾荒年不厉害，民国九年最厉害，你死了我埋，不过一会就死一个，埋不及。那是听老人们说的。灾荒年有霍乱病，俺二哥的媳妇得霍乱子病，下雨以后，没扎过来，死了。俺二哥被日本人打死。

我也得了，扎过来了，上吐下泻，瘦得提不上腰带。西边俺舅会扎，扎过来了。下雨了，不是八月底就是九月，说不清。上吐下泻，霍乱厉害，幸好没抽筋，筋抽搐就厉害了。这一年不多，那时主要是扎针，别的不会，也没现在的医生，扎腿上有。附近还不是很多的，这庄死得不多。

灾荒年那时死的人不少，挨饿得了浮肿病，这个村死得不算很少，也不多。吃的也不行，不兴存粮，当年的当年吃，存粮的很少。收不很多，一亩地收上 80 斤 100 斤，那时的人比这时的吃得多，我那 18（岁）的时候一顿吃一斤。吃菜少，没菜，秋天腌萝卜。肉吃很少，过年吃肉，八月十五吃肉，平时吃肉很少，五月端午，五月十三，六月初一，现在不过了。

过灾荒年有啥吃啥，弄着啥吃啥，弄一点点粮食，吃草籽，吃菜，孬好填了肚子。

鬼子来过，那一年也来过，四趟，那牛一听见打枪在院里就蹦，牵着就跑。原来那牛找回来了，又给鬼子弄去了，到侯村那给宰了。

俺哥，我 16 岁，日本鬼子检查他不检查我，看你肩头上有印，知道干苦力的，放你走，看你白胖的，就弄你走，都拿到青岛下煤窑去了。俺这东头一个下煤窑，又偷跑回来了。

采访时间： 2007 年 5 月 5 日
采访地点： 邱县旦寨乡北王楼
采访人： 刘　洋　刘　燕　韩仲秋
被采访人： 崔同书（男　73 岁　属猪）

咱村里上学了，村里有小学，叫高小，我高小毕业，解放后，刚毕业当出纳员，有经济核算单位，当了两年。开始，这一片有个乡，乡公署推荐我到邯郸学会计去了，肯

崔同书

学，学了六个半月，这是1956年。邯郸北边，王华埠，是个大寺院，整个邯郸都在那，有会计与社长，为社会的发展培养人才，回来当会计，我是第二批。

我一直在这住，干了11年干部。有鬼子的时候，这村里730（口人），整个这个大村，原先都是一个村。我当干部，刘焕杰是民政委员，是俺叔，就是给村里收公粮。

我家14口，弟兄六个，一个妹妹，还有柱子，跟我同岁。有44亩地，还是后来省吃俭用要了几亩地，打来那个是多少够吃的，我父亲那年，跟不少吃，小麦40斤，高粱收二斗半，120（斤），高粱、棒子、绿豆、棉花地种，收80斤，120斤，这是好的。光种地没干别的，好了后来1957年，五几年的时候，开始一个哥哥弹棉花，弹硬的，跟人家合干的。光要籽，籽再换成粮食，鬼子在这时，啥也不能干，鬼子走了以后才这样。

民国32年灾荒，我那8岁，俺母亲有病，有个小医院，俩哥哥伺候她，数我小，推着小车向村后的10亩沙河地，下雨就淹，旱了啥也不收，种瓜，种白瓜，养家。有做买卖的，俺那俩哥哥不在家，出去了七个剩俺七个。俺小弟兄仨都小，俺五哥，四哥都早。

煮烂枣，煮出水，用枣水煮糠，好吃，枣再掺了吃。那时，度过的艰难，现在的刷锅水都成好的了。旱，没落雨，耩了一部分地，旱死了。

霍乱病我刚记事，那都是在灾荒年前期，我也说不清啥事。听人说，人抽筋，浑身冷，烧烧人就毁了，毁的不少。我没有，家里没有。邻居家村北里有，就有几个。发高烧以后抽筋，浑身冷，抽着抽着就死了。

过了灾荒剩下700来人，逃荒时，那会700人都没有，那时没人了。出去打工打不上。

到这买粮食时挖这个大沟，骑着站队，买一点谷子，多少钱忘了。一个人就让买一小斗，14斤，都为了吃那枣水，就这样过，日本走以后就又收了。到四几年，五几年建国以后没有几年，人拉犁，牛都没了，县委下来拉。不拉不能动，不能种地。一直到1954年才农村合作社，俺村烧砖瓦弄了个窑，大队里跟着收点，后来干了有三四年，都变社了，合作社。以后变动很大，成分高的不让入社，退出来了，贫农剩了三户。我都19岁了。

乡变成公社，乡镇同是公社，整公社我在家里，二三年这个事。以后公社改革，我当了大队长了，这好地都分到这面地，拿工分，收的都给公社，入高级社了。有十几年相当不容易，群众干劲真不小，能分到田。我在这个村西队，一天合块数钱，咱庄合九毛，从地里收不了这些，还种西瓜，一个西瓜种40斤，这是发家的甜头，马也长起来了，高粱长起来了，这都有头了，以后这地都有头了。

采访时间：2007 年 5 月 5 日
采访地点：邱县旦寨乡北王楼
采访人：刘　洋　刘　燕　韩仲秋
被采访人：惠清林（男　92 岁　属龙）

惠清林

（我）一直在这住着。灾荒年，在外边逃难了，回来种了点地。我就当兵，在四分区十一团，刘伯承那部队。当兵时 27（岁），当了三四年，光凭着卖力气吃。毛主席占了北京我才回来的，很多牺牲的，牺牲的多了。

灾荒年跟日本战着呢，南边都是炮楼，我那当兵还有炮楼，回家就偷着来，要让日本人看见就能剥（皮）。我指导员（后来成了）北京后勤部的部长，吴政委。

高树君投降的时候，部队过了十几里地，十几万人，轻重机枪，火箭炮都是高树君丢这的，有个不投降，用火炮打了。打肥乡，大天白日进的城。

过灾荒年时候，一家子一家子地死，见过，俺叔给了别人了，邢台地区。我上河南常远县，离俺家450里地，逃难了。俺爹娘，两个兄弟，五口人，逃了两年。能种地回来了，我那时当兵了，四分区十一团。

灾荒年住人家小庙里，乡长让挖马路，两晌挖了一段路，两斗豆子，一斗14斤。这出力挣的，一天一个人合一大升粮食，吃不了。干到土地平分的时候，俺父亲回来了。俺家俺有地，有几十亩地，下中农户，给村里挖战壕，村长叫挖的，挖路给多少粮食，大豆，黄豆。

采访时间：2007年5月4日

采访地点：邱县旦寨乡北王楼

采 访 人：韩仲秋　刘　洋　刘　燕

被采访人：任贵林（男　82岁　属虎）

任贵林

（我）一直没上过学。

（我）没走过，一直在这住着，那也在这呢，参军走了以后回来了。跟中央军打，没打死，打着胳膊打着腰了。以前有多少人没数，我家有俺爹娘三口人，走了以后，俺姊妹三四个，没兄弟，两个姐姐，家里六口人，旁的没人。参军走后，我地都不种了。没走的时候，没参军的时候，地不多，有两三块，有六七亩地吧，地不多。

我参军走了，那时就没鬼子了，跟中央军干，从邱县走了，向西南走到那边去了。

鬼子没在村里，那时候岁数小，记得不准了。鬼子在咱村有杀有不杀的说不准。

那都是灾荒年，卖了，走了。俺二哥当兵走了，后来俺扩军走了。头一天围住，第二天把俺哥崩了，这是过了灾荒年以后，让鬼子的炮崩了。

他让我走，我不走，第二天他就崩了。

民国32年死了不少，老天爷下雨下的，死了不少。下雨下的净是水了，人都死没了。过了民国32年下的，灾荒年没下雨。有两个哥，没有兄弟，俺大哥得病，他那生病早，有药又没药的。俺家没走，在俺姐姐家，我们家没去逃荒。生病的不多，村里不多，谁知道。我那当兵走了，岁数还不大，20（岁）来着，当了一年兵就打着了，在南边跟中央军打，有黄河，黄河那会还没有水来。

大寨村

采访时间：2007年5月5日

采访地点：邱县旦寨乡大寨村

采访人：李　龙　张东东　赵　鹏

被采访人：邢树动（男　78岁　属马）

邢树动

民国32年大灾荒，日本人还在的时候，旱啊，一年没下雨，没井，不见雨就是大灾荒，没井不能浇。都饿死了，都逃亡，有死半路上的，哪里都有，有走不到地界都饿死了。不能提啊！一天死多少人，一天老人饿死很多，皮包骨头，没饿死，抬埋不了，几个都没劲了。都那开花老根都吃啦。没听说吃人肉，都没人肉啦，都皮包骨头了。

一年没下雨，一股劲地下，都编成歌了，下的雨大。

得病死又没医生，哕泻抽筋，那时候谁知道传（染）不传（染）人？那时候不知道传（染）不传（染）人。现在有好医生，知道传（染）人。那时饿成那样，吃没吃的，烧没烧的。那时候闹腾的，喝生水，喝没喝的，吃没吃的。我那时小，都是老人，年轻人不得那病，都是老人。想不起来谁得霍乱，那老人都没了。

龙堂有钉子，不是根据地，是敌区。八路军、正规军没过来。日本人抓人修钉子，有八路军钻里面摸他地形。也挨揍，日本人抓走没回来多着呀！咱庄没有，有抓（到）日本国（去的），鬼子一败，就都回来了。孟村、寿庄（离这八里地）都是从日本国回来。这老人都没了。

蚂蚱别提了，上面看不见天，从西北到东南，到东南繁殖小蚂蚱，蹦跶也挡不住。把锅盖一揭开，都是它，不吃就饿死了。滏阳河就过来，把麦头都咬死，一过来一扫光。挖个坑都埋不及。一正步都是蚂蚱，人都吃那个。

旦寨村

采访时间： 2007 年 5 月 5 日
采访地点： 邱县旦寨乡旦寨村
采 访 人： 徐　畅　于春晓　刘　静
被采访人： 潘武长（男　77 岁　属羊）

潘武长

我没读多少书，一直住这儿，那时家里 8 口人，兄长、一个姐姐、嫂嫂、侄子，是种地的，种自己的地，有三四十亩地（240步一亩），种棒子、麦子、棉花，产量低。150 斤算多了，不少地，收一斗粮食给几成给人家做活，一年不过几十块钱，不够吃。有粮食摊子，借一斗翻有二斗的，有一斗半的。吃本地出的小盐，有买有赁，吃棉子油，有钱多吃点，没钱少吃点。

鬼子来的时候（我）13 岁，住南九里地龙台。鬼子来过，黄帽子，说毁人就毁人，说挑你就挑你，不是见人就挑，不顺眼就挑，说不准。没被逮过，鬼子一来就跑，往东跑，有跑不掉的，有逮走的，有逮不走的。不抓小孩，村里有站岗的，一看见鬼子来了就跑。没抓过我家人。我没见过皇协军逮东西，要钱。那时候人穷，土匪有，老杂，抢东西，逮走拿钱回，没钱就把人剁了给埋了。共产党来得早，来（时我）十五六岁，八路军走了，没人站岗，老百姓在地里睡。共产党和老百姓关系好，扫地扫院子。

民国32年春天旱，没雨不能种庄稼，不下雨不收了。春天没闹蝗虫，靠卖东西吃饭。卖衣服、牲口。年景不好，那年春天就有走的，没啥吃的，有上去石家庄，有上朝城的。当时我跟我父亲走的。有鬼子有皇协军，不知谁抓的苦力，抓到楼上去，没有抓修炮楼的，不知道有没有抓到东北、日本的。

那年阴历七月份下了一次，八月下淹了，下了七八天。有紧有慢，我们住的是土房，屋里搭席，村里没水，地里有水。东边滏阳河、御河都没过来水。下雨时吃野菜，那时不种菜，井也淹了，黑乎乎的，喝开水。下雨后有生病的。下雨之间开始的，老百姓叫哕泻、抽筋、抽搐，有人扎针就好了，有人会扎的。家里没人得，不晓得扎哪。得病的人不少，那人都没了。有饿死的，有病死的。下雨前没这病的，有一个多月这病没了。新中国成立后没听说有这病的。

天旱得稀罕，秋天也没收，秋天淹了。我跟父亲逃到朝城，父亲推着小车，推着盖里、小锅。在那待到来年四月份，父亲给八路军推公粮，民国31年和32年交接的时候，父亲到南边朝城推，组织一个"公粮队"，推多少给多少，过鬼子、皇协军炮楼，是八路军掩护送过来，推了好长时间。八路军没法接济，他有好多兵，八路军也穷，也吃不饱。没见过戴面具的日本兵，飞机经常飞，不断飞得像燕子。

小时候村里700多人，民国32年挪到外面，死的、走掉的400人，还剩下300人。死的人多，出去的人少。有饿死的，也有病死的。

采访时间： 2007 年 5 月 5 日

采访地点： 邱县旦寨乡旦寨村

采访人： 徐　畅　于春晓　刘　静

被采访人： 杨延良（男　73 岁　属牛）

（我）没读过书，念过一天就散了。家里有父母亲、兄弟、一个姐一个妹。庄户人家种地，有二三十亩地，大多数不长，种得不科学，种啥啥不中。种麦子、玉米、谷子，花石咸地就是碱地。给人捎过地，也有二八（分成）的，一半一半的，人家牲口，种子，二八分，自己犁自己种一半一半分，种的也不多。不够吃，省饭，吃菜，没好事，地里找野菜吃，放盐。这里出小盐，有专门淋的，村西边净是碱地，淋盐去卖，放在不出碱地用水浇，把碱压下去了，啥都不长，现在好了。也借，借来一斗还一斗半或两斗，不借没啥吃的，有吃油放菜籽油，过年还割不了多少肉，小时候交税。

鬼子来时我 19（岁），离这八里地，曲周张葛的鬼子经常来，穿得跟电视里的一样，鬼子跟有钱的要，穷人没吃的要啥，鬼子来了跑，往庄稼地跑。路都挖了，八路军挖的。村周围有沟，村村相连，人往沟里藏，游击战挖的。鬼子进村我看见过，皇协军打头阵，鬼子在后，来整东西，你要不惹他，他就不惹你。附近的人当皇协军的，把东西抢他家里去。有一次，正吃着饭，鬼子把锅掀走了。有的喜欢小孩，有好有坏的。抓过人，说你是八路军，他要枪杀。有八路军的村长，有鬼子的村长，猛一到来，修炮楼要人去修，咱这倒没抓人，其他村有。

一人不传六耳，有八路军，但都不知道。过了三人就不知道了。过了民国 32 年，八路军公开了，跟老百姓好，不拿一针一线，来扫院子，担水，咱说你别担了，他说不累。那会有老杂，说多就净老杂，七七事变那年多，八路军后来守住了。

灾荒年春天没下雨，庄稼耩上了，地里净是草，没啥吃，吃蚂蚱。民国 32 年以前有蚂蚱，民国 32 年忘了。

村里当时有 700 口人。春上开始逃，逃了，剩有限的。我逃了，冷的时候逃的，记不住几月份。说下呼呼地下，说不下停下了。那时住的破炕上搭席人才能睡，房子下塌了，我的（房子）也塌了，街上有水，灾荒年村里有水，村庄也有水，砖井也淹了。不知道御河过没过水，北面没有。井都平了，哪有水哪舀。下那大雨，哪有柴禾烧，没啥吃，吃点草吃点野菜，下完雨，有生病，哕泻，抽筋，那会不能治。我们家没有，我父亲死外面了。连走的连留下的有 400 人。有一家子死了的，崔明贵家抽死了，11 口人死了 10 口，他家连饿和哕泻，抽筋，有治的就扎，先生要有病谁扎，先生有得病的，不晓得扎哪地方。

我跟母亲一起逃的，民国 32 年出去的，父亲他先出去的，我到石家庄干活，装卸货车，一天 20 块钱票，准备票，给日本人干活，吃饱了。鬼子投降回来了。

东大省庄

采访时间： 2007 年 5 月 4 日
采访地点： 邱县旦寨乡东大省庄
采 访 人： 王穆岩
被采访人： 崔志忠（男　75 岁　属鸡）

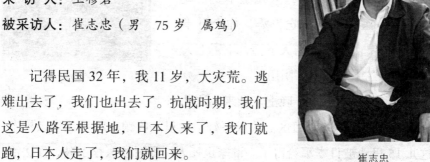

崔志忠

记得民国 32 年，我 11 岁，大灾荒。逃难出去了，我们也出去了。抗战时期，我们这是八路军根据地，日本人来了，我们就跑，日本人走了，我们就回来。

连三年没收，旱年。老人、孩子在家没人管，都饿死了，一千多人剩三百多人，逃到河南、河北、山东、山西，哪有饭就去哪。有人跟皇协军当卖国贼，日本人在这里三光政策。我（是民国）31 年走的，四月份走的，1946 年回来的。有逃荒妇女寻在外头，小孩跟着人家，老人死了。

听说阴历八月连下七八天雨，得霍乱病，死人都抬不及。我们家死了五六个人，我爷爷、老爷爷、母亲，下雨天连饿带病都死了。霍乱，上吐下泻，以前没这个病，以后这个病也没大有。就 32 年的多。

1940 年、1939 年见过日本人，1946 年回来日本人就投降了。日本人在我村打死一个人，老党员，日本人用刺刀挑人，用刺刀穿膀子。日本人主要是找八路军，八路军挖路沟，扰乱敌人。宋任穷、王宏坤、陈再道都住过我们村。离这十五六里地有炮楼，听说八路军扰乱敌人。有人被日本人抓去当劳工，叫求道，回来了，后来去世了。不记得有妇女叫日本鬼子抓去。

采访时间： 2007 年 5 月 4 日

采访地点： 邱县旦寨乡东大省庄

采 访 人： 王穆岩

被采访人： 李荫宽（男　76 岁　属鸡）

李荫宽

民国 32 年，大灾荒，人死了不少，就是霍乱病。医疗不好，吃得孬，加上日本人、老杂捣乱。干旱，老天下雨，下了七天七夜，八月二十八下雨（阴历）。

白天皇军日本人抢，晚上老杂来。这儿是根据地，老伴那儿是敌区。收成不好，地里不收粮，收的让老杂抢走。离这儿 15 里地被日本军给占了。谁家也死人，那时候医疗不高，没法治，非死不可。那时我 11 岁，我快不行了，父亲给我请医生，走到半路回来，几小时就死了。

下雨时就夹着那个病，下雨以前有，不多，很少。下雨时候多，以后有。下雨时候村里有日本鬼子，下雨以前日本人没来这儿占过。不敢来，这是根据地，咱村没离过八路。八路军没得霍乱，都是老百姓得。八路是流动式的，霍乱是传染病，传染。父亲是得霍乱去世的。恶心，上哕下泻，痉挛，抽搐，病很急，几个钟头就要命。那时医生很少，扎不过多，没来得及扎针，急性的就扎不过来。

下雨后，日本人还来，来得很少，因为是八路军的根据地，日本人出来就袭击他。下雨前鬼子来得比较多，大扫荡得十天半月的。

那时喝井水。下雨，井都漫了，接点水喝，没人在井上盖盖子。民国32年以后，有过一段盖盖子，说有人投毒，是民国32年以后，八路军政府号召盖盖子，怕有人投毒。

见过空中飞的日本飞机，见得多了，有的扔宣传单。5月17日，打刘固村，马头庄边，下着雨，用迫击炮，日本人扔炸弹。

村里有被抓去当劳工，我知道的有三个，李清河去东北，回来了，已去世；西成庄的秋大直接去日本，也回来了，日本人亡国后才回来的，都是抓走的。没有妇女被抓去，被日本侮辱过有的是。

日本人扫荡，几天一回，那个日子难过。晚上下地里睡，不敢在家里睡。日本人少了，又出来老杂，不分多少，十几斤粮食也给抢走。地里没苗，没人耕种，出了一地绿豆，不是人种的，老天赞助。那东西能吃，要不是那东西，死人更多。过去那阵子，后来好多了。

八路军袭击日本人，他不敢出来，一出来一群人，铁壁为何大扫荡，人少，站不住脚。八路军没什么武器，七四一团，三八六旅最出名，特别厉害，在这儿住。人家一来他就走，挖好战沟了，说要打仗。日本占到离这村十几二十几里地。工事，战壕都弄好了，武器也好。晚上一下命令，我们走了个精光。

采访时间：2007 年 5 月 4 日
采访地点：邱县旦寨乡东大省庄

采 访 人：王穆岩

被采访人：温凤鸣（男　73 岁　属猪）

温凤鸣

　　民国 32 年饿死不少，吃地里的野菜，逃了不少，村里没啥人了，逃荒河南、山西去的。妇道人家都没回来，姓在外边了，下雨时我在家，下雨后我蹚着水去姥姥家。

　　霍乱，恶心，抽筋。村里有人扎针，扎好就扎好，扎不好就死了。我们家死了 13 口，下着慢，披蓑衣，去捋高粱秕粒，掺点水，没得柴火烧。下雨时有霍乱，下雨前少。村里有两个会扎针，有扎好的，扎肚子的多。下雨后扎得晚的就死了。扎过来的人现在都不在了。张王楼下雨时也有霍乱，旁的地方也没去过，数近的这几个村厉害。民国 32 年这病没有了，以后也没有。

　　民国 32 年的水是下的水，雨下得大，地下水不多，房屋倒塌，连阴天。

　　日本鬼子抢粮食。

东杜林疃

采访时间：2007 年 5 月 5 日

采访地点：邱县旦寨乡东杜林疃

采 访 人：齐　飞　刘晓燕　付尚民

被采访人：韩春芳（女　77 岁　属羊）

　　我一直住在村里，民国 32 年时我 12 岁，我上过小学，上了好几年，头民国 32 年上的学，过了民国 32 年也上学，在村里上过学，日本人来了就跑了，没上学。三十四五年上过学。那时村里850口人，我家有8口人。

民国32年，有爷爷、奶奶儿子、父母、姐妹和我。那时家里有35亩地，打的粮食头一年够吃。我母亲下雨时死了。

民国32年日本鬼子来过村子，有七辆汽车，住了一天走了。还没修钉子。民国32年日本人打死了怀春（音）爹，张勇太（音）他娘，打死的都是农民。不经常来村里，待一天半天就走，来抢铺盖。大扫荡时来村里，打死了人，日本人问他们谁是当兵的，把他们杀死了。

那时有土匪，把牛都牵走了。土匪也不经常来，听老人说的，土匪只要钱，不杀人，抓富人要钱。

这村里没有当皇协军的，皇协军明儿的时候来，不经常来。皇协军住龙潭，属曲周。有炮楼，炮楼里有日本人，也有皇协军。马家头、马房营都有炮楼，都是日本人进中国后修的。打邱城县的时候听见大炮响，听到约两天大炮响，那会儿没飞机。

民国32年8月23日下雨。下冰雹的时候，收麦子，还穿单衣。雨下得很大，冰雹像馍馍一样，在下雨以前把瓦盆子都砸坏了。那年庄稼都没收。

下雨时，村里有不少得霍乱病的。我见过，我姐姐、娘都这样死的，五天死了俩。找人给她们扎针，还没下完雨，北屋后墙倒了。那个扎针的就是这村的，没有药，扎胳膊窝和腿窝，出来血都是黑色的。扎针都是白扎的，不要钱，有扎好的，也有没扎过来的，扎过来的少，不记得谁扎过来了。上哕下泻、肚子疼。下雨之前没有得这病的，下雨的时候得病的人多，天潮，吃不好，没有好东西吃，下雨之后就没有人得了。

那时在地里喝凉水，在家里喝热水。水都是雨水，没有河水，喝砖井水。下雨下了八天八夜，水没到脚脖子以上，膝盖以下。

下雨的时候烧椽子，树枝，檩条，做饭时喝点开水，没得烧。给吃的才埋人，啥也不给，光吃一顿饭，埋得不深，没劲刨了。过完灾荒年家里就剩四口人了，民国33年村里就剩250口人，有不回来照顾的。

民国 33 年生蚂蚱，麦子都叫蚂蚱吃了，麦秆草都被吃了，在地里收麦头吃，高粱谷子都吃光了，那年在地里拾麦头吃。那时吃蚂蚱丸子和野绿豆。

下大雨的时候日本人没来。下雨的时候没吃的，逃荒逃到山东，在这里的东南方 200 里，那边没听说有病的。我逃荒到民国 33 年就回来。民国 32 年九十月我就去逃荒了，走之前没见过日本人来村里。见过日本人的飞机，没见过扔东西。平常我见的日本人穿绿衣服，皇协军有的穿军装，有的也不穿。没有见穿白衣服的日本人。日本人不打小孩，日本人抓青年，这村里有被抓去下煤窑挖煤的，现在他已经死了。

采访时间： 2007 年 5 月 5 日
采访地点： 邱县旦寨乡东杜林疃
采 访 人： 齐　飞　刘晓燕　付尚民
被采访人： 韩　修（男　74 岁　属狗）

这里没有土匪，有小偷小摸的。民国 32 年我家母亲、父亲共五口人，父亲自己在家，我逃到晋县、鱼台，在南边，都过去了。

我上了好几年学，上了四年小学，之后上高小，没毕业，只上了一年多，这些是日本人走之后的。

我一直住在村子里，民国 32 年时村子里三百来口人，经过灾荒年，死得就剩一百来人。我家在 1943 年阴历六月过了麦到任县，在任县生活不好维持，他们对外县人不好。

民国 32 年其他时间很旱，那年要么旱，要么涝。当时下大雨下了七天七夜，阴历七月二十三日下雨，刚下雨的时候在任县，下雨之后蹚着水回来的。八月份回来时，那时候已经不下了，但水还很深，回来的时候正在死人，连饿，又没有医生，得了哕泻、抽筋，几天就完，一天死十来口，又没吃的，又没烧的，得这病跟生活有关系，吃不好，又挨饿，不能治疗。听老人说得这病生活不好，感染点。我见过得那病的，吐得很厉害，上吐下泻，几天就不中了，连麦子都抬不动了。

那时用砖垒的井有三丈来深，平常都喝熟水。民国32年下大雨，村子里倒了不少房子。民国32年之后也不多了，有医生了，抓紧治好，都喝熟水。

逃荒的那个地方没得这病的，那儿不是灾荒年。那时候没井，靠天，春棉都种不上。

我在村里见过日本人，民国32年之后也见过，日本人毁坏村里可不轻，把村子都点光了。后庙，离这六里地，八路军打了日本人的汽车，这事发生在民国32年之后。民国32年之前经常来这里，不毁坏东西，那时候房后是个大场。日本人从威县过来，到曲周去，有七八辆汽车都在场里，我上汽车跟前看了，有一个人是威县的，被带来领路。不糟蹋老百姓，找老百姓领路。

曲周县龙台离这儿八里地远，日本人常来这儿抢东西，不太毁人，主要抢东西。那时候他们生活也困难，把粮食抢走了，这事在民国32年以后，民国33年、34年的事，把房子都点了，一点都没剩。我当时在地里吃，在地里住，东西扫荡二三十里地，有半个月，十来里地有一个钉子。皇协军最坏，他在村子里打人，一直打人，男女老少老打，不隔三天就来，单独也来，跟日本人也来，杀的人不多，民国32年扫荡的时候毁人不少，不愿跟日本人说谁是共产党、当兵的。有次，烧死两个女的，挑死了一个男的。男的不说是共产党，妇女带他们去找，但没找到，被带到屋子里面烧死了。这是民国32年以后的事。

采访时间：2007年5月5日
采访地点：邱县旦寨乡东杜林疃
采访人：齐飞　刘晓燕　付尚民
被采访人：孙敬文（男　76岁　属猴）

我一直在村子里住，那时候没钱上学，上完小学就不上了，就在本村上学，在现在的东杜林疃上学。民国时村里有四百二三十口人。民国时家里11口，一个姐、一个妹妹、一个大爷、一个大娘、一个哥哥、一个嫂嫂，父母都住在一块。那时候家里有70亩地，打的粮食不一定够吃，天旱时就不够吃，风调雨顺时够吃。民国34年就解放了。

日本人来的时候都是黑夜，那时这里共产党多，日本人不敢来。日本人来抓人，抓到龙潭，属曲周，离八里地，有炮楼，来牵牛，要钱。日本人都在村南头，没到村北头。日本人一共来了五趟，日本人在村里没杀过人，但抢过人，抢的都是男人，一个老人，两个青年人。都花钱买回来了，那时有冀南票，广西票，这里是花冀南票，买回一个人用两千多冀南票，拿不起就借钱，卖宅子，卖地的也有。

村里来过皇协军，只是黑天来，皇协军和日本人一起来，皇协军都是老百姓。皇协军和日本人不住一起，皇协军住一个楼，日本人住一个楼，日本人来回换，在楼之间换，皇协军不换。

土匪不祸害，都是山东人。他们头是邱县的，土匪不糟蹋本地人，光在这儿住，到广宗、巨鹿、河南祸害。土匪抢人，不杀人，只是为了要钱。

民国32年天旱无雨，到六月初，立秋以后下的雨，立秋以前没下雨，一直到临清、馆陶都没有雨，时间不长，能种小麦、油菜，但长不上。有偷的，有抢的，老杂（土匪）抢。到阴历八月三十下雨，一下下了七八天，房倒屋塌，淹了都。

人不能出去，人都得霍乱病，大家都叫它霍乱病，所以这么叫。有的饿，有的病，有饿死的，有病死的。哕泻，村里有医生也不行，一天死十几个、二十几个，治不了。得这病是下雨的时候得的。我这家里没有得这病的，我也没见过得霍乱病的，我家人离开到邢台，我九月就离开了。这个村民国32年，走得剩下一百多人不到二百人。这都家里的人跟我说的得病情况。下雨之后饿死的多，没有得霍乱的了，就下雨那十几天得这病死的多。下雨时日本人没来村子，不敢来。

离家这 25 里有土路，日本人过三辆汽车，车上有文件被八路军截了，把车打坏了，日本人都过来人找文件了，过来几千人，都住村里了，村子里全是日本人，村里有两个人打汽车了，我没看见过打汽车。日本人来烧房，东西都砸坏了，杀了五个人，两个女的被活活烧死在屋里，有拿刺刀挑死的，一个在西边地里，村北窑上，村南边地上，日本人把他们撅死了，因为日本人找不到文件，所以杀了他们。那时候来的也有皇协军、治安军（是蒋介石投奔日本人的队伍），都有机枪、大炮。那是日本最后一次大挣扎，这时我就在村子里。

日本人、治安军在石家庄、邢台住着，在民国 32 年之前治安军就有了。我逃荒是民国 33 年二月回到本村。日本人净穿绿呢子衣服，邢台的农民达尔曹（音）跟着日本人来抢东西，没见过穿其他衣服的日本人，也没见过穿白衣服的人。

那时村里没有很富的人，八路军白天装成老百姓去炮楼转转，老百姓自愿向八路军提供情报。八路军在灾荒头里来得多，四旅，一个青年团，青年团共 3000 多人，四旅比青年团还多。这里是八路军根据地，八路军县委书记病在这儿，住了两年。民国 28 年在这儿住，可能民国 26 年就有县委。之前这儿归国民党管，广宗、曲周、平乡划成一个县，归他管。县大队在这儿住，来住了三四天、四五天。他们来村里啥也不干，就抓坏人，一起来百十个人，住在农民家，用老百姓的锅做饭，不吃老百姓的东西。

我曾经被抓去当过国民党（兵）。

傅东村

采访时间： 2007 年 5 月 6 日

采访地点： 邱县旦寨乡傅东村

采访人： 刘　洋　刘　燕　韩仲秋

被采访人： 冯九京（男　74 岁　属鼠）

冯九京

　　一直在这住着。念了二三年书，那学校也不行，到日本人来了我才不念了。

　　我家里有十几口人，弟兄四个、父母、两个大爷在一块。地有三十多亩，不够吃的，吃孬点。在外面打工的打工，种地的种地，给东西。我哥哥给人做活，给钱一年一给，一年多少多少钱，那会兴洋钱，十几块钱。

　　鬼子来时，光傅东四五百人。鬼子到过，经常跑外面。在外面这路来回走，每天走到以后他就不走了。在村里杀过人，给打死的，老百姓好好的就打死，当时没死，整到家里死了。皇协军和日本一块来抢大户的东西，跟村里要，要啥你给啥，给村里派东西，村里谷不少。

　　我也逃荒去了，七月里走的，阴历七月初四下的雨，下了雨以后没粮食就走了。走了六七个人，哥哥、父亲要回来，我跟俺二哥走了山东的，济南西的。要饭，给人做点活吃点饭，到八月二十几回来。

　　下大雨了回不去了。下了七天七夜，饿死的不少。我当中回来的，随下随走，到这下得就大了，下完雨就在家了。民国 32 年我父亲、哥哥、母亲、嫂子又到那去了，没走到又回来了，我父亲死那儿了。

　　霍乱病那时候又不很多，我从东边来时，我上吐下泻肚子疼，一个医生给我扎扎好了。还没走到家，我弟在东边村，肚子疼上吐下泻，那医生给扎了，说是这个病霍乱。我姐那村也不是很多，也不知道得啥病都死了。那时人没家也没吃的。那还轻，接着就扎过来了，先生扎的，扎肚子里，胳膊肘和腿，放点血。来到家，人不多了，也有死人，得啥病都不知道了，反正都那时候死了。那时候也不知道是啥病，都是灾荒死的，饿死的多，连一饿稍有点小病就死了。那也说不准咋得的，我在路上走着还没事，到这得了。离村七八里地（的）杜庄，别的得不得我不知道，在那得的时间不长，在那扎了，不疼了，我就走了，扎了时间不长。来到家没得，家里人都在家，没得的。喝热水很少，喝凉水，拆点东西烧烧。那会有萝卜，长得好水大，吃生的，没熟的，有油菜，地里有点。使火做饭的很少，没烧头，没开水的，吃生的，要点烧火烧烧，桌子椅子都烧。

（民国 32 年）过了灾荒年，日本人走了，共产党一来慢慢就好了。灾荒时，八路也在这，在这里住啊，来回走。八路军给救济，他也没吃的，从外边调点顾不上。

见过鬼子，穿黄军装戴铁帽子，皇协军不戴。灾荒年也来，抢不着好东西，也抢东西。打死了一个，别的有打的，没死的，抓走两个受罪，在威县，受罪时候，都喝自己的尿。也不要钱，抓的老百姓，打死了好几个来。都是在香城固打死的，那时刚过了灾荒。

采访时间： 2007 年 5 月 6 日

采访地点： 邱县旦寨乡傅东村

采 访 人： 刘 洋 刘 燕 韩仲秋

被采访人： 霍春刚（男 83 岁 属牛）

霍春刚

（我）一直在这村住着。念过书，念了三年半，鬼子还没来，9 岁入的校，12 岁那年日本来了，村里的教师都跑了。学校国办教育，那会还是国民党咪。

鬼子来时，三个大队，一千两三百口

人。那时我家，姊妹六口，那会四亩地不够吃的。灾荒以前，人多地少，全是我父亲自己出力气。那时的钱很难挣，吃糠咽菜。不会做买卖，给地主扛活，村里给人扛活，给钱，给人种地就分东西，掌柜的，100斤人家要70（斤），这些人分30（斤），三七分，有二八分的，咱不交公粮，光是吃的。那看你干活好坏，要是庄稼活，就干了，一年四五十块钱，有银圆、纸币、纸票。分粮有限，数千斤粮食，有时还分不了这些。

鬼子来过，他来过，他扫荡的时候一年几回，长的一个月来过四五趟。有日本人就有皇协军，那家伙摸不清，见年轻人就打，有时候抢东西，有时候杀人。鬼子杀过人，看你不顺眼他就杀了。1945年当兵，还有鬼子，五月里当的兵，到七月里日本鬼子投降了，当了三年半。去南边，头先跟日本人，日本投降以后就解放战争，打阎锡山，打着咪，正解放潞安府来，下命令撤，到平汉路，胡宗南带的队伍到河北来了，打的胡宗南，打了5000多人。

灾荒年去河南要饭，要了一年多饭就回来了。这个灾荒不是一年，头一年弄个半收，第二年是严重的一年，啥也没收。七月那会都躲出去了，向南逃，死的死，逃的逃。村里没人了，头一年弄得收了点，民国32年灾荒，这一年到七月初才下雨。1943年灾荒年，昼夜不停下了七天七夜，都在这七天七夜里面伤人过多，人又吃不着东西，还下雨，死人多了。

我就在家来，嗨，瞎胡混，还能一颗不收吗？干土地也长，一下雨收了点，谷子高粱，也不分孬好，饿要紧。大小孩到谷地里掐谷穗一搓，吃生粮食粒。连饿连病，自己有病，多数是饿，地主富农都不要紧，主要是贫农、中农、下中农，走吧，还舍不得家，不出去逃荒就饿死，主要是饿死的多。

民国9年也是一个大灾荒，那一年连灾荒霍乱病。民国32年主要是歉收，饿死的多。霍乱病传染的多，抽筋，浑身的骨头往里缩，上吐下泻。我没亲自见，听老人们说过，我家、邻居家都没有。听老人说抽筋病，厉害，还传染。民国32年没听说过，没有，多数都是饿死的。到九月里才走啊，饿死的就剩下俺弟兄仨，老人都过世，都那会死的。逃到河南郓城，要饭的忒多，一个门上几十个，端个小盆，倒一点点，要点红萝卜都抢这一点点，各地要饭的忒多了，一般的住户你把喉咙喊破他都不吭声，你进一步他就熊你。后来有经验，哪个门给，哪个门不给都知道，一早直接跑那个门去，就吃饭这一会，给一点，一个饭食就拾掇点这个。来了一个冬天，到过年开春种地的时候，我就回来了。共产党把贫农集合在一块成立拉力组，上级还不时地救济，种子也是给的。

霍乱病从那以后没有了，民国9年有过，民国32年没听说过。民国9年得的不少，扎针，放血，有一个俩的，光听老人说过，扎那个。听老人跟我说的，这个死了，快得很。扎针的见过，东头住着一个那会，人家有七八十，也不接触，咱听说民国32年人家都死了。

打胡宗南，那会不偏不正的病号多，两边打仗伤号也多，连里病了几个人，住院不收，光收挂彩的，三天一挪两天来回周旋，这没法了，一挪地方，这得要担架，怪麻烦，叫他们暂时回家养病，开了个证明，说病好后仍然归本队，我也生病了，回家了。上级抓逃亡兵，很多在家没证明存不住，那回来俺四个来，这一回又抓逃亡了。在街上开大会，把我叫那去，动员我回去，我说证明有，一来支书都见了，他看了看点点头说，你好好养。在家人了，一到军队失去联系了。

采访时间：2007 年 5 月 6 日
采访地点：邱县旦寨乡傅东村
采 访 人：刘 洋 刘 燕 韩仲秋
被采访人：杨大礼（男 83 岁 属牛）

鬼子来时，村里有两千来人。我家有七八口人，姊妹七八个，地不少，二十来亩，收得少，不够吃，吃得孬，尽吃高粱掺着糠，不够吃的。年景孬，旱的，七月那会

杨大礼

下了七天七夜雨，我在地里看瓜，一会看见抬人，抽筋病不懂得，生病的多，霍乱病，抽筋，灾荒时被饿的，都饿死了，灾荒都饿死了，不知道啥样没见过。那是民国 9 年，霍乱病抽筋，在水里泡，泡着泡着好了，民国 32 年这病少，就饿的，得病都饿死了。经常抬死人，一会抬好几个，净饿死的，七天七夜。

那我小了。灾荒年时逃出去了，九月那会走的，逃到河南寿章县，在那要饭，做活待了一年，找个地，使一天，弄两块钱斤票，日本票。要饭给点粮食。

采访时间：2007 年 5 月 6 日
采访地点：邱县旦寨乡傅东村
采 访 人：刘 洋 刘 燕 韩仲秋
被采访人：杨大泽（男 86 岁 属狗）

（我）念过书，念过五六年书，上不起高小。

（村里）人不多，俺家十几口子人，仨妹妹，家里 12 亩地，种粮食，不够吃，一天吃两顿饭，高粱面窝窝要咸菜，籴点买

杨大泽

点。不给人种地，那一半人种不上，不给人浇地，瞎混，吃孬吃菜吃点树叶，都是吃两顿，差不多，不吃晌饭，红高粱窝窝。

年景，不下雨不落雨旱毁了，连吃的也没有，六月那会，家没啥吃，走的时候没下雨，一片荒地。给 18 斤谷子叫你挖井，挖个土井，涨点水，浇浇，挖一丈八尺还没水呢。上级给的，那时候没多大力量。

灾荒年那会得霍乱病的不少，不知不觉地得了，死了，用席子一卷埋了，死了都埋了。得病的不少，说死就死了，抽筋，死得很快。我们家没有，邻家也没有，房倒屋塌，我在家我没去，没砖房，全土房。我们家没

塌，不能一概都倒，老房子倒的多。没人了，日本人一来，逃得没人了。我逃出去了，逃到南边，黄河南里。要饭扔点柴，混穷，不光干活，干活谁干不上啊。过三年，麦子熟了回来的。

傅西村

采访时间： 2007 年 5 月 6 日

采访地点： 邱县旦寨乡傅西村

采访人： 刘 洋 刘 燕 韩仲秋

被采访人： 申容朝（男 75 岁 属鸡）

申容朝

（我）一直在这住着，那时人不多，五百来人，我家里饿死了好几口子，年岁孬，不收东西，饿死了四口子。灾荒年前有八口人，饿死了一个，一个爷爷没了。没啥地，没几亩地，三四亩地，六七口人，一亩地五六十斤粮食。我有个叔叔在黑龙江那里，叔叔出去了，活了八十还多，老那里了。几亩地，老爷爷啥的做苦工，给人种地，给那些种地的，那真是苦着呢！灾荒年，我那才七岁，我没出去，我父亲跑到南边，我光吃树叶子，逃到南边好几天，又回来了。

那年七月里下的，下了七天七夜不停，下了好几天雨，房漏房倒，很艰苦，净水，地里净水，摸不着热水啥也没有，苦！没收着东西，饿死多少人啊。那会得抽筋病了，下了以后得的，从那得的，霍乱病抽筋，邻居家一个哥哥、一个叔叔抽筋死了。看瓜死了，一连死了俩，抽筋死了俩。下雨七月里那会，就是那会抽筋，我那十几岁，这村死的人可不少，俺爷爷六十来岁就死了，饿的，饿死了。以前没有，就那一年真厉害，后来也不多了，抽筋病死了那一年很多。没医生扎针，我知道农村的扎针不当事，没听说扎过来的。死的人不很多，死了一半人。邻村都是厉害的，厉害得很。光说抽筋抽筋，吐泻就那样。

那时有日本鬼子，从这走来，打人杀人的。他打瘫了好几个老百姓，有当时死的。皇协军光听日本人的话还能好啊。那会八路军来了，来了就给腾屋子，多会儿咱也不能忘共产党。给饭吃！

傅中村

采访时间：2007 年 5 月 6 日
采访地点：邱县旦寨乡傅中村
采访人：刘 洋 刘 燕 韩仲秋
被采访人：崔通书（男 83 岁 属牛）

崔通书

那会人少，三个队现在四千来口。那会说不清。俺家人不多，俺家三口人，有父母，俺父亲死得早，没多少地，八九亩地，庄稼，高粱、麦子、棒子，种棉花种的不多，谷子也种。那会就种一季，一亩地最多百十斤，一布袋，差的麦子四五十斤，不够吃的。

民国 32 年灾荒年，都逃荒。我 19（岁）了，在家了，卖窝窝。麦子都没种上，吃不够吃的。灾荒年没出去，卖干粮。抽筋病不少，那家伙净得霍乱病，死人不少。以前，都下雨那会得的。见过这个病，有轻有狠，狠的不能动，没啥吃的，饿也饿毁了，饿死的。治不起，得了没法办，轻了就好。扎针有扎的。见过有扎好的，也有不好的。那会得病不少，饿就饿毁了，死的没有活的多。那时候顾不住，灾荒的时候，得病的老人都没了。谁管谁呀那会，都没啥人了，都逃荒出去了，出不去的人就得病了。我小那会。灾荒年，没见过鬼子杀人，打人，拿枪打，让日本（人）

打死的多了。皇协军来了就跑，听他来了，就悄悄跑。八路军也跑，那会人少。咱这是根据地这一会，他穿便衣和老百姓一样。我十几（岁）入的党，1938年以后，挨着1938年入的党。今年照顾，前两年一年80多块钱。

采访时间： 2007 年 5 月 6 日
采访地点： 邱县旦寨乡傅中村
采访人： 刘　洋　刘　燕　韩仲秋
被采访人： 崔习书（男　82 岁　属虎）

崔习书

　　那会人少，比这会人少得多，那会不过1000人，这都3000人了。我家四口人，姊妹两个，一个妹妹。那会地主的地多，咱家不到20亩地，10亩20亩算多的。种高粱、棉花、谷子。高粱打150斤，那个地不能浇，都是旱地。春上没啥吃的，有啥吃的，吃得孬，吃点菜。没给人种地，也没做买卖。灾荒年，人都出去了，街上没啥人了，我家出去了。六月里走的，老天爷不下雨，走吧，走晚走不出去，饿死在家里了，待了一年不到两年就回来了，俺家都出去了，你要是在家就饿死了。给人家干活，饿不死就行，给人打零活，那会生活也不好，饿不死就行。干活，给人干啥都行，割草了，锄地了，给点粮食，给啥的也有，干啥的也有。

　　霍乱病不知道，我出去了，那个地方没有这个地方有霍乱病，回来我听说咱家死人不少。不知道霍乱子病，在这时没有，准是饿的，光下雨我听说，那边没下这么多天。人家有水浇地，那边不灾荒，离这有60多里地，邯郸地区。

花台村

采访时间： 2007 年 5 月 5 日

采访地点： 邱县旦寨乡北王楼村

采访人： 刘 洋 刘 燕 韩仲秋

被采访人： 任爱琴（女 71 岁 属牛）

任爱琴

我那会不在这村，我是花台的，那时俺爹俺娘，哥弟，五口人。俺跑到南方山东梁山，没死了，干农业活，光种地，不做别的，成天没啥吃，推磨，拾柴火，推磨才有啥吃。

灾荒年我 7 岁，不收了，乱得不能种，地里不收，有牛的，有没牛的，那年还收了一点，棒子长一点，都啃着吃了。这个村也走了，后来下雨了，小草都吃掉了，饿得走不了，人跟蚂蚁一样往南走，往西走的，往北走的，往东的少。七月里走的，第二年四月里回来的。灾荒了，天天要不饱，一个走好几个村要不着，要好几天。饿死的多。俺爹有病，要着吃没，死了，俺哥 11（岁），俺弟也要饭吃，没别的能耐，能干啥。到南边北国待了几天。人家想把俺留下，俺娘不让。地里种二亩麦子都让蚂蚱吃了，这是第二年，又向北走了 500 多里，又有人要把俺留下，没留。六月走，九月又回来了。

灾荒年七月里，亲眼见的，躺床的，说死就死。俺大爷就是这么死的，七月里下雨了，下雨后，死得多了。

鬼子来了俺就跑，说跑就跑，村里都跑。

霍漳逯村

采访时间： 2007 年 5 月 5 日

采访地点： 邱县旦寨乡霍漳逯村

采 访 人： 王穆岩

被采访人： 陈九香（女　73 岁　属猪）

　　小时候有五口人，一个兄弟、爹、娘、一个姐姐。上不起学，过了灾荒也上不起，大人不叫上学，吃蚂蚱，吃菜。没得吃，逃出去，逃到山西洪洞县，那时 9 岁。民国 32 年十月走的，要饭，姐姐给人家去了，我俩就哭。姐姐解放后又嫁回来了，一百多斤猪肉、糖，把姐姐嫁回来了。

　　见过日本鬼子，忘了，那时小。日本鬼子扫荡，弄点粮食他们都给弄走，再不走盘缠也给抢走了，站不住脚。死老些人，哕血抽筋，饿死，病死，哕血止不住。没有医生不能，是个急病，不知道传染不传染。饿死老些人，能逃就逃出去，逃不出去就饿死了。枕头、被子都吃了，饿得那样，煮菜吃。

　　有老杂，那才孬呢，那年也不能活。

采访时间： 2007 年 5 月 5 日

采访地点： 邱县旦寨乡霍漳逯村

采 访 人： 李廷婷　刘鹏程　刘　宝

被采访人： 霍长保（男　73 岁　属猪）

　　民国 32 年，我 9 岁。老天爷阴了天，八月十二下的雨，一直还下，驴打滚的房都塌了。下了八天，一会儿一点，一会儿一点。早前不见阴天不见云，黑了下了一场大雨，雨特别大。

七月初四下得不大，八月一场下毁了，一直淹，第一场雨下透了，时间短。下七八天雨时我在家，那时我9岁，我喂了个小牛，放牛。俺父亲很能干，剥了那榆树皮，榆树籽，一敲是干的。吃的面做成碗点灯，用棉籽油。俺娘用槐树叶弄点菜吃，俺八大爷没人管，吃那酸枣叶，眼睛、脑袋肿，没多长时间就死了。

霍长保

那会儿人吃人，我们向北五里地，林二村有个人老了，名字咱记不得，19日后庙有会，从腿上割下一块肉，吃了半个月，红眼珠（吃肉吃的），白眼珠变成红眼珠了，原先白眼珠是白眼珠，黑眼珠是黑眼珠，这个我是听人说的，俺村也有。

白天有日本人，打着日本小旗就来了，挖个沟修公路，天黑八路军把沟埋了。那时我9岁，一天一顿饭吃不了，有点干木头就劈了。

民国32年，下了七天七夜雨，一出门就是洪水，不是外面来的水。生病的人一大些。村东的刘原信，八路军，党员，不敢在家，他兄弟把他媳妇埋了，俺父亲帮忙抬的，没人抬，找些老人抬的，没劲，出村就埋了。民国32年就这么艰苦。

日本兵在马兰头有炮楼，他放那烟火味，吓唬人。那天刮风，呼呼的。八路军只有一杆枪，还没子弹。

霍乱转筋咱说不准，那时我才9岁，村子人死的不少，好几家都绝了，姓田的，刘天信他家那时是绝了的，老人饿死了，年轻人得病死的。北边后五庙，人死得跟鸽子似的，哪还有人埋，谁也不认识谁，我亲眼见的，也记不清死多少了。

逃荒时我母亲推着我，坐在小车上还快没气了，那时光害怕，白天有日本人，黑天还有土匪，黑天白天都不安宁。

过春节时在晋冀鲁豫有这样一副对联：南八路北皇协两边交界；只搅

得众黎民昼夜不安。还有一副：吃一升，借一升，顿顿忍饥；吃一碗，借一碗，顿顿挨饿。

民国32年，我在村东逮蚂蚱，捏扁了，回家放锅里，叮当叮当，吃完之后扎大肠，得把腿都掐了，吃啥也不能吃蚂蚱。

采访时间： 2007年5月5日
采访地点： 邱县旦寨乡霍漳逯村
采 访 人： 李廷婷　刘鹏程　刘　宝
被采访人： 霍长勤（男　78岁　属马）

霍长勤

民国32年，我14岁，我逃到无极县，离这儿300里地，六月二十六走的，阳历7月。

民国32年六月份那会儿还没饿死的，俺走得最早，看那会儿不中了，走了五六家子人，这些人都没饿死，家里没吃的就走了，在外边要饭，要几家就饱了。七八月，八九月就不中了，那时都没吃的，那时穷。白天日本人也抢东西，他们也没得吃。农民种地的种子，自己留点绿豆，后来都当饭吃了。过民国32年后，村里还没400人，逃荒前三四百人。我回来以后就没死人的了。我回来时是民国33年八月十六，回来时收成不好，收点，收的是玉米，维持生活。

民国32年后，有病死的，有得浮肿病的，死一两个。

那时有日本人，有老杂，东西都被抢去了，就逃荒去了。老杂给鬼子抢东西，鬼子在村里打人，见东西就抢。

日本人见得多了，我逃荒到无极县，给日本人做工，一天一块钱，一天三顿饭，上午给三个窝窝头。那时给皇协军，咱中国人干活，小孩不打。我以前见过日本兵，日本人扫荡，不断来，老毛子，日本人，也有皇协军，中国人多，来要东西。扫荡时有八路，也都跑了。

民国 33 年生蚂蚱，干旱，啥也没种，也没地。民国 32 年没生蚂蚱。

采访时间： 2007 年 5 月 5 日
采访地点： 邱县旦寨乡霍漳逯村
采 访 人： 李廷婷　刘鹏程　刘　宝
被采访人： 李香兰（女　91 岁　属蛇）

李香兰

我弟妹五个，俺老三，叫李香兰。娘家是干田丁的，在东南八里地，要饭在馆陶南黄河以南。

民国 32 年，我 27 岁逃的荒，那时就过来了。皮饿得都贴骨头了。

民国 32 年春天旱，麦子都种不上。旱是旱，七月里下的雨，下雨下得晚了，下雨时我在家里，下了七八天，屋子漏，房倒屋塌的。民国 32 年下雨下的，水到我的腰。

民国 32 年，收的谷子像筷子那么高，七寸高，生蚂蚱咱还没走，有个小男孩饿死了。民国 32 年，房倒屋塌的，没得吃，草籽炒一炒就吃。花籽是棉花的籽，不掺点粮食吃不下去，那时候下雨，也不知道烧的啥。

民国 32 年逃荒去了，都往南走了。有的人一边走一边哭说："咱走了，能回来吗？"有一个老婆婆说："能回来，别哭了。"正好回来了，活到 90 多（岁）。吃棉花籽，壳也吃了，皮儿也嚼嚼咽了。不种地了，下雨，没东西吃。下雨都喝凉水。

十月里逃荒，十月（初）十走的，到黄河以南去了。尽水不能走，半路上俺对儿说："你要死了就不要你了。你要不死俺就推着你。"那时 9 岁，穿着湿棉袄，难过着咪。那时还没走，在家饿死了小小。村里有的干部叫你伺候，俺跑不动，日本人 32 年还在这儿。

有病，饥死了，都饿死了，饿死的多。我记得没霍乱转筋，我9岁时，我姑得的霍乱转筋，后来治好了。俺逃难十月（初）十走的，第二年四月二十几回来的。麦子快熟了，没牛犁地，让孩子锄地。

民国32年也生过蚂蚱，断不了生蚂蚱。我早岁在家，晚岁不在家，早岁有蚂蚱，晚岁有蚂蚱。在家吃的蚂蚱。

那时有盐吃，吃硝盐，粗盐。自己弄的，碱地，挖点水晒晒，就出盐了。有的能吃，有的不能吃。

采访时间：2007年5月5日
采访地点：邱县旦寨乡霍漳逯村
采 访 人：李廷婷　刘鹏程　刘　宝
被采访人：文兰秀（女　81岁　属兔）

民国32年，过贱年，那60多年了，死的人满地，活不了几天。

那时还有皇协军、老杂，乱得不行，见啥拿啥。把我们的房子点着了火。前七月不下雨，后七月才下雨，那年是闰七月，没得吃，都逃走了。俺逃了一百多里，年岁多了，都忘了。

民国32年，日本人进过村子，扫荡。下雨时日本人还待这儿，住这儿。那时雨很大，地都淹了，有高地，有洼地，下了七八天。那时候转筋，哕、泻，人都没得吃，饿的。下雨时我和爸爸哥哥一起逃走的，在外边要饭，春节回来的。那时谁都不管谁了，老人有推着走的，那沟子里饿死的，埋不动了。

那时我还小，日本兵、日本人到处修楼，叫庄稼人去修。马头那儿有，那时不大抓人。

那年生蚂蚱，蚂蚱把麦穗都吃了。是热的时候生的蚂蚱，五六月份。

采访时间：2007 年 5 月 5 日

采访地点：邱县旦寨乡霍漳逯村

采 访 人：李廷婷　刘鹏程　刘　宝

被采访人：杨改明（男　79 岁　属蛇）

杨改明

　　民国 32 年，没得吃，都饿死了，都完了走了，没路费，都要着饭，走七八天，肚里没饭，一天走二三十里路，走不动。身体有毛病，没得吃，饿的，又有日本人，有老杂，又饿。那时我小，15 岁，记不太清了。

　　灾荒年以前家里有三口人，有俺母亲有俺兄弟，三个人都逃荒去了，后来俺母亲老了，不在了。俺六月里逃的荒，那时还没下雨，种不上地，后来下了七八天雨。我没走之前这里没生蚂蚱，我在逃荒的地方（河北）吃的蚂蚱，蚂蚱把麦穗都咬了。我在外面待了三四年才回来的，有地不能种，干的，后来不能种，回来也没得吃。回来的时候俺村剩 100 口人，原先 1000 多口人，都是没得吃，饿的，有饿死的，也有走了没回来的。村里人没有不逃的，剩几个老头，死了，就剩两个人，饿死了。

　　民国 32 年，有生病的，长疥疮，那死得多了，咱不记得了。霍乱转筋有，不少，第二年得的。下雨死的人不少。我不知道什么是霍乱病，但霍乱病可厉害了，死了好多人，我通过歌谣知道的。下雨前得病的少，下雨时和下雨后得的多。叫哕转筋，一天都死了，死了人埋不及，死了没人治，生活上不卫生，营养跟不上，吃蚂蚱，吃糠咽菜，得浮肿。

　　我给日本人挖土壕，盖日本炮楼，挖沟，给他们做活，白做，不管饭，不发钱。这个村派了让你去，你就去，给日本人做工多着哪，各村都有。日本人打人，但不打老人，不打小孩。那时我 15（岁）了，跟我一起做活的同村的，有跟我年纪差不多的，有一个叫霍银宅（音），陈西九（音），活是不累。

　　日本人扫荡进村，抢东西，抓人，日本人抓人，抓壮年人，抓庄稼人要东西，村里出钱赎。有政府，政府听谁的咱不知道，村长负责保护这个村。

那时啥证件，没证件。俺有良民证，要饭时没良民证也不行，都有良民证。日本人发的良民证，咱记不得了，我15（岁）时发的。走几百里地也要良民证，逃荒没有良民证就被扣住了。

李漳逯村

采访时间：2007 年 5 月 5 日

采访地点：邱县旦寨乡李漳逯村

采 访 人：李廷婷　刘鹏程　刘　宝

被采访人：李　桐（男　79 岁　属蛇）

李桐

一般书我都会看。

民国 32 年，我记得。那时也有日本人，见了害怕，离这儿八里地有日本人。

民国 32 年是灾荒年，我六七月逃荒出去的，把人都饿死了。我七月走的，那时候下了六七天雨，走时下得多，我记得把路、汽车道冲开了。那是西南运城水库来的水，是民国 32 年七月的事。七月，把路冲开了，我在邢台，冲开了能走，我是冲开后走的，坐船有要钱的，有不要钱的，不坐船过不去。在去邢台的丁庄坐的船，那时我十二三（岁）逃的荒，顶多十五岁，跟俺母亲逃的荒，两天到了邢台南和县，离邢台还有四五里地，逃荒不要钱。

民国 32 年饿死不少人，原先二百多口人，剩下九十多口，都饿死了。不知道霍乱病，没听说过有什么病。死了后都埋各个村。

是 1956 年、1963 年，到咱这儿都发水，有下雨，有来水，从南边来的，南边有条河，越涨越高，上大水，用土挡着，是 1956 年、1963 年上的大水。

李 庄

采访时间：2007年5月5日

采访地点：邱县旦寨乡李庄

采访人：徐 畅 于春晓 刘 静

被采访人：李久曾（男 73岁 属猪）

李久曾

　　我一直住这村，我6岁的时候，日本人在东北三省待了六年，还没到咱庄。6岁头年来俺这庄待了两年。俺爹拉着我接日本人。有烟、有酒、有桌子，干部派的，怕人家在俺庄杀人，畏敬你。三个老头接人，李化昌接人，俺爹拉我去看。怕我碍事，俺爹说你往前去吧。他往前一去，碍着人家（日本人）的事，人家不停，人家那刺刀一拨弄，腰拨弄透了，连医生都吓坏了，治不好，心透了，不是直刺的。让人闪一边。老百姓听不懂，抬到楼上。

　　日本人在东边伐树、抓夫，伐树他也不打，你畏敬他，他到你跟前来，你把帽子一摘，腰一弯，他就哈哈笑了。伐了树，盖了楼，开始扫荡了。抓年轻人，不打，中年人逮着就毁了。他说你们是大大的八路，你们就应该死啦死啦的。见小孩，他也摸摸头，他也比比他的小孩，离家时有多高。他不来不当家，日本人也是苦军人，看见小孩就掉泪，给饼干。日本人在中国待了八年，到年头，美国派的飞机，说日本人在中国待了八年该走了，不然把日本打平了。上午还扫荡，吃过中午饭，下午就走了。那会八路军有难，要子没子，要枪没枪。

　　皇协军也爱人，不是见人就打，皇帝该换是由天意决定的，天指使的，天不保你，下面就乱了。日本人在中国不能孬，打的是八路军。

　　民国32年灾荒年我6岁，灾荒真可怜，饿死了举家老少，妻子离散，夫家往外逃难走了。家里面没人了，东的东，西的西。六月里没雨，八月中秋下的雨，下了八天八夜，房倒屋塌，听到咕咚房子倒了，也有砸死的。没有烧砖，都是土墙。都是草。下雨之后，雨停了后，就开始生病，冷得身子受不住，浑身抖，又吐又泻，发疟子，伤寒，在院里盖三条被子也受不了。有人吃药吃好了，有的吃不起，熬几天就好了。

我记事时霍乱就没了，我说的是灾荒年第二年的事。

采访时间：2007 年 5 月 5 日

采访地点：邱县旦寨乡李庄

采 访 人：徐 畅 于春晓 刘 静

被采访人：李杨氏（女 78 岁 属马）

娘家在张葛，娘家姊妹三，两个弟弟。父亲是种地的，不知道有多少地，小时候不上学，纺花，穿梭织布，不让上，也上不起，没那条件。记得日本鬼子一来，俺就跑了。他们干过坏事，有东西就祸害，（把）房子还点了，破桌子、破椅子都烧了。

灾荒年先旱后淹，八月下雨了，下了七八天。那会尽是泥房，都倒了。下得哪都是水，喝生水，一点点儿绿豆荚抓过来连皮都煮着吃了。村里河里都是水。抓野菜吃。有生病的，啰泻，伤了老些人，俺家没得那病的。那时没人看，治得不够。大针扎，银针，扎腿，亲眼见过扎，不放血。有扎好的也有没扎好的。没多长时间这病就没了，从前没有以后也没有。

没东西吃，有点吃吃不上，白天皇协军抢，黑天老杂。兄弟五六岁在院子上睡，盖着被子，转身就被人拿走了。下雨时候人家不来，人家有楼。

逃荒去了，逃到邢台，跟着舅舅、姥娘。在那蒸馒头卖，小麦做的，舅舅会做。

采访时间：2007 年 5 月 5 日

采访地点：邱县旦寨乡李庄

采访人：徐　畅　于春晓　刘　静

被采访人：王付林（男　83 岁　属牛）

王付林

（我）小时候没读过书。

民国 31 年参加八路军，家顾不得，穷，十七八岁，参军了，刚开始是四旅，在这一块打游击。1944 年从部队回来，挂彩了。党证丢了，倒不是丢，丢失，没丢，跟书记不对，县里要整党，县里干部是同山，姓吴的。不让我参加，问其他党员，为啥不让我参加，我跟张宝庆一起当兵的，一个村的，他跑回来了，开小差回来了，他也是党员，为啥让他开，不让我参加。我问李峰志为啥不让我参加，他说村里党支部书记要有个残废证，要让他参加，我都不能干了。从那以后我就没参加。民国 30 年，我 18（岁），我就入党了。村里两拨，俺这一拨人少，张西庭发展我们 8 个党员。俺村党员数我最小。

俺弟兄俩，两个姐姐，一个妹妹。父母种地的，有点地。有 20 亩地，24 步一亩，种谷子、高粱，好的一亩地三斗、两斗，一斗 32 斤，16 两老秤，连牲口都喂不起。小的时候俺父亲用人家的牲口帮人家耕地，再用人家的牲口耕自己的地，帮人家割麦，割一天 15 斤，给人家打短工。钱少兴票，几毛钱，国民党中央票。不够吃，干活还不够吃，俺父亲到东北去挑糠，用簸箕，剩的碎谷子米用来顾生活，把米簸出来再卖糠。有时候吃糠，吃麻子油饼，吃咸盐、小盐，刮一堆一堆，有池子推那淋，熬出盐，淋盐的都是大土台子，家家户户都这么干。盐不值钱，熬一锅盐，五六天才能赚一块钱，国民党票。咱这村差不多都自己熬盐往外卖，都下乡推着卖，哪个村不出盐往哪卖。吃不起油，花籽油吃不起，长点生菜用盐腌，过年时吃点肉，红高粱碾碾弄两斤肉包包。初一那时有的吃小麦面、绿豆面、米面包一顿这样的饺子吃。不好借，穷人人家不给借。一块钱一亩地，兴银圆，啥时有钱啥时还，没钱人家种着卖了两亩地。

鬼子来的时候民国二十几年，十二三岁时村北四、六里地马兰头有皇协军、日本人。曲周县南边，曲周龙潭离这里 12 里地，东边张葛，北边就远了。鬼子经常来，跟皇协军来，鬼子也抢，不抢东西，干坏事。抢鸡蛋，糟蹋妇女，这村不严重。皇协军啥都抢，皇协军都是本地人，曲周多。日本人占着的，从这到邱县，说不准啥时候日本人就扫荡来。皇协军、日本人待见小孩，见小孩把装的吃的给小孩，谁知道为啥。

老杂多得很，东北角一窝，正月十六，十二三岁，西边咱村有大刀会，大刀会当了老杂，正月十六打到这村，打死两个人。东西都抢走了，有个王来焕、李云长，可能是马头的，是大杆。

民国 28 年、29 年，共产党在这开始活动，发展党员，搞地下（工作），不公开。民国 31 年或 30 年，八路军就公开了。八路军和老百姓关系好着了，不出村，村外面有站岗的，在谁家住，给谁家打扫，八路军全凭老百姓的掩护。我当兵背防护袋，上级发的，打仗时才能吃，有个水壶，有个碗，米是熟米，倒点水，弄弄吃。皇协军靠着日本人，靠人家吃，当兵就在李村周围转悠。

俺村西头跟日本人打，不是灾荒年就是头一年，早先打两下就跑，这回厉害了。准备打人，看见过来的是老百姓，过来却是日本人，打不及了。有鬼子、有皇协军，皇协军在前头，鬼子在后面，可能是 1942 年。

灾荒那年在北面，在那个村打了 7 天，日本人害怕，有二百来人穿便衣，便衣队。这是马路，在马路上下打地雷，把车打崩了，日本人跑到马路北，我们在南面，他们都跑到土堆边。后面一下命令，咱手榴弹带木头的，一人四个。投完手榴弹，顺着烟冲上去翻的车死了两个，鬼子跟我们用枪打，那时没有子弹，一人 15 颗子弹。

民国 32 年是灾荒年。我在部队，春天不落雨，旱，地里没啥，到五六月下点雨，把地耩上了，玉米细小，耩也耩。阴历七月二十二，开始下，下了七八天，那时是土房，谁家漏了都不能站，屋里还下。

那时我不在家是听人说的。当时部队就在村周围转，不沾家。下雨时我在东南角，马头西南一个村。部队房子也都漏，村里淹得一片一片的，村里水不大，下了七八天，地里都进水了。部队喝开水。

下雨以后我回来了，俺父亲、母亲都饿死的，下雨之后，父亲死时我在部队，母亲死时我回来了。我站岗时，村里人告诉我我爹死了。村里没人了，人少得很。下雨之前都逃得差不多了，一家一家都没人了。两个姐姐跟着人家逃到了南和，是下雨之后逃的，下雨之前逃得少，下雨之后逃得多，逃到路上都饿死了。

当时李庄村就有人抽筋。李九旭是个治病的先生，是个中医，给人家治病，走到西边那个村庄，他自己得抽筋了。那时也没人管，扎针，但不放血。住炮楼附近的村都不出来，部队上没有得上哕下泻的，部队上还能吃上小米，有时吃不上，到村里让村干部给糠窝窝。从香城固向南以西没有炮楼。

日本人进村没抓过人，不知道御河过没过来水，灾荒年滏阳河没开口。

采访时间：2007年5月5日
采访地点：邱县旦寨乡李庄
采访人：徐　畅　于春晓　刘　静
被采访人：王青贤（男　88岁　属猴）

王青贤

小时候家里有姐姐、哥哥、父母五口人。小时候种地，老贫农，地不少，净孬地，不长苗。三十多亩地，那时候棉花种得少，种高粱、小麦、谷子，种麦子种得少。长靠天没水浇，弟兄都扛长活，种地、锄地啥活都做，啥也管做，给东邻家割草锄地，他那年当村长，活顾不过来。民国29年，一年29块钱，扛长活人家又给加12块钱。济南票是共产党的票，小时候中央票，河北、上海都用这个票。俺兄弟四个、俺爹都扛长活，东家不欺负俺，咋不够吃的呢，吃饱了。自己家吃不饱吃邻（家）的盐。

离李庄百里地曲周县，马兰头，在南边 12 里地，曲台（音），东边的张葛，日本鬼子来过，鬼子来了没做过好事，来了以后人都跑了，我们没见着面。

灾荒年（哭了），都在外面逃荒要饭。灾荒年十月逃走的。逃难时孩子他娘逃到吴集。老人在闺女家，邢台马村。

那年春天没下雨，阴历八月二十二，阴天下了七八天。那时净土房，都漏了。下了七八天，我们吃房梁上接的水，有时候喝热水，喝凉水，没柴火烧。街上没水，水出去了。砖井都淹了。西边没有河，东边也没有河，河沟水淤平了。御河没过来水。下雨时吃野菜、树叶都吃了，孬年景。下雨之后得病了，见天埋人，得了霍乱病，哕泻抽筋。咱家没得那病的，得过的人多了，多得很，没法说。没人治，也没个先生扎针的，俺家有个扎针的，有扎住的有扎不住的，不知道扎哪。记不准多长时间有这病，从前也有，少点，以后没人犯这病的。至少共产党一过来这病没了。

刘 坡

采访时间： 2007 年 5 月 5 日
采访地点： 邱县旦寨乡刘坡
采访人： 陈洪友 李玉芝 张少勇
被采访人： 刘好峰（男 78 岁 属马）

（我）有个兄弟在太原，还有弟兄三个都灾荒饿死。没当兵，一天七八口子人都饿死了。民国 32 年秋天，九月左右逃的。那会农村没先生，那会人有毛病死的，得霍乱

刘好峰

病，上啰下泻，抽筋，不是饿死的，七八天没见粮食，"七月二十三，老天爷变了天，稀里哗啦下了七八天。"

采访时间：2007年5月5日
采访地点：邱县旦寨乡刘坡
采 访 人：陈洪友　李玉芝　张少勇
被采访人：刘好习（男　81岁　属狗）

刘好习

（我）21（岁）参加八路军，自己参加的，庄西北角，河南疃，打步枪，跟日本鬼子成天斗，成天打，皇协军也打，皇协军帮日本人，咱是八路军。那会日本人少，皇协军多。1942年入党。有得吃就吃，米饭都吃不上，吃糠吃菜。当兵还能吃一口，有三个妹子，在这都饿死了。有三四个小孩得病死了，小女孩多。八月下雨，下了七八天。当了三四年八路军，回来当大队干部，还是八路军的工作，弄不好就杀了。

日本人、皇协军咱村来得不多。不给他送东西，来了老百姓就跑了，皇协军来了就抢东西，相中啥拿啥，小平车也要，西南七八里地的农民也随他们来拿东西，因为村里人都跑了。

采访时间：2007年5月5日
采访地点：邱县旦寨乡刘坡
采 访 人：陈洪友　李玉芝　张少勇
被采访人：刘兆庭（男　76岁　属猴）

在家里，沥炼盐，到村前挖个小池子，一担水最多出十斤盐，下雨多，一层出盐疙瘩，一天出两担多，盐又白又咸，粒大，卖盐后买点糠。四口人卖，钱够吃。弄苋（音）菜吃，拿磨推推，荞麦面。灾荒时没挨饿，小玉米70天就熟了，用碾子推，不中用，净水泡。大部分都逃走了，没得病，有个小井，甜水。有日本老贼，还有八路，有小牛被日本人抢走了。

刘兆庭

下了七八天，立了秋那天开始下，地上下得满满的，还往外流，地很暄（松软）。村里死人多了，抽筋，上边哕底下泻，一会就完了。医生都逃走了，张继（音）浑身痒，起脓泡，抹上一种药就好了。有疙瘩，说是受了潮，浑身穿个遍，腚沟长了，这个人就完了。父母俺两口，原先媳妇回家，吃不了东西就死了，她家人都死了，什么吃的也没有。还有日本人炮楼。村里最多时三百多口人，以后剩几十口了。

刮刮扇扇，沥池两丈来长一米来宽，二尺多深，一池盛二十多担，120斤盐，还有露水。盐水倒里面，太阳晒，越热出的盐越好。熬盐要卤水，七分钱一斤，拿土埋上储着。卖盐给盐贩让他去卖，盐比卤水卖钱多，锅有盛六七担水大，宽得很，一天一夜熬两锅，一锅一百多斤。村里好几家熬盐，刘进庭、刘进光、王书生也都沥盐，他们家兄弟多。一个九亩地，收一年够与两年吃的。一个谷格（音）打五升谷子，一亩地六七个谷格（音）。

那是过了灾荒年后，那年蚂蚱把谷子都吃掉，灾荒第二年1945年。不去炮楼卖，见了就走，日本人不揍你就好了，哪给钱，皇协军磕一顿子。不打勤不打懒，就打你这个不长眼。

土改后不沥盐了，父亲和刘进庭当粮部干事，给共产党干。有粮拿回来卖给村里人，买来过过秤，然后卖了。不卖，就给日本人抢了。

北屋、东屋、南屋都点着了，我跑了。要饭，以后就转为会计，粮食卖了钱还给公家，他们给记账不能贪污，给俺俺吃，不给不吃，从外边转来粮食。

以后不叫（让）沥盐了，那叫违法，都买大盐吃，晒盐不如沥盐好吃。

刘 庄

采访时间：2007年5月5日

采访地点：邱县旦寨乡刘庄

采访人：刘 洋 刘 燕 韩仲秋

被采访人：刘旺德（男 78岁 属马）

刘旺德

　　咱是个老农民，一直在这里住着。我没念过书，小时家里穷，跟俺父母种地，没念过。俺家有爷爷奶奶十几口人呢，弟兄三个，加上父母，有叔叔和婶子。那时候家人多，有四十多亩地，够吃了。种棉花少，玉米、高粱、谷子，打有限，打一百多斤，高粱也是一百多斤。冬天闲的时候卖个豆，够吃了。花油钱，费用少，吸旱烟，吃菜腌萝卜，吃咸菜，吃小盐，地尹出盐，买的多。

　　南边里庄三里地就是炮楼，日本人来了就跑。俺村里叫日本人毁了一个人，日本人进来的时候，扫荡，叫他送，他有点脾气不送，拿刺刀挑了，村西头。

　　皇协军闹腾得厉害，抢东西，谁也不敢惹人家。

　　民国32年是个灾荒年。南边有炮楼，家不能住，俺逃到河南。春上不下雨，八月里才下雨，下雨时在河南范县，都逃到范县了，要饭。那时我还小，都在那要饭，吃不饱，过去的人多，俺下边弟兄四个，到南边得霍乱子病，四兄弟死在路上了。挪个地方了，没在范县，离范县二十多里路，平四，从范县挪那的。三天两头的下雨，咱穷人要饭吃，没钱治，有俺父亲，我还小来，光记得这回事，其他人不知道，我才十一二岁。死的人，没吃的，没喝的，还阴天下雨，连续不断下了七八天。潮气大。民国32年以前少，过了灾荒年以后就没得这病。以前少，都是民国32年时多。人得这病，那会治不起，也没先生。俺爷爷，俺奶奶，叔叔逃到邢台去了。人家有吃，得病少。

那时人穷，活也治不起。没听人说俺四兄弟被这个杀死了。咱这边没吃的没喝的没钱治，我一个老娘也死那边了，后来又起回来了。又饿，又有点病，上岁数。没吃的，还下雨，下雨受了潮，人人得霍乱，饿，要饭吃，要点汤水喝喝，晚上烧点汤，还能不喝净水，俺四兄弟四五岁。过了民国32年以后，村小，没几口人了，回来好点了，没有得这个病。

民国32年，灾荒真凶残，男女老少都捉蚂蚱当饭菜。

过了民国32年以后，日本还没走就回来了，过秋天拾了点粮食，回家种地，让皇协军劫走了，还让给送到炮楼上。那时不值个钱，吃不安生，乱。皇协军抢你家东西，中国人多，啥东西也拿。马兰头也有个炮楼。鬼子三天两头住这来，他看共产党了，八路军在这村里没，看八路军了，在炮楼上，他就下来了，让你领路，不领路就打了。

采访时间： 2005 年 5 月 5 日
采访地点： 邱县旦寨乡刘庄
采访人： 刘　洋　刘　燕　韩仲秋
被采访人： 苏友爱（女　90 岁　属马）

苏友爱

日本（人）进中国的时候，我在家来。老毛子是个人就害，他的心狠。那会家里人多，和叔叔、奶奶，还有叔叔的孩子，整天挨饿，天天饿得摸不着粮食，五六个孩子。老毛子一冲来，有孩子还能少要。光种点地，光靠那地吃。蒸菜吃花籽，吃蚂蚱，啥不吃啊？啥都吃。柳叶、榆叶、槐叶、红薯叶子包饺子，榆树叶子，啥也吃，那时年轻，要不年轻扛不过来。过灾荒年，二十五六（岁），那时逃到西边了，下了大雨往西边走的，俺那有一个孩子还有我逃了，没有吃的，把人整死了。那时孩子有四五岁。

去西边逃难那是大灾荒，民国 32 年时，俺老爷爷给人打死了，盖都不让盖，衣裳没了，都是村里吸大烟的，没钱了，把那老头。那辈子的人都不能过，买点粮食他给你找着了，那都是村里的人。村里的穷人，吃得孬点吧，没啥呀，买了点蚂蚱，拿刀剁了，压压，晒晒蒸窝窝吃，吃起来香啊。这是民国 32 年，没东西了，没人了。

那一年下大雨了，下得地里平地净水，那是七月里八月里下的雨，还在西边逃难，蹚了十里地的水，离咱这 20 里地。住人家那了，没啥吃，有个老婆，有个闺女，可吃咱，给人家推磨，给点吃的，待会走了。西边的人也站不住，住个庙也不让住。

俺要走了，正在庙里住了一晚上，俺这面人住庙里，人不叫住。那又下雨了，从家走还没下，又下了三天三夜，净水，不能走了。俺孩子还大点，拉拉还能走，他们哄孩子，快淹死俺喽。逃到鸡泽县了。

那个病，白天到西营赶了集，跟俺老娘，买了点高粱，回来煮煮再喝。郭庄他舅，来到我家不愿走了，俺说俺吃啥你吃啥，蒸了个饭，喝了个饭，饿得不行。一个胡同里抬出二十多个，是李省庄，先生都跑李省庄了，整天找不到先生。霍乱子病也快，泻得满院子都是。天明了，不下雨了，在地里挖了个坑都埋了。人少吃的没喝的，白天还说话吃东西，喝了两三碗米，泻了满院子。那年孩子不在家了，孩子奶奶得了霍乱子病。霍乱子病有啥治？不好治，传染，没法治。跟那小鸡一样，就是灾荒年时候，好年景一点事也没有。

我是省庄来的，大省庄，这都是省庄的。那会成天害怕，醒了老毛子过来了，不敢在家睡，黑夜跑地里了，跑坑里睡，抱着孩子，把孩子塞在裤兜里。

有老毛子的时候是灾荒年，那我还在省庄来。过了大灾荒年，小灾荒年，也是没啥吃，成天害怕，一到黑了就害怕。过了灾荒年，皇协军来了，没在家睡过。一下大雨，往外边逃。门啥都砸了，兔子都跑家来了，院里一个小路一点点，逃回来以后，一年比一年强。

潘　坡

采访时间： 2007 年 5 月 5 日
采访地点： 邱县旦寨乡潘坡
采 访 人： 陈洪友　李玉芝　张少勇
被采访人： 李俊洲（男　84 岁　属牛）

李俊洲

　　1942 年 18 岁当兵，参加八路军，1942 年入党，同村一个人一起参加组织，以后才知道。驻扎曲周河南疃一带，搞地方工作，八路军的游击队，西直大队，秋北大队，四分区独立团。灾荒时部队在邱县，未出邱县。1947 年回来的，在石家庄南边，挂了彩，先主要参加援助部队，带了一部分枪子弹出来打，12 个人一班，二人（一挺）机枪，我当班长，他们说我这个部队真起劲。打临清，忘了哪一年，城里跑出来是中央军。

　　那时吃米糠、野菜、树叶、椿树、槐树。家还剩一个母亲在家，没人了，吃没得吃，娘给我捎了两个煎饼上部队，俺家好几个人都饿死了。爹、三个哥哥都是吃不上饭，大哥饿死在家东十字路口，我把他抬回来埋了。逃荒逃不出去，逃的不少，家没人了。

　　村里有当皇协军，二哥当了一年，给打死了，另外两个饿死在家里。

　　参加部队后没回过家。当兵以后，父亲、哥哥才死的。有时回来给母亲点东西（军属）村里是共产党的政权，八路军在这住，根据地这八路军经常来。主要吃小米饭，差不多饱，有时吃窝窝。平分土地，原先家里有地，家人多，那会 30 亩，不收成，都是贫农。

残废军人，国家发两个钱，一直当班长，那时挂彩在胯骨上受伤，残废三等，一直未提二等，上邯郸开了证明信，到最后还没给我提，现在属于七级。

采访时间：2007 年 5 月 5 日

采访地点：邱县旦寨乡潘坡

采 访 人：陈洪友　李玉芝　张少勇

被采访人：王鸿江（男　81 岁　属兔）

王鸿江

1941 年参加了青年组织革命运动。1943 年大灾荒年，范围大的还几个省。日本皇协军扫荡，能吃的都拿走，都饿死了。灾荒年都饿跑了，1943 年后半年回来。爸爸也是老八路，妹妹卖给邢台了，后来又带病死了，母亲在邢台那饿死了。

往西邢台走，半路碰见两个同乡，三个都要饭，我才 16 岁。我问：大哥，现在咱往哪去？答：不知道，陕西找八路来，叫他给咱找事干不收就说：咱不愿受日本人，找八路军去，咱种地，喂猪都行。到邢台南边郊区歇会儿，出来皇协军，问，从什么地方来？答，从广宗县的，说是八路军，都给整到邢台，捆到一个小屋。一天吃棒子面，2 个饼子，水，饿不死你，待了七天。快半夜，两个日本人端刺刀，日本医生围住，打防疫针，打完后让走了，走到火车站铁皮车，往北走，又给小饼子吃，到北京了，走了一天一夜才到，又来一些日本人，端刺刀，在两边看着我们，在天安门门东时，又打了一针又捆走了，有一百来人，两个大破屋子睡。停了半个月，白天日本人又来了，年轻体壮的拉到一边，老少拉到一边，让年轻人准备拉到日本国。大哥说:"我去日本国不知死活,回去捎个信,我叫高文。"那个人到日本挖煤窑,俺那老乡不知道了。

剩下连饭都不给吃,带到石景山,路上有个人身体不好,晕倒了,日本人扔到沟里摔死了。有的连衣裳都没有,有人跑,就吊到电线杆上晒死。晚上没饭吃,揣一个高粱米窝窝,钻后边的草里吃了,天快亮,走200多米,有电网,穿电网,有个小洞,钻过去,没多远有大堤,这时,有五个日本兵从东南往西北拿刺刀来,我一个骨碌到沟里,他没看见。回来了又找八路军,1944年找到了,收下了。县大队多少有点文化,八路军学校,初中文化,挑出来培养到正规地点,当机要译电员。

一年后到野战区,刘邓部队,转济南军区还干译电员,后来改行做保卫工作,干几年,抗美援朝结束后,只到东北,改编了,到邯郸成立了一个司令部,做内部保卫工作。永年县,在公社当几年书记,后来又当县企业局局长。

采访时间: 2007 年 5 月 5 日
采访地点: 邱县旦寨乡潘坡
采访人: 陈洪友 李玉芝 张少勇
被采访人: 王书勤(男 80 岁 属龙)

王书勤

春天下雨下得晚,地里种点玉米,收成不好,地里整不安生,下的天不少,下了七八天。种粮食作物,抢麦,立秋后种,一般八九月收,八月底九月初,早三天晚五天的,啥庄稼也整不上。灾荒年以前八百来口人,收成不好,下几天雨,逃荒的,人抽筋,一天死了七八个十来个,十岁八岁了也没个衣裳。卖也没卖的,挺困难,家生活也不好,成分上是老中农。奶奶,兄弟,父亲,母亲都在家里。灾荒年后剩四百来口,男的出去跟人住，女的改嫁了。年成好了以后自己回来的。

那会就是地下工作，以后共产党公开了，日本失败走了，都是共产党领导的。不靠河都喝井水，烧水喝，有时喝凉水，吃饭时必须烧开，做饭时还能喝凉水啊。十来里地有个炮楼，日本人大扫荡有咱中国人给人卖命的，到这杀人，抢人，逮住人，看你不顺眼拿刺刀挑死。皇协军也来了，只要他们来，都有日本人。挖了个地窖子，把人装里边，跑到底下睡，有一个商人一家子都在里边睡，都得有个地睡。皇协军，好干粮好衣裳，他都抢你的。

有不少参加八路的，有年纪小的，还有活着的，有年纪大的，都死了。八路军来了给挑水，扫扫院子，他们带点吃的，农村你跟谁要去？共产党游击队，游击战，那时枪少子弹少。以后往政府交，政府地点也不固定，一亩地交小米，多少钱一斤给你多少钱，小米都一毛多钱一斤，交十五六斤。二十几块钱。产棉区，发放你花籽，不要钱，那时国家穷啊，八路军碰很穷的就很可怜，自己少吃点给你吃。

七里八里地还没医生呢，轻的就扛过来了，重的就死了。都是共产党的村公所，没日本人的事，死了有不理的，有的家里四五口人，剩一两个了，死了还都不知道呢。

采访时间：2007 年 5 月 5 日
采访地点：邱县旦寨乡潘坡
采 访 人：陈洪友　李玉芝　张少勇
被采访人：张闻著（男　83 岁　属牛）

就我自己，18（岁）走了，去当兵，多少年不知道了。当兵的时候还没灾荒，参加八路军、县公安局、县大队。我们以治安为主，抓土匪，抓几个，那时枪就几发子弹。

张闻著

县公安局、县政府都住在俺村里，老根据地。日本鬼子包围，皇协军也有呀，打死老多人。枪少子弹少，挖路沟跑，日本人挡，这个村被包围四五回。八路军吃糠，吃菜，捋树叶吃，下雨一下下了七八天，八路军也有饿死的。曲周龙泉去打炮楼的都是正规军，拿手榴弹把日本人炸死了。皇协军也打，还拿东西。有老杂儿，那少，日本人来后就不多了，以前多。

宋八疃

采访时间： 2007 年 5 月 5 日
采访地点： 邱县旦寨乡宋八疃
采 访 人： 王穆岩
被采访人： 高文常（男 82 岁 属虎）

小时候念过书，不到十岁日本就进中国了，就不上（学）了。家里有七八口人，爹妈、奶奶、大娘、姐姐。哥哥死得早，小时候过得还行，弄不清有多少亩地，有不少地，小时候雇人种，不忙时不种。有窝窝吃就不赖。吃高粱、红薯、玉米。玉米收得很少，吃棒子的很少，地生产少，一亩地收成 100 斤粮食就不赖，这是好年景，孬年景就更不行了。县里不要粮食，要条。老年人光要条。

日本人见天来，日本扫荡皇协军来，见天跑，晚上在地里睡。西北角离这五里地马鞍头有炮楼，向南 15 里龙潭有炮楼，曲周也有，广宗县也有，北边牛家寨也有。再向北也有，郑三楼，大三楼，河谷庙也有。这儿是八路军的根据地，日本人常来扫荡，开火了，老百姓跑了，好的孬的都不要了，牲口都给撵走了，日本人就干这些。都往地里跑，跑远了就不撵了。在村里抓过人，我跑不及被抓，不叫回来，送些东西把我赎回来，讨点钱把我讨回来。日本人用枪挑一个男人，没粮食给日本人，快不中了，把那妇女带回一两天回来了。鬼子常出来，皇协军当日本走狗。在这八路军人少，不是一直在这儿，打一阵就走。鬼子听说八路军多了就不敢来，怕八路，怕真正的八路。

知道灾荒年，那时十几岁，逃荒了，石家庄南边滦城县。冷时候走的，住了三年，打春时候回来的。

听说过霍乱病，村里死了很有几个。年景说不清，逃荒以前死的几个人，都在民国 32 年的时候，哕泻、抽筋，那么说是霍乱病。村里没中医，有一个会扎的，记不清治没治好。重的抽筋，都是听说，没见过。我家没得这个病的，病很厉害，得了非死不可。不知道为啥得病，不知道日本人投毒。喝井水，不盖盖子。下雨大。不知道哪个地方病多。

见过飞机，是不是日本的说不准，不是中国飞机就是日本飞机。

采访时间：2007 年 5 月 5 日
采访地点：邱县旦寨乡宋八疃
采 访 人：王穆岩
被采访人：秦九丰（男　77 岁　属羊）

小时候，没念过书。小时有地，我家有 50 亩，不是地主，没得吃，连个棒子米窝窝也没吃过，好时吃红高粱，也不准吃上，都饿死了，吃不上盐。

民国 32 年灾荒年，民国 32 年先旱后淹，种地种不上，那时非天不种，不下雨不能种，下雨又下得太大，不能种，上水，反正不能种地了。那时 11 岁，逃走了，到山西、石家庄，井陉煤矿。冬天走，爷、三哥，父亲和我。待了四十来天，下煤，顶不住，跑回来了，趁黑夜我跑了。我回了家，卖了六亩地，剩四十几亩，一斤米好几块钱，买了米，吃了几天，上南头，到山东范县要饭。哥、爹见我回来了，也不干了。到民国 33 年了，要饭也不中，也回来。

民国 32 年家里没啥人了。没啥病，挨饿饿的，村里三百来人都逃走了，剩一百口人也不准有。下雨房屋倒塌，逮兔子都行。主要都逃没人了。最厉害了那时。没听过霍乱病。

民国 33 年四月，麦子都黄了，又生蚂蚱，都给吃掉了。

鬼子来过，净干坏事，抓人，一个老头抓到邱城，拿铁丝拧，挣回来了还拧着。老杂黑了抢了去。离五里有炮楼，拿枪打人。

解放后，种的地连公粮都不够，八路军收公粮，一亩收一百多斤谷子，种地还粮。

我哥现在在哈尔滨。

采访时间： 2007 年 5 月 5 日
采访地点： 邱县旦寨乡宋八疃
采 访 人： 王穆岩
被采访人： 杨大妹（女　96 岁　属牛）

（我）16 岁嫁过来，一直住在这儿。爹、娘、妹、哥、我。小时候家里很穷，有地，吃小盐。有赁的，有买的。有老杂，没有安心睡觉的，睡睡就跑了。有日本鬼子。民国 31 年，贱年跑走了，打着粮食的时候，逃到石家庄西井陉县，待了一年多回来的。

民国 32 年也是贱年，有得病，伤寒病，啥都不能吃，也没得吃。光烧不能吃，俺家孩子爹得伤寒死的，男的 31 岁死了。63 年了，到 5 月26 日就 63 年了，记不得民国 32 年旱，不知道恶心抽筋，听人说，我不知道。

民国 32 年村里有鬼子，见过。

王省庄

采访时间： 2007 年 5 月 5 日

采访地点： 邱县旦寨乡王省庄

采 访 人： 李 龙　张东东　赵 鹏

被采访人： 平振泽（男　82 岁　属虎）

平振泽

　　（我叫平振泽）82 岁，属虎。日本鬼子进中国时有爷爷、奶奶、父亲、母亲。那没多大，高粱都熟了。给在外面又回家了，给人家，又找回来了，弟兄五个，饿死两三个。有一个妹妹，小时候就饿死了。三四十亩地，吃不好，下雨能收点，不下雨不能收。一口人六亩地差不多。跟现在不一样，不浇不能收。

　　大多数是中农，贫农换成中农，地主说不定有无。父亲在东边村里扛过活。说不清了，那能挣多少钱？挣个十块二十块的。那时是票，中央票，有冀南票，都花冀南票，现在啥票也没有，咱的票说不清了。

　　小时（候）这村一百多口人。鬼子进中国能不扫荡？抢东西、找八路军。对庄上人能好了吗？八路军在庄上住，都在这吃饭，家家户户都分一些，有分多了，有分少了。这是老根据地，那时还小。

　　民国 32 年，大概都记得。上半年，都不下雨啊，庄稼没收成。蚂蚱有，逃荒有，都逃出去了，逃到范县，河南的。死的死，给你的给你。在外面两年，吃不上饭。灾荒年，冬天咱那时候不记得了。民国 32 年，那都走了，不在家里。过了民国 32 年，待了一年才回来，赶上种地了。

　　有霍乱的病。那时见过，都在家里见过。哕泻抽筋，村里死了不少人。那没人扎针。那病啊，我没见过，听说的。

采访时间： 2007 年 5 月 5 日

采访地点： 邱县旦寨乡王省庄

采访人： 李 龙 张东东 赵 鹏

被采访人： 王金柱（男 83 岁 属牛）

王金柱

（我叫王金柱）83 岁，属牛。上过几年小学，那时跟现在不一样，很小啦，不能上学，老师不收人。10 岁以上上的学，在本村上了几年，都算上。哎呀，小时候上学的时候，那有几个姐姐都出门了。有父母，有一个弟弟。多少亩地，哎呀，那个时候最贫啊，那时候一人平均十多亩地。我家一共才八亩地，那时最贫了。打的粮食不够，好的年景也不够。借啊，在那个社会里，哎呀，姐姐也有父母（公公婆婆），不管咋地，知道咱家贫，借点给点，不还了，也没东西还。四五个姐姐出门了，弟弟小五岁，现在没了。咱也不张嘴，也不借。

那时候有高利贷，兴那个。咱贷也不贷给咱，嫌穷。三分利，是官三分，到县城给的，还有五分六分的。共产党那个党派偏向于穷人。高利贷那我还没借过。有期限，咱这三分。假说 100 块，一个月三块，三年就筹够本了。那时候还是国民党执政的。三分利不多，打官司就该给，给不起，该给判该给还。应该说是官三分，上面规定就叫官三分。还有人管，当中有经手人。旧社会时，反正高利低利也没人管，这个是管闲事的。经济是集市，好处也有，好处不大。当中没人就贷不来钱。立了合同，那是立了字了，俗话"说话为空，落笔为宗"。

经济贸易市场，那时有集市，县镇有集。邱县也叫集，这个集离这不远，也不中。县城吧，来往多，十天四个集，近的都不中。农民买卖牲口，有牲口市，卖牲口的都在那一片，那就叫"经纪"。经纪跟这边商量，跟那边商量，二分三分，最多不超过三分。不乐意卖就少收点，成了多了，就多收点。再比例的，拿来 100 块，给 97（块），剩下是给经纪。

穷人多，富人少。那时科学不发达，现在一亩地1000斤，那时二三百斤就挺好的。自营地，愿意种啥就种啥，也能买地，普遍都这样，那时不知道互助。共产党时才知道这事，国民党时不知道。买卖自由，村里多少地有名单，跟现在改名一样，那叫过梁。邱县、曲周、平乡这一片，向南走点，其他的就不一样了，不一样。十里不同风，三里改规矩，都不统一。

村里的会计，共产党不用地主富农资本家，用贫农。

共产党起的名，叫高利贷，国民党不叫。超过三分，国民党不管，自己解决，不管了，管是因为怕要不回来。

小时候吃的都是小盐。海盐贵，土产小盐，街上卖的，不出门也能送来。农民吃的都是小盐。有盐兵管盐，不要吃小盐，吃海盐。海盐贵点，小盐不值钱。在碱地里，一筐土，浇上水，盐滤下去了，一晾，盐就成晶了，上面苦，下面盐，这是土法。舍两钱，卤水可以当肥料，上面是卤水，下面是盐。没有卤水就不苦了，卤水是苦的。地下稠的是盐，卤水人不能吃。盐碱地以盐为业，卖盐卖卤水。曲周地下水外溢，不长苗。假设一丈宽，五尺长，有大有小，池水，捶实，底下不漏水，淋成盐水，熬也中。不是咱这村，几个村都不长苗，刮盐土，以盐为业。离这十几里地，普遍不长苗，普遍淋盐为业。共产党一来，把盐平了，不要淋了。十里地二十里地曲周县，曲周东北角就普遍不长了。毛泽东时代，"文化大革命"之后了，南水北调一来，把盐压住了。那土疙瘩，滤盐还有不少家，老些那样的村啦，那几个村也有点，100亩，从咱这看，正面往北，王庄、李庄、杏园、吴家庄，再往西，焦庄，最碱的地方。传说：不长苗，长盐碱，草长白根茅草、芦草。茅草多，芦草还秀穗。

来技术人，打深井，苦水被封住了。测是好水还是苦水。尽赔钱，不赚钱。现在一亩地2000斤，盐疙瘩都平了。

贩布，带的赊，这赊那赊的。从济南买，在这卖，一米三尺一个地方还不一样，各个地方还不一样。米尺是通行，杠尺、缝尺那都不一样。东斗西秤，越往东斗越大，越往西秤越大，一个地方一个样。

买点书自己学，用着啥学啥，大队会计没换过。

灾荒年，17岁还是19岁，日本人退了后，有粮店、棉店。

1943年，灾荒不是普遍的，邱县馆陶，临清轻点。打甜水，在西边，三杆深、二杆深。向西90里路到南和县，不受灾荒，离这不多远的邢台地区，有河水，长河是好水，百泉坑，古代挖的，离邢台20里地，修了龙王庙，龙能治水，龙王庙分三股，汾水龙王庙，不知什么时候修的。邢台以东有个清水河，甜水。邱县普遍严重，一直到立秋，七月份，七月二十三，老天变了天，立秋头三天下雨，下雨种啥都晚了，种荞麦不晚。下雨啊，下的时间也不是很长。下了三天两天，一天就晴了。地下下透了。那苋（音）菜籽，小籽跟米粒一样。那一年死人太多了。那年都按天种地，旱地啥也不长，在二三月，谷子高粱有种，谷子下雨时那么高，有死的，有没死的。谷子一尺来高，秀穗，高粱一米六七，一米来高，上籽了。

麦子没收，下面没得吃，农民霍乱病，哕泻，吃不上饭，饿，口里还吐泻，又没好医生，扎针不好就死了。谷子长一两公分时，开花，两公分后面不中了。谁的都吃，还没到黄谷眼就吃了，不管谁的地了。红高粱多，红到底才熟，才熟几个籽就吃了，过了。

霍乱主要是没得吃，下雨后，地潮、地湿，又没的吃。喝水能喝开水，木制窗户、木制门都倒了。烂柴火、高粱秸都能烧。湿了还不好干？都是旧柴火。

见过霍乱，俺父亲得霍乱，没死。死的多着呢。破盖子一卷，破高粱卷，挖个圈埋了。那时地下还有水，就那时严重。这家死了还跟你说，挖个坑埋了。都没劲走了，能自己埋就不找别人。躺那不起来，三儿、二儿就埋了。木头门都能烧开水，你要没法，喝生水。姓王的，俺大爷死了，王建文、王建武、王建吉。之前无霍乱，不阴天了就少了。

都逃荒走了。基本上不大多，能走的就走了。十多岁孩子要点饭，二十多岁结婚在外面，男人顾不上妻子，妻子离散多着呢。管饭吃就行。二十多岁寻个五六十岁也有，寻第二个、第三个的也有。结婚不结婚，不是一夫一妻制，当老二老三的有的是。有吃死人肉的，吃的不是一般人，死人。集上有卖人肉包子的，一吃有指甲（知道是人肉）。吃一顿饱好几天。没吃过，听说。病人、饿死的都不吃，吃的是狗汉奸。

那时共产党差不多就有了，共产党不执政。权力不大。西去12里地有日本炮楼，两个炮楼，一个日本，一个皇协军。日本皇军抢夺，胡乱霸占妇女。向南20里古城，龙堂有炮楼，北面20里路有炮楼。这块共产党根据地后方医院，日本人不敢来，有县政府。三一八大合围，日本人不敢来，不敢上这来。龙堂、曲周不能去，有日本人。对日本人，要给良民证，日本人良民证。六里地东北角南营基地据说是走狗。共产党领导的集，没见过，听说，抓日本鬼子枪毙。

西孟村

采访时间： 2007年5月4日
采访地点： 邱县旦寨乡西孟村
采访人： 韩仲秋 刘 洋 刘 燕
被采访人： 李凤春（72岁 属鼠）

（我）一直在村里住。老毛子进中国，我7岁。那时有五百来口人，过了民国32年还剩百十来口人。我家七口人，姊妹四个，那时候二十多亩，二十七八亩，打粮食不够吃的。靠天吃，饿，吃糠吃菜，那时候穷啊。没井，没马路，炮楼子多。见过鬼子，在家里，鬼子来扫荡，找啥吃，来家抢东西，戴着钢盔，有刺刀，吓得抗不了。

差不多记事那会才开始不孬。临走的时候孬了，灾荒年，我没逃荒。年景，旱，七月二十八下雨，八月二十三、八月二十一老天爷变了天，连阴带雨下了七八天。七月下得小，刚把荞麦种上，又下了七八天，下得房倒屋塌。

男女老少齐捉蚂蚱饱饭餐，民国31年后半年，民国32年、33年蚂蚱多，捉来吃，煮煮就吃，我吃过。不吃粮食，没粮食，吃菜、树皮、地里的老春菜，煮着吃。没粮食。连着三年灾荒。

霍乱病，下雨那会得霍乱病，七八月里，没医生，光靠扎针，拔罐子，死了老些人。旱的时候没人得，下雨下的，八月里，九月里死的人多。见过得病的，俺兄弟头一天有病，第二天就死了。没法活，没药，没医生，有扎针的，不顶事，没办法，没救过来。那个病难治，我六七岁时扎针。俺弟弟，那时不吃粮食，吃糠加菜，就是八九月得的。饿死的少，以前没有霍乱病，后来少。那会穷，真穷，编了歌，唱那歌才知道霍乱病，以前不知道。俺弟弟人家都说那样的病，才九岁。除了弟弟没人得，死了个妹妹，俺妹妹饿死了。那穷。

这三年里头都不好过，吃蚂蚱，这是实事，咱亲自吃过，遮住太阳，满地都是蚂蚱。头一年生的蚂蚱，第二年小蚂蚱，就那三年里的事。

民国31年有七百来口（人），过了灾荒年剩下200口，这个胡同剩下21口。有逃荒的，有饿死的，也有病死的，有人贩子，卖小孩。

过了民国32年念过书，念了一年，不要钱，共产党的学校，念了四五年，不要钱也上不起。

那时候鬼子没了，平均土地了，平均土地以后，俺分了八亩，四口人分了八亩。那说不准哪年，好过的人家有种一百来亩地的，把他的地都分了，平均土地。

采访时间： 2007 年 5 月 4 日
采访地点： 邱县旦寨乡西孟村
采 访 人： 韩仲秋　刘　洋　刘　燕
被采访人： 李清连（男　81 岁　属兔）

（我）11 岁（时）上过学，念了两三年书。

鬼子到的时候没到过咱村，离这几里路有炮楼。邱县是老根据地，东西两头一个村，两个大队，1961 年平分的，1961 年分

李清连

队后，这两头有 299 个人。1959 年并的大县，五县并一个县，曲县、鸡泽、广平、威县并在一个大县，并成曲周县。

我 1946 年就干村长，1948 年入党，1949 年村长支书。村政府一个民政委员、公安委员、卫生委员、民教委员、财政委员，村长是必需的职位，一块干了 28 年，1974 年我辞职不干了。

家里有哥哥、母亲、父亲我四口人，以后哥哥结婚。我 15（岁）去拆炮楼，拆了三天，15 岁拆炮楼。那一会家里有二十三四亩地，不够吃，人多地少，俺父亲弟兄五个，一分少了。跟着地主换粮食，换借高粱，还人家麦子，借 100 斤高粱还 100 斤麦子。春天断顿了借粮食，秋天还人家，借高粱换麦子。都是种地，赶集那会都是拿着窝窝。

鬼子到过，来咱就跑啊。杀过人，杀了共产党，西头的宋子立是村长，日本鬼子围住了，李春得是财政委员，日本鬼子把他挑死了。张科长，公安局科长，和一个通讯员，皇协军围着房抓，差点捂住了，张科长扔手榴弹，有种，有种。一出去那壳子枪，把日本小队长打死了。一跑，在墙角被打死了。光皇协军，日本人（鬼子）没几个人，都是狗腿子帮着，来抢东西，杀人放火，抢东西，点麦垛。

有土匪，民国 26 年，日本进东北省，净土匪。第一个王连贤、董先景，老大头子，郭庄赵拐义、王宝仁，杨庄的头子董先景，邱城的叫李运华、王秀庚，都是头子。马头的李运昌抢东西，谁家有的粮食，刨东西，到处跑，家都不能要了。灾荒年有土匪，我在大寨，人家的闺女送咱家来了。以后都散了，父母亲逃荒，俺爹回来后饿死炕上了。要饭人家不给，俺爹宁死家不死外边。俺哥当兵走了，现在在西安市高干，死了。俺母亲又向北走，要了半年饭，到石家庄北头。

民国 32 年没井。七月里下的雨，下了雨以后，苗糟上了，种荞麦多。没得吃，都把苗吃了。真的都糟了，玉米，下冰雹了，黍子，雨下得晚，下棱子。民国 31 年，7 亩地收了没 30 斤，都旱得长这么高，干透了。民国 32 年逃荒了，先上南后上北，正月十五，衣裳啥东西都卖掉了。下雨的时候来家，下的雨不是很大，东北俺父亲种瓜呢，那边种上了。饿死很多人，饿死的饿死，肚里走痢，就是民国 32 年。民国 32 年真可怜，那时饿死人多了。

那时候不知道霍乱子病，以前没有，过了灾荒年没有。不吃粮食，地里的菜叶都吃光了。都是过了秋以后饿死的饿死，孩子给人的给人，人不吃粮食了，提不上裤子，不饱肠胃光吃菜叶子，谁看，没人看，谁管谁。共产党没那么大力量，1963 年大水，政府的救济多，平地里腰深的水，送饼送包子，飞机上十分钟一趟。

民国 32 年没水了，干旱了烧着吃，那时共产党力量小，刚开地面，从外表上看不出来，1948 年党才公开了。民国 32 年都是鬼子来了以后，才发的这个病来。他没在这住，扫荡，北边八里地炮楼，马连头炮楼十几里地，日本（兵）炮楼这后面就多了。组织刀会（有组织保卫村），北会南会跟广宗县红缨枪连着防土匪的。董先景是土匪头子打老杂。

采访时间：2007 年 5 月 4 日
采访地点：邱县旦寨乡西孟村
采访人：韩仲秋　刘　洋　刘　燕
被采访人：刘振兰（男　86 岁　属狗）

刘振兰

日本（鬼子）来时我家有十几口人，不少姊妹，弟兄五个，姊妹七个，还有父母。那会我家有三十几亩地，人多，不够吃的，吃孬点，那生活不好，赶不上，地收不上。

地里没井，天不能下雨就不能耩地，靠天吃饭。一亩地收百十斤麦子，这人享福啊，种谷子、棒子、高粱收好收 200 斤，高粱收得不多，收一点。种花，这会全部是花，谷子不多。

帮人家，地主富农地多，有扛活的，俺那都小咪，那会不行，困难，跟这现在不上了啊。民国 32 年我没出去，我们家都没出去。做生意推粮食上北推，从北推上南卖，有 80 里地。在曲周弄点棉花再卖，年轻的还好点，最困难的是邱县，广宗南大部，威县曲周最严重，旁县还好点。从民国 31 年一直到民国 32 年七月（初）三才开始下雨，下雨还能过灾荒年了。那会没井靠天下雨吃饭，从七月（初）三有下的时候，不下的时候七八十几天。

吐泻抽筋那时候见过，都得那病，没办法治病，治不起，那会没人管，治不起，病了就病死。七月里得的，下雨得的，受湿了，人没吃的，瘦得不像样。很厉害，不扎，那时都没针，吃草药。民国 32 年七月里得的，以前没听说过，那以后就没有了。邻家没有。那死，反正死的多了，嗨，一个村里得这病死了很多，也有饿死的很多，没啥人了。那人少，灾荒那会儿，这个村有四五百口人连东带西，逃荒多了，我全家都没出去也没得病，这一死死了俩，我父亲兄弟饿死，没下雨来，没啥吃，饿干了，在家死的，死在家了。过灾荒，还有人没人了。

灾荒年吃孬点，吃高粱，现种现吃，地收得少，人吃得多。从咱推的棉花到巨鹿卖，带来粮食来，巨鹿县那有个集，离咱这 70 里地，民国 32 年的事就咱这里坏，人家强。

西大省庄

采访时间： 2007 年 5 月 5 日

采访地点： 邱县旦寨乡西大省庄

采 访 人： 王穆岩

被采访人： 何书会（男 76 岁 属马）

何书会

（我）小时候念过书，1958 到 1959 年在大名，现属于邯郸地区，师范学习。断断续续的。

家里七口人，哥哥、嫂子、弟弟、妹

妹、爹娘。种地，说不了多少地，六七十亩。劳力够，吃棒子、高粱、小米。不坏。吃盐，买的土产盐，小盐。情况挺混乱，生活上都是痛苦的，我们家也挺难过的。

见过鬼子，跟咱们一样，在咱村见过。做的坏事多了，扫荡、烧房子、抢家。农民都跑出去，不在家。杀过人，（年龄）太小，不知道有无侮辱妇女。

民国 32 年记不太清。挺苦，没吃没喝，挖野菜。都逃荒在外，我七月逃走，刚下雨，没得吃就走了。雨下得不是很大，下下就停了。八月二十二一直下到八月底。八月又回来了，到了任县，下大雨时候在家。

有霍乱病，哕泻抽筋。村里有治病的，叫侯敬休，针灸。各人病不同，扎的也不同。哕泻，腿都伸不直了，人就蜷成一块儿。都能扎好，有的来不及扎过来。父亲、哥、嫂子、妹都得了病，都是侯医生扎好的。那时没有弟弟。没给钱，大家都没钱。都扎不及，有的一会儿就死，扎过来以后就好了。村里得的挺多，侯医生没得病。我哥哥先得，后来父亲、嫂子、妹妹都得，可能是传染。上哕下泻，吐黄水，泻呈喷射状，非常快，亲眼见。我也有，但很轻，不哕，不难受，光泻不哕，还能吃。哥哥得病之前哪儿都没去，没去掐谷子，下地干活，先得病，第二天下雨，别人也得病了。村里两个人都会扎针，梁保君的叔叔和侯敬休。

民国 32 年以前没听过霍乱，以后也没听说过霍乱，就下雨那段时间有听说别的村也有霍乱。

上水是雨水，外边也没来过水，地里一般没水，村里有水，没淹多少，喝房檐滴下来的水，顾不上喝井水。不盖井盖。垒砖井，提水。不知道日本人往井里撒毒。

民国 32 年死人不少，拉出去埋了，摘了门扇，将人抬出去，匆匆埋了，不顾着是不是传染了。家人病了能不顾啊，我和妈妈都是光泻不哕，没扎针，顾不上，后来都好了。父母去世 30 多年了。

荒年吃芨芨菜，地里长得多。下雨时有的吃的。我家有谷子，那年春上没上雨，地也结实。三年种棉花时，下了二指雨，剩了一点根，抓紧时间耩上谷子了，我们耩了十来亩，邻居家也是。谷子多半熟了，白天掐谷子，晚上捣着吃，谁偷走谁吃。

日本人几乎每年春上一次大扫荡，搜壮年带走，有东西抢走。每年都大扫荡一次，秋天冬天没怎么来，他们也不敢来。下雨那段时间日本人没来，不知道为什么。下雨前后都来过，有的日本人戴钢盔，有的戴歪帽。平时不太来，因为这里是八路军根据地。本村没有汉奸，还有八路，所以日本人没包围过，周围村都被包围过。八路是流动式的，吃的不好，也不抢。过灾荒年不交公粮，共产党一进村，"老大爷老大娘在家没？能腾个碗吗？"去扫院子，挑水，水挑满，军民团结，八路军都很好，真正军民一家人。八路军给我们打扫过不少次，我家经常住八路军。灾荒年八路来得少。有粮食不多，也挺苦。

日本人飞机跟电视上相似，上有一个红头月亮，飞机飞得很低，月亮头很大，很吓人。飞机飞得很低，打八路军。见过扔炸弹，是民国32年之前，可能是民国31年或民国30年。听说过根据地，八路军特别棒，有马队，白马、红马，有枪炮。把八路从白杨店往这边撵都撵过来了，在咱村东南边，马队走到哪儿，飞机就撵到哪儿。村村挖路沟，5尺宽，7尺高，在里边跑，外边看不见。日本人住在好几个村。一会儿大雨下来了，八路军下着雨挖工事，东河谷，西河谷一起往南挖。冀中队伍一声枪不响。快到村时，消灭日本人，连胜三次，日本人不敢来了。以后先响大炮，冀中部队就走了。

正西龙台有钉子，有日本鬼子。皇协（军）多，日本鬼子少，广宗县也有，最少也有十几里地，东南没有，邱城也有。怕也没用，鬼子来时哪次都有皇协军，而且比日本鬼子多。日本人来了我们都跑了，谁让他检查身体。

不知道日本人投毒，没听过日本人决卫河堤。这村里没有老杂，八路军常在这儿住，也没国民党军队。没大规模发过什么病。荒年以后发哕子。三年自然灾害。

采访时间： 2007 年 5 月 4 日

采访地点： 邱县旦寨乡西大省庄

采 访 人： 王穆岩

被采访人： 梁保军（男 77 岁 属羊）

梁保军

我二年级没念完，从部队上上速成班，在职培养，学三年医，1947 年当兵，三年解放战争打到重庆，我拎着药箱子。

记得民国 32 年，我 13 岁。人吃人的年景。我们村里有人吃人肉，先挖肩，后挖大腿，连骨架都推回去煮着吃。脚都踩不死蚂蚁。我和侄子去刮磨吃，人家的磨都很干净，去刮人家磨上的吃。小青菜都干巴了，嚼那个吃，硬的放口里化半天软了再咽。蒿子长了一房高，遍地草，路都荒了。野兔多，颗粒不多，先招蝗虫，后来旱地种不上地，没水浇。

八月份，秋后下大雨，昼夜不停，房屋倒塌，房都漏了。逃荒逃得没剩几户，剩了十来户。我没逃，我是堡垒户，跟八路军是一户，不跑逮住就杀，烧房子。我家地下工作者，成天住八路。

下雨的时候有人得霍乱，死人都抬不及，抬着这个那个又死了。干哕，哕血，跑茅子，又瘦，腿肚子抽筋，传染厉害，饮食传染。我家叔叔会扎针，我刚有点不舒服，就给我扎针就好了。瘦得皮挨着骨头。下雨那几天，有的死了。下雨前有，但是少，下雨以后多。

我叔叔是老中医，给别人也扎好了几个，那时就他一个医生，他可能在饮食上计较些。我在军队上问过医生，苍蝇爬了大便再爬食物，人们吃了就得病。记不得扎哪里了，扎针不出血，针灸扎，刺激神经，扎肚脐眼上边和下边，上腕中，下腕穴，足三里穴。营养不好，没抵抗力，那时啥药都没有，我父亲得霍乱去世，叔叔扎针没扎好，哕泻，也得了疮，手上长透气了，周围没人得这种病。我与父亲睡，醒来父亲（身体冰）凉，已经死了。其他村有得的，苍蝇带来，我们就得了。

那时约3600人，霍乱病死了一半以上，三分之二不止。那时喝砖井水，没人盖盖子，整天刮风，很多土。没听说过日本人投毒。

下雨那几天，鬼子也来，不敢进村，在村外等着。我才13岁，他不逮我，他们来逮八路军。下雨后病少了，他们就进来。有汉奸给他们通气，他就知道，汉奸和他一气。以前病多时，鬼子戴皮口罩，以后没戴，戴着皮口罩也没进村里，在村外。亲眼见，有个人让日本人逮住，手脚捆着，两人抬着扔坑里，用刀砍，那人没站住，剔骨。刀掉在河里，水冷没人捞，后来暖和，我捞上来。就一个人抓去给日本人挖煤，叫苏志青，在日本待了三年，1945年以后回来的。中国人在日本自由三个月，去过济南、徐州、郑州。

第一年，蝗虫从南往北飞，盖着天，呼着地。

民国31年，日本飞机奔着来，飞着树顶那么高，飞机笨，挨着柳树枝子，春天三四月份，柳树没发芽，没见过扔东西，飞得低，看八路，八路军没炮，不敢打，害怕他们扔炸弹。

我没受啥罪，当了八年司药。我有低保。生活很艰苦，不愿意干就回来了，转业到铁路部门，回来伺候母亲了。我母亲活到88岁。

辛　集

采访时间：2007年5月5日
采访地点：邱县旦寨乡辛集
采 访 人：刘　洋　刘　燕　韩仲秋
被采访人：董爱民（男　86岁　属狗）

（我）一直在这住，就在这村。鬼子来时，那时八百来口人。我家那会一个父亲一个母亲，还有我三口人。没地，我父亲在外面打工，在外面种地，我跟俺母亲生活，都离家不多远，三十里二十里的。种地给钱，一年给二十多三十块钱大洋。不够吃的，我跟俺母亲出门，外边要点。鬼子来时，我都大了，我都十八九（岁）了，鬼子来过龙桃，离这五里，住着鬼子。这个村有个马路，马兰头也住着鬼子，来回路过。没杀过人，抓人上楼上住着，皇协军抓的，要钱。不是多厉害，来得多，经常来。土匪有，抢东西。八路军来了以后就安生了。来回过，村里过来过去的来回过。民国32年我在部队上，那是1939年1940年，民国29年或30年，

董爱民

那时不远去，就在本县转悠。八路军当了五六年兵，有鬼子，鬼子往回走，我有病不能跟着走，把我调到医院，说我这病传染，让我回家。那时鬼子正败着呢。

民国32年就是灾荒年，那时候先旱后涝了，地里种不上苗，不能浇地。没砖井，没水了，没深井，下大雨，民国32年八月初几下的，下得大，一回下了七八天，平地腰深水，有下的水，有外来的水，外的水有从南边来的，有从东边来的，混来，没这么多的沟，下水多了满地流。八路军修了，毛主席提出根治卫河。我这在外面来，在一个县里，都是县的兵，五区游击队，县里一个县大队，一个区一个游击队，五个游击队。地方部队里边，县里兵流动性的。游击队有粮食吃，都外面来的，有时候吃饱，有时候吃不饱。鬼子截住没法吃了。

霍乱病，灾荒年那会主要是人吃不了东西，饿的。部队上还吃不上东西，外面来的东西鬼子劫走了。霍乱病灾荒年不严重，都饿的，饿毁了。其他地方也没听说霍乱病严重，那人都饿死。有病没病说不准，倒下就死了。没医生，医生少。

部队上没听说有霍乱病，亲眼没见过，不知道咋死的。没医生，没这么高的本事。那会都没有霍乱病，吐泻的不多，那几个村有几个，那个病扎扎针能扎好。见过扎针的在咱村里，有个能治病的，拿针扎，扎屁股上

面。拉，光拉，不住地拉，连拉带吐，都属于吐泻，不多。扎扎针就好了，扎好的时候多，有时候多的时候死一个，怎么得的不知道。霍乱子病后来都少了。

后来有个"基子"（根据地）病。得了这个病吐，有时候泻，得了这个病不让他跟咱这人在一个村里，吃饭时给他送饭，治疗治疗，不混乱，医生都说是霍乱病，这个晚。

灾荒年和这个不一样，每个村有几个，这个病能传染，伤亡人大。不是那年鬼子祸害的，都饿死了，有死外边的，有死家里的，得这个病的人有，反正不多。鬼子在这时不多。没有人。

侦察光在本县里，不到一个地方去，来往人员流通，有来串亲戚的，都上那儿了解。经常打，三天打一回，两天打一回，有一回打两三回。他下来咱就打，一回来咱就藏起来，来人少咱就打，来一大些人咱就不打。武器不好，日本人带着机关枪带着大炮。

日本人戴着铁帽子，中国人都不戴。日本人有真的，有假的，真的都有，围着日本人周边的那些假鬼子坏的，中国人孬的多。离这五里地，来村里抢东西，奸淫妇女，放火，日本鬼子、皇协军都干这事，打他房子打死人，定不准打他，有时候。

八路军和老百姓关系好着呢，不好就不能住了。上人家去，人家不反对。一去人家欢迎，拾掇吃的，咱不做孬事，给扫扫地，担几担水，那些人，欢迎咱。那会不给救济，部队上不够吃，东西过不来，粮食让鬼子劫走了，从外边劫走了。公粮打不来，就找那村村长要去。没去过很远的，那里有炮楼，炮楼都在村外，不在村里。自己背，去十来个人背一些，有30（斤），有50（斤），背高粱、谷子、棒子，八路整啥就背啥，给啥粮食也行。老百姓那地能收点粮食，鬼子不挡种地，你种地他不管，要公粮，谁地收米了就问谁要。详细数字说不准了，村路有管事的村长，问村长要，地多要的多，没地的不要，按地上。

借不了，没人借给咱，不会再没地，也每人借给咱，借100斤有还130（斤）的120（斤）的，有多的，有少的。高利贷光听说有。

民国 32 年有河里来的水，主要是下雨下得多了。没啥喝，都是砖井，拿砖垒起来的。把井淹了，哪洼往哪走，都流着走了。

下大雨时在外边村。都吃雨水，院里丢个缸、瓮，留一盆，喝那个水，能喝热水。老百姓家里，漏的多。村北边离这三里地，俺有个指导员就俺村的人，旦寨村，在指导员家，人家好，砖房，人家过得行，他家也是一般人，造成人家的房子不多。房都倒了，檩条烧了。下雨不行军了，在旦寨待了七八天。旦寨也有霍乱，不多，扎扎就好了，多了就不行了，这是后来的事。死那人都不知道是咋死的，死的多了，有时拉在院里挖个坑就埋了，下着雨也埋，不知道是饿死的还是病死的。旦寨有，这个村也有，不多。旦寨有扎针的，不是医生，是农民医生。扎不过来就死了。就吐泻扎针。扎不过来的不多，还是扎过来的多。民国 32 年不知道咋就死了，说不准咋死的了，政府不知道怎么死的。

采访时间：2007 年 5 月 6 日

采访地点：邱县旦寨乡辛集

采访人：刘 洋 刘 燕 韩仲秋

被采访人：申容岗（男 74 岁 属狗）

申容岗

（我）一直住这，小的（时候）念过（书），家里没人，鬼子在这呢，那会念的，就那一年二年的，家里没人干活就不上了。咱共产党的学校，不花钱，供不起。

民国 32 年人都逃荒，全村剩 800（口人），街上收粮食，统计人口有 880 口人。现在有三四千人。民国 32 年我才十岁，我家八口人，姊妹三个，加上父母，爷爷，奶奶，还有嫂子。八口人那会没好地，十几亩地，不够吃的。我父亲做个生意，卖瓜子、糖维持生计。我哥民国 32 年饿死了，嫂子走了，我家里剩我、母亲、姐姐，那会吃不好，种高粱，种点红薯，面窝窝、小米饭，吃这个是好的，这些还捞不着。地主成百亩地，咱这十亩八亩地。其那平分了地后，我人少，分不着多地，也没添地。

民国 32 年灾荒年，饿死人不少，我家人口都是那一年饿死的。吃不好，糠菜，吃不着米。逃荒，我这剩没几口人，我家饿死了四口，还没逃来。一提这个事，伤心，家里人都死了，没逃出去。

霍乱病，我父亲和我哥哥都是霍乱病，抽筋。七月八月，下大雨下的，下的雨大，房子都漏了。前二三年没收好，到民国 32 年底都没种上，一下大雨，有耩的，种上谷子啊，高粱啊，种上了。七八天雨，一下雨就是七八天，街上水像河似的都上河里流。喝热水喝不上，有一家，煮点菜，烧点米，看人冒烟。没柴火，屋里都是水，烧那棍棒。屋都倒了，就抽那檩，那还干巴点。我父亲母亲逃荒去了，我和哥哥、爷爷奶奶在家里，我父亲回来没几天，爷爷就死了，饿死的。煮那个北瓜花，就喝那个，等了三四天才来。霍乱病，抽筋上吐下泻，我哥哥先死了，得的就是那个病，从瓜地里回来，待一黑，第二天就死了。没医生，没先生，得那病就等死。后来找一个会扎针的人没扎过来。那会也下雨了，哥哥上瓜地里看瓜，种北瓜西瓜，他比我大五岁，他 15（岁）我 10 岁，村里都在家里，在家里做点活，也是这个一样的病，上吐下泻，腿自己就抽搐了，请先生扎针没扎过来。亲眼看到，我父亲扎针，扎不过来。给人弄点窝窝吃，那会我就是好的，灾荒呗，没啥吃。

灾荒以前也有这个霍乱病。民国 30 年那会，咱这住的这个村子，有得那个抽筋病，供给处有医生，供给处的一个大夫，这个老婆是供给处，她给治。供给处是造枪弹弹药的，村里的得病，那会轻，还不严重。到了民国 32 年，严重了，都吃不上东西。有一户，那个小孩比我小几岁，从街上出不成，"我饿，我饿"，饿死街上，他没有出去，没什么吃。他哥哥，他二哥，他这俩大的没饿死。大部分都是那样，谁谁死了，叫两个人埋了，到家，他就不中了，前后院把他拉出去埋了。

这是八路军根据地，也站不住脚。鬼子光来扫荡，鬼子合围来了，扫荡，抢东西，拿东西，啥东西好抢啥，吃得不用说。日本没几个人，净皇协军多，抢东西，抢牛，抓人，听说是有那。

过灾荒年没人了。民国 32 年下大雨了，国家给买种给很少。国家出人，地里去人，分分种。到第二年都收了，第二年没大有，有收的了。五六家一个牛，能把地翻翻耩耩。

我没亲眼见，知道这事。喝井水，哪有开水，喝的凉水，没有干柴禾。大部分人都有毛病，早早的，一下雨，再没吃没喝的，人都担实不了，可艰难了。还是饿死的，要是人多人马强壮就不会得了。我这还缺了四五口子人呢，都是那一年。

家里吃小盐，买的。那时摸不着油，那有点花籽压压换点油吃。穷人吃不着肉，贫穷人吃不上。

采访时间： 2007 年 5 月 5 日
采访地点： 邱县旦寨乡辛集
采 访 人： 刘　洋　刘　燕　韩仲秋
被采访人： 万玉和（男　83 岁　属牛）

万玉和

（我）一直在这村住着，那时人多少不准，鬼子在时 1000 来人。我家五口人，姊妹四个。没地，要饭吃，吃百家饭。净碱地，不收粮食，那地没数，常年要饭，转到村里，给别人种地，分粮食，九一分（成），打十斗粮食咱要一斗，不分钱。

鬼子到过，经常来，杀了人，有死的，杀了两个，打死了，老百姓。没死村里，把人捆到炮楼上，日本人来了，老百姓一跑，逮住送炮楼上了。数皇协军孬，给他两个钱就不打了。打人要人，八路军给的麦子，皇协军要钱。

有土匪，在日本（人）进中国（时）就有土匪，土匪闹腾。

民国 32 年在外边逃难，跑到河南的邹城县，属山东。走的时候没下，逃难走了。走了下了。灾荒年（我）18（岁），那时当了八路，就在咱这片。队伍排队走，日本人把队伍打散了，俺就回来了。还有鬼子，鬼子又待了几年。

啥也没收。草籽不见，饿死了不少。没人了，逃出来就逃着活命，逃不出来就死家里了。逃到邹城要饭，光要饭，能要饱了。待了一年，民国 33 年回来了，蚂蚱把麦子头都咬了。

霍乱病，抽筋病，灾荒年有，厉害。没下雨，出来后下的雨，我记得两三个月。见过这病，有轻的有重的，吐泻，重的死得快，轻（的）死得慢。以前没医生，灾荒年没人了。村里人有得这病，霍乱子病不少。潮气大，村里没啥人了，有饿死的，有病死的，那时候就叫霍乱子病。下大雨的时候就出去了，走了 60 里路没回来，往南走了。下了七八天来，就在后村待着，吃个小枣，没水，喝热水，没干柴，不下都阴，房子都拆了拿来烧。出去没见过，那个村没有，那边好年景了。离黄河 60 里地。下雨，耩地就晚了。那（年）八月里走的，没下雨有这个病，下雨以后厉害，得霍乱子病，死的人多。我们家没有，俺哥和俺都当兵了。这个村总共剩下九个人，送饭送不来就饿死了。

吃小盐，地刮了土，自己炼盐。吃棉油，零打油零买。有时吃不起肉。

日本鬼子离咱庄五里地，来找啥吃。见过鬼子，见多了，铁帽子。没见过穿白裤子的。灾荒年鬼子也来，你是八路军，就逮走你了，咱这是八路军的根据地，八路军七十四师七十一团，住老百姓家里。

张省庄

采访时间： 2007 年 5 月 5 日

采访地点： 邱县旦寨乡张省庄

采访人： 李　龙　张东东　赵　鹏

被采访人： 张辛海（男　78 岁　属马）

张辛海

（我）没上过学。

民国 32 年，有日本人。旱，头半年旱，后半年淹。淹也没大淹，地里也收点。都偷了，日本人一乱，地里净是小偷，庄稼不熟，就偷了。日本人占着，不敢出门，占着乡里，七八里地就有个炮楼。日本人利用中国人。民国 32 年当时他抢，民国 34 年才解放了。年轻人都走了，走个四五百里地，都走到定县，以前叫定州，有跑到山西、河南、山东的，反正谁敢出门就逃命了。有跑死在半路、外面的。有跑到梁山一带，济宁、范县这一带，济宁州，还有各个县。逃荒逃得都没啥人啊。能顾上的在家，吃上的都没走。

有饿死的，都快没人了，剩下没几天，地也卖了，房子也卖了。就没地种，没房子住。小孩临走都给人了，谁也顾不上谁了。卖了地、宅子、小孩、老婆。共产党来了，都接回来，要不是毛主席领导，咱这地方就没人了。两斤米一亩地，两个窝窝头一亩地，都要回来了。毛主席领导，该回来都回来了。地主要了都能回来。民国 33 年有回来的，民国 34 年有回来的，俺村都民国 33 年、34 年，也有到解放后回来的，还有没回来的。先叫他不回来，后来回来了。

共产党推公粮，推一百斤给五十斤，一天走三里地，有地形，都不敢走，就停一天。二百来里地推半个多月。你到有兵的地方，到黑了才能过。落下三十斤二十斤的，在路上就吃了。有带队的。

1943 年七月下的雨，下了场透雨，都能耩荞麦了，耩荞麦时都到立秋了。种点油菜，别的都不能种，种点荞麦，到荞麦出来之后，下了七天七夜。房倒屋塌，又没吃，又没烧，家具都烧了。还有啥病，那时候医生说又哕又泻，霍乱。天旱，后来下雨，七月二十一，水大受了潮，抽筋。俺叔伯兄弟他六口人，还剩了俩人，在外头要饭，饿死了三口，小孩死了，媳妇走了。闺女在邢台，都卖给人家了。走了三口，就这兄弟回来了。日子记不准。下了七天七夜，七月二十一下到二十八九。没上大水，都能下地，地阴又潮。亲大爷张尊梅霍乱抽筋死了，大娘饿死在邢台了，埋那啦，找不着地界了。霍乱不是一回事，也饿，也病，就死了。

有人吃人，集上卖人肉包子，我没吃过，不论斤，论个卖。

下雨前吃蚂蚱，把火一烧，布袋里蚂蚱一倒，扑咚扑咚，就吃。民国 32 年到 33 年就耩麦子。

冀南票，三块钱一斤米，人民币也就三毛钱。买头牛一布袋的票，都不说票了，说几袋几袋卖的。记不准了，可能解放前。冀南票换日本票十块钱变一块，日本票值钱，日本占着呢。

民国 32 年以前大溜的飞机，民国 32 年就没人了，没飞机。民国 32 年八路军就走了，有县游击队，就还几个人，五六个人。差不多都当皇（协）军。日本人占着农村，要兵，要两个，你叫谁去啊？全村拿钱买兵去。叔叔卖兵得了几袋粮食，去年刚过世。

民国 33 年有蚂蚱，小，光能蹦，不能飞。它走直线，那麦头都咬了，光咬麦头。拾麦头。蚂蚱不顾穷哩。

张漳逯村

采访时间： 2007 年 5 月 5 日

采访地点： 邱县旦寨乡张漳逯村

采 访 人： 李廷婷　刘鹏程　刘　宝

被采访人： 张凤岐（男　80 岁　属龙）

张凤岐

　　民国 32 年我受洋罪了，好事不多，遭罪不少，差一点没饿死。我去南方又回来，吃草籽，吃蚂蚱，啥都吃。饿死不少人，还有回不来的。俺经历的难事不少，好事不多。乱七八糟，日本人、土匪、老杂不少。椰子队那时都是小土匪。

　　民国 32 年我逃难走了，逃到南方不中，又回来了，又没得吃，那时棒子连核带籽一块吃，生蚂蚱你不吃还饿得慌，吃多还扎得慌。树叶皮、种子草都被吃光了，吃糠吃多了都拉不下来了，脸都虚了，肿了，这也不中。俺这村民国 32 年，连死带逃的，带回不来的，去了一半，原先 700 多口子，剩了 300 多口子，受了洋罪了。这个命是爬出来的，一步步来的。咱这个命那时也不容易，那时我 16 岁，都 60 多年了。

　　按 80 岁的剩下两个，比我小一岁的也没有了。民国 32 年的后七月十四下的雨，阳历八月十五左右，下雨七天七夜时还没走，不下雨时地里种野菜，煮煮吃。下雨时玉米在屋里藏点。

　　八九月走的。下的雨不小，家家户户都漏，土墙都倒了，地下透了，后来又下雹子，把庄稼砸了，吃啥没啥。七月下雨，地里啥都不能种，太晚了，下了七天，家家户户都漏了。那下第一场雨，是我们求雨，磕头，也没求下来。下了七天，不下就不下，下就下那么大，棒子刚结子就下雹子。

下雨那会儿还没开始死，俺这儿出去了一半，我逃的时候到了落花生的时候，我当短工，一天25元，日本人来农村要工，人家雇咱，咱是逃荒的，日本人揍你，你要是不长眼的话，我给日本人干了一个多月就不干了，那时我们都是看他走了，少干点，看他来了就多干点。

好几个县受灾，咱这以前是曲周县的，现在归马头。1956年、1963年发过大水。民国32年，先旱后淹。1943年死了不少，饿死的。把东西吃干吃净，穷家难舍，走不动了，没盘缠了。我向南走，在路上碰到俩都饿死了，都没衣服了，谁碰到谁剥了。那一会儿还吃人，我亲眼见的。他这个人饿死了，剥了衣服，把死人衣服卖了，那时你给我吃个干粮就卖给你，他也不说贵了贱了。

俺这一圈儿净日本人，马头就有，是日本人的炮楼。旱了，就给日本人拿干粮来，那时，日本人给不起就下来抢。灾荒他就抢，下村找。有治安军、警卫队、日本人、皇协军，来你不跑，问你是不是八路，给他两个钱就不揍你了。谁是八路军你也不知道，不跑没好事。俺村谁当八路你不知道，告诉他得罪人。

霍乱病，那会儿没听说，都饿死的。一点吃的都没有，地里草籽都吃了，菜里面沾点米粒，越喝越胖，又黄又肿，身上发粗。我没少喝，喝得顶不住了。那时谁不舍得家谁就饿死了，在家一点吃的都没有，没路费，又走不动，半路死得多。半路碰到剥衣服，没衣服冻得像紫萝卜。那时越来越冷，死了人也没人埋，都没人叫了，谁埋谁，死得早的有人埋，死得晚的没人埋。我村逃出来又回去的300多人。那会儿净饿病，生病的不多，一生病死得很快。没钱找医生，没病还可以抗抗。

梁二庄乡

程二寨

采访时间： 2006 年 7 月 14 日

采访地点： 馆陶县馆陶镇车疃村

被采访人： 韩金芳（女　71 岁　属鼠　娘家邱县梁二庄乡程二寨）

民国 32 年是灾荒年，我是灾荒前搬来的，老家一个村儿都没人了，我是这年九月嫁过来的，那时 8 岁。春天旱得地里不长庄稼，光长草。老毛子、皇协军光扫荡，整个村儿都没人。树叶都吃光了，光吃草籽儿，吃花籽儿。

民国 32 年不记得下雨，也不记得有蚂蚱，地里不收，皇军、老毛子扫荡，草长得比房都高，把俺哥和俺侄儿都给人贩子了。人都往外逃，俺哥把腿都走瘸了，俺哥那年 13（岁），俺家三四十口子都死了。爹娘都是得霍乱死的，娘死的时候是用席卷的，没钱埋。大嫂也是这病死的，爹是六月死的，娘是九月死的。十月俺就过来啦。不记得下雨。父亲、母亲死的时候没下雨。村里都饿死了。没钱买棺材，爹是用席子卷的，爹娘病的时候，上吐下泻，没人治病，病了好几天，连饿带病。听姐姐说是霍乱。姐姐也得了这病，后来治好了。俺大爷、俺大娘、嫂子全是霍乱死的，他们死的时候，俺都嫁过来了。病的时候抽筋，村里没医生，没吃的，啥也没有。父母病了十多天，在家里病的，饿得不能出门。人死得地都没人种了，能逃的都逃了。二十多口就剩仨。死的都是老人，年轻的还好，老人走不动。根本就没人走亲戚。吃麦糠。

我来时候正发大水，村子都淹了。我嫁过来的时候，地里啥也没有了，已经没水了。这里也不好过，又往东逃荒，逃到卫河东。第二年六月回来的。

八路军记得，娘家那边有，老毛子一来八路军就跑了。俺村儿有俩钉子（炮楼）。俺想把俺衣裳卖了，没卖成。皇协军查岗，见天跟着老毛子扫荡，见天来。俺娘偷着烙了个小饼，皇协军来了，来不及藏，就叫皇协军抢走了。俺娘蒸了个面羊送给俺爹吃，路上我头里来，娘在后面哭，面羊叫皇协军抢走了。皇协军铺的、盖的、吃的，都抢，日本人也抢。那时候小，不记得土匪，光记得皇协军和老毛子。他们蹚河的时候让中国人带路，俺叔就是送日本人过河的时候淹死的。皇协军和日本人经常杀人。皇协军和日本人一来，人就跑地里藏起来。日本人见孩子就挑，孬日本人多，好日本人也有，见了孩子大人都挑。在娘家的时候八路军少，逃过来后就多了。日本人都不常见了，逃到卫河那边还有日本人。

嫁过来没多久就上关外逃荒去了，娘家那边没上河水。

东梁二庄

采访时间：2007 年 5 月 2 日

采访地点：邱县新马头镇光荣院

采访人：李 斌 付尚民

被采访人：任光海（男 80 岁 属龙）

1943 年参加工作，入区队，年龄小，给许泽南当小鬼。日本投降以后调到部队上修电话，后来生病，1949 年 7 月份回来了。许泽南原来任县里的秘书，后来北上调到国

任光海

务院，写信让我去，我没去成。

1943 年我在馆陶那一块，梁二庄南边馆陶那一块，我家就是梁二庄的。日本人投降以后我上到临清，打过聊城、冠县。

1943 年那会都没啥吃，人都饿毁了。窗户、门都没了，都烧了。我家那会儿也都逃荒走了，我父亲、母亲、兄弟、妹妹都逃荒了。在家不能种地，皇协军还抢东西，人都饿没法了。我爹逃荒往北边走了，就剩我一人在家。我家人 1943 年头溜就走了，我走的时候就剩我自己了，去当这个兵。我们村逃荒都逃没有人了。

那一年，前边旱，后边淹，七月份下雨，房倒屋塌。那雨下得不小，下了七天，不成灾吗，有坑，坑里有水。不是进水淹得不能走，大道能走，洼地不能走，高地没水，还能都是洼地啊。庄稼地里有水不能走人。下了以后长点苗又长蚂蚱，不收庄稼了，没啥吃了。

过了头麦了一直刮大风，刮的风都看不见人，刮风以后旱得没法，那时也没有井，不能浇地，麦茬没种上，到后来下雨，人都饿毁了，得霍乱病，人死了很多，哕泻就死。

俺村死了老多人。下雨以后就开始死人，下着雨就死人。下雨得霍乱，哕泻不治，人都那样死的。那时候老百姓都叫它霍乱。霍乱忒快，不能吃饭，哕、泻，就完了，死了，死的人多。那个病是传染病，它是阴天气候的事儿。我家倒没人得，邻居有得了死的。那时候得病也请不到先生。我奶奶就是不能吃不能喝就死了，她那没下雨就死了，死了以后才下雨。

霍乱是下雨以后，下雨以后天不晴了，人吃不上饭，到后边就死开人了，到后来晴了天以后才止住。主要是潮湿，那房漏，那屋塌。霍乱病旱的时候没有，都是下雨以后引起的。

我刚才说的霍乱，那一阵儿正死人的时候我就走了，到后边晴天以后我就走了，我就不知道了。馆陶哪里没有霍乱，那里有吃的，有法儿治，总有法儿。吃不上饭得这病。馆陶那皇军还走不到那，人那还收到点粮食。主要吃不上饭，又受潮湿，得这个病。主要是封锁线北边人吃不上饭，得这个病。到那个地方就是八路军的根据地了。1943 年 7 月一参加工作就到馆陶，那里好地方，没有死人，皇协军和日本人都不打，又能生产，就没有死人。不能生产的地方，得病就多。再往南到大名就少了，数着坞头梁二庄这边的多。

我是七月份走的，下大雨时在家里。当兵之后在馆陶，没多长时间又调到七分区电话局，当电话员，管电话。

往南就好点了。梁二庄、坞头、孟庄、辛头，到那个发吴（音）就好点了，离伪军的封锁线远点就好点了，再往南就好点了。

当时伪军的封锁线在坞头，东起张官寨，这边是程二寨、坞头、焦路。焦路、坞头、程二寨、张官寨，这就是伪军的一条封锁线，日军在封锁线北面。我老家是梁二庄的，坞头正北五里地。

下雨接雨水吃，各村有砖井，一下雨井里的水也多，井就在坑边，坑里有水井里也就有水了。有条件的就烧开喝，有的没法烧。我那会儿就喝生水，吃个冷干粮。那时候都是烧柴火，到后来房都拆了，窗户都烧了，烧着吃喝。俺那个村三十来家人剩了十来家人，那些都走了。

是县城就有日本人，邱城县城有，馆陶县城有，再往南大名。离我们村最近的日本人在坞头那个钉子里。到村里都是逮咱的鸡，祸害咱的人，皇协军抢东西吃，下雨的时候他就不去了，不好走。

在馆陶打游击战，不在一个地方住，高庄、范庄、马固都打过游击。那些地方霍乱就少了，都有饭吃。那些地方也下雨，那边收点，这边一点不收，不让你生产，不让你种地，皇协军两面抢。

没有洪水，光是沥水，下雨叫沥水，河水叫洪水。光是沥水，没听说来河水。梁二庄那离河远，有也不知道，在馆陶也没听说洪水。

采访时间：2007 年 5 月 4 日
采访地点：邱县南辛店乡小侯仲村
采 访 人：陈洪友　李玉芝　张少勇
被采访人：赵秀玲（女　75 岁　属鸡）

（我）18 岁嫁到小侯仲村。有一个老红军叫杨国真，让坏人逮住了，先是挖眼，再是挖耳朵，最后给弄死了。我跟姥姥住在一起，土改的时候回到村里。1943 年在东梁二庄住，那时有好多蝗虫，红翅膀的，下午的时候墙上、田里到处都是蝗虫，都把地里的庄稼给吃光了。我们吃蝗虫，把蝗虫弄到锅里蒸着吃。来蝗虫时麦子收过了。高粱、绿豆都被蝗虫咬了。

民国 32 年下雨下了七天七夜，说大不大说小不小，土屋子都塌了。蝗虫来了，老毛子又来了。有个老头被老毛子用刺刀刺死了。东西梁二庄没有得霍乱的。下雨后的第二年开始有得霍乱的，得了那个病到第二天就会死。1943 年姥娘、姥爷得霍乱死的，扎针也没有扎好。阴历八月十五姥姥死了，九月初九姥爷死了。那时不下雨了。

民国 32 年我 11 岁，14 岁时有打针的，14 岁那年，地里就有点收成了。

民国 32 年，八路军也没有吃的，也顾不上老百姓。一个村跑得不剩200 人。

土匪他们有枪，碰到啥抢啥。

东锚寨村

采访时间： 2007 年 5 月 2 日
采访地点： 邱县梁二庄乡东锚寨村
采 访 人： 刘晓燕 刘 燕 刘 洋 韩仲秋
被采访人： 谈洪杰（男 78 岁 属马）

谈洪杰

日军来时，根本不能念书，都是自学的，查字典，后来自学的。

那时候村里有一百多口人，我家有两口人。日本进中国，皇协军也投靠日军。土匪也有，抢砸不能过，八路也有。种不了地，逃荒、要饭，我逃出去要饭，有动静就往外跑。日本在邱县、北馆陶有钉子。没粮食吃，都跑了，没家了。鬼子走了再回来。鬼子刚进来时就发水，卫河过来的水。

民国32年灾荒年，也发过水，过不成了。死人很多，霍乱、腹泻、跑茅子。那时没有医生，没有县，只有区，区是流动的，不固定。

下雨，村里很多人得霍乱，死几个人也不知道。我母亲八月下雨得霍乱死的，一是没吃的，谷穗不熟就吃了，那时没医生，那会扎针都走不动，买点吃的，请别人扎针。有扎过来的。八月里抽筋的很多，以前不知道得这个病，以后也没听说得这个病，是个传染病，也不知道从哪传来的。没吃的，房漏，受了潮湿，得霍乱，得霍乱抽筋，上吐下泻。我那时在村里，很多人都得这个病，年轻的就扛过来了，后来才知道叫霍乱。

那年生蚂蚱，过了麦到秋后全是蚂蚱。那时没药，庄稼没收，地里长胡绿豆，黑绿绿的，吃灰菜籽、灰菜。

1943年时日军还在。民国32年已经有八路军，那时打游击战，政府和区都是流动的。村里住过八路，路过这。土匪来村里抢东西，都是自己地方的人。日军在村里杀过人，那是在灾荒年前头两年，打了三个，死了两个，来了日军，一跑就打了，就是一般老百姓，日本用炮弹打的。鬼子来到村里，不管要不要粮食，村民都跑。鬼子来了，我也往外跑，那院子里有一窝小燕，一打炮，竿子断了，小燕掉下来了，我把小燕捡上回来，我就跑不出去了，鬼子进来了，我就回来了。就没事，还多亏了那窝小燕呢。日军也来过解里庄，抢过东西，杀过人。

国民党都退了，不抗日。八路军政府是活动的去，县下也是区，没有乡镇。

民国32年，大灾荒，下雨下了七天七夜，水从河里过来了。那时候喝砖井水，过来水淹了，水走了再喝。没有机井，那时候可受罪了。家里都有地，我家有几亩地，那时候没水、没肥、没农药，收成也就百十斤。种麦子，棉花收几十斤。村里没有富的，没有借钱的。

1956 年发大水，1963 年发大水，很大。民国 32 年水小。发水之前没病，发水之后得的病。现在的病死不了人，那时县里没医院，村里有半截医生，扎扎针。

日军、皇协军、土匪都来祸害。皇协军、土匪抢东西，不杀人，日本人杀人。

采访时间：2007 年 5 月 2 日
采访地点：邱县梁二庄乡东锚寨村
采 访 人：刘晓燕　刘　燕　刘　洋　韩仲秋
被采访人：郑凤芹（女　73 岁　属狗）

郑凤芹

民国 32 年我 10 岁，姐姐得霍乱，上吐下泻，那时六口死了四口，两个兄弟、一个姐姐，爸爸都死了。只剩下我和娘。姐姐得霍乱，爸爸死的时候不知道是啥原因，得抽筋病不能走动。东梁二庄死的人多，都没人埋人，随便埋了。那时候小，不出门，光哭。七八天光吃小蚂蚱，没吃的。之前不知道霍乱病。下了七八天雨，在家里饿的，不知道怎么得的。村里没人了，除了偷东西的，都没人来家里。我的病扛过来了，死就死，活就活，村里没医生。

那时家里有地，下雨天不能种地，在家里挨饿，吃草籽，吃灰菜籽，吃蚂蚱，没出去逃荒。得了霍乱病感觉晕，腿抽成疙瘩。姐姐比我大四五岁，得病也没治，得病七八天，过来就过来，过不来就死了。

注：谈洪杰、郑凤芹老人为夫妇。

东姚四头村

采访时间： 2007 年 5 月 2 日

采访地点： 邱县梁二庄乡东姚四头村

采 访 人： 王穆岩

被采访人： 程晏明（男　86 岁　属狗）

民国 32 年大灾荒，全村 500 口，只剩 100 口。逃的逃，死的死。得抽筋病死人，病急，没有医生，不好治，死得挺多，饿的。此病以前没得过，以后也没有，只有民国 32 年有。天旱，没有粮食，抓草吃。

有日本鬼子，抢东西，天天来，抓不到人。没听过日本人投毒。那时喝井水，很少数几次要盖井盖，怕日本人投毒。听说过日本人在邱城撒毒。

见过日本人飞机，投"小车""小飞机"，是炸弹，没亲眼见。

民国 31 年上水，不大，民国 32 年没上。民国 31 年也有霍乱，有一位民国 31 年得病，民国 32 年去世。春天易得那病。上水以后得霍乱。

听说过黄沙会，本村没有。老七在南边，这儿不归他管。土匪头子王来贤，明抢暗砸。

采访时间： 2007 年 5 月 2 日

采访地点： 邱县梁二庄乡东姚四头村

采 访 人： 王穆岩

被采访人： 王姣兰（女　82 岁　属兔）

民国 32 年，下大雨。抽筋死人。没好饭。听说过日本鬼子投毒。都知道投毒。

东七方

采访时间: 2007 年 5 月 2 日
采访地点: 邱县梁二庄乡东七方
采 访 人: 徐　畅　于春晓　刘　静
被采访人: 任广有 (男　83 岁　属牛)

任广有

　　十二三岁,父母死了。民国 32 年,母亲死了,骨病。民国 32 年,父亲死了,气死了。一个哥哥 15 岁,八路军来了跟着游击队走了。我逃荒走了,14 岁在山东,去黄河沿,又上东北下煤窑,给日本人干的,黄峰东一起坐火车,检查身体,没出三天,下煤窑,煤窑没空气,憋得慌,住医院住了几天,想逃出来,一个日本人,一个中国人站岗,有薪水狗。

　　民国 32 年,先旱,灾荒年,又有日本人,又有土匪。一个春天,下点雨能收点,下了雨后,老榆树皮,碾了轧轧吃。下了七八天雨,下雨之后南边没水来。

采访时间: 2007 年 5 月 2 日
采访地点: 邱县梁二庄乡东七方
采 访 人: 徐　畅　于春晓　刘　静
被采访人: 张品修 (男　85 岁　属鼠)

　　我从小住这儿,小时候家里六七口人,父亲、母亲、爷爷、姐姐、一个弟弟,六口人。种地,家里的地,40 亩地 (240 步一亩),种棉花、谷子、棒子。棉花收七八十斤,百十斤,16 两秤,老秤。谷子打一布袋,八九十斤。麦子好的打百十斤，孬的打五六十斤。一年不吃麦子，吃高粱、棒子。小麦过节过年吃，有时候够吃，有时候不够吃。不够吃想法，想法借啊，跟亲家借不要利。不跟亲家借，借不出来。吃糠，咽菜，那是吃得孬。平时吃小盐，自己家里淋。吃菜籽油，买不起肉，吃不起。俺父亲当经纪，在梁二庄一集分块儿八毛。

张品修

日本人来时（我）14 岁，周围南坞头驻日本人，程二寨住皇军。日本人来过村里，不抢不打，不惹他，不给小孩东西吃，枪往这一竖，一蹲，逮鸡。皇协军来过，没土匪。

1943 年春天，旱得寸草不长，地里种的谷子征走了。逃荒逃难。我出去了，姐姐都逃了，民国 32 年逃的，到南河，水浇地。旱了之后下了雨，阴历八月下大雨，下得大，房子下漏了，人没吃的。民国 32 年没上水，南北都没来水。下雨之后跑茅厕，泻，那时叫抽筋，霍乱，不知不觉抬出去一个，村里有 5 个人得这个病，抽筋。哪有医生，没医生。数不过来，有几十个，不串门子，不知道，明天看见就不知道了。后来没有了，有县医院来了几个人，八路军派来的，扎针之后好了。

杜申寨

采访时间： 2007 年 5 月 2 日

采访地点： 邱县梁二庄乡杜申寨

采访人： 李 龙　张东东　赵　鹏

被采访人： 杜茂旺（男　74 岁　属狗）

民国 32 年白天就有日本人。日本人没多些，就中国人，净皇协军，还有老杂。连偷带抢的。叫灾荒年。前半年旱点，后半年不旱。五六月生蚂蚱，一堆一堆的，高粱穗上一缕一缕的，那个乱。七八月不旱了，连下雨带下小雨带阴天得半个月。弄的人都死了。都抽筋，上吐下泻。有扎针，扎两下就好了。那时谁顾谁啊。八月十八九开始下，下了七天七夜，下面就阴天房屋就漏了。那时是中农下雨水，抽筋啊又吃不准，又没医生，俺这个村三百多人口，后来最困难的时候约数也就是五十来口人，32 年十二月 30 口人都不到。八月谷子都熟了，俺弟兄们三，我哥当村长，当时出去了当八路军出去了。我也得了。八月二十五六都连阴天。在地里回来，那时还算聪明，就那么好了，没扎针，谁也没治，就好了。没劲，连吐带泻的。那都这么说，死的人除了饿死的都得这个病死的。传（染）肯定传（染）人，容易好，扎针就好。大筋一扎就好。不扎针的好的不多。我自己琢磨的喝那下雨漏下来的水，那时又不能动。

日本人快要败了，抓劳工。招劳工，被日本人收买，劳工包围抓劳工。用汽车运到火车站接着又运走了。运到济南火车站，天津上船，光走水路，运到日本国（经东北—天津—山海关）北海道，真是遭了老罪了。东京没有遭罪。还给三斤茅台，给三双大皮鞋。回来了。（在农村没见过）咱听传说，也不清楚（完）。

采访时间：2007 年 5 月 2 日

采访地点：邱县梁二庄乡杜申寨

采 访 人：李 龙　张东东　赵　鹏

被采访人：郝同起（女　87 岁　属鸡）

（我）家里一共六个人，家里 14 亩地，还有两亩半菜园。娘家龚堡，我 17 岁（时）嫁出的，正月里。

民国 32 年灾荒年，5 天没见过粮食粒。一直旱到八九月份，庄稼一

点也没有。有老些蚂蚱，一抓一大把。树叶
都吃了，柳叶、榆叶。俺父亲都饿死了，六
口人就剩下两口了。老些都死家里了。一般
都没有出去。到了八月份七月底那块下雨下
了七八天，房屋都下塌了，尽是水。民国
26 年比 32 年早发大水，那年还有河水。

　　下大雨后抽筋，抽死了人。抽筋前有饿
死的，淹死的，五天啥也没给吃。（哭）在
龚堡娘家姓郝，家里人死后，才听说霍乱。
近邻里没有，见过扎针，冒黑血，都乡下医

郝同起

生。那时候不知道谁死，不知道怎么死的，谁有那闲心，都饿，从前没听
说过霍乱，下雨后才有。

　　老毛子、皇协军要粮食吃，都跑，见鬼子都跑。在龚堡谁没跑了，就
被挑，一见跑，躲，啥也不问就挑了，叫做饭就做饭，就走了。

　　在龚堡，飞机飞得很低，不记得哪一年投炸弹。1943 年，那就不乱
了，鬼子住在张寨离龚堡一里远，不敢来了，那时八路军已经来了。

　　（那年我）24 岁，八月十三嫁到这儿，把树拉来了，把娘家兄弟树带
来，把娘家龚堡的地卖了，在这儿买的地。我一提起来就难受（哭）。过
了年，从五月十三开始，婆婆不叫吃饭，在邻居家借喝了一碗囫囵汤。婆
婆家什么也没给吃，就吃了她几个月，上级补助。八路军给绿豆，是穷人
就给点。

采访时间：2007 年 5 月 2 日

采访地点：邱县梁二庄乡杜申寨

采 访 人：李　龙　张东东　赵　鹏

被采访人：张家祥（男　75 岁　属鸡）

我排行老二，两个哥哥，一个妹妹。鬼子进中国不记得了，那时还小，不记得，现在听不准了，耳朵聋。

那时候我家里只有三亩地，比较少，是贫农。民国32年，（我）才11岁，都去要饭，也去要饭了。差点没饿死，没走远，就在这一片。十一二岁上过水，房子都倒了，都在高的地方住，水都从南面过来的。1956年、1963年上大水。没有上大水，没有从南面来水，人饿带抽筋，爬着走，走不动，

张家祥（左）、张清晨

爬不动，死了。多数治不好。有土医生，扎针，放血。能逃的都逃了，走晚了都走不出去了，要不着死过半，找个人也找不到，一卷，都埋到地里了。四奶奶得霍乱死的。村子里没几人了，逃荒，有死在外面的，有回来的。

（以下包括张清晨补充内容。张清晨，男，1953年8月生，张家祥侄子）

咱家灾荒前九口人，奶奶、三个哥哥、姐姐都死了，过后就剩下我爹一口了，去东北打工了。1942年底1943年初，咱爷爷一共去了5个人，去东北。从济南上火车，一拨2人，一拨3人，排队上车。是到1943、1944年，这两拨人一拨剩一个，才知道是被骗去的，是招工，是当地人招工。3个人跑了，从民窑跑，还有一个病了，第二天就没了，两个人死在半路了。没回来的待了半年。不知道叫啥名，伪满？满铁？煤炭？

东北万人坑多了。有钱就坐火车，没钱就沿火车线回来。到了锦州，姑姑让人贩子贩走，后来在济南找到了。没听说过灾荒之后，被日本人抓去新华院的。一解放就都回来，冯甲居就这样。

张官寨的三个炮楼现在没了，炮楼里面也有皇协军。共产党领导，到晚上打游击。听说"四二九"铁壁合围。

再早，在邱城，国民党打日本人，日本人被打急了，在邱城见人就杀，井里都填满了。

龚 堡

采访时间： 2007 年 5 月 2 日

采访地点： 邱县梁二庄乡龚堡

采 访 人： 李 龙　张东东　赵　鹏

被采访人： 王门吕氏（女　77 岁　属羊）

王门吕氏

　　都没的吃。民国 32 年，那时饿死的，逃跑的都没饿死。旱，饿死的多，好多好多都逃了，有逃齐河的，有逃河南，黄河以南的。那时还没来大水。大水是 1963 年。民国 32 年阴历七月十五，下了七天七夜。从南面来大水。涝成一人多深。那时七八百人，一饿一上大水，剩下几十口子了。没出去，那都是饿死的。

　　一下大雨都饿，听说有抽筋死的，有哕，没有医生，没法治，跟现在"非典"似的。有抽筋，不知传（染）人否。见到抽筋的扎，出黑血，村里有一两个，也不多，大多都是饿死。

　　那一年，家里人推小车去河南卖被子、衣服，换点粮食。

　　鬼子占着呢。皇协军抢得多，鬼子也抢。土匪都当上皇协军了。出来扫荡，皇协军在前面，鬼子在后面，都是一块来。鬼子轻易不杀人。老毛子跟皇军是一伙的。日本人一般不坏，老毛子一般不坏，不见八路军没事。

　　张官寨是鬼子的驻地，劳工给鬼子干活，发工粮。

郭吕庄

采访时间： 2007 年 5 月 2 日

采访地点： 邱县梁二庄乡郭吕庄

采访人： 李廷婷　刘鹏程　刘　宝

被采访人： 郭奎兴（男　82 岁　属虎）

郭奎兴

民国 32 年，我十八九（岁）了。饥荒，人都饿死了。离这儿有个炮楼，在程二寨。我那年当兵去了，当八路军去了。

村里那会儿有四百多口人，后都逃荒走了。连饿带病死的还剩下几口人。得霍乱，上吐下泻，饿的。下雨只下七天雨，下雨之前没有得病的，下雨之后得的。抽筋，没人治，那个病也得传染，政府不管。

日本人修钉子（炮楼），中国人当伪军，日本鬼子把铁路都占了，都喊日本人叫老毛子。

我在邱县、馆陶打的仗，部队里有吃的，没得过这种病。

有撒细菌的，都那一年。那个味很臭，那是毒，撒了叫你死。打仗时撒的我们戴着防毒面具，撒了有二三十回，你出来打他，他就给你撒。不给村里人撒，只给部队里撒。皮肤有感染的，发红，发青，发烂。味进了鼻子眼儿人就死了，不抽筋。在河边打仗时也可能撒。

卫河没决过堤。

采访时间： 2007 年 5 月 2 日

采访地点： 邱县梁二庄乡郭吕庄

采访人： 李廷婷　刘鹏程　刘　宝

被采访人：郭明禹（男　76岁　属猴）

民国32年，那时我11岁，东西都被日本人抢走了。

那时天气旱，七月才下雨，下了七八天，以前天气干旱，下雨时人都饿死了。有得霍乱的，抽筋，吐泻，撑不开腿，都是听人讲的。下雨之后得的，传染，死了70%。房子漏，潮湿，肚子疼，一宿就死了。喝的都是井水，喝完之后就死了。

郭明禹

我家没有得霍乱，我们在村外面住着。

（谢西英：1943年卫河没开过口子。孩子的姑姑得过霍乱，没得吃，其他人没传染上。孩子她奶奶照顾过她，没死）

采访时间：2007年5月2日
采访地点：邱县梁二庄乡郭吕庄
采访人：李廷婷　刘鹏程　刘　宝
被采访人：杨淑梅（女　79岁　属蛇）

民国32年，灾荒年，俺爹把俺卖了，后来俺爹把俺又卖了一回。那时有个歌谣："民国32年，灾荒真可怜，天上下雨哩哩啦啦下了七八天，人人得霍乱。"

杨淑梅

得霍乱的人上哕下泻，都死了。脱水、抽筋、发烧。有个小孩七八岁得霍乱，渴了，买个大瓜吃，治好了。吃大瓜秧子，治上吐下泻，煮了喝那个水也好。有治好的，是传染病。

家里人，公公婆婆都得那病死的。又潮又冷，七八月天，我娘家是这村的，也有得这病死的，一会就死了。饿的，吃凉东西，喝生井水，我爸妈照顾我爷爷奶奶，不跟他们用一个碗吃饭，怕被传染。

得霍乱，老先生扎针，在刘段寨。

日本人住在离这儿二里地的钉子（炮楼）里，来要钱毁人的都是假日本人。见过日本人的飞机，那时我七八岁，飞机不扔炸弹，是占地面的。

十月里共产党放水淹日本人。

14 年前，邓小平时（代），有大学生来调查过。

郝段寨村

采访时间：2007 年 5 月 2 日
采访地点：邱县梁二庄乡郝段寨村
采 访 人：李廷婷　刘鹏程　刘　宝
被采访人：郝光友（男　78 岁　属马）

民国 32 年，下了七天七夜的雨，得病一天死好几个人，人都没吃喝的，瘦毁了。下雨以前没得病的，都是饿的，走不动，吃啥拉啥，抽筋，也吐，一会就死了。传染。那回村里 700 口人，死得没人了。

家里有得这种病的，我差点得这种病死了，没治好的，这病叫抽筋，是霍乱病。

得病时日本人没来，撒细菌的要往南，喝了井水就得那种病。日本人没扔过吃的，也没打过防疫针。

后郎二寨

采访时间：2007 年 5 月 4 日

采访地点：邱县梁二庄乡后郎二寨

采 访 人：徐　畅　于春晓　刘　静

被采访人：赵凤江（男　78 岁　属马）

赵凤江

　　我从小时候起一直在这，好几辈子都在这儿。小时候（家里）10 口子人，两（个）哥、两个嫂（子）、爹娘、奶奶、哥哥一个孩子、妹妹，是种地人家，有二十多亩地。地孬收东西少。种棉花、谷子、高粱，不上粪，那会儿地一亩收七八十斤，从前稀少，不能浇地，稀穷，穿得稀破，不够吃，就吃糠、吃菜、吃树叶。

　　离这儿三里地，坞头、焦路住着日本鬼子。日本人进村时我才 8 岁，大地主地多，黑天就跑了。穷人不跑，整死就整死。日本人见小孩就喊"小孩小孩"，给饼干，还让吃罐头。我吃过，穷人的孩子不害怕。八路军穿便衣，若鬼子扫荡，在梁八庄打他两枪，他就红眼了，就恼了。东洋刀砍人就像切葱一样，我看见砍人了，在坞头、邱城死了一些，趴在井口死了。

　　老百姓说老毛子吃小孩，他要是好好的，就连说带笑的，要是红眼了就六亲不认，真要人的命。老毛子在这个村里没杀过人，皇协军经常来，啥都拎，被子都抢走了。皇协军都是本村人，穷得没法被逼的，地主有啥都不当。

　　八路军来时我 12 岁，日本人从坞头到焦路修马路。日本人呜呜地开车，挖沟，沟大得过不去。挖沟时这个村那个村去几个，我去了，不是老人就是小孩。日本人看你干活慢就用棍子打你。日本人的炮楼边上有壕沟，上面有板子，晚上就拿了。八路军跟皇协军串联半夜把炮楼点了，把鬼子打死不少，死的中国人也不少。

八路军跟老百姓关系很好，不打人，也不杀人，领导妇女会，给老百姓开会讲话。

那时土匪是你抢我我抢你，地里净草，没人种了，大地主也不种了，都不要地了。

灾荒年是民国32年，头年秋天旱，構不上庄稼，后来瞎了。灾荒年旱，旱得不轻。有蚂蚱，一堆一堆的，老些。蚂蚱吃的高粱、棒子叶，也没药治，挖壕往里撵，也有人吃它。那时没的吃，就吃槐叶、榆树叶，榆树皮剥下来吃。逃荒逃到邢台、石家庄，问人家要饭，刚开始给，后来人多了就不给了。我是春天逃的，逃到石家庄，不给，我和娘就回来了，年前回来的。一直下雨，八月十五就淹了。我们下雨之前就回来了。见天下雨，下了几天说不清，地里净是水，房子都下塌了。那时是草房、土房。喝的是坑水，井跟坑都通了，喝凉水。村子里街上净水，都挡住了，南边御河说不准了。

下雨以后都得霍乱，下雨之前没有这个病，得了潮湿，稀潮，跑茅厕、吐哕，上哕下泻。那时俺大哥得了霍乱病，瘦得不行了，要扎针，放血。大家都说是霍乱，俺哥一吃粮食就好了。离这15里地，北边辛店招兵，八路军要兵，他去当兵了，后来牺牲了。村里得霍乱多，怎么治没见过，没扎针，死了不少人。过了好长时间没有了。

得霍乱时，日本人在坞头，没有来，在此之前见天来。没见过穿白大褂的鬼子，都是黄衣服。鬼子让庄稼人跟着走，扫荡完就放了。干了很多坏事，害死了好多人，奸污了许多姑娘，因此害死了许多人。不知道有没有抓人。隔半年就扫荡逮人，看着年轻人，就看手里有没有茧子，没有就逮走，说是八路，杀了。

俺娘饿死在家里，我跟爹到济南、齐河要饭，母亲没人埋，没劲埋，谁也不埋。要了三四个月的饭，正月走的，跑到齐河那里一个大地主家，给干活的送饭。俺嫂子头年就饿死了，嫂子1942年饿死的，奶奶头年饿死的。俺二嫂走了。民国 32 年之前就收成不好了，日本兵占着，地里净是草。我干了三四个月活给地里送饭，解放后就回来了。

八路军斗地主，斗地主给饭吃、给钱，还是日本金票，地主给钱了，以前是光干活不给钱。

采访时间：2007 年 5 月 4 日
采访地点：邱县梁二庄乡后郎二寨
采 访 人：徐　畅　于春晓　刘　静
被采访人：张振发（男　78 岁　属马）

张振发

我没大读书，都忘了，学过又忘了。

出生在马店，3 岁来这儿住。1940 年走了，在梁儿庄住了一年，又跑到马店，14 岁又回来了。这是姑娘家。民国 32 年回来住。记事有 4 口人，爸爸、妈妈、爷爷、奶奶。有一点地，三四亩地，给人家扛活，租地，租了一年要 2 分，人家 8 分（二八分），光管锄犁，种粮食，高粱、棉花、小麦、大豆，小麦一亩收百十斤，种一季麦，种了以后犁，热天晒地。240 步一亩，比现在小一点，相当于现在 9 分地，老秤 16 两相当于一斤差不多，过去一斤相当于现在一斤二两，小两，一斤一两多。除种地不干别的，也够吃的，也没余头，花销另想办法。吃高粱发涩，没这回玉米、小麦好吃。要是借一斗粮食，翻一斗二升，都春上借，秋上还。都问富农地主借，那时农民差不多都没钱，二八出利，借 100 块钱翻 120（块），半年还。有盐，吃小盐，挖碱土淋，买的时候多，自己淋少。记不大准一斤小麦换多少。挖野菜。用油，棉花籽油。肉吃不多，一年一个人吃一斤二斤肉，还是好年景。

日本鬼子来之前，土匪多，穷人不怕土匪，不怕抢砸。穷人没东西，好过的怕，要钱，抢东西，劫路，看谁有钱就劫你，有大根老杂吴作修，王来贤跟吴作修差不多。收税，公家收，县长支人，县里来人地方收，地方交到县里，不知道多不多收，地方还能白收呀。

咱这周围，住鬼子还是不少，四里地，圆圆的炮楼，焦路住有皇协军伺候鬼子，一个炮楼，不知道有多少。我那时候小，大人去，坞头有皇协军，鬼子住两样，张官寨往东15里住有鬼子，邱县城里也有。当皇协也是穷人，为了吃饭，好人也有，坏人也有，主要为了吃饭。皇协军来得多了，从邱城到北馆陶，马路边两边村都修钉子，经常到村里抢东西，抢粮食，要钱。鬼子来过，跑往城北，经常从南边来，往北跑，也有没跑到。见过鬼子穿黄军装，皇协军有军装□□□□。不打仗有待见小孩子的，跟小孩玩，给东西吃，给饼干吃。打仗打红了眼见人就杀，日本人进中国那时，邱城二十九军，二十九军在邱城守着，打死人不少。二十九军一个营，二十九军让我父亲去送东西，不是抓，也赶到那，正打仗，打了以后就跑回来，日本鬼子就撵过来了，离这二里地的窖，说这有二十九军，大炮筒老长，有个老头子正收柴火，问：离这有多远，老头说5里地，老人说他的那个村离郎儿寨5里地，鬼子以为他骗他们二十九军过去了，他们就走了。大炮打，都打的没都落村里，要不然村子都打平了。鬼子见人就打，有时候不打，看见手上有没茧子，没茧子就是八路军，就抓走。逮鸡逮出去就吃，有牛牵走，打枪打死过人。鬼子来以后，土匪也是抢砸。后来八路军，不知道啥时日本人过来，都藏着不敢跟日本人见面。

八路军很好，说话很好，见老头、老妈妈，叫老大爷、大娘，有时候爬沟里。八路军就打过鬼子。八路军吃小米饭，没有就从外面运，当地老百姓有，就收，没有就运。

灾荒年，春天没下，头一秋天下得少，耩上了。皇协军一个劲抓人，抢东西。不能活，地里都荒了。春天耩上了，耩棉花、高粱、谷子。那时候没浇地没井，谷子苗都躺了，呼啦抓一把都能点着了，但没死有根。来蚂蚱了，还不少，从北边过来，有小蚂蚱往前蹦，往地里挖壕，往里头捻，捏死，大蚂蚱抓了回来焙焙吃。从谷子半尺高，等高粱长到一尺高，蚂蚱落到地里一会都光了。

凑合着吃，春上饿死了很多人。往外逃，一时半会儿舍不得家，实在受不了才逃，走到半路还有饿死的。开始，逃石家庄东边，南边。那时300 多人，连饿死逃走的就剩下几十个人（包括秋天），1944 年回来，13岁过灾荒。10 岁到梁儿庄，11 岁到马店。马店比这儿轻，不住这都知道，因为日本人来回从这儿过，离马路近。马店离路远，好歹好点。

灾荒年下半年下雨，马店庄稼收了才下雨，马店有时候下，有时候停。民国 32 年，没下过七天，下一会儿就晴了，房子有漏的，孬房子漏了，好房子没漏。坊里有水，南边御河有大水过来，走到马店，从马店向东北走了，就那一年过来水，1943 年，马店东地高西洼，西边还没去了，向东流，可能是 14 岁，上水那年是灾荒第二年，是 1943 年上的水，卫河上的水。唱歌谣："1943 年，环境大改变，北杨炮楼拉了大半边。"

下雨之后喝砖井，井在街里，地高，下雨把干柴火拿屋里，烧开喝。有得病的叫霍乱病。下雨之后地里潮，又潮人又瘦，得霍乱病。马店没这儿多。得霍乱病好像是上水那时候，得霍乱病时在马店。家里没人得。就抽筋，找医生扎腿窝，胳膊窝，出紫血，扎早就好了，扎晚了就死了。得病的不多，得病的死了不少，以前没有，霍乱病没多长时间。

鬼子、皇协军来过，还是抢，鬼子不管，打不打，扎人，谁敢违他，就没病躺那也不理他。

灾荒年秋天回来的，割了麦以后，高粱熟了以后，高粱熟得早。听人讲，有很多人得霍乱，听说下雨之后得霍乱抽筋。霍乱传染，郎儿寨有医生，庚京（音）文，他侄媳妇的娘是新井头的，去给她扎针，扎完挺好的，传染了。回来了不能说话，没多久，我亲眼见他死的。庚京（音）文死的时候，40 多岁。旁人不会扎，村小就他一个会扎。得霍乱老些，不知叫啥病，死了老些，不知道叫啥，那时候小。这病老长时间，冷的时候过完秋。谷子不很熟，谷穗有黄粒，下雨之前来的，庚京（音）文的天气不是很冷。我得霍乱病，六月里头，下雨之前瘦得不得了。在姥娘这，到西北去看瓜（菜）得霍乱病，不知烧没烧，头疼。小孩路过，我说你给俺姥娘捎个信让她来，小孩说太热了不愿意去。

姥娘怕我热坏了，来看我，路上遇见小孩，小孩说，"你家人有病了，在那叫唤难受"，姥娘赶紧来了，借了点水还是不行，姥娘就回家去了。

回家让姥爷找个医生，医生嫌热，不愿到地里，姥爷把我背回去在通道里，不吐不泻，扎针血都是黑的，老郎中说扎晚了就不行了，医生说我得的是霍乱。

灾荒年八路军给粮食，从外面运来的。

灾荒年下雨下得大，下了七天七夜，屋里打棚子用被单了，棉花包，七天七夜是住这。马店也是在七天七夜雨之后得霍乱的。马店是在那一年上的水，有的地方挡住，有的地方没挡住。

日本人飞机不断地飞，没现在飞得高。没见过穿白大褂的鬼子，鬼子都穿黄军装，具体事记不住，大事记差不多。

马店有被日本人抓走的。

采访时间：2007 年 5 月 4 日
采访地点：邱县梁二庄乡后郎二寨
采访人：徐 畅 于春晓 刘 静
被采访人：赵玉民（男 71 岁 属牛）

赵玉民

（我）出生后一直住这儿，小时候家里有父母、爷爷、奶奶。种地的，贫农种地主的地。对日本人有点印象。到处都是碉楼，炮楼看到过，扫荡，不知道做什么坏事，记不清。

灾荒年有印象，春天不下雨，地里旱，长庄稼长一把都让皇协军偷走的。都逃荒走了。大约七月以后，连阴天七天七夜，房屋倒塌，没地方烧水。下雨之后有得霍乱病的，下雨之后得的，后来就没得的了。死的死。阴天下雨没东西吃，后来知道这叫霍乱病的。抽筋，中医扎针，不知道扎哪地方，扎过的有治过来的。不知道村里有多少人死了。

下雨之后逃的，逃到河南的梁山，跟老奶奶家住，老娘舅一起住，跟老娘舅家人一起逃的，大人要着给吃。梁山没有闹灾，第二或三年回来。不记得有水，不知道卫河有没有水。村里走得没人，逃荒回来以后，村里没几家人家了。家里爷爷奶奶饿死了，老人很伤心，灾荒年以后，有饿死的。

吃蚂蚱，捋一把庄稼都是一篓一篓的，都是一把装口袋里带回去吃。不记得啥时吃蚂蚱。

村里以北有八路军、地下党来抗日战争。坞头、程二寨皇协军抢过东西。土匪听说没见过，记不清了。

采访时间：2007 年 5 月 4 日
采访地点：邱县梁二庄乡后郎二寨
采 访 人：徐　畅　于春晓　刘　静
被采访人：赵子英（男　75 岁　属鸡）

赵子英

（我）没读过书。一直住这儿，没离过。七八口人，哥哥、父母亲、叔叔、婶婶、姐姐、弟弟。种自己的地，有二十来亩，棉花、谷子、高粱、麦子。父亲出去打活，给地主打工，说给多少有多少，给人捎（音）地，二八分（成）。不够吃，问东家借粮食，从工钱里扣，不问利，不知道。吃小盐，有淋有买。小时候生活苦，吃地里野菜，小时候知道苦。

四里地有鬼子，不断来，跑，往地里跑。见过鬼子，抢砸，鬼子不拿，皇协军拿，好铺盖拿走。皇协军就是本地人，替人家效劳。鬼子不打小孩，不记得鬼子干坏事，不知道。那时候五六岁来的共产党，八路军，游击队，不敢明面上。俺父亲是共产党人，在村里当干部，联络事，来回送信给八路军，他不敢出头露面。八路军从这过，到俺家里来，宋任穷，俺父亲给他送路。八路军怕有汉奸，怕他暴露。

荒年是1943年，春上下雨小，老耩不上庄稼。没啥吃，树叶煮煮就吃。我就11岁逃走了，正月十五，民国32年，自个儿走往南边，走到黄河南，在那要饭，人家给块窝窝，一年多才回来。想着一个人出去要饭多苦，家里人都死了。到秋天下七八天雨，下雨之后，屋子都漏了，房倒屋塌，没砖房土墙，呼呼一个劲，下了七八天，街上有水，光下没淹。有砖井，挑的水。有喝凉的，有喝烧开的。屋子倒了，烧屋梁，没啥吃，地里弄点来，回来熬熬喝。

下雨之后，有得霍乱病的。以前不知道，下雨之后得霍乱死海人（很多人）了。跑茅厕，上不来气。俺家奶奶得霍乱，光大人说，不晓得在哪得的。扎鬓角的，不记得哪了，扎出血是黑血，有扎过来的，有没扎过来的。有一个来月就完了，泻吐的不多，得的不少。医生说那是霍乱，不喜问那事，不知道是谁。秋后耩完麦子之后就没这个病了。

得病时日本人没来过。八路军从这过，顾不上他了，顾不了别人了。没见过穿白褂的日本人。有抓庚皇堂、魏茂昌，送日本人到馆陶，往县城走，送到馆陶，送那就打开了，他们后来就回来了。

父亲到郎二庄赶集，日本人说我父亲是八路军的探子，用枪打头，父亲让日本人脑瓜子打开了。父亲生气死了，在家里死了。汉奸不多，没听说当汉奸的人。

霍赵屯

采访时间：2007年5月2日

采访地点：邱县梁二庄乡霍赵屯

采 访 人：刘晓燕　刘　燕　刘　洋　韩仲秋

被采访人：霍庆昌（男　85岁　属猪）

（我）一直在村里住，鬼子来的时候15（岁），那时村里不清楚多少人。我家里四个孩子，五六口人，家里二十几亩地，家里不够吃的，给地主捎活，在自己村里，捎活的那家不知人家有多少地。我（是）1944年入党（的）。

霍庆昌

民国32年，那年是灾荒年，是旱灾，饿死老些人。我逃荒到范县，我在范县打长工，那一年阴历七月份走的。地里苗都旱死了。阴历六月二十九下的雨，立秋那天下的，捡点棒子吃，没长出棒子粒。弟兄四个都逃荒了，家里剩下父母，收了点棒子，藏起来了。土匪作乱。

那时有得霍乱的，我也得了。1943年（也就是）民国32年，在家时得的，没得吃，挨饿，没请医生，说喝凉水不好，我不听，喝了两口凉水，扛过来了。家里其他人没得，邻居也没得，霍乱死得不多，基本都逃荒去了。逃荒的地方没有得霍乱的。范县有收成。民国32年五六月得的，下雨前得的，没抽筋，得这个病不让喝凉水，肚子疼，光肚子痛，在村里得的。1943年很多得霍乱的，1943年以后就没了。没得吃，吃野菜。

1943年灾荒，八路军在乡下，我是村里的人，不打游击。1944年5月份入的党。贫农，把地卖了，拿点钱把地赎回来，卖给中农、富裕中农的给钱少，卖给地主的直接收回。1945年土改，斗地主富农。八路在村里住过。

灾荒年逃荒，1944年3月份回来，兄弟四个不在一个地方逃荒，三个参加南下部队，是八团，大哥也是得病死的，饿的。我把大哥送回来的，八月十三回家，八月十五回去的。收麦子时，走路脚打泡，用针穿破，身体就不好了。请医生也治不好，是脚上生疮，不是霍乱，医生说的。

鬼子来过村里，杀的是老百姓。一听说鬼子来，就往外跑。回家吃饭，好好的就叫鬼子用刺刀捅死了。日本人啥东西都抢，烧杀奸淫，跑出去就跑出去了，跑不出去就坏了。都跑到地里了，党员开会也在地里。党员是分组的，只有一组的知道是党员，家里也不知道。鬼子在张官寨、程二寨修的炮楼，修了一趟炮楼，到村里抓人，皇协军是中国人，抓人要钱。鬼子不干这种事，鬼子抓人修炮楼、垒墙。鬼子在时也种地，听说鬼子来了，饭也顾不得吃，啥也不要了，保命要紧。黑夜在地里睡，听见动静就跑。

日本飞机来扔炸弹，龚堡扔炸弹炸死了几个人。飞机飞得不高，能看见日本旗，灾荒年之前见得，灾荒年也见过，从这里走，没扔炸弹。

日本人来时戴着钢盔。1943 年来把村围起来了，把老百姓赶到东南庙上，不去不行，鬼子拿枪把人赶到庙上，鬼子让我打水，有个翻译官过来说你快走吧，不走就要死了，我就回来了。1943 年鬼子来村里，吃、住，不是 1943 年就是 1942 年。

采访时间： 2007 年 5 月 2 日

采访地点： 邱县梁二庄乡霍赵屯

采 访 人： 刘晓燕　刘 燕　刘 洋　韩仲秋

被采访人： 李润梅（女　76 岁　属猴）

李润梅

我是马二寨人，现在叫马寨，今年 76（岁），属猴。

小时候念了两年书。鬼子来时，一大家子人，爷爷、奶奶、叔叔、婶婶、大爷、大娘，我姊妹三个，一个兄弟，妹妹死了，后来一大家子分了家。

过灾荒年，逃难，姥娘饿得没法，粮食被抢走了，就在我家住，后来我跟爷爷住，姊妹跟爷爷住。鬼子那时候来了，我五六岁，记不清，只记得枪炮响，打枪就在门后藏。那时候打邱县。

　　我说的就是民国32年，大爷、大娘、父母带着弟弟逃到河南去了，那有个大爷的朋友。俺爹到河南卖，换粮食捎给我和老娘吃。那时村里老些得霍乱，死了也不知道，没人埋死人。下雨下得村里都得。下雨下得村里不能住，东邻家嫂嫂死了兄弟。哎，尽水，死了接着就埋了。我记得人都死了。东馆陶有两家，北头，那年一天死好几个。那时候不知道是霍乱。

　　那年刚开始是旱，离了秋天就下雨，下得村都围起来了。家里种荞麦，种了12亩小麦，我和姑姑到地里采，晒了冬天吃。日军、皇协军都来抢粮食，乱得很。被饿死的很多，没一天安生日子。饿得能跑的都走了，跑不动的在家得霍乱死了。除了灾荒年，没人得霍乱。

　　村里让日本人打死了两个。那天，天刚亮，看见日本来了，往西跑，我小跑不动，小孩趴在麦地里，一个老头和小孩趴地里。日本人很厉害，我们整天害怕。杀的人是老百姓，日本人来跑不出去，藏到红薯窖里，被打死了。还有个不是村里的，藏到地瓜窖里，被打死了。鬼子有时候打小孩，有时候不打，好的给小孩吃的。有个叫陆梅，十七八岁，在家里睡觉，叫日本人抓住，因为衣服带了个拉锁，日本人说是八路，就把他打死了。那时有句俗话"今天脱下鞋和袜，明天不知蹬不蹬"。天天害怕，在地里睡，日本人走了也不知道，皇协军抢走了东西卖，啥都抢。

　　日本人走的时候不知道，那时候还在地里睡。日本人走的时候还没广播。

采访时间：2007年5月2日

采访地点：邱县梁二庄乡霍赵屯

采 访 人：刘晓燕　刘　燕　刘　洋　韩仲秋

被采访人：左桂林（男　75岁　属鸡）

　　（我）那时候没念书，鬼子来时上小学，我哥哥上高小，后来参加游击队了。我后来毕业于山东经济学院专科，上了三年。1959年毕业，在北馆陶教书，1983年退休。

鬼子来的时候，不知道村里有多少人。家里八口人，有30亩地，打得粮食将够吃的。麦子顶多100斤。

鬼子在这时，我们经常跑出去。八路军驻地在这里，鬼子在离这8里地的张官寨有钉子（炮楼），那是馆陶地，段寨也有钉子（炮楼）。鬼子经常来，我父亲被带走了，我父亲在抗日时做过地下工作，是村财政委员，鬼子进村把人都赶到场院里去，我

左桂林

父亲没跑出去，被鬼子带走了，问我父亲要2000日本票，在馆陶关了两个月才赎出来。那次村里抓了好几个。我父亲和一个共产党关在一块，共产党没投降敌人，我父亲眼见过。那时候有很多地下工作者，在日军那边做事。

日本在村里杀过人，杀的是一般老百姓，不是共产党。那时候有土匪，光抢东西，给东西就不祸害人。那时土匪头是王来贤，后来他投（靠）了日本。

民国32年，人饿得很，在地里吃蚂蚱，那时家里住着八路干部，我在地里抓蚂蚱，回来一起吃。

那年开始时旱，阴历八月二十二下雨，下了七八天，下得房倒屋塌，天天死人，是霍乱。只知道那时有霍乱，后来不知道有没有，死得都没人埋人了。那病是在家里得的，死的人很多，邻居有得病的，村里人肚子大，饿的。后来才知道是霍乱，小孩饿得给他一把蚂蚱就直接吃，有些小孩都没人要。围近几个村都有霍乱。那时候没医生，扛不过来就死了，没听说有治过来的。那年没发大水，下大雨屋漏，没得吃了，有收成也被日军抢走了，家里藏的粮食都被抢了。没日军能过得去。那时候有首歌"民国32年，八月二十二，老天阴了天，昼夜不停，下了七八天，受了潮湿，人人得霍乱，死了多少人，死了一大半"。这个都唱。民国32年以前不知

道这病，下大雨受了潮湿得的。

共产党那时候好，打仗不要命，干部为了百姓，饿着也不吃百姓的粮食。八路也没医生，我家住过伤员，部队没人得霍乱。村里的病没人治。得病的时候那年鬼子没大来，来的时候穿日本服，跟来的土匪打，皇协军穿日本服。

李申寨

采访时间：2007 年 5 月 2 日

采访地点：邱县梁二庄乡李申寨

采 访 人：李 龙　张东东　赵 鹏

被采访人：马春永（男　82 岁　属虎）

　　　　　李玉梅（女　84 岁　属鼠）

旱了好几个月，到了七月下雨，得霍乱。上吐下泻，走不动了，连饿带病就死了。死了很多人。那时还没嫁过来，是馆陶县紫深寨？是娘家，离这近四五里路。逃荒的不少，有就逃荒齐河，河南天旱逃荒，弄不清楚下了多久雨。

（马春永：）爷爷家里四口人，父亲、母亲，一个妹妹，都逃荒了。俺爹死了，在家里死的。俺母亲带我们去逃荒，逃到齐河，待了一年多，才回来。

得霍乱的不少一千多口，剩下，记不准了。旱，下大雨，从漳河来，南面玉河。河水。七八月份，哪年记不清了，是灾荒年，连下雨带来河水，头年蚂蚱吃庄稼，我十八九（岁）来过三次河水了。不是挖开的，水涨的。一到六月就涨水，装不住就过来了。

那时候阴天又潮，得病，得霍乱的多，有扎过来的，有扎不过来的。在胳膊、腿弯扎针，放血，那黑血，扎过来就好，过不来就死了。那时没有医生，村里有个先生会扎针，父亲没扎针，嗓子哑了，就扎不过来了。很快抽筋，时间长了就不中了。不传（染）人，屋子也漏（霍乱情况也记不准，死了不少）潮。

11月份村子出走14个，我也叫抓走了。馆陶还有一个活着。都死了，回来就死家里了。抓了，把你卖了，送到日本人的汽车上，在郓城上的火车（在一块儿）坐到济南，在济南住了几天，在青岛住了几个月。坐货轮去日本，下货轮有汽车，火车，汽车，不知道拉到哪里了。在山上一看，下面都是海水。干活。开山，弄石头，光有带工的，连去带回来干了一年，败了之后就回来了。想不起来几几年，那时20（岁），一天干八个钟头，不累也没打过。吃白面，豆饼，吃不饱。我那一起的200来人。还有高密的、馆陶的、邱县的。死了一个，都回来了。李申寨（邱县）14个（剩下的是馆陶的），贾付春去大连，没去日本，经青岛，分开。

龚堡两个（爷爷）被挑，不知道去哪了，（大连，没去）又回去了。

人名：李镇海／明　李茂修／玉昆　米朝钟　李久繁／海／成／功　李玉梅　米登贵　刘文韵　隋雪成　刘成京　共14人（完）

刘段寨村

采访时间：2007年5月2日
采访地点：邱县梁二庄乡刘段寨村
采访人：李廷婷　刘鹏程　刘　宝
被采访人：刘云广（男　80岁　属龙）

民国32年，那会儿日本鬼子来了，老百姓不能在家住。馆陶、邱城的马路上有个炮头，坞头有鬼子。

闹饥荒，那年我没出去。七八月没得

刘云广

吃，难过着。这村400口人，剩了36个人。下了七八天雨，霍乱病那会儿有，我16岁，我家里人都死净了。那会儿都是饿的，有病不能动，不知道有病的，就死了。他们拉肚子，抽筋。不传染。那时没大夫，下完雨没发过大水，没听说过卫河决堤。

日本鬼子在这不抓人，抓鸡，烧烧就吃了。日本人打仗不败时不抢东西，没给我们发过什么吃的东西，日本人扔炸弹到公路上。

那时下雨下的得了病，下雨之前没有，下雨、饿、潮湿，家里人都是那年死的。鬼子那时也没得吃。

采访时间： 2007年5月2日
采访地点： 邱县梁二庄乡刘段寨村
采 访 人： 李廷婷　刘鹏程　刘　宝
被采访人： 刘云林（男　73岁　属猪）

刘云林

民国32年，我8岁了。小日本人在南边的常二寨安了个炮楼，一点火就过来抢东西。日本人扫荡从南边走过一回。

俺逃荒到了石家庄，在那待了两年，民国32年七月走的。

这儿八月二十二才下雨，俺村从前360口子人，最后只剩下70人，总共六十多家，死了三十多家，加上逃荒回来的，还剩70口人。

人死，一个是饿，第二个是下雨，天又长，俺家穷又没地，都逃荒去了。

霍乱病，抽筋、拉、泻，一天最多36个人，连饿带潮，不好治，没得吐了，顶不过一天就死了。头天还好好的，第二天就没了。不知道传染不传染。

孟二庄

采访时间： 2007 年 5 月 2 日
采访地点： 邱县梁二庄乡孟二庄
采访人： 李　婷　高海涛　张　翼
被采访人： 蒋立和（男　72 岁　属鼠）

蒋立和

（我叫）蒋立和，72 岁，属鼠的，上过小学。

那是民国 32 年，那时候有一种开始下雨，一直下了七八天。那时候也不知道啥病，都说搐筋病，人搐搐，抽筋，实际都是霍乱那一类的。咱这个村，一天死过 18 个（人）。具体伤亡多少弄不准，因为那时候我 8 岁。那时候医疗条件也不中，光靠扎针、扎血，有扎过来的。反正伤亡率很高，一天最高的死过 18 个。那时候都说搐筋，腿都撑不展，后来，很有些年，那会儿改成霍乱了。我一个四叔，扎了，没扎好。那都是两三天，叫蒋汝弼。那时候啥条件也没有，也没传染。反正那个病你不能说没传染，也有传染，要不死那（么多）人？那时候都是，伤人很多。那时候有一个老中医，他灾荒年也死了，弄不准咋去世的。都扎，一般的人都依靠那个，找血管，扎，往外放，别的没啥法。

没走以前，都那八月底，九月初，都在下雨那当中得病，八月二十八，连下带阴反正弄七八天，水没淹，尽沥水。秋天雨一般都不大，没暴雨了，普雨。那房都漏了。我跟屋里边搭上床上棚，再托上布，在那上边，那屋里漏成那个劲儿了，房倒屋塌的。有四口井。

那时我跟那个院里住，有奶奶、母亲，有一个三叔，还有个哥哥，一个叔伯叔叔，有六七口子人。没逃荒走的还有二百来人吧，起那以后，到冷的时候出去逃荒，到冬季大部分逃荒去了。前一段乡里来人都问过这个事，说是日本搞这个细菌战，跟他们有直接关系。那咱弄不准。那时也小，光知道这个病伤人不少。民国32年那次流行反正够严重，持续能有半月二十天。

日本飞机那很少见，有，有没有扔东西不记得，这没扔炸弹。北边这一里地，有日本炮楼，经常到这，有皇协军，到后边他们生活也不中，抢东西。日本人都供应，皇协军都供应不上了，后边抢东西。日本在这，这村里啥都没有，有啥都抢走了。给地里弄点谷穗，使黄包卷了都弄走。逃荒的多，那不逃荒走呢，他能在家等着饿死。

日本人到这来的时候，那枪都那一竖，都抓鸡，那胆大，人也不敢拿他东西。这群众不敢跟他斗，那时人觉悟多低，啥也听不着，啥也不知道。那大炮打邱城，离这儿15里地，邱县县城，有城墙，光听大炮响，那还不知道打邱城，啥也不知道。不跟现在这样，有电视啥都知道，那时不知道。

八路军这个村里不经常住，因为离坞头太近。坞头，日本人在那住着，皇协军也有。南边新头，离这二里地，在那住。樊堡，离这五里地，在那住。咱这村不大住，这离坞头太近，看着了，都到村了，一里地，一阵儿都到这。

那时候日本人不断来，这离坞头近。他不给你治。皇协军是否得病咱不知道，因为不在一个村里。那时我小，弄不准。那时候没听说谁参加皇协军。蒋兴叶他是八路军，那多了，现在就他一个八路了。

八路军一个连长，那时候都叫他黑连长，叫张德成，知道日本人要到新头去，到南边去。那时候这大路都挖的壕沟，一人深，八路军是路都挖的沟。他们到坞头，这知道了，八路军从东边沟里过来了。那一片坟，估计到他必向坟那儿跑，那沟那儿守了一部分人，这村里转过来，那村里有围子，有围墙，围墙都有枪眼。这村里装了一部分人。那一回，那都是民国32年春，在这儿，在村南，一下子打死十个日本人。现在我调查，才知道那个人叫张德成，是四川人，哪个县不知道。问他们老八路，问了两个村，才打听到这个人。那时候光知道黑连长，那会儿到新头那都知道，光知道黑连长，有些名，些勇敢。

采访时间：2007 年 5 月 2 日

采访地点：邱县梁二庄乡孟二庄

采 访 人：李 娉 高海涛 张 翼

被采访人：蒋兴叶（男 83 岁 属羊）

蒋兴叶

我叫蒋兴叶，83（岁）了，属羊的，没上过学。

民国 32 年，那八月里下的雨，下了七八天，下得时间长，房都漏了。人都没吃的，霍乱病，哕，泻，抽筋，治病治不好，死那些人，有的一家都死了。那会儿那医生也少呗，村里有扎针的，扎扎就扎过来了，扎不过来，就死了。霍乱病很多，（要）吃的没吃的，（要）喝的没喝的，光下雨，房还漏。俺父亲都那一年死的。我弟兄俩，兄弟出去了，我也出去了，家没人了。光剩下俺奶奶、爷爷。不传染，主要是那会儿人没啥吃，没啥喝。都跟现在这样，人天天有喝的了，他不得那病。那个病很快，多长时间，我不知道，那我没在家，我没得。那时得霍乱的，死的多。村里人埋都埋不及。

灾荒年，一口热的都摸不着，那会儿有井，有好几个井，水有。那会儿河少。那会儿水不大，下的水不大。下的时间长。御河那一年没照咱这开，别的地方开咱不知道。那会儿不广播，离得近了知道。离得远了，咱不知道。

村里老人说咱村那会儿有 800 口子人，灾荒年，这没几个人。有的家剩一个，有不剩，都逃荒了，都逃到河南。那邻家多着呢，孩子给人家了，闺女给人家了，得霍乱的多着呢，那名字记不准了。

怎么没见过日本人？日本在咱后边这个村里，一里地离这儿住着，要点啥抢，他光抢。他看着冒烟了，都做饭了，日本人都来了。他也没啥吃，有供养好点。有皇协军抢，离这一里地，回回来。蒸那个老糠干粮，他也给你拿走。那谁还吃好了，有好的吃？他日本人不抢，主要咱中国皇协军抢，吃东西拿，那牲口给你牵走。不断来。共产党那会儿还远。

打过日本，打过南楼，光跟日本人打，打多些，那记不准了。打了跟大部队都走了。其实我打仗不多，我参加到宋任穷的部队，宋任穷的警卫连，轻易不参加战斗，是警卫连的战士，宋任穷，回回见。那会儿，一天不知挪几个地方。我警卫连都向南走，一直开到大别山。怎么打，不知道，就打了一回南楼，有皇协军，有日本人，打下来了，河南省南楼，离这一百多里地。1946 年退伍回了家。

日本人扫荡，八路军都离这远了。日本人走了，八路军都跑到村里了。八路军战士得霍乱病没有，有吃有喝了。下七八天，房漏了，没吃的，没喝的，喝热水都没有，得那病。现在弄点热水，吃的，不得那病。

采访时间：2007 年 5 月 2 日

采访地点：邱县梁二庄乡孟二庄

采访人：李　娉　高海涛　张　翼

被采访人：蒋金晓（女　70 岁　属虎

娘家孟二庄村）

蒋金晓

俺家有爹娘，哥哥有三个。家里种瓜。有很多蝗虫，挖沟，把蚂蚱赶去逮住，烹红吃。

下雨蚂蚱就不热，吃了就抽筋，没怎么扎针。每家都死人，下雨那几天也死人。下雨以后卫河也没水。村里一百人能死二三十个。有逃荒出去的，俺哥死了之后，就逃荒了，逃到南和。没东西吃，回来就种麦子了，后来没听说犯过，就那几天。

采访时间： 2007 年 5 月 2 日
采访地点： 邱县梁二庄乡盂二庄
采访人： 李 娉 高海涛 张 翼
被采访人： 刘福玘（男 74 岁 属狗）

刘福玘

（我叫）刘福玘，74（岁）了，属狗的，上过几年小学，还算文盲。民国 32 年得那个霍乱病，我母亲殁了，没俺母亲了以后，上学上不成了。

得霍乱病，那是 32 年九月里。我跟俺母亲半夜 12 点吧，一团儿得那个病，俺俩，一块得的。我治了治，扎了扎。那会没有医生。我扎过来了，好了。我母亲起那殁了，扎了没扎好。上学上不成了，没人了，没母亲了，我还得做饭。俺父亲俩一搭过。当时得病，都那一天。那都没医生，要不死那些人？这会得那霍乱病，不要紧。那会儿没人治。这个病传染不传染，我也说不准了。俺俩一起得那个病，都是夜里 12 点那个时候。

扎好就好了，扎不好就死了，都愣快，那个霍乱病。同时得了，她没有扎过来，都死了。都是两天吧，头一天得了病。第二天一天，都不中，得病些快。俺母亲，俺父亲，三口。俺父亲没在家，那逃荒还没有回来呢。俺村里最多的时候一天死过七个，最少一天一个。一个，两个，三个四个的，反正不隔天，见天就死了。得那个病哕泻，症状都是那个症状，胳膊啥筋都搐搐，浑身搐搐，上哕下泻。那个病胳膊上扎扎，出出，放放血，好就好了，不好就死了。不是跟这会儿一样，能挂吊针，能输液。那会儿没医生，都是扎扎，他叫蒋汝安，他也不是老先生，那会儿得了病都找他扎。他给扎了扎，又跑到北边坞头找了个医生，扎了扎，母亲也没扎好。蒋汝安给我扎好了，那也是给这胳膊上扎出血。些快，那个病，那七天，毁人不少，我听我村人说，最多一天死过七个，这个我记着呢，具体谁我说不准了，光知道死过那些人。最少是一个。不隔天，哪一天也毁人，死人。都那七天。那会儿（我）10岁，我这74（岁）了，64年了，你看。民国32年，那一年我10岁，得搐筋病，有的叫霍乱病，也叫搐筋病。

那也是日本搁这住的时候，来到村里抢东西。下了七天七夜雨，淹了一个星期，下了一个星期雨，没住点，人又没啥吃，天又潮，没烧的。没有发过水，起我记事，1956年上过一回大水，1963年那回水大。没水，愣下，下的雨不大，下得不停点，房都漏。那会儿都得那个病，到后边天晴了，不下雨了，人都不得那病了，好了。就那七天里边毁人，毁了好些人。那也是日本人在这把你东西给你抢走，把你吃的给你抢走，主要没啥吃。那会儿挨饿，天气又下雨，造成那个病。

那会儿人不是很多，照外逃荒出去老些呢，那会儿都是三四百口人。得病是九月份，都那七天得那个病，都是下雨的时候得那个病。以后都没了，都那一年，那七天的时候，得那个病，天又潮，没啥吃，得那个。

得病，日本人来过，没见过得病。咱们南逃荒时候，日本人还在这儿呢。日本人离这一里地，见天往这来。给日本人修炮楼，我还给修过呢。俺那都出夫，修马路、修炮楼。给村里要人，要工人，都去给他们干活，不干活不行。

日本飞机见过，他那个飞机跟咱这都差不多，翅膀一个红月亮坨，日本那旗，飞机那两个翅膀，白底，红月亮坨。他主要是汽车运过来的，这村北边修的马路，那一黑了，过了汽车有成百的呢，老长（队列），灯，俺看见了，俺村都看。皇协军是中国人，都替日本人卖力了。光知道咱村，这村里都得那个病。那个皇协军得不得，咱说不准。

俺西边这有个砖井，东边一个井，西边一个井，俺这村里头一个井，都吃那个水。都俺西头这个井，都吃那个水，没毒。那会儿，没听说下过毒。那会儿也有喝生水的，没啥烧水，渴了，那会儿喝生水啊，吃点冷的，吃点啥东西，还一个劲下雨，人得那个病。

民国32年那会儿，俺村出去逃得都没人了，都逃荒走了，村里没人了。哪也有，有到西北的，有到东南的，哪里逃荒都有，饿得没法住了，都逃荒走了。我还逃荒走了，我逃到西北，那个静宁县，回来逃到鱼台。在西北静宁，得了这个病，没俺母亲了，俺就向东南逃荒走了。十月里，天气冷了，我就逃到鱼台了，到这边 500 里，到那边 500 里、1000 里。

俺逃荒，在那过了个年，回来了，都没日本人了。逃荒到鱼台、齐河，日本人还在这儿呢。民国 32 年十月逃荒走的，过了一个年，回来都解放了，日本人就走了，那是一九四几年。

从金宁逃荒回来，谷子这么高，都熟了，收不到多少点，还是不够吃的，有点粮食，日本人都给抢走。在家还是不能住，回来了，还是逃荒走了。日本人抢了，都没了，要不哪能逃荒？主要是日本给这搅和，要不是日本，不是那个劲儿。到南走五里地，那村里都不要紧，比这好得多，日本人走不到那。俺这钉子呢，这钉子一北一南都不中，离坞头近。四五里地一个炮楼，日本修的那个冻沥路，四五里地一个炮楼，这一个炮楼日本人，那一个炮楼皇协军，那一个炮楼日本人，隔一个炮楼有日本人，隔一个炮楼，没有日本人。

民国 32 年抢粮食，那也是皇协军抢。日本人往那边运粮食，运大米。日本人有啥吃不叫皇协军吃，皇协军光抢着吃，皇协军是咱中国人，跟他们日本人。皇协军没啥吃，光抢，他们不给皇协军呢，还不够他们吃，皇协军吃了，日本人不饿着？他们不管皇协军的事。皇协军光管抢。出发，日本人皇协军都跟一队儿，不一样，日本人穿的，看过地道战不？都跟那一模一样。都戴的那帽，穿那衣裳。皇协军那帽子黑的，衣裳也是黑的，这个领儿是白的，都叫他黑狗白脖，都是日本狗，你说呢？那谁敢打他，你要敢打他，他一个日本人来，连个枪也不拿，你要把他整死，一个村的人，你别在这占了，把房给你点了，多少人给你杀了。那跟这会儿一样，你把人打死，上级能跟你了了？日本人穿衣裳，《地道战》《地雷战》里都是那衣裳。

白天，日本人都叫咱老百姓给他平路，到黑了，八路军叫挖路。这路，挖的尽是沟，八路军在里边跑，看不见人，日本人看不见。日本人白天来了，叫你囤，把这都平了。到黑了，八路军又叫挖，老百姓黑了白天不能安生。因为这日本人，那会儿不能过，逃荒走了。

新井头有八路军呢，打他日本人了，八个日本人跑到村南那个地里，南边这个坟这里。俺这村东头一个路，西头一个路，这两路都挖了沟了，八路军在东边那个路，八个日本人他在这趴着，东边那个路沟八路军过来了，他日本人还不知道，从后边那转过去了，他日本人在这趴着，光照南看，那八路军后边攻他了，他还不知道。皇协军从这边过来了，跟八路军走对头了，八路军放他过去了。主要是打那老日本了。那八个日本人都跑走一个，扛着机枪那个跑走了，都使刺刀刺死这了。两边不能开枪，那边也是八路军。

前郎二寨

采访时间：2007 年 5 月 4 日
采访地点：邱县梁二庄乡前郎二寨
采 访 人：徐　畅　于春晓　刘　静
被采访人：马连举（男　80 岁　属龙）

马连举

我在这里出生，在这长大，没读过书，一天没读过，一上学日本人就来了。

小时候家有兄弟仨，父母、有妹妹，家里是种地的。有 30 亩地，不算有地，旱地不收啥，种高粱、谷子、豆子，高粱下种豆子，棉花少，小麦收 100 斤算好的，沙旱麦，割麦之后翻翻晒晒。地里碱多，高粱也 100 多斤，16 两秤一斤（240 步一亩，360 步一里地）。小时候不够吃，想捎人家地还捎不上。"秋盼秋，麦盼麦"，借，好过点。炒菜大盐小盐都吃，小盐多。有买的，有做的，买的时候多，论钱买那时候，还银圆三铜钱买个果子（油条），两油条抵一斤小盐，今年淋多，就贱，淋少，就贵。花籽油吃不多，吃肉是稀少，过年过节过十五，年轻人老人都盼节，过节能吃个肉。平常哪买得起，我们家不做买卖，地方收税，去邱县交，一亩地交 40 块钱，有多有少的时候。

西南角、马头、程二寨有鬼子，那时候这地方属山东，老邱县也属山东。打都打到俺村来了，打邱县时候往南打打到村里，住了两回。当兵啥时都爱民，关键时候他才孬，猛一打开，老邱县的人多了，他就孬了，见人就杀，后来就不杀。鬼子待见小孩，他也有家，小孩都是人，"小孩小孩过来，给你点饼干，吃头"。小孩给点吃的。鬼子待见小孩，后来鬼子进来，民兵戳他两枪，鬼子进村就要打枪了。不戳就不打，没做过大恶。要不是皇协军，咱这过不了灾荒年。他要不抢，地里还有点吃的，扛一把杀一把，还有点吃的他抢。

共产党来不显名，到黑了就活动开了，白天转转，人家不抢不打，党员进行教育，别干坏事，日本人来了就跑。不知道谁是党员，解放之后才知道。

土匪挺厉害的，这窝儿厉害，王来贤北御林的，东末寨吴子修在。黑了土匪来抢，有啥抢啥，有牛牵走。

民国 32 年灾荒年，春天旱，耩不上地，旱得谷子都点得着，但下了雨还能治，根扎得深。春上没闹蚂蚱，秋后高粱有穗了，皇协军都抢，不能等它熟了凑合着吃。家里没粮食，草籽、榆枝摸到啥吃啥。大概阴历六月下的雨，我下雨之后逃的荒，割了麦之后逃荒的。下雨在这，下了八天，阴八天。房下漏了，都土墙没有砖，没有好地方。村里街上没水，地里、坑里有水。1943 年外面水没来，我们在外面舀坑水喝，烧开喝。

雨下之后有霍乱，是急性病。下雨之后一天照外抬好几个，上吐下泻，有一天两天说毁就毁了。我在东边住的，家里没得的。堂叔的五哥得的，我没看见，不敢问，得这病治不过来，也没钱治。有针扎，有扎不过来的，说不清扎哪，一天抬出五六个，村子得这个病的人多呀，不知道死多少。我不了解这个病，了解不清楚，我走了，后来没了。下雨阴天没啥吃的，就得了这个病。霍乱之后逃的逃，没人了，数这个村毁得狠。春天以后大量逃，村子里剩了没多少人。灾荒前300人，灾荒一年后只剩7个人，听人家说咱村就7个。

那时鬼子没过来，他顾不了，待在城里。鬼子穿电视上的那个颜色衣服，没有穿白的的。那时共产党不敢，没救济，光几个党员，不抢不砸，没抢他自个吃不着，当兵还顾不着。俺村没有抓苦力。灾荒年以后，皇协军劫粮食，壮大力量。

我在石家庄逃了5年，冬天逃荒在石家庄要了一年饭，无极县要了一年饭，给人家扛了一年活，人家叫你干啥你干啥。在那待了5年，石家庄解放以后。

采访时间： 2007年5月4日
采访地点： 邱县梁二庄乡前郎二寨
采访人： 徐　畅　于春晓　刘　静
被采访人： 马腾甲（男　79岁　属蛇）

马腾甲

我出生在郎二寨，一直住在这。家里有十多口人，爸爸、妈妈、爷爷、奶奶、两个妹妹。种自个的地，十来多亩地，种高粱、棒子、棉花、小麦，产量不中。刮风到处都是土，不够吃，要饭，问地主借，给人家扛活，种子、牛、工具是人家主家的，给粮食三七分（成）。对我不好，光吵，干活时候吵，地头吵，嫌不卖力。秋天开始借，给东家借钱，借粮食，春天借，直接从工资里扣。借一斗粮扣得多有一半斗，扣少一斗二。那会没买卖，父亲不干别的。爷爷去邱县拉草，拉到家里卖，养牲口主家。买得起盐，大盐、小盐都吃，一样吃，小盐买的，不知道怎样买。吃油少，街上有卖的，小时候没怎么吃过肉。地方来收税，到城里去完粮，鬼子来之前一亩地完多少粮不知道。

中央军打日本退却到这儿来了，放大炮，把房子打得嗖嗖的，后来没来过。鬼子来的时候（我）8 岁，不敢出门，人都跑了。日本人来回在路上过，抓鸡吃，没干坏事。皇协军来过抢东西啥也抢，是本地人，是坏人，没办法进城里的人，不能住，就得当。河套有老杂。八路军是好人，叫老百姓做好事，挖路，八路军让老百姓挖路。八路军吃小米，自己带的，不问老百姓要。

灾荒年民国 32 年，春天旱，啥也不长，长不起来。蚂蚱是飞蚂蚱，地里吃光了，没有就跑了，打不及，接连着来，小蚂蚱。家里没啥吃的，春上就逃荒去了，逃到邢台，跟妈妈、两个妹妹一起逃，没吃，路上吃西瓜皮。逃到邢台竹村。最后是要饭回来的，冬天回来的，秋天下雨时没回来。耩麦子的时候，邢台下雨下得不小，下了好几天，下得很大。我住在庙里，下大雨时有很多水，邢台有泉水，不知道南边御河过没过来水，北边的河过没过来水也不清楚。

竹村有得霍乱病的，得的不多。不知道咋的，只知道抽筋，上哕下泻，我在庙里得的。一个老妈妈会治，扎针，不记得扎哪，一扎就扎好了，不知道有多长时间就好了。

当时郎二寨，下了七八天雨，下雨时我没在家，不知道什么时候下的，听说村里有得霍乱的，不多，一天死了 6 个，啥名字记不准，想不起来了。从前没有，就那一阵有，后来也没有，后来才知道那是霍乱，那边的人告诉我的，是着了潮，吃新粮食吃的。

鬼子哪儿都有，各县都有，不知道抓没抓人。

前小河套

采访时间：2007 年 5 月 4 日

采访地点：邱县梁二庄乡前小河套

采 访 人：齐　飞　刘晓燕　付尚民

被采访人：李金梅（女　81 岁　属兔）

　　民国 32 年，人难犯，都逃荒，日本皇协军抢粮。

　　前边没下雨。八月下的雨，净小雨，八月二十几，房倒屋塌，都漏了，水不深。

　　第二年年景都不好。民国 32 年地里生蚂蚱。头二年，都没有吃的，第二年就逃了，在外一年多回来的。很多人都死了。

　　我得过霍乱，下雨就得霍乱病，之前没有，饿得出病，下雨前没有得这个病的，我姥爷、姥娘就那时死的。下过雨后也有得这个病的，抽筋，饿死的饿死，饿死的人少，抽筋的人多，这个不传染。没啥吃的，天潮，以前、以后都没有这个病，就那一年有。这个病呕吐，有活过来的，不该死的就没死。邻家有得这个病的。没扎针的，村里没有老中医，外村有，病都照顾不过来，说不准有扎过来的。亲眼见过有得这个病的，死人埋了，都是这样死的，也有饿死的。

　　那年逃的多，没几个人在家。四方都逃。后来都给叫回来了，有早叫的，也有晚叫的。那时已经解放了，是八路军给解放的，不解放也回不来，日本人已经走了。

采访时间：2007 年 5 月 4 日

采访地点：邱县梁二庄乡前小河套

采 访 人：齐　飞　刘晓燕　付尚民

被采访人：张朝凤（男　92岁　属龙）

　　民国32年我家有我娘，我兄弟在外边当兵，八路军。民国时候家里地少，一个7亩，一个5亩。日本人找我接日本人了，给我小黄旗，日本人近了，村里跪了，我穿袍子在接，部队下面跪了一大片，接到村里，日本人住了10天。我在南面碾米，碾得很细，好吃，一个村子四碾子。接了日本人后，我去牵走了，到了俺姑家。日本人住了十天，觉得很丢人。城里还没有，待了12天才进城，离这里八里地的邱城，以后就不动了。后来招了皇协军保护他。

　　我在家放羊，卖了一年，干净了，在南边场里住着。

　　霍乱病那一天死了八个，又死了个老头，死了九个。下大雨的时候，我逃到范县，下大雨以后逃的。村的粮食够吃的，日本人来了以后不够吃了。那时候挨饿，都逃荒。

　　日本人扫荡的时候在我这里，我在城里，皇协军来了打了我两拳。我去城里，就在邱县城里下家，这是敌区，他日本人在外边扫荡。

　　我也招过兵，上侯庄去开会，我们贾连长被逮住了。

　　在村里凑点粮食，慰劳八路军。我村里供给八路军，我这里住了三个人，供老年，改善生活。李营长来了，问我去不去，他叫我提问题。我在家有老娘，我要出去没人管，地就瞎了，我又不识字，那我就不来了。从那就没来。那回差点让皇协军擤上了。那时在外面，后来到城里，地委站，都是单线联系。地委管事多，怕逮住，抓人多。

采访时间：2007年5月4日
采访地点：邱县梁二庄乡前小河套
采 访 人：齐　飞　刘晓燕　付尚民
被采访人：张朝林（男　91岁　属虎）

（我）上过小学，日本人来了，不让上了。把书烧了，识字就砍，念了几天就不念了。

我家有五口人，父母、老人、小孩。我家里没有地，就几亩地。灾荒年一天死了八个，抽抽筋，没粮食吃，饿的。粮食皇协军、日本人抢走了。南二里地焦路，邱城的八里、车寨，都是炮楼。有钱抢钱，有粮抢粮，没有就抢人。炮楼在东边，在二寨南边，焦路有炮楼。

雨下了七天七夜，黑夜下，白天下。下雨水仅半米，村里水还不多，天天下小雨，不是很大，七天七夜，都是些草房，没有好房，屋倒屋塌，七月里下的，那时还有瓜，出去吃瓜，越吃西瓜越长病，都让别人拿走了。灾荒年饿得肚子痛，没啥吃，连饿带冻就病了。都是上吐下泻，都是霍乱病。肚子痛，上吐下泻，腿抽筋。村里没医生，大部分都是这样的。就是下雨那天得的，下雨后，下雨之前没得的。下雨后也有上吐下泻的。这个病时候长，村里没医生。越下越厉害，之前还少点。

灾荒年之前说不准有多少人，灾荒年逃到邱城去了，在家不能过，邱城有亲戚，她家没有儿子就到她家去了。饿得不能干活，躺着不能动，在地里采树叶、野菜吃，没有面。邱城门一关，煮的野菜也让皇协军拿走了，他们在邱城住。那一年死的人多，饿得不能动。院里草长得老高，大街上草老高。薅野菜，捋榆叶，都吃光了。人都跑到盐（音）村，偷香叶。

皇协军、日本人把中国人逮走，日本人要几个人，使他们当皇协军，他们由日本人管，当他们的领路，抓去看有没有八路军。

我见过日本人，日本（人）逮住过我，让我给他烧水。到处是日本人，一进村，逮上咱的人给他遛马，小孩给他们做饭烧水，吃米饭。日本人不住咱村，一般住在钉子上，皇协军住炮楼，日本人住村里怕被杀。

日本人在邱城一进城杀了 800（人），拿着刺刀看见就挑，也不打枪，一进南街，城里四条街，杀到 12 点才不杀了，一看净老百姓的，就不叫杀了，净庄稼人，杀的净男的，怕男的杀他，死了 800 个。

蒋介石的兵和日本人打了几枪，在咱村来了三天三夜，枪炮子弹，光跑，日本人过来就把蒋介石的兵打跑了。营长不叫退，一营只剩四五个，打死日本人不少，日本人恼了，就把蒋介石的兵打死了。连长不叫跑，老百姓也着急，就打日本人。日本人有千里眼，就开始杀老百姓。庄稼人当过兵，全会使机枪，日本人也死了不少，恼了开枪杀人，到 12 点，命令不叫杀人了。咱离楼近了点，在别的地方杀得少。在我们村用机枪打死了三个。他们打着玩，就打死了人。日本人穿黄衣，大皮鞋，一边一个大皮袋装子弹，拿咱中国人打着玩。日本人都是呢子衣服，穿着不冷。日本人叫买大鸡，杀了吃肉，让老百姓给买。

日本人在这住了 20 来天，换防，把这边叫那那边去，换班，在咱家村住了 18 天就走了，走了还回来，让我们给他们做饭，他们不打小孩，看大人没茧子就挑死。这里也没有八路军，八路军过不来，国民党抄共产党，逮住八路军就杀。一看到农民，农民到地里劳动，八路军从山沟里来，把枪扔到老百姓家。蒋介石的兵是卖国贼。皇协军跟日本人不一样，日本人都是人不高老粗，让皇协军走在前面。

有小土匪，拿枪劫路，从邱城到家有小土匪，没有大土匪，那些人没得吃就去当土匪，都是中国人打中国人，摆置老百姓，在路上逮住给东西就抢，不给就杀死你，那会没法过。日本人有吃的，米饭，不吃咱的饭，怕药死他，光喝中国酒。下雨之后日本人也来过，光住大城，把门上住，他也害怕，人多了才住到乡村。

那时候喝开水，和这一个井，东头离一里地，都吃库水。那时的水都是下雨的水。那时井水拎上来净净再喝。下雨之前没有得病，五六月都没有，七月下了七天七夜就得这个病了。地里有野菜吃，下雨都去吃野菜。下雨之前饿死的人少，也是又病又饿就死了，零星死，没有上吐下泻的。上哕下泻，说死就死，半个钟头就死。我还没出去，一天就死了八个。刚才还走呢，一会就走了。没有扎针的。我家也有得这个病的，有两个。我父亲是医生，他自己能扎，自己扎自己。给别人扎过针，已经走不动了，去给外边人扎，都治好。给个瓜吃，没干粮，也不敢吃，吃了难受。扎肚子，浑身扎，哪儿难受扎哪里。我们家的都好了，我小我没得，不该死死不了。没啥吃的也过来了，只吃树叶，都没啥吃的。

咱村里都逃出去了，现在还有没回来的。走不动的就在家，都是孩子给人家了，你给他个窝头，他就把孩子给你了。逃荒哪儿都有，走到黄河，黄河南，给人家打草，换点粮食，逃到黄河南还好点。逃荒的地方没有日本人，没见过，日本人少，占不住。逃荒的地方没有上吐下泻的，有粮食吃，咱给人家打草，换别人粮食吃，人家有牲口，给磨磨，给咱，就做馒头吃了，逃到东平州、华县、嘉祥县我也去过。

给八路军推公粮，从南边往这推，南方是炮楼，不推粮食，死得还多。整点菜再喝。从河南推公粮，灾荒年推公粮，推100斤公粮给不少。我没推，不知道给多少。

我是共产党（员），1936年入的党，我没害怕，啥也不叫说，谁也不说，怕日本人来了，不中，杀头，蒋介石来了也不中，就几个入党，家里人也不知道，就自己知道。开会上坟上，用脚踢你一下就去开会。特务抓住就抓走了，我那时候还小，要知道是共产党就杀头。党员就四五个，到后来开会做工作报告才知道，怕逮住不好，来自五湖四海都不容易。

采访时间： 2007年5月4日
采访地点： 邱县梁二庄乡前小河套
采访人： 齐　飞　刘晓燕　付尚民
被采访人： 张洪潮（男　77岁　属羊）

（我）一直在村里住，那时我家一个兄弟、一个妹妹、父母、老爷爷、奶奶都在。那时家里有十几亩地，种的地不够吃。日本人来了，日本人来穿着大皮鞋，装备一样。南边有个炮楼，皇协军就来了，皇协军都是咱的人，做好饭就给端走了，高粱穗、谷穗都拿走了。不抢粮食也抢人，俺兄弟都给人家了，以后也没回来，找不到了。

民国32年，没吃的都逃荒了，下半年就出去了，高粱、谷子都熟了。霍乱病一来就死了八个，张洪泰一家死了八个。

民国 32 年八月下的雨，下了八天八夜，下的雨水，没来水，光下雨，街上得蹚水过去。家里都满了。死了老些人。下雨之前没有霍乱病，没饭饿的，抽筋病。那时候没医生。家家都得这病，每家都有，得病后上吐下泻，腿都抽筋，都抽死了。有扎针的，会扎针，不是中医，不是打针，是个铁丝，光有孔针，没有听说扎过来的，没听说活过来。死了没人埋，没人管。下完雨后就没有了。霍乱的时候死的人多了，我逃荒到梁山，回来的时候就剩两口人。有霍乱的时候我在家，我走的时候就（不）同了，家里没吃的，就到地里找野菜，没有锅，使罐子煮。都是井水，发水的时候井都淹了，还是喝井水，都是喝开水，啥水也有喝的。

下大雨就灾荒了，下大雨之前死的人很少，没有上吐下泻，大雨之后就很多了，隔了几个月就没有了。得霍乱时，日本人都出城，净皇协军了。皇协军哪也来，都给抱走了。皇协军不抓人，只抢东西。

逃到无极县，七口人死了，娘和叔。那时候有买小孩的，饿了就到外面去卖，给人家小孩，人家就给两碗饭。八路军来了，就给叫回来了。村里有八路军，去过我家，八路军白天不走，夜里走。日本人正兴着。

日本人在这里住，皇协军来抢东西，啥也收了，但是都被皇协军抢，日本人不抢，日本人不出门。皇协军是村里咱的人，没吃的，就去当兵的，光管吃的。那时候村里没土匪，土匪不兴了，日本人来了，土匪就不兴了。日本人没来的时候，老杂很多。日本人来村里住过。日本人杀过人，杀过几个人。日本人看着不顺眼，想杀就杀。

见过日本人的飞机，天上飞的。日本人在地下走，飞机上也掩护。没见过飞机扔东西，也没见过扔炸弹。

采访时间：2007 年 5 月 4 日

采访地点：邱县梁二庄乡前小河套

采访人：齐　飞　刘晓燕　付尚民

被采访人：张巧元（女　76 岁　属猴）

我婆家、娘家都在这村里，老毛子（日本人）来时我才 6 岁。两个妹、一个兄弟、爷奶、父母，七口人。爷逃河南，我跟妈逃到邢台，爸跟奶死了，妈没回来。家里 12 亩地，打的够吃的，都是给抢走的。皇协军抢走的，城里的人拿着棍子跟皇协军来抢东西。

民国 32 年之前还在村，爸爸把我叫回来。我家爸、奶、妹都（得）霍乱，得病的时候就在家里面。得病的时候没有人给扎针，都饿得走不动了，饿得父子不顾，谁也不管谁了。邻家附近都是饿得没劲了，天下雨地潮，就得病了，那会就知道是霍乱。得病的时候上吐下泻，肚子决不能。

民国 32 年下雨后，八九月逃荒去的，村里逃得没人了。八路军兴起后，才叫回来的。家里没人，都是草。我跟妈到邢台，邢台那里没霍乱。那里也有日本人，南和城里也有日本人。我回来的时候已经解放了，邱城一黑夜解放的。

歌：八路军真勇猛，拔钉子如拔葱，邱县城焦路，一夜就成功。

日本人刚来的时候在村里住，在村里没住多几天，住了十几天，就进城了，以后就不来了，在城里了。日本人来的时候，家里人都跑到阎村，都跑了，在外边住，过几天才回来。日本人去过我家，我见过，他会叫小孩，也有好的坏的。小日本有好的，也不愿来，跟我家大人说的，俺大人听得懂的，说家里有父母、孩子，不愿来，但 18 岁就必须参军。我奶奶不听他，他没进去。日本人抢东西，逮住鸡，逮住大都给烧了。霍乱过了以后在城里见过，6 岁来的，去城里见过。

在村里见过日本人飞机，飞得矮，掩护步兵，几天来一次。

我是听别人说的，日本人在城里，一进南门开杀，一到十字街就杀，上面来令就不叫杀了。日本人进城里就不杀人，皇协军坏，打人抢东西，很坏，过了解放以后枪毙了。八路军叫庄稼人挖的大沟，沟有一拖宽，一人深。皇协军一来就跑，顺着沟跑就打不到。灾荒年时挖的，都是自己人挖的。八路军从这里过。八路军来了不久打皇协军。打城楼时住过，过灾荒年打碉楼，我 14 岁的时候打的邱城。

采访时间： 2007 年 5 月 4 日
采访地点： 邱县梁二庄乡前小河套
采 访 人： 齐 飞　刘晓燕　付尚民
被采访人： 朱广运（男　91 岁　属蛇）

　　我当兵时化名是朱介三、赵昆。民国时在家住。村里不足 300 人。家里 18 口人，我父母、两个哥哥、两个姐、两个弟、一个妹，哥哥有小孩。有 30 亩地，是好地，赖地有十几亩。平时打的粮食不够吃。吃高粱，吃粗粮，买粮食吃。多的地一家有百十亩地，他们有工具、劳力、牲口多，粮食够吃。

　　阴历十月来的日本人，先打县城邱城，邱县是穷县，日本人在邱城南，打到北关，震得房梁落土。我没逃，但逃了很多人，一部分家人跑了 30 里地。那时二十九军来了，宋哲元来了，有二十几万人。据别人说，日本人杀人不少。二十九军一个营快守不住了，出城了，这个村也住了四五百二十九军。

　　日本人没在邱城住。第二年，1938 年住在前河套，有四五百人，后来到后河套。来家里抱东西，一个日本人抢了一个花袍，到处抓鸡。村里都没年轻人了，打水鸭吃。日本人在村子里杀过人，打邱城后，我在离本村一里处趴着，后边的二十九军从北走，被土匪头王来贤截了几挺机枪，只要枪不要人。日本人的洋马、骡子推武器从村西头走。我见过日本人杀过两个人。

　　1939 年一月份去太行山，动员人员抗日委员会在 1938 年成立，1938 年秋天，八路军打了土匪，冬天就全打跑了，土匪都是当地人，他没有地种到处活动，抽大烟，海洛因，邱县土匪多，他没有吃的，所以去当土匪。那时民团也有枪支，够 80 亩地的买杆好枪，不够的买半支，各村都有民团，民团又叫看家，在一个村住，队长跟土匪通气，民团的人都是民家子弟，当时村子有十几个看家的。保护富农的家，不管贫人的，大都是家里情况好的。民团后来归土匪了，因为家里跑了许多人，家里没法过了，到处是土匪，没法过。那时日本人还没来。土匪要求人送钱送粮食，抢闺女，要猪。土匪经常来村子里，土匪一笑就杀人，土匪把人装麻袋里，投到运河里。土匪头大头是吴子修（南边）、王来贤（东寨）。日本人来后土匪多，八路军来了才没了。

还有个十军团，属蒋介石，团长叫石友三，不打日本人，光跟八路军作对，跟八路军争粮食和地盘。太行山南边有二十九军，是杂牌军。有皇协军来村里，有个头叫王维豪。皇协军保护日本人，邱城里边有二三十个人，后来更少，灾荒时归聊城管，皇协军散了。皇协军杀人很少，皇协军还和敌工队联系过，做地下工作。

1945 年当兵回到村里，民国 32 年不在村子里，民国 32 年时在太行山当八路军。听老人讲有过上哕下泻。村里没有医生。当兵之前村子里没有看到得病的。到太行山，南北有 1000 多里地，东西有四五百里地，山里有县城、村，那里人穷。涉县的二十七军投降日本人，有 17 万人。

日本人发行金票、准备票（中日联合准备银行），抓住八路军活的，奖五万金票，死的拿四万金票。日本人轻易不出来，出来就扫荡。八路军设置有区、县。我当过文化干事。我改名换姓调到地区，从晋城县调到清华县，化名叫赵昆，在一个村子里。阎锡山设有保长、旅长、邻长、甲长统治各个县，都是村里的人。一个旅长来通知日本人来了，就跑了，拿着文件，用手巾缠着。一个吴敬斋（广宗人）被狼狗抓住了，最后被吃了，另一个被国民党打死了，三个人就剩他自己了。

日本人扫荡时经常烧房，杀光、烧光、抢光，奸淫烧杀。

（老人为我们唱了《保卫黄河》：风在吼，马在叫……）

坞头村

采访时间: 2007 年 5 月 2 日
采访地点: 邱县梁二庄乡坞头村
采访人: 李 娉 高海涛 张 翼
被采访人: 蒋好学(男 75 岁 属鸡)

蒋好学

(我叫)蒋好学,75(岁),属鸡。家里光我跟我母亲,猛一说,想不完全。连阴天下了七八天雨,人得霍乱病,上哕下泻,死了不少。

咋得的没人知道。村里有会扎针的,扎扎就好。

是民国 32 年,母亲得了霍乱病,我没得。扎扎腿放放血就好了,几天就好了。有扎针不管用的,那得严重不严重的,那个吃不准,扎对事了,就好。

庄稼能吃了,下着雨呢,那会儿下雨的时候,有一前一后。

说不清民国 32 年以前有没有,那时候小。

采访时间: 2007 年 5 月 2 日
采访地点: 邱县梁二庄乡坞头村
采访人: 李 娉 高海涛 张 翼
被采访人: 马林青(男 73 岁 属猪)

我叫马林青,73(岁),属猪的。没有上过学,在部队高小毕业,当兵,初一、初二、初三,上到初八,高小,初中专业了。那一会儿天津当义务兵了。第二期义务兵，头一期 1955 年，第二期 1956 年。

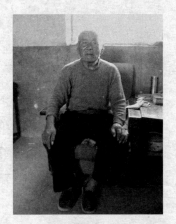

马林青

民国 32 年，生活困难，人都逃荒要了饭。日本人、伪军。伪军就中国人哪，跟日本人一色抢老百姓。抢了，没啥吃，后来得了霍乱病。霍乱病非常厉害。人没啥吃，生活又困难，开始死人，有的跟一个屋，一块五，找人抬出去。死的人多了，后边抬不起了，都没人抬了。数得霍乱病的死得多，抬都抬不及。

那会儿村里有八百多口人。后来剩下有三百多口。逃荒的逃荒，剩家的都死了。后边，日本人、皇协军都抢。皇协军见谁家冒烟，冒烟就抢，他吃饭去。霍乱病以后，日本人住咱村。最后剩有二百来人。我九岁记倒记得清着呢，那日本人有个人，别的名不知道，我光知道叫上耳了（音），他跟我说，看我的面部跟他兄弟一样，领我到里边吃饭，上里边去。

那是过了秋以后了，雨下的，下了 40 天雨，一个多月。我记得是秋后，到秋天以后了。下了那雨，反正房子都塌了，漏了，房倒屋塌。开始要冒烟，也对火，那也没洋火。吃饭点火啥，用火镰，一个黑穗儿（音），打火。开始要做饭，要冒烟，烧点火焰苗。

民国 32 年，我记得下雨以后得霍乱病，开始没得，有雨以后，下雨十来天以后。那厉害着呢，我母亲就是得那病死的。往那看去，哪有先生啊。村里找个，拿个针给你扎扎。看病，又不能吃药，没药。有药，你拿不起钱，老百姓哪有钱。她啥症状，我闹不清，那不会说话。抽，抽抽。那时候看不起，也没有医院。那时候不知道，到后边人说都是霍乱病。得那病些快，有两天。都一块躺着，喂她吃点，喝点。俺村有个先生会扎，扎扎。有先生，草药咱也弄不起，没钱，那个生活实在困难。我母亲得，我父亲、俺奶奶住一块，没有传染。这个病来得挺快。

南头有砖井，都吃那个井水。那个井好吃。这里边井是苦水，里边水不能吃。日本人炮楼里边有个井，日本人的那里边不能进。

日本人住炮楼。他们没有得霍乱，他们有还好唻，他们有药有医生。我里边玩，我头疼哎，有医生。他们说话咱也不懂啊，给我看，给我拿药，拿药不要钱。那日本人都有医生，他们药好哎，老百姓谁得吃上药。

日本人后来抢，以前不抢，后来一道抢。没有粮，他们不抢，中国人抢，皇协军伪军抢，跟那日本（人）一色，使那枪都（是）日本人，穿那衣裳都（是）日本人。他抢，到那个村里，抢粮食，盖的，衣裳。日本人住的里边炮楼，炮楼里边一道壕沟，二道壕沟以外伪军住着，外边还一道壕，不叫跟他一块住。挖的壕，他们不要伪军住到里边，里边是日本人，他给你吃喝，穿衣裳，管吃、枪、子弹、用，不能在一起住。

霍乱，我不是刚说过了？这种病，得了人都死。一开始得，他日本人打针，中国人，俺村里不让打，都跑。为啥呢，不知道，以为日本人打的不是好针，是毒针。有的得了病了，他们医生还给看，看霍乱。这村里还不让日本人看，不认为他是好人，不敢叫他看。那会儿闹不清了，都跑，不让打针。日本人打针，中国人是扎针。他们是打针，不相信他。我见那医生在那看，咱不知道人家啥针，我没见有人打过。不用他看，咱中国人不相信他，他不是咱中国人，他是外国人，敌人。他们日本人打预防针，给没得病的打预防针。有得的，日本人给看，不让他看。那个没法治。

哪一天都死好几十个人。多长时间我记不清了，咱不敢说。民国32年以前没有，以后没有。上半年旱，到后边雨水大得不行，秋后又下雨，人得病。咱不知道咋得的病。

没有发过大水，水走不到这儿，河水没过来过。

蝗虫那多了，蝗虫都在街上，我拿小布袋，口袋，在街上逮蝗虫。逮蝗虫都吃那个，没蝗虫死的人更多，救人命了。在地里掘个壕，尺把深的壕，朝沟里撵，到后来，朝口袋里捧。回去吃那个。吃那蝗虫、树皮。有的把房卖了，买点糠，谷糠、秕子。那会儿便宜，没啥吃，我两间砖房，买了30斤谷子，带穗的，好谷子他给30斤哪？还有房，还有两间。一个牛，一个羊都没了。那都没了，人还顾不住嘴呢，还顾它？啥都没有。人还没啥吃，还喂牛羊？

民国 32 年没有逃荒。过了民国 32 年出去了，到泰安，泰安有煤窑，我父亲在煤窑里下煤窑，煤窑是日本人管，干一天，给干粮。不做买卖，那也不兴做买卖的。在那待了有一年，日本人就走了。日本人走了，就回来了。

日本人那孬东西都不要了，地雷、手榴弹、炮弹，把井都填满了。炮楼里头，炮弹还填不了。那井都砖井，井口很大。他走了，投降了，炮弹、地雷都不要了。都向那里头扔。日本投降，到后边好纪念，都掏出来了。别的东西没了，吃的都带走了。他们吃的不让动，面、大米，日本人带走。

这边没有日本飞机场。有飞机，在炮楼上迎，在炮楼上转了一圈，炮楼上有站岗的，日本站岗的，拿个旗，一摆，向南一指，这老人都知道，大马堡，那边住着八路军，三连在大马固抢了日本一个娘们，一个妇女。飞机直接往南去了，到大马堡。先是一架母机，四架小飞机，炸弹扔在大马堡那了。

日本人，青年人、庄稼人抓，打。小孩他不打。他都抓八路军，一说跟八路军通气呢，整里边，拿刺刀都挑了。俺村有一回抓了五个，到邱城东门外路南挑了。俺村八路军不少，

当八路军，开始游击的时候，淮海战役，都打过，都跟日本人打了，后边街上吴连成，后街西头武培育，都打过日本人，其余的都不在了。

尽是伪军抢，说起来孬，还是咱中国人孬。跟日本（兵）一色，抢咱中国人，打咱中国人。一帮，抢老百姓东西。那日本人来，不抢。日本人分头等兵、二等兵、三等兵。三等兵不让吃饱，易受气，还不让吃饱。他出去也要抢。日本人，老兵，当官的，那不抢，有吃的。

西锚寨

采访时间：2007 年 5 月 2 日

采访地点：邱县梁二庄西锚寨

采 访 人：徐 畅 于春晓 刘 静

被采访人：李玉中（男 80 岁 属龙）

李玉中

（我）一直住在这个村庄，爷爷奶奶、爹娘、姑姑、兄弟两个、妹妹三个。种地为生，三十多亩地，种棉花，高粱多，谷子。一百五十斤顶天了，棉花一百二三十斤，春秤。春天不够吃，借有的人家，大部分找亲戚家，不出利，不是亲戚家要出利，借一斤高粱还一斤麦子，一斤麦子值一斤半高粱，不知道借钱不借钱。净卖地，七七事变之前，卖地，中央票，一亩地 30 块银圆，死地不要回，当地要 3 年回来，不回来就不回来了。吃小盐，大部分淋盐，炒菜的油吃猪油，花米子油为主，偶尔吃，比现在吃的少得多。交税要到地方交，上头给粮食，由地方收，待遇相当于现在书记。王来贤杆子头住东且寨，催饥饷，来了三五十人，叫老杂。

日本人进中国几年，十多个日本人，三十多个皇协军，程二寨皇协军，张官寨（现馆陶），从邱县不远，安个钉子。皇协军是圆圆的炮楼，5 层楼高，周围有三道濠河，每道两丈宽，两三人深，鬼子住房不和皇协军住一起。炮楼是百姓修的。村长要人，当时十三四（岁），上坞头挖沟，正挖，日本鬼子来了，就拼命地挖，另一个同伴没看见日本人来，让日本人扇了一巴掌。

民国 33 年，有一回来了一百来人，很多人没跑掉，日本人问他村里一个区长，把村里人都圈到一个场子，安上机关枪，有翻译官，日本上你村里，为啥，要区长。限你们三天送去。李贤淑说情愿我死，也不让村里人死，他就自己去了，掉头了。有一回日本人来了，我跑了，把村里围住了，先点火，后杀人，认为有共产党人在村里，你想打他。有一回给日本人开门，4个日本人，听不懂他们说什么，让我把扫把点着照。此后日本人抓苦力，叫苦力（日本语），那个苦力（日本语）叫我跟他走，叫我从别人家里拿好东西，叫我背，掀别人的锅，到东边一家，日本人叫吃饭，我把车给他就走了。我出来没事，村里不响枪就没事，日本人认为就没事。

民国32年，1941年、1942年、1943年，没收着多少东西，人饿得没办法，就抢东西，一百老毛子带四五百人，说老毛子实际上都是皇协军，谁家有好东西都拿。

土匪知道谁卖粮食就去。第二年、三年（1938年、1939年），共产党开始过来，三四个共产党（员），大村五六个八路军。日本人占城，共产党占县。天天村里开会，发展民兵，我那时当民兵，带了七八个民兵，保护村里治安，扛枪，打过仗，差一点。

民国32年，不下雨，头年收成不够逃荒。民国32年春天都耩不上地，秋天麦子一亩收十来斤，五六十斤，第二年春天不够吃的，村里就剩下100人，原来三四百人。吃树叶、槐花、柳叶、椿树叶，枣树长一点点都吃了。

阴历七月，下了黑白夜七天，下得不行。啥也种不成，屋子淌，房子是泥烂得不像样子，房子上有砖还行。村里洼地存水，下雨时，卫河来水。哪也没水，都是天上的雨，没发水。民国26年上水了，走到西里庄挡住了。灾荒年那年不晓得御河开口的事，老沙河来不了水。下了雨以后回来，下雨后又逃荒。附近村庄都逃荒到黄河以南，有跑到香城的。

下了雨之后得霍乱抽筋的多了。俺家没有，本家哥得霍乱，抽筋，难受，一放血就好了。东边一先生给他放血，下雨时叫来的，放血以后就好了。抽得没啥人了，有自己扎的，到筋腿上找。没听说得霍乱死的，过一阵就没了，从前没有，以后也没有。与生活有关。下雨时，鬼子没来，村民得病期间，日本人没来，皇协军接二连三地来。

看见过日本飞机，一边一个红月亮，丢了两个手榴弹。飞机来得不多。李玉民姐夫让人抓走了，年轻人到日本部队里，日本人从中国走后，苦力打日本人。

西七方

采访时间：2007 年 5 月 2 日
采访地点：邱县梁二庄乡西七方
采 访 人：徐　畅　于春晓　刘　静
被采访人：睢树君（男　78 岁　属马）

一直住在这里。民国 32 年，1943 年天旱，没吃的，逃到西北区，五月逃的，第二年二月回来。当时没下雨，阴历七月，阳历 8 月，下了七八天，淅淅沥沥下了七八天，毁了几个人，没在家，听老人说的。得霍乱的人不是很多，下雨之后得的。7 个人都出去了，没有人得霍乱。

谢里庄

采访时间：2007 年 5 月 2 日
采访地点：邱县梁二庄乡谢里庄
采 访 人：李廷婷　刘鹏程　刘　宝
被采访人：谢春朋（男　76 岁　属猴）

谢春朋

民国 32 年，我 12 岁，那会儿有日本人在那儿，那时我在上小学，后来考也没考。

民国 32 年以前收成还行，民国 32 年大灾荒，咱这有 800 口人，剩 380 口人，饿死的饿死，逃荒的逃荒。现在是一千三百多口人。

那时得霍乱，一天死五六个人。开始下了七八天雨，说不准是什么时候停止的。下雨之前提前有走的，得病死了有三四百人。没医生，硬扛着，扎针都没有，都是下雨之后得的霍乱，以前没有得的，下雨之后又连潮，肚里没饭。那时得霍乱的人烧得记不清了，白天得病，黑了就不行了，就没了，也不见啥症状，死得特别快。没有抽搐的。那时人都说是霍乱。

我弟兄五个都得霍乱死的，我照顾过他们，没吃的，无非喝点水，得病之后，黑了就死了，肚里没饭。我那回也生病了，发高烧，不传染，都饿死的。那会儿没发大水，1956年、1963年发过大水。

日本人离这里有五里地，有一个炮楼，常来。没给我们发过什么东西，日本人没有得这病的。我见过日本人，他们来这儿抢，他们见东西就拿，俺们不敢不给，还有皇协军是卖国贼。飞机那会儿我没见过。日军有的抓人，有的不抓。

采访时间： 2007 年 5 月 2 日
采访地点： 邱县梁二庄乡谢里庄
采访人： 李廷婷　刘鹏程　刘　宝
被采访人： 谢同福（男　79 岁　属蛇）
　　　　　　谢学检（男　79 岁　属蛇）

谢同福（左）、谢学检

谢同福：这里原先叫李二庄，现在是谢里庄。民国 32 年是灾荒年，我出去当兵当了 15 年，那年我不在家。

谢学检：那年收成不好，田里旱，地里都种不上，乱得很。那年八月份下了七八天雨，一天都死好几个人，是饿死的。那时下雨没得吃，小日本把粮食都抢走了。死了人也不埋。

谢同福：那会儿俺村有 700 口人，灾荒后就剩 300 口人不到，死的死，逃的逃。那会儿没医生，那时得霍乱好的是扛好的，那会儿没药吃，不好找医生。我周围没大有人得霍乱。生病是饿的，生病的不多，都是饿死的。小日本人占中国八年，日本人没有得霍乱的。这里得霍乱的多，连饿，一下雨，又传染，又烧。那时没发大水，下雨才下几天，地上水没多深。这里 1956 年，1963 年上过水。1941 年日本人来过，离这里三五里地都是日本人，到处都有。他们占咱的地面，抢东西，把中国人打跑了。小日本逮劳工逮了多少年，逮了送到日本国去了，有死的，有回来的。咱村没有，李申寨抓的多。日本人的飞机没大见，那会儿是皇协军，来主要是抢粮食。

谢同福：我那时十几岁。日本人进过这个村子，来了就没好事，也没打过什么针。民国 32 年就下雨大，下了七八十来天，没听说过发大水，有河决堤。日本营在张官寨（馆陶县）、坞头、邱县城。

谢学检：我参加过抗日战争，也参加过解放战争，那时打得过就打，打不过就跑。那时是（地）下党员，没人知道，也没啥贡献。

采访时间：2007 年 5 月 2 日
采访地点：邱县梁二庄乡谢里庄
采 访 人：李廷婷　刘鹏程　刘　宝
被采访人：谢云城（男　81 岁　属兔）

谢云城

民国 32 年，大灾荒，我们村 800 口人，还剩下 300 多口人，死的死，逃的逃。家里没得吃。张官寨、程二寨（都）有炮楼，日本鬼子奸淫烧杀抢，有点吃的就被抢了。

那时，我们逃到山东齐河县运城，有当年回来的。

`

1943年六七月，正下雨得的霍乱，连下了七八天，人没吃的，饿得瘦得变了相。谁家死了人都没人埋，有浮肿的，今天还在这说话，一会儿就没了。就与饿的有关系，民国32年得霍乱的，三四个，四五个，最多的家里死了七个人。那时下雨，肚子饿，中医叫霍乱，也没先生，先生都逃走了，扎针也不管用。后来八路军就编了个歌，把人都唱哭了，"八月二十二，老天爷阴天昼夜下了七八天，房倒屋塌"。

八月二十阴天，上过河水，从东南馆陶县以南来的水，开口子了。河满了，水挡不住了，都出来了。卫河发大水到俺这儿，北头就没了，上水是七八月，那年水来得最晚最大。就那年有霍乱，以前有，以后没有。

我祖母、母亲都得过霍乱病，吐，传染人，但我好了，她们没好。得霍乱病死的有三百多口人。我们逃荒到山东阳谷县，逃荒之前我母亲、祖母就死了。有传染的，但不是都被传染。这病持续了三四个月，咱这没无人区。这些事年前县政府派人采访过。

这儿时常见飞机，公路离这里四里地，有扔臭雷的，咱这儿没有。顺着风撒细菌，有当兵的说的，主要是针对军队里。

张何村

采访时间： 2007年5月2日
采访地点： 邱县梁二庄乡张何村
采访人： 刘 燕 刘晓燕 刘 洋 韩仲秋
被采访人： 王春林（男 85岁 属狗）

王春林

（我）没读过书，一直住在张何。当时村里有多少人不知道，可能有一百多口吧。当时我家五口人，一个兄弟、一个妹妹、一个姐姐。给地主扛活，自己家有八亩多地。

兄弟上学,他小。

鬼子来时,在村里住。我当过民兵,跟日本人斗。日本人经常来,都见过鬼子。在村里杀人,鬼子来了,说他是八路军的探子,就把他挑死了。村里住着八路,是八路军的根据地。村里人都到地里,给日本人拿公粮,给八路军拿公粮,两边拿。皇协军和土匪都有。黑夜来,把人带走,弄到馆陶,关到岗楼里去,要钱。

民国32年收一部分,叫日本人和老杂抢了。谷子能打一布袋,一袋百十斤。收胡绿豆、荞麦。高粱生了蚂蚱,天旱,生虫子,抓蚂蚱吃,一斤蚂蚱给一斤粮食。有也叫你吃不上,皇协军都抢光。

民国32年下大雨,过了麦后,十五六里地都是水,玉米秸都淹了。民国32年得霍乱,死了不少人。死得快,吃不了东西,就找口水喝。路南边人死得不少,已经成了地,连饿带病,没吃的没喝的,就死了。民国32年之前没听说过。得病没几天就不行了,那时候没医生,有先生也跑了,那时候邻居就剩一个。当时下了六七天雨,那一年没发大水,光下大雨,面袋里都是水,和面都不用添水了。其间引起的这病,是下雨后得的这病,以前没这事。房子漏、地潮,吃不上饭,青壮年都跑了,人老了跑不动就得霍乱,年轻的都逃荒了。皇协军、老杂又来抢。民国32年都逃荒了,村里没人了。我就到江苏了,待了两个多月,回来了。

过了秋有点吃的,谷子黄了,拿谷子换煎饼吃。日本人抢走了东西,没吃没喝,打死人、抢人,祸害得很。

开春了,八路军帮老百姓拉犁,都没小伙子了,一天给一斤粮,派一个拉犁组,这是民国33年春上的事,种地没种子,八路军从山西运种子,种麦子没麦种,十五六里地都是水,用担挑到家里,一半家里吃,一半做种子。净是岗楼,只能在晚上运粮。

那时候得了八路军的利,黑夜里给八路军推公粮,给点吃的,净黑夜里走,吃的喝的都靠腿。挖深洞、藏粮食。八路军藏的,老百姓没粮食,上面盖上柴火,土匪老杂老抢东西。八路军黑夜里挖井,把粮食藏进去。皇协军盖了岗楼,走也不能走。几百辆车运公粮,一帮100辆车,半夜里走。

黑夜在地里睡，家里没人。不等日军来就跑了，八路军一报信就跑。八路军白天见不着，光晚上回来。

给别人种地别人给粮食，我给别人种地别人给我两亩地。100 斤粮食，人家要 80 斤，我要 20 斤，用他的牲口，吃在自己家，种地的时候管吃，苗出来，人家就不管了。收粮后给人家 80 斤，也有三七分的，这样的别人啥也不管，也有对半分的，人家啥也不管，光要粮食。公粮都是种地的 50 斤里出，别人是纯剩 50 斤。土改后，土地平分了，我就回家了。我种的地是二八分。

收不到东西就没有粮食，我也借过粮食，到秋上给他，借多少，还多少。借掌柜的粮食，不吃没法给他干活。你吃不上，他也吃不上，一晌锄二亩地，他一个人种 75 亩地，俩人种一顷五。平常的年景一亩地收一布袋多，掌柜家也交公粮，那时是交钱。我不管，自己剩下的自己吃，肥料什么的都是掌柜的事。

日本人不要这个村的人修炮楼，咱这是区队部，八路军根据地。别的村人家给鬼子拿公粮，鬼子就不抓人，他们也给鬼子出人。灾荒年鬼子来过，抢东西。长病的时候鬼子就不大来了，光围着村子抢东西。

采访时间： 2007 年 5 月 2 日
采访地点： 邱县梁二庄乡郭吕庄
采访人： 李廷婷　刘鹏程　刘　宝
被采访人： 王桂芳（女　80 岁　属龙　　娘家邱县张何村）

王桂芳

民国 32 年，那时都逃荒要饭，要饭到陕西。那时我去了齐河，我十五六岁，还没嫁过来，不知道这儿的事，我 18（岁）来这儿，这儿还没人。人都死了，那时人得霍乱，人生病都不会走了，没东西吃，喝凉水，吃野菜，喝井水，生水。

民国32年没发过大水，大运河没裂开，没开口子，没听说过河裂口子。七八月里下了七八天的雨，下雨时，小枣还像指头那么点，就被吃了。家家都那样，得病的人一会就死了，下雨以前就有得的。

那时我就走了，那病听说不传染人。也没先生，没得治，没扎过针，不吐，不抽搐，不烧，那时都是饿的。

见过日本人，把人逮出去给他干活，到离这个村30里地远的北馆陶修炮楼，拉土。不给干的就被整死了，都是活埋的，嫌干活干得慢。

南边这个村有钉子（炮楼）。飞机有，但我没见过。也没在我们村见过日本人。

采访时间：2007年5月2日
采访地点：邱县梁二庄乡张何村
采访人：刘　燕　刘晓燕　刘　洋　韩仲秋
被采访人：张保全（男　85岁　属猪）

张保全

（我）中小没上完，读了四五年书，日本人来了就不读了。

当时家里祖父、祖母、父亲、母亲、三个兄弟、一个姐姐、两个妹妹。家里有100亩地，够吃的。县城让日本人占了。

民国32年在家务农。基本上是在济南，有时也回县城。1943年没在家。日本人来了整天藏，也不是经常在村里住，鬼子从县里经过，来抢东西，找八路。没在村里打过仗。皇协军、老杂也来过，跟我家要钱，要就得给，不给不能过。也不是经常来。那时八路军有政府，也是游击，日本（人）来了就跑到另外的村。

灾荒年没吃的没喝的，就我自己出去经商。有的村庄有霍乱，有的村没有。日本人刚进中国时发过水，日本人在这时没发水。

1949年，我在上海当兵。

采访时间：2007年5月2日
采访地点：邱县梁二庄乡张何村
采访人：刘 燕 刘晓燕 刘 洋 韩仲秋
被采访人：张景仲（男 80岁 属龙）

张景仲

（我）念过书，日本进中国前念过一年书，日本人进来就不读了。

那时村里450来口人，家里7口人，姊妹5个，家里有二十几亩地。地里收得少，给地主捎地。

民国32年灾荒年，没收成，死的人很多。天不下雨，种不上地。生蚂蚱、虫子，都把庄稼吃了，那时候没药。1943年逃荒的很多，百分之三四十都逃了，我家没逃，没盘缠，去不起。霍乱病不是很多。民国32年是饿死的，我家和邻居家没有得过，不是很多，饿死的很多。霍乱病抽筋，后来没人得，民国32年前有。

日本人来村里多了，八路军的后方医院在村里，日本人来围住了，不远一个人，那会打死人了。皇协军装日本人，土匪经常来，装八路军，装日本人，把人赶到院里开会，都绑起来，三四十个人，把牛都牵走了。土匪拉走人，叫人用钱回。王来贤是大土匪头，后来成了皇协军头。

张沙村

采访时间: 2007 年 5 月 2 日
采访地点: 邱县梁二庄乡张沙村
采访人: 徐 畅 于春晓 刘 静
被采访人: 睢孟周(男 78 岁 属马)

睢孟周

(我)一直住在这儿,五口人,一个弟弟。种地为生,自己家里的地。民国 32 年前,30 亩,一亩 240 步,宽一步。种棉花、小麦、谷子、高粱。旱地不能浇,亩产 80—100 斤。谷子 150—160 斤,老秤 16 两,棉花 80 来斤,去籽,高粱百十斤。刚够吃,剩不了多少。很少吃油,棉籽油。吃小盐,挖土淋,挖碱土,熬的,盐发涩。没做过买卖,农村很少有做买卖的。年头借钱,春天借粮,跟亲戚借不要利,跟别人借,借小斗 15 斤(老秤)还一斗二,到秋后还。小时候最远到济南,1943 年到的。那时候村里 400 人。1953 年结婚。

日本人来的时候是 1937 年,我八九岁。附近坞头有日本人,在村南边,程二寨,在东南方向有伪军,坞头有一个班的兵,伪军有一个中队。有钉子(炮楼)。皇军和鬼子分开住,院子内有三道壕沟,三米宽,一丈来深,皇协军住壕沟外,鬼子住壕沟内。

经常来,看见过。找壮丁,鬼子找皇协军,皇协军找村长,村长是皇军指定的村长,都是普通老百姓,街坊,我替父亲出工,修炮楼,全天去,见天去,见天自带干粮,嫌小,12 岁,打过我,用棍子打,打腚。打很多人,大人也打。有监工的,监工是皇协军,看不顺眼,看不惯在那就打,叫周围人打,打没眼色的。正干的不打。

村里来了很多鬼子,皇协军。村民跑了,往地里跑,往北跑。听不懂日本人说话，没有打死过人。皇协军抢，啥都抢，被子，你要不给就揍，老嬷嬷、老头跑不动。

抓过苦工，抓走了几个，抓到日本。睢百俊、马安宝到如今没回来，东七方也有两个，睢同玉、睢有海回来了，但过世了。大约二十多岁，被日本人抓走了，因为他们是八路军，当过兵，没枪，给了两个棍子。

土匪多，小偷，就是当地人，后来就成了大根。头目王来贤一般不抢，问村长要东西。大根几千人（馆陶人）。

不知道什么时候八路军来了，八路军四旅，来过村。人挺好，挑水，打扫院子，问长问短，老大娘、老大爷欢迎。吃小米干饭，自带，不问村民要。没有鬼子皇协军来，住一黑就走，不告诉皇协军鬼子八路军是谁的人，护八路军，为什么？对村民好，八路军剩的饭给村民吃。

1942年秋，田旱，地里一片黄土，长不上庄稼，都逃难去了，1942年跟母亲一起逃，到了南和县，要饭过去的，一百多里地，两天就到了。住人家车棚里，不给吃的，吃不好。1942年割了麦去的，秋天回来。1943年春天旱，没有下雨，地里一片黄土。秋天招蝗虫，村里没人了，不到秋天就走了。有回来的有没回来的。

1943年灾荒年是最严重的时候，种麦以前下的大雨，下雨之前走，种麦子又回来了。下了七天七夜，下透了，沟满河平。住土房。没有从南面来水，没有洪水。霍乱、抽筋，下雨之后得的，俺父亲得霍乱了（很伤心，抹眼泪，很难过，想起以前的事儿，很难过），霍乱抽筋死的，那时没医生，下雨以后得的。我弟弟8岁，父亲带着弟弟住在小侯庄，也有霍乱。兄弟小没得。

母亲逃难在外头，不知得了啥病，我回来以后就死了。回来下雨了，父亲过世时下雨了，七天七夜雨后死的，上吐下泻，没扎针，一个没有扎针的，没医生，人死了不少，一天十个十个的埋。得病时没有鬼子来。一个多月之后霍乱就没了。

1944年以后鬼子没有来，退回馆陶。1943年下的是好雨，没有从外来的水，西边有老沙河，没有听说老沙河决堤的事儿，下雨老沙河有水。1956年决过堤，流不过来。

采访时间： 2007 年 5 月 4 日

采访地点： 邱县南辛店乡东大侯仲

采 访 人： 陈峰玉　林雨之　赵常英

被采访人： 蒋桂芬

我娘家是梁二庄的，那会才 10 岁，在家里。19（岁）嫁到这个村里，土改了。

民国 32 年那会下了七天七夜。八月，一直下个不停，房倒屋塌，净土房，村里大地主才有瓦房，穷人没有。那会都没得吃，贫穷，都逃荒了，要饭。逃荒逃到黄河南，全家都去。一个村里都走了，剩下没多少人。净霍乱病，抽筋，都没得吃，都饿死了，一个村每天都能抬出七八口人。

小时候有一个弟弟，有爹娘四个人，都逃荒了。下雨以前走的，我那会小，才 10 岁，定亲。九月九，俺姐把我接走了。爷爷奶奶哪死的，我还不记得，还小。邻居我也不知道。我是民国 32 年去的，民国 35 年回来的。那死的人多了，家家都死了人，有一家全部都死了。那时候那霍乱病多了，一天死了七八个。

那会邱城都有老毛子，皇协军都抢粮，有一碗粮都给抢走了。他卖完了，都吸大烟。

见过日本鬼子，他都带着皇协军，光找八路军，皇协军为了抢东西，实际，日本人光找八路军。你要说你是老百姓，他不动你，要说是八路军，一刀就给你捅死。皇协军为了抢你家粮食就说你是八路。老毛子和皇协军来了，就都逃了。逃了家都没有人，都给你抢了。地主他那会也害怕，他也跑，他粮食多埋到地下。咱这个村没有恶霸地主，他要是恶霸地主和皇协军有拉拢。地主地八九十亩多点。我家是贫农，一亩地也没有，要饭吃。我老娘家种地，到各村里去种。我逃到河南净要饭吃，最好的是高粱面，我们都吃糠。那会地主的生活，也是吃高粱、谷子多。

南辛店乡

东大侯仲

采访时间：2007 年 5 月 4 日
采访地点：邱县南辛店乡东大侯仲
采 访 人：陈洪友　李玉芝　张少勇
被采访人：边桂海（男　80 岁　属蛇）

我家十几口，我 80 岁了，她 70 多（岁）。俺家里十来亩地，那时人少，种高粱、谷子。有够吃的也有不够吃的，十户人有五户人没吃的，八路军一亩地给百姓十斤麦种。

民国大灾荒，我记得，民国 32 年。民国 31 年就走了，逃难要饭推着小木车。要饭到过石家庄连城，黄河南边也去过，梁山这边。民国 32 年种麦子的时候回来的。民国 32 年到八月那个时候连下了七天七夜的雨，下雨的时候得病的好多，麦子收得很少。

得霍乱一天死十几个人。治病先生很少，扎扎脉放放血，有扎好的，扎出的血有红血有黑血。我那时候 14（岁）。我家那时没得的，逃荒都走了，没人了。那时吃糠，吃红薯叶，差点饿死。喝砖井的水，下雨的时候喝井水，下完雨之后也喝井水，喝的是生水。地里的水可过膝盖，井没有被灌满，那井高，井水一般是甜水。吃的是盐，有的是自己弄的，有的是买的。

还有日本人，还有老蒋的兵，还有八路军。日本人不管小孩和老人。抓年轻人到日本做工，日本投降后放回来了。现在没活的了，都死了。咱这村没皇协军，有当八路军的，都死了。别的庄有土匪，咱庄小，没有。

采访时间：2007 年 5 月 4 日
采访地点：邱县南辛店乡东大侯仲
采 访 人：陈洪友　李玉芝　张少勇
被采访人：任贵芬（女　86 岁　属狗）

民国 32 年八月份下了七天七夜的雨，下雨的时候没有柴烧，只能喝生水。没饭吃，吃那些野菜，有时吃糠，不是连米的那个糠，吃野菜，吃红薯叶。吃自己家弄的小盐也有卖小盐的，上哪弄大盐啊！灾荒年没粮食吃。

都得抽筋病，霍乱，下雨的时候得的霍乱。俺奶奶得了霍乱病，邻居有好多人得病，死了好多人，孩子的奶奶得病后差不多两三天就死了。没有治病先生，也没有海货，海货治霍乱，但是没听说有治好霍乱的。下雨期间得的霍乱病。

30 块钱的票被皇协军抢了，皇协军啥也抢啥也要。日本人为了找八路军杀害老百姓。我 19 岁入党，打土豪，分田地。我那时不认字，当了支部委员妇女主任，给八路军说东西。八路军一针一线也不拿老百姓的，吃饭有时在老百姓家吃。八路军也住村子里。村子里有土匪。

东倪宋村

采访时间：2007 年 5 月 2 日

采访地点：邱县南辛店乡东倪宋村

采 访 人：王穆岩

被采访人：鲍英才（男　85 岁　属猪）

鲍英才

（我）一直住在这里。民国 32 年是 1943 年，记得，那时 21 岁。日本鬼子来了。邱县城里有碉堡。

有灾荒。去了卫河以东，区里工作。有霍乱，上吐下泻，死人不少。逃荒之前就有这个病，急得很，说死就死。扎针，手上腿上血管，出血就好了。医生不给治，我给扎针出黑血就好了，慢慢就好了。扎针是民国 31 年的事。闹霍乱干旱，没粮食，吃蚂蚱，街上满是死人。粮食叫日本人抢走，没得吃，吃得孬，又下大雨，人就得霍乱了。高粱、玉米都叫蝗虫吃了。人吃蝗虫。要不是吃蝗虫，死人会更多。那时候提井水喝，不盖井口。

日本鬼子杀人多，我也被抓过，挨打。1942 年，干活，听不懂就挨打。给他们担水，找木棍填满锅底烧水。不管我时，我偷跑回家，拿了一个油罐，拿三块钱跑了。还没出村碰见日本人，我说去买油，不让我去，我说太君让我去，他说你走我就开枪，我不听，顺地道跑了。日本早晨来晚上走，日本人抢了东西就走。

没见过日本的飞机。没听过日本人投毒的事情。1939 年、1940 年日本人放过气，人一闻就头晕，就头蒙，轻的还会好，重的就死了。日本鬼子戴着防毒面具。这是听说的。

日本人还教过我们演戏，说唱。

1956 年也上水。

采访时间：2007 年 5 月 2 日

采访地点：邱县南辛店乡东倪宋村

采 访 人：王穆岩

被采访人：鲍甲兴（男　81 岁　属兔）

鲍甲兴

记得民国 32 年的事，那年 17 岁，那年当兵，12 岁开始当兵，14 岁投营，在这块儿打游击。民国 26 年，父母三天内得病死，八月十五和八月十三。

民国 32 年灾荒年，有病，人没得吃，大人也把孩子扔了，走了。有霍乱病。得病上吐下泻。那时候有医生，可扎血管非放血不可，扎手肘内侧血管，出黑血，有时放血也不管用，急性病，得一天就可死人。民国 32 年下大雨，还有冰雹。七月底，庄稼都不能种，下完雨就有得霍乱、伤寒的，喝凉水，下完雨冷，又没衣裳，就得病。沙七（音）得病没治过来，下雨那时死的，他的孩子也死了，叫李志有（音）。民国 32 年，很多人逃荒，村里没什么人。

没听说过在本村有日本人投毒。水井公用，不盖盖子。民国 26 年，日本人在邱城西投过毒，死了 800（多人），有死在防空洞里的，毒叫毒瓦斯，民国 32 年没撒过。在三汶区（音）见过。

有日本人，在城里住，在老邱城，到村里骑着马，老百姓就跑，逮住就打。抢、烧、杀，逮住妇女随便侮辱。民国 32 年，八路军就来了。鬼子杀了李名生、张小风等，这时过了灾荒年，说他们是八路军。

黄沙会是迷信，不在也没事。有土匪，叫不老忠，本村的，有个王来贤，是个土匪司令，吸大烟，日本人一来，老百姓没法过，就去投靠他，后来他投靠日本人了。日本人扔炸弹。

民国 32 年没上过水，民国 31 年也没，1963 年、1956 年上过水。

采访时间： 2007 年 5 月 2 日

采访地点： 邱县南辛店乡东倪宋村

采 访 人： 王穆岩

被采访人： 袁金敬（男 82 岁 属鸡）

袁金敬

被日本鬼子打掉几颗牙。民国 32 年的事记不太清楚。下雨，得抽筋病，死人，生活条件差。病急，埋尸体时也会得病，扎针。当过几年兵，和我哥。

见过日本飞机，还有直升机。

采访时间： 2007 年 5 月 2 日

采访地点： 邱县南辛店乡东倪宋村

采 访 人： 王穆岩

被采访人： 张秀岭（男 81 岁 属兔）

（我）一直住在这个村子里。

民国 32 年，灾荒年，天旱不收，下大雨，种不上庄稼。饿死不少。我逃到南河，七月里走的，十月回来。很多人都逃走了，剩了很少。

村里人得霍乱，上吐下泻，光这一个病就死了不少人。抽筋，扎针治病，扎腿、肚子、手。有人会扎针，有人扎后好了，有的没好。好年景没有得这个病的。民国 32 年有的，特别多，往年坏年里也有得病的，但少。

民国 32 年没上水，干旱。主要是日本人捣乱，日本人三天两头来，打人，抓人。他们来了大家就跑，天黑在地里睡。

没听过鬼子撒毒，没见过鬼子撒过什么。那时太小，见过日本鬼子飞机，飞机扔过东西，有降落伞，别的东西，不是炸弹。大约民国 33 年。

东潘官寨

采访时间： 2007 年 5 月 3 日
采访地点： 邱县南辛店乡东潘官寨
采 访 人： 李廷婷　刘鹏程　刘　宝
被采访人： 杜青梅（女　91 岁　属蛇）

杜青梅（右）

　　民国 32 年，是灾荒年。那时吃糠，吃菜。大灾荒，地里连一棵菜都不长，颗粒不收，啥也不长。

　　民国 32 年，干，九月里下的雨，下了七天的雨，七天没晴天，人顶着锅盖。死得都没人了，都是饿死的。那时有得病的，连个医生都没有。得病一饿都死了，走不动了，走得动的，有去地里找点菜的，也有走的。有下雨时死的，有下雨后死的。

　　没霍乱病。有抽筋死的，咱不知道也没见过，听老人说的，那还早。过了民国 32 年上的水。

采访时间： 2007 年 5 月 3 日
采访地点： 邱县南辛店乡东潘官寨
采 访 人： 李廷婷　刘鹏程　刘　宝
被采访人： 王天恩（男　72 岁　属鼠）

　　民国 32 年，我才 8 岁。那年收成不好，麦地里没雨水，麦子不长，到很远的地方都不收粒，没粮食吃。一直到七月里才下雨，大雨小雨下了七天七夜，不停，不出太阳。土房顶，家家户户漏得都不能住。那时没柴火，把桌椅板凳都劈了烧，有的烧就喝开水，没的烧就喝凉水。生病的有，咱也不知道啥病。

王天恩

灾荒那会儿死的人多，有逃荒逃走的，老人逃不出去都挨饿，得病死了。得病症状说不清楚。老人小孩都被丢家里，年轻力壮的有逃走活下来的，也有把老人带走活下来的。那时死是两方面的事，又饿又病，没得吃，主要是饿死的多。

民国 32 年下雨没来水，只是下雨，下雨没淹地。1956 年、1963 年上发过大水。

民国 9 年、32 年有霍乱，抽筋，下雨那几天没听说过。

我见过日本人戴铁帽子，挎着刺刀，但不伤害老人和小孩。日本人来了，青年人都跑了，老人不跑。没听说过日本人给咱吃东西。我六七岁时吃过日本人给的米饭，没吃坏肚子。日本人说你是八路，是共产党，就打你。

那时我小，也不知道其他村的情况。

采访时间： 2007 年 5 月 3 日
采访地点： 邱县南辛店乡东潘官寨
采访人： 李廷婷　刘鹏程　刘　宝
被采访人： 张光要（男　75 岁　属鸡）

张光要

民国 32 年我 11 岁了，那年饿死的人不少。日本人谁不正干抓谁，如果遇到中共就被枪毙了，有不正干的就抓起来，来回游街。共产党那时不显名。

天气那时受罪不少，七月里才下雨，下了七天七夜的雨，雨哗哗的，不大。棒子没成粒就被吃了。那时有死的人，有推公粮走的，家里都摘枣吃，没吃的，得病的人都饿死了。饿得死了老些人。从前这儿有 11 个村，闹饥荒饿得只剩 500 口人，现在有 2000 多（人），那时我小，不知道闹饥荒前有多少人，这是听老人说的。

霍乱病有一回儿，我还不记得。光知下雨，没听说过霍乱。饿死的人多。有点吃的，日本人扫荡都让假日本鬼子拿走了。生病是民国 9 年，民国 8 年，我还不记事，那时得霍乱的多。过去的事都听老人说的。

我见过日本兵，不打老人小孩。日本人吃大米，也给小孩吃。

东仁义庄

采访时间： 2007 年 5 月 3 日

采访地点： 邱县南辛店乡东仁义庄

采访人： 李 龙 张东东 赵 鹏

被采访人： 赵继春（男 81 岁 属兔）

赵继春

鬼子刚来时还记得，都挑了，扔坑里。灾荒年旱了，现在都有井，有吃有喝，那时没井，一年多才下雨，下雨晚了，什么时候下雨记不清了。一亩地收三十多斤。有死人，都饿死的，都是饿的，一看饿的，都饿死老些了。那家伙，饿死不少，记不清了。抽筋还在前，上吐下泻，抽筋叫霍乱病，那不记得，那没有，在灾荒之前，我奶奶就是抽筋死的，那我还不记事，不记得。

采访时间：2007 年 5 月 3 日

采访地点：邱县南辛店乡东仁义庄

采 访 人：李 龙 张东东 赵 鹏

被采访人：赵继堪（男 79 岁 属蛇）

赵继堪

（我）上过小学，村里办的，那时学费交得少，都忘了交多少。十五六（岁）上村里的小学，上了有一年多，两年。

那时家里四五口人，十来亩地，一人两亩来地。那会吃得孬，跟这生活不一样，使十一二亩的，交一百五十来斤粮食，那时收的少。日本人进中国，光跑，那时可受了罪了，谁也吃不好。别说咱了，谁也喝不好，高粱、谷子，掺些别的菜。

民国 32 年灾荒，那会我记得。净挨饿的，有逃荒的，旱了一年，没收成，那会都逃了，哪里收得好去哪逃。我家去了两三人，是去要饭的不是做买卖，上南面逃去了，可受了罪了。七月份下的大雨，下了四五天，下得邪大，外面的墙都倒了，搭的桥哗哗一下冲了。村里没井，有五六个井在村外，拿扁担挑，拿桶去村口提水，都是吃水井，得保护好。附近小河来的水不大，下的大雨都围着村。

旱时逃的，饿都饿死了。有灾，有病灾，赶片，不是一个村一个村的，有成灾的。治也治不起，医生也没有，吃得孬，不得动，邪快，那一片抽筋，有病了，那死不少。没医生给扎针。下雨之后，雨停之后，雨后多久不知道了，那都是灾。咱村霍乱不厉害，有几个。

日本人抓人，逮住还打。闫兰亭逮到东北，待了几年回来了，东北啥地方不清楚，老远的。抓人领路也有。两个抓（到）东北，没有抓（去）日本，都是咱村的。

采访时间： 2007 年 5 月 3 日
采访地点： 邱县南辛店乡东仁义庄
采访人： 李 龙 张东东 赵 鹏
被采访人： 赵清芹（女 78 岁 属马）

赵清芹

当时有民谣：提起来民国 32 年，灾荒真可怜，提起灾荒年，非常真困难。老天爷阴了天，男孩女孩都给了人家，滴滴涟涟下了七八天，水大受了潮，人人得霍乱男女老少计算起来死了一大半……八路军真好当，被子，袜子，破鞋破军装，挑水挑满缸……

关于被日本人抓走的劳工：有北京红十字协会来过。

有联系的人名，付辛庄：杨大国张怀印；小侯种：程负功；香城固：郝东锋；东仁义庄：赵洪恩。其子找过郝，找到了。

八九岁就订亲，十一二岁就嫁过去，俺娘家就这个村里（赵氏），一辈子没出过村。我丈夫闫兰亭，活着的话有 84 岁了，属牛。五月初二，大地里点地头，看到跑，被抓住了，被抓去东北，给日本人干活，受罪大了，卸火轮、装货、卸货，装火轮在海边干活，掉海里了。从抓起在曲周待了 3 天，运到邯郸，从邯郸上火车去北京，在北京待了两天，火车去青岛，怕跑了，不让动，解手也跟着。

在青岛干活，给日本人干活，管饱。有卖国贼监管，干活人不能仰着头，仰着头就砍一刀，开始不让吃饱，后来让吃饱，偷偷煮鱼、螃蟹。家里人没有他的信。不通信，不知死活。

俺娘抓着不让走，枪把碰，骗说快回去，捆着走的。19 岁被抓走，八月份才来的信，掉火轮里了，腿伤了养伤，不让他上班了。有被抓走的逃回来了，说还没死，大猴庄的那个跑回来的。腊月回来了，日本劳工先回，先坐到济南，给买车票，再五人搭伴，要饭回来，碰到八路军根据地，给了顿饱饭。躲着回来，一说吕团，活埋，要绕着走，还要要饭。冻了烤火，冷了扎树叶里睡在羊棚里，受的罪大了。

旱时走，都回来了。回来听说死了老些人，埋不及，得霍乱，霍乱就是抽筋，雨停了之后受潮了。俺婆母、娘、爷爷都长疥疮，去西北要饭，婆婆去山东梁山了。八月二十八阴天，九月里流行。第二年共产党组织拉犁拉靶，当女兵时学的。

邱县是八路军根据地，本村老根据地有驻兵，有造枪局，有仓库。开会时八仙桌底下点下灯，开会时不点灯，说话掉不了地下。藏张县长，方萍，地里挖坑，盖木板。不敢在村里住，怕皇协（军），怕特务，是日本时期。南辛庄有炮楼，下堡寺有炮楼，第四楼。

赵生周

采访时间：2007 年 5 月 3 日
采访地点：邱县南辛店乡东仁义庄
采 访 人：李　龙　张东东　赵　鹏
被采访人：赵生周（男　77 岁　属马）

（我是）1947 年教小学，在职教小学。1945 年入党，填 1947 年入党，党龄算工龄，再加一个月。1957 年在县里待过，1966 年、1967 年、1968 年在县委待了几年。

我家四五口人，十来亩地，一个人合两亩地，一亩收百十来斤。村里多数中农，有一户地主，困难。向地主、富农借钱，借粮食，反正有利息。说不准了，给他打工，一年一季度给多少钱。

民国 32 年，1943 年灾荒，跑到河南郓城要饭吃，与一个爷爷，叔辈爷爷一起去，叔叔个人去的，不一块，待了一年多。1944 年后半年就回来了。旱了一年多，没下雨就有人逃。我下雨时还没逃荒，下完才去，下了七天七夜才走。那时都面黄肌瘦，有饿死的。东仁义庄那时八百来口人，说不清楚得病情况。

皇协军领路，杀过人，抓过人，闫兰亭，去干苦活，回来了。张白雾被捕，扔到井里了。鹏虎（音）他爹被扔番薯架。王兰芳老红军，被日本人抓住跑出来了。我家一个叔叔被打回来了。被抓劳工，有回来的，有没回来的。

日本飞机扔炸弹，十几岁，三月十五大扫荡，杀人放火，那是1944年。那会儿听说过盖井盖，防投毒的事。

鬼子走了，也是两帮，反正咱这帮是共产党。

高 庄

采访时间：2007 年 5 月 3 日

采访地点：邱县南辛店乡高庄

采访人：刘晓燕 刘 燕 刘 洋 韩仲秋

被采访人：高贵文（男 84 岁 属鼠）

高贵文

我上过小学，是日本人来之前念的，念到七八岁，念了三四年，没念完初小。

日本人来时村里人不多，有二百来口人。我家里有五六口人，弟兄两个，父母和叔叔。家里有七八十亩地，打得粮食够吃的。

日本人来村里住过，来这里杀过人。日本人来了，村里人就跑了。日本人在村里住了七八天，村里人都跑到外地去了，等日本人走了再回来。那时候整天地跑，日本人来了就抢东西。

那时候也有土匪，但是不多，以前的时候土匪多。那时候皇协军整天来抢东西吃，隔不几天就扫荡。三月十五大扫荡，那是日本人都埋伏好了。

民国 32 年，那一年不中，不收东西，那一年运粮食也运不回来，不好运。南边尽是日本人的钉子（炮楼），粮食运不过来。村里人就都去逃荒了。我没去逃荒，咱家那时有吃的。

霍乱病也有，西边离这里 20 里地的村子死的人多。民国 32 年以前也有这种病，听老人说是在民国 9 年就有霍乱病。我没见过得霍乱病的，邻居家也没听说过有得霍乱病的，不知道这病是咋回事。我只是听说有这个病。民国 32 年得霍乱病西边厉害，咱这村也有几个，那都是没吃的饿的，饿病了。就在马头南里陈村附近，邱县、马头镇、韩宋庄西里那里的地都没人种了，听说死的人很多。

那一年七月里下雨，以前不下雨，到八月里下的，不收东西，就收了点荞麦，那都是从外边来的荞麦种。雨水很大，下了七八天，十里地不能出门。日本人也不让出去，南边十几里地净钉子（炮楼），不能往这里边运东西。那时候没办法就都去逃荒了。民国 32 年活着的都跑出去了。

那时候没有发大水，民国 32 年下的雨不大，就是时间很长。鬼子在的时候没有发过大水。那时候都是喝井水，烧开了喝。民国 32 年以后没记得有霍乱病，就是听说民国 32 年浑（音）庄那里有霍乱病。这是邱县地，跟曲周搭界。从那里走，看到的净是荒地，人很少，就说得霍乱病的多。咱这附近村没有几个，南边也没听说厉害，咱这一片没大有。

那时村里属邱县管，邱县就有日本人住，日本人一扫荡，咱这村里人就跑了。

日本人都是穿着普通军服，我只见过日本兵一面，那时候我有十七八岁，从村里往外跑时让日本人抓住了，把我送到馆陶，让我推东西，送完东西人家不管我，我就回来了。

日本人来的时候扔了四颗炸弹，两个大的，两个小的。那是灾荒年以后，八路军被日本人追到村里，日本人飞机来了，就给村里投炸弹，炸死一个老头。

采访时间： 2007 年 5 月 3 日

采访地点： 邱县南辛店乡高庄

采 访 人： 刘晓燕 韩仲秋 刘 洋 刘 燕

被采访人： 高贵贤（男 83 岁 属牛）

高贵贤

（我）一直住村里。一直参加党的工作，都是偷着工作，不敢公开。

日本人来之前村里有 180 口人，我家里就我母亲和我。家里没地，赤贫，没地没屋。在地主家给人家干活，给钱也给不多，管吃，叫吃饱。什么时候支也给，是定时间的合同工，我都是干长工。就在自己村里扛活，人家地多，有二三百亩。

鬼子来时，在村里住。那时村子小，净树。鬼子来到村里以后也害怕，他把树都砍了，弄成栅栏。也有皇协军，土匪来抢东西。日本来之前净老杂，黑夜到家里抢人，让拿钱（赎）回人。日本人没在村里杀过人，只是被日本人打死了一个。这个人是贪财，光想占人家的东西，鬼子来了，他没跑，就在我住房的后边有一溜树，他爬树进了人家里。日本人来了，别人都跑了，他就给日本人一枪打死了。日本人打枪准。也被日本人伤过，给他堵在家里了，他一看是老百姓，净苦力，他光问你，他不打你。

日本人从这里抓过共产党的人，老八路军，被日本人抓到日本了。这个人很能，到日本当了个头，当队长，到新华院，再到日本国。那里都是从咱这里抓的苦力，他就在那里管苦力。这个八路军他们三个人带着两支大枪，一挺机枪，让他打日本鬼子，不但没打，他缴枪投降了，就被日本人带走了，后来又从日本回来了，解放后就回来了。

民国 32 年三年不下雨，是大灾荒，不落雨，也没有井，光靠老天爷，地里不收粮食，一地干土。三年后才下雨。不收粮食就去逃荒了，要饭。到西北一百多里地，南边任县地方有井，能收粮食，这是河北的地方。

听老人说民国9年有得抽筋病的。民国32年九月里，我父亲是抽筋病，一黑夜没吃的，大便了一盆子，那盆子也不小，光蹬腿，抽筋。那时没医生，邻村有扎针的，但是家里穷请不起。我父亲是因为连饿带冻就死了。下了雨以后就得这个病。那时候村里人少，人死了抬出去就埋了，听不见说就埋了。没听说邻近家有得这个病的，下着雨时，也有得这个病的，没下雨之前没有得病的。邻近的村死的人更多了，那时也不问，根本顾不上，扎针也听人说过。我父亲死后，就不下雨了，那是饿的，白天还要做活，就死了。

民国32年下大雨的时候，屋里都是水。那时村里喝砖井水，十米多深，脏水是流不进去的。

民国32年是大灾荒年，那年日本人住村里。日本人扔炸弹炸八路军，飞机来了也扔炸弹，土山庙（音译）那里埋了18个人，都是八路军。

那时日本人都是戴铁帽子，皇协军穿便衣，沿村一个岗楼都是三个日本人，城市里是五个，日本人少，这是听别人说的。

后大槐树村

采访时间：2007年5月3日
采访地点：邱县南辛店乡后大槐树村
采 访 人：刘晓燕　韩仲秋　刘　洋　刘　燕
被采访人：孙殿和（男　88岁　属猴）

孙殿和

（我）上过党校，是党员。鬼子来之前就读书，都是上党校学的字。1944年入党。鬼子来之前有三十几口人家，我家里两（个）弟弟。

那时，我们分家后家里七口人，家里有

几亩地，就没怎么有地。靠做买卖过日子，卖馍馍。鬼子来了后就给八路军推公粮，都是黑夜里走，八路军给粮食。

民国32年，是大灾荒年，天气旱了，不收粮食，把人都饿跑了，我也到外边要饭。

霍乱病死的人多，都没人埋了。村里哪一年都有，但是记不清了。我家里没有得的，都记不清了。得病也没人治，那时候没医生。得病就是请老先生，吃点草药，我没见过得霍乱病的人。

民国32年净饿死的多，民国31年还轻，到第二年就没人了，都饿死了。女的寻（嫁）到外地了。那一年旱的谷子都不长，到了八月才下雨，下了七八天。下的雨很大，屋都漏了，我的房都倒了。村里路北的没倒，路南就两家都倒了。民国32年的水是雨水，不是河水。

民国32年我逃荒了，日本人还在。我在村里担任工作，村里都有枪。那时称区政府，是八路军的政府。日本人在这里待了六七年，把这边整坏了。日本人来村里好几次，在村里没打死过人。有次一个人运公粮，走到离这里十几里地，公粮还没卸下来，正好日本人从邱城出来碰上了，他一跑就给日本人打死了。

有日本人的地方就有皇协军，都是本地人。他们来村里要钱，抢东西，粮食都抢走，日本人来村里扫荡，他就跟着来抢东西，抢了都给自己家里。

民国32年我逃荒到黄河以南郓城，可能是山东，在那里待到过了年。我走的时候还没下雨。我在离范县18里的地方住过，后来又跑到黄河北了，过了年，正月里回来了。

那年死的都是饿死的，得病死得少，我在运城、范县时没听说过有霍乱，都是听别人说的。

采访时间： 2007 年 5 月 3 日

采访地点： 邱县南辛店乡后大槐树村

采访人：刘晓燕　韩仲秋　刘　洋　刘　燕
被采访人：杨贵清（男　81岁　属兔）

杨贵清

我16（岁）就去部队打鬼子了，是
1942年。鬼子来时，我还年轻，十四五岁。
村里在民国32年之前有二三百口人，到民
国32年以后就剩一百来口人了。那时我家
有两个兄弟，四个姐姐，我父母，八口人。
我还有个叔叔，给人家扛活，被气疯了，灾
荒年死了。

那时我家有十亩地，打的粮食不够吃的，地上不长东西，光是碱地。
那时就熬点盐卖，政府不让，那时一块钱七八斤盐，炼一池子盐卖一块
钱，熬一大缸碱水，能出二三十斤盐，一块钱15斤。那时种地不够吃的，
就靠炼盐，扛活。都是在滦城、赵州桥那里扛活。我爸和叔都在那里扛
活，我就是在那里生的。

我是1942年参军，在山西活动，太原附近。我在太行部队，到山西
打仗多了，潞安、太原、平原、山东，然后南下，进大别山后负伤就回
来了，回来的时候是1947年。我当了6年兵，那会光打日本鬼子，日本
人投降后又打皇协军、打炮楼、治安军。那些都是狗腿子。又去山东打
杂牌军，打伍子修、罗兆龙、庞鲁申。他们说我们八路军喝人血，尤其
是茌平那地方传得厉害，说我们抓住人后就活埋。这些人被打败后都去
台湾了。

灾荒年我在部队，家里没人了，都去扛活了。我二兄弟是我回来之前
回来的，日本人投降前参的军。

民国32年，梁二庄、邱城、曲周等地都是炮楼，只有八路军小部队
活动，一晚上能转移好几个村，拆公路，搞活动。咱这里是八路军根据
地，政府就在咱们村驻。

小部队活动是以排为单位，我是属于一二九师二纵队，去四分区给雷

少康（音）当通讯员，当骑兵。那时候是啥机关啥灯，送信的时候就认出来了。后来因为骑兵目标大，光挨枪子，就当步兵了。后来就到警务连，扛机枪。我是机枪手，黑夜就能修枪，很熟练。一个班一个机枪手，一个是正的，还有个副机枪手，那时候每天都能打机枪。

灾荒年，人都得霍乱，之前三年不下雨，那时歌唱的"正在三九，天气实在旱。身上无衣，肚里无饭"。树皮都吃光了，到下雨时，屋漏得都不能住。我家叔叔就是那时饿死的，死的人多了，一个爷爷、二爷都是灾荒年饿死的。部队上没听说有霍乱，家里没吃的，才得这个病。

民国 32 年下雨又下雪，加上日本人，皇协军抢东西，老百姓没吃的，就死了。那时兵乱，有十兵团、小黄毛（杂牌军，跟土匪一样）地主保安团，都跟土匪一样，找老百姓的事。

采访时间：2007 年 5 月 3 日
采访地点：邱县南辛店乡后大槐树村
采 访 人：刘晓燕 韩仲秋 刘 洋 刘 燕
被采访人：左淑莲（女 80 岁 属蛇）

左淑莲

（我）结婚时已经来鬼子了。民国 32 年我 14 岁，我家两个哥哥、一个弟弟、一个妹妹、两个嫂嫂，七口人。家里地不多，也没做买卖。哥哥给别人做活，也是推公粮。

民国 32 年我母亲得病，一会就死了，没下雨的时候就得病，六月份就死了。就是我母亲得，别人都没有，好好的就死了。那时她才 39 岁，这别人都不知道。到下了雨之后，听说有个男的在地里让雨给扎（音）死了，冻死在地里了。邻居没听说有得霍乱病的。我们都没出去逃荒，那时没吃的就吃野菜，我母亲别人说是热死的，是霍乱病。那时又没医生，邻村也没有医生，没法找人扎针。

灾荒年村里死了不少人，有是饿死的，下雨时也有死的，又冷又饿，吃不好，就死了。

我结婚时年景就好了，鬼子来了扫荡。又待了几年鬼子才走的。

后王庄

采访时间： 2007 年 5 月 3 日
采访地点： 邱县南辛店乡后王庄
采访人： 徐 畅 于春晓 刘 静
被采访人： 王高氏（女 85 岁 属猪）

王高氏

（我）娘家是郭里寨，现在属临西（当时馆陶）。离这 12 里地，十多口人光纺花，不让出门，不只出门，父母不让出门，都不让。小女孩都不出门。没过灾荒，能吃得饱吃不好，吃小盐，买的淋盐。吃棉油。

灾荒年前 1941 年过来的。不兴彩礼，从娘家带，有钱的多带，穷人少带，带个小箱子，用轿抬来的。丈夫同岁，民国 32 年有小孩的。婆家弟兄两个，老王家有地，十多亩地，对付着，不出门。

鬼子一来就跑，躲着跑，跑慢了就抓住了。

头半年没下雨，有蝗虫，多得盖掩天，有月亮也看不见，人饿了就逮它吃，弄锅里吃。八月开始下，八月十五开始下，大一阵下一阵，屋都下透了，房倒屋塌，下雨摸啥水，喝啥水，喝凉水，柴火都没有。街上没大有水，灾荒年没有过来水。南和（一百四五十里地远）来水了。

男的往东逃，剩得没几家，有死外头，有回来的。日本鬼子回国之后，回来的。一个大娘，春天逃荒，路上死了一路人。

下雨前后待在这。灾荒年下雨之后抽筋，抽着抽着就死了，埋的人回来之后自己就抽了，来不及。下雨之后有霍乱病，有得霍乱病的，家里没有得的，听人说有没见过。在婆家不让出门，不让串门子，不让上人家，连买菜都不让去。吃饭都不让吃干的。不让跟桌子上吃，自己到一边去吃，都是这样的。分开家之后，就好多了。娘家送闺女到北屋老人屋里去，问有没有事。一会儿，才能到娘家那里去。"媳妇是墙上的泥皮，揭了旧的换新的"，婆婆都挺凶的，婆婆当家，丈夫不当家，媳妇不能当家。

媳妇这回多逞劲，媳妇一跺脚，四米尘土，吓得婆婆公公不行，把好屋让给媳妇，有好屋住好屋，没好屋住牛棚，不好的就轰出去，鸡狗不留，小的时候受气，大的时候受气，当两回媳妇，当两回婆婆。

霍家庄

采访时间：2007 年 5 月 3 日
采访地点：邱县南辛店乡霍家庄
采访人：李廷婷　刘鹏程　刘　宝
被采访人：霍炳春（男　78 岁　属马）

霍炳春

民国 32 年，七月初五下的雨，下了一天多。那时生病灾荒死了不少人，饿死了不少。八月份记不清了。那年没大水，庄稼都没大收。有虫灾，大蚂蚱、大蝗虫多着来，记不清多大了，谷子还没收就被吃了。

那年生病死的人多，记不清是什么病了，八成是饿死的，死得不少。这村头年有 300 多人，灾荒年剩下 220 口人。那年我没听说过霍乱病，我有个哥哥死了，是第二年腊月初九得感冒死的。

采访时间： 2007 年 5 月 3 日

采访地点： 邱县南辛店乡霍家庄

采 访 人： 李廷婷　刘鹏程　刘　宝

被采访人： 霍高氏（女　80 岁　属龙）

　　　　　　霍成海（男　76 岁　属猴）

　　霍高氏：民国 32 年闹灾荒，我 16（岁）了，吃孬的，穿破的，一天三顿饭饿着，光吃野菜，饿死人，咱过来了。那时挨饿，要饭，遭灾，我那时没逃荒。

　　霍成海：过了灾荒水灾，满地蚂蚱，春天满地里都是蚂蚱，把庄稼都吃了。

　　霍高氏：麦地里一层蚂蚱，这里人挖了沟，都是那一年。把蚂蚱装布袋里，然后卖了赚钱换粮食。那年不下雨不收。

　　霍成海、霍高氏：八月以后下了雨，雨不大，下了七八天雨，房倒屋塌的，屋子都漏。那时这儿有生病的人，也都不记得了。那时饿得树叶都吃了，饿得谁也管不着了。下了七天雨，地里都淹了，从南边来的大水，呜呜地，人都死了。具体从哪来的水不清楚。

采访时间： 2007 年 5 月 3 日

采访地点： 邱县南辛店乡霍家庄

采 访 人： 李廷婷　刘鹏程　刘　宝

被采访人： 霍光雨（男　76 岁　属猴）

　　民国 32 年，我 12 岁了，灾荒年时我没在家，我逃荒去了。

　　七月里下了七八天雨，我没在家。抽筋的咱这儿没有，听说民国 9 年咱这儿有霍乱。

霍光雨

当时这儿有日本人，怕日本人。

采访时间：2007 年 5 月 3 日

采访地点：邱县南辛店乡霍家庄

采 访 人：李廷婷　刘鹏程　刘　宝

被采访人：石长玲（女　85 岁　属猪）

石长玲

民国 32 年，死了那么些人，当时我就在这儿，我 21（岁）结的婚，他不在家，在八路军那儿。

民国 32 年是灾荒年，俺逃荒到黄河南去了，连下了七天雨，他大哥哥、二哥哥都去了湖南了。那会儿人死，都是饿死的。有一家家饿死的。还生了一回蚂蚱，生蚂蚱是出苇子的时候，那时连苇子秆都吃干净了，没得吃，把蚂蚱炒炒吃。

俺不知道有没有生病，那会儿是饿死的，饿死的多。河里上过大水，有一天，七八月里，我坐船逃到西边去了，都 21（岁）了，有孩子了。

日本鬼子在这村那村扫荡，一扫荡人都跑了。在地里睡，日本人在这村里逮鸡，抢东西。在俺村里没抓人，在别的村抓过。

采访时间：2007 年 5 月 3 日

采访地点：邱县霍城北街诊所

采 访 人：李　斌　丛静静　韦秀秀

被采访人：孙济武

灾荒年，民国 32 年，都知道。我父亲没提过这事，出去给人治病。

都扎中外、肘三里。根据病情扎，这就是中医，也不算是偏方。一个是潮湿，一个是饿，得这个病。都没吃没喝的，上吐下泻。那年都出去逃荒了。

前槐树村

采访时间：2007年5月3日
采访地点：邱县南辛店乡前槐树村
采访人：刘 燕 刘晓燕 刘 洋 韩仲秋
被采访人：杨兆春（男 83岁 属牛）

杨兆春

日本人来时，事变时，没共产党。那时村里四百来口人。我家老爷爷、老奶奶还活着，没分家，1937年日本人打邱城事变时分的家，分家后，家里九口人，姊妹五个，一个大爷，我过继给大爷。家里有五十多亩地，加上别的，六十多亩，一亩地收五六十斤，没水，将够吃的，不做买卖。

鬼子来时我13岁，就参加八路军了。我7岁上学，念了5年多书。当了八路军，又念了两年高小，参加了宣传队。那时候年龄小，我当了八年兵，在机关里上学，队长说我小，让我先上学，宣传队供给我吃、上学，后来上大队不干了一两年，又上医院，待到21（岁）。

民国32年过灾荒，家里的找我，没法过，光哭，我就退伍了，回家当老百姓了。我当兵在临清、邱县、曲周，八个县的游击队。我当了一年兵，就上了宣传队。那时先在邱县，只管宣传。民国32年在医院，八旅三分区医院，管十多个县。部队只打仗，打游击战，打国民党十军团，石友三是头，他跑我们追，追到老蒋那里没敢过。

土匪、八路、国民党、日本鬼子都有，根本不能活。那时干旱，不收。那时四百多口人，就剩下一百八十多口，死的死。那一年都没下雨，民国33年种上麦子，又出蚂蚱。民国34年，又冷得早，热天下冰凌，又没收好。民国32年，霍乱、连病带饿死的很多。以前没有，以后没有。光绪二十六年，老人说有得霍乱的。民国32年以后没有霍乱。那年很厉害，村里这一片死得快没人了，死的死，跑的跑。

民国32年过了麦，下了七天雨，七天七夜没停。没的吃，就得病，一天死七八个。应该是六月二十七（阴历），下着雨就得了，七天中就有人得病，抽筋，肚里没饭，一下雨就昏。那时喝的砖井水，下得到处都淹了，都是下的雨水。

得病后找本家的叔扎针，他会扎针，扎人中，扎筋，有扎过来的，扎不过来的就死了。有叫吃点窝窝，喝点稀饭。我叔就给人扎针，没有也给扎。我们这里以前归山东管，临清、馆陶、曲周都归山东管。部队里没有霍乱，兵没得病的，他们有东西吃，有药有医院，有东西吃，不得这病。主要是老百姓没吃的，饿的。那时候不管老百姓，顾不过来，只管伤病员。那时医院在曲周河寨，离这里三十几里地，曲周也有，哪个村都有这个病，我们待的村也有得的。一边下雨，一边得的，没下雨没得的，就是抽筋，老百姓说的，那时就知道是霍乱，老百姓就知道。不该吃的，就得这病，有啥吃啥，没有抵抗力，就得这病。

霍乱病时，我家里有母亲、两个妹妹、兄弟，我家里没有得这个病的。邻居家有没有得这个病的我不知道。下雨的时候有得的，晴天后就少了。除了下雨，我们这里没有发过洪水。鬼子在时也没有洪水。那时候村里四百多口人，死了一百多，其余的都逃荒了。

民国32年，日本鬼子也来扫荡，我没跟鬼子正面接触，我没打过仗。地下游击队光保护老百姓，正面部队也跑，有利就打，没利就跑，能得到枪就打。正面是三八六旅，归一二九师管，师长刘伯承，医院归三八六旅张文翰管。

日本人来村里投炸弹，把我父亲炸死了。当时我16岁，灾荒年以前在宣传队，父亲被炸死后，我就被叫回了家。那时，一到黑夜就到村外麦地里睡觉，怕晚上日本人来堵。日本人在村里打死了好几个人，抓住的几个都是没跑的。有几个被活埋的，后来又被扒出来了，又活了。日本人来过村里好几次，抓住人就活埋，有的就被活埋死了，还把麦子抢走了好几次。

民国 32 年的时候，村里来过飞机，炸老百姓和八路军。那时候不叫扫荡，叫捂村。曲城、邱县、馆陶这些地方都扫荡过。捂村的时候，日本人不敢进村住，尽是抢东西，抢完就走了。

王来贤那时已经灭了，有他的时候我 13 岁。民国 32 年的时候已经消灭老杂（土匪）了。王来贤有一万多人，都是一个团一个团的，鬼子刚进来时，他趁那机会当老杂，没人管他。八路军来了以后就没老杂了。

皇协军跟老毛子（日军）住在一起，那都是中国人给日本人当狗腿子。扫荡的时候他们跟日本人来。那时有个王建山就被打死在我这屋里，是被用刀刺死的。因为他是民兵队长，一枪被打在腿上，他爬到我这北屋。皇协军看到血迹，就找到屋里把他刺死了。这个皇协军后来被抓住了，枪毙了。

西目寨

采访时间： 2007 年 5 月 2 日

采访地点： 邱县南辛庄西目寨

采访人： 徐　畅　于春晓　刘　静

被采访人： 王海龙（男　82 岁　属猴）

王海龙

（我）读过书，灾荒以前，共产党办的学校，家庭不好的，每月给 30 斤或 15 斤粮食，让人去读书，在村里读。有一百多人，两个老师，共产党编的："人，我是中国人"，铃儿响上课堂，学生问先生讲。一年不到以后，上五年级，上了两年。

我祖父是地主，父母，兄弟三个，一个姐姐，有奶奶，几个叔叔，父亲弟兄四个。有 800 亩地，种高粱、谷子、棒子、玉米，雇人种地。分家以后我 6 岁的时候，我们家父亲开始抽鸦片，家里花光了，大伯抽一个，叔抽一个，因为抽鸦片，我们家 175 亩地全卖了，都是因为抽鸦片。一个叔在北大上学，"七七事变"从北京回来，分完家后，父母哥仁，姐姐，靠亲戚借，没有生活保障，母亲反对没用。东圆寨当时，一共有 100 多人，可多了，家里面败落了，家里面也没做生意，种叔家几亩地接济生活。小时候都吃小盐，有的买，有的沥，一斤小麦，买一斤盐，收税种地必须完粮，哪个朝代都要收税。士兵部队上哪吃饭不收税。国税一块银圆七钱二，稳定之后，小时候纳国税，过去去到县里，曲周去纳，有 70 里地，一天回不来。

鬼子来之前土匪很多，这一帮那一帮互相吃。王来贤著名的，王二乡北边，王来贤有个弟弟，在临西，东摇鞍乡，西大屯，给人家当长工，不顺东家心，和东家闹矛盾，打人家了。王来贤翻盖房子，挖出来两个土龙，别的风水先生来看说：你以后不简单，能坐朝廷。他就开始胡干，到西大屯去，扎了八个人，原来的东家等八个人（鬼子来之前）。我七八岁，范筑先收他，在西南有个大场，一个护兵跟着范筑先：当土匪子孙孙都骂你，不如抗日人人都敬你。西到临西，东到临清有 40000 人，王来贤的军队有抽鸦片的，整编受不了，有跑回来，后来王来贤在北馆陶投靠了日本人，鬼子来之前，有散落的队伍在这里落户。

离这 30 里地，日本人在路桥有驻地，在附近七八里，抢杀奸淫，有一个女的晚上生小孩，没跑，日本人白天来把被子掀了，两个人整手，两个人整脚，把她往地上摔，她男人叫卢××，生的女儿叫××，后来嫁到了梭庄，这个女的没死，把她干坏事了。

我家里有个哥哥 16 岁，把他逮走了，说他是自卫队，叫两个人抵着头，拿刺刀刺死，叫王海超。有一个叔教学，在曲周，叫王子民，日本人说他是八路军，因为他手上没茧，两个日本人把他房子点着，烧死了。咱村里的王相亭结婚刚一个月，把他抓到东北做劳工，王英海、丛小银一起去的，20岁左右抓走的，后来王英海回来了，侯长科也回来了。

皇协军都是不务正业的人，干正事的人谁给日本人当亡国奴。1938年有地下共产党，宣传抗日。1943年以后多了，领导农民干革命，组织自卫队，模范班，跟老百姓好，增租增工，增加雇工工钱。他们在村里住，吃自己带来的东西，不收税，自个种地。

民国31年秋天没下雨，耩不上庄稼，旱的，春天谷子长得很矮，风一刮都跑了。没春粮吃，最远跑到陕西，南到任县高城，东到齐河。民国32年秋天饿死了，我逃了，我跟我父亲逃到山东，逃到范庄村，把我姐姐卖到河南换点粮食，谷面子带糠，用谷子磨面拍成200斤饼子，粮食是最贵的，带着饼子逃了。也问人家要。那里日本人驻地日本人统治，生活稳定，不混乱。去了之后就分开了，我就跟人家住了，父亲回来了。姓范，有马，我喂马，13岁，每天担八担水，背两斗粮食去卖，天一亮就回来，叫"鬼集"，喂牲口，锄地，吃得饱。十月之后走的。日本鬼子投降以后才回来，中间自个儿跑来。

旱以后开始下雨，七月初七开始下，下了七天七夜。有时候小雨，有时候中雨，接连不断。房子都漏了，一百户九十八户漏，大地主的房子还漏，那时候房子盖一层砖，没水泥。在地里薅野菜，绿豆角剥剥就吃了。下雨遍地水，井里面水都出来了，满地河。没听说御河开口子。喝生水，没柴烧。

下雨以前就有抽筋的，从春天一直到秋季都有，当时叫霍乱转筋。家里没有。路北有个叫侯西章，下雨之后得的，一个小孩，跟他一起玩来，毛（音）他爷，家里有一个中医生，叫程际武，扎一个人三斤谷子，一斤窝窝头三斤谷子。他给侯西章的孙子说："爷们，我今年要发财了，扎一个人要三斤谷子，三斤谷子一亩地，我能挣18亩地。"天明了，中医死了。意思是得病很多，侯西章虽然扎了，后来也死了，医生也受感染了。

人得病的多，那病一得就上哕下泻，霍乱的症状，多少俺也没统计。侯万云是抽筋死的，走到北馆陶南边五里地，下雨后霍乱死的；下雨之后，王九妮吃干粮米面，高粱面苦得不能吃，房上的水滴到窝窝头，苦得不能吃，扎针也死了；焦书长，下雨之后得霍乱也死了；王广前的媳妇也死了，下雨之后；王金（音）也是，姓程的老太婆也是。

下雨之前有，有一两个，传染性不强，下雨之后传染性强。得霍乱的都埋了，一说霍乱抽筋都害怕，流行性，传染性特别强。隔三差五地一年都有，症状都一样，都是上吐下泻，气候不调，该落雨不落雨，天气过于炎热，消化不良。中医说那是霍乱。霍乱之前之后没打过针。霍乱严重，传染性强，都害怕。

没人来救，共产党没执政不敢来，日军皇协军在这，他们不敢来，以后没得这病的。

1943 年 7 月，姓闫叫老眉，60 多岁，原来做牲口经纪，那时候没有明文规定，挣多少钱，生活顶不住，儿子逃了，做乞丐，上吊死了，没人把他放下来，身上都生蛆了，都爬到街上，有一寸多长。

村东边奶奶庙，过去神灵以奶奶为主，奶奶庙有送子观音，保佑你生男孩，二月十五日是奶奶庙生日，那一天，正月十六拴个男娃娃，将来要生个儿。

霍乱没有求神拜佛，迷信不严重。心神不定，别管白天晚上，只要外面有脚步声，门都不锁就跑了，抗日根据地今天来明天就走了，是流动的。咱这钉子就算根据地，有名的共产党员经常住这，根据地的农民跟他们融洽，他们来了不抢不杀，给你挑水扫院子，给老百姓好处。解放战争时候，这里有几个著名的共产党员，陈再道、徐向前、宋任穷、胡耀邦、杨宏明（牺牲了，埋邯郸烈士陵园），在贺武庄。

1942 年阴历三月二十五，阳历 4 月 29 日，一次日本大扫荡。小日本人可孬了，有飞机，飞得低，跟树齐，有往下扔炮弹，在我们村扔过，不是灾荒年来的。日本鬼子待见小孩子，给糖、罐头吃，总的来说不好，他家里也有妻儿，见你有深情，给梨膏糖吃。日本人在屋里随便大小便。

1958 年、1960 年一个大队，12 个小队，后王庄划了一个支部，西目寨划了一个支部，便于领导管理。

西倪宋村

采访时间： 2007 年 5 月 2 日
采访地点： 邱县南辛店乡西倪宋村
采 访 人： 王穆岩
被采访人： 李明达（男　78 岁　属马）

（我）一直住在本村。

民国 32 年记不很清楚。灾荒年，逃荒去西边，逃到了任县那里。有霍乱病，都说是霍乱，那时没在家，说不清是什么病，就叫霍乱，都是听说。

鬼子来过好几趟，抢东西。没听过鬼子投毒，八路军，那时老百姓都不明白。民国 32 年不知道是否上过水。

采访时间： 2007 年 5 月 2 日
采访地点： 邱县南辛店乡西倪宋村
采 访 人： 王穆岩
被采访人： 李明月（男　85 岁　属猪）

李明月

（我是）八路军新四旅高小毕业，小学提拔。16 岁，抗日三支队。

民国 32 年，大灾荒，这一片一家一家人饿死了。

阴历八月二十一开始下，下了七天，到八月二十八号。有霍乱病，上吐下泻，扎针，病急。吐水，扎针能治好，扎肘粗血管，小孩不扎可以好。因为吃得不好，下大雨，都涝了。下完雨，喝凉水，喝泛的水，喝屋子里漏的水，是黑水，应该不是撒毒，吃不好，生病。

井口叫盖就盖，怕投毒，一般不盖。那时当村长，18岁当村长，那时东西倪村是一个村，那年共一千二三百人，都逃荒，不逃荒就饿死了。

见过日本鬼子的飞机，扔过炸弹，没炸到这儿。

采访时间: 2007 年 5 月 2 日
采访地点: 邱县南辛店乡西倪宋村
采 访 人: 王穆岩
被采访人: 张　俊（男　79 岁　属蛇）

张　俊

民国 32 年逃荒到山东梁山，那是我老家。

50% 以上的人都逃走了。1943 年六月份逃走，1944 年回来。1943 年秋雨特别大，得霍乱病死了好多人，不知道什么病，肚子疼，跑茅子，病急，两三天就死人。治不起，也没医生，没见过，是听说。梁山那儿没得这种病。下大雨，受潮，得病。逃荒经常碰头就谈。以后就没有。

1942 年，天旱求雨的时候，把龙王、雨王送走。刚送走鬼子就来了，住这儿了，杀了四个人，是本村人，杀了李老生等。不知道得病死了多少人。

没听说过日本人投毒，他们一来就跑。那时喝井水，不盖井盖子。

只见过天上飞的日本飞机。

西潘官寨

采访时间：2007 年 5 月 3 日
采访地点：邱县南辛店乡西潘官寨
采 访 人：李廷婷　刘鹏程　刘　宝
被采访人：李丙秀（男　76 岁　属猴）

民国 32 年，那时候挨饿。日本人在这儿疯狂，还没投降，这村没有日本人。当时我逃荒到河南濮阳，转了一圈又回来了，我是民国 32 年阳历 10 月份走的。

那会儿这村死的人大约有六七十口人，有饿死的，也有病死的，有抽筋的，上哕下泻，这几十口都有病，连饿带病死了。没听说过传染，得病有过（个）把月的，有几天死的，有两个月的，死时不疼，都是挨饿，没别的情况。

七月里下雨，七天七夜没停，人都是那几天死的。下雨中期死了一部分，下雨后死了一部分。霍乱病没听说过，也没医生，有扛过来的，有死的，没医生，也没钱。这种病邻村有，北边有，这一片村都是这个情况。有灾荒，没上过水，下雨前旱，后面淹。

蝗灾在下雨以后来的，是八月份的大蚂蚱，我亲眼见的。过了年四月是小蚂蚱，第二年春天来的。民国 33 年三月我才回来，那时正生蚂蚱，民国 32 年下的籽，民国 33 年又来了，一连几年。

日本兵进过这个村，我还跟他见过两次面，是民国 30 年的事。皇协军抢东西，见好东西就拿，衣裳、布匹都拿。日本人在这儿的时候，经常都来，民国 32 年大饥荒来过。

我见过日本人的飞机，在西南高庄扔过炸弹，离这儿五里地，我们在地里看见了，丢了两弹，是炸八路军，没炸着人。

采访时间：2007 年 5 月 3 日

采访地点：邱县南辛店乡西潘官寨

采访人：李廷婷　刘鹏程　刘　宝

被采访人：马电勇（男　76 岁　属猴）

民国 32 年，灾荒年，都饿坏了，逃荒出去要饭，没在家。六月里那时没收麦子，我逃荒去了。

那时浮肿病是饿的，六月份没收麦子，人逃荒走了。七月里下雨，房倒屋塌的。那时得病、饿死的人不少没听说过上吐下哕抽筋这回事。没听说霍乱这病，就是挨饿。

那时闹过蝗灾，蚂蚱多，说不准是哪月了，大约是七月份，记不清是哪年了。

西仁义庄

采访时间：2007 年 5 月 3 日

采访地点：邱县南辛店乡西仁义庄

采访人：李　龙　张东东　赵　鹏

被采访人：李洪恩（男　81 岁　属兔）

（我）上过一年学，日本人进中国就没学上了。10 岁上的学，村办小学，以后才有八路军进入，八路军过来晚。

民国 32 年，灾荒，逃河南郓城，十六七岁与父亲一起推着小车，木头轱辘车。人多了，都出去了，没人了。卖东西换粮食，个人东西，来回走，去了两趟，把东西卖了，换回粮食又回来了，七八十来天，三百多里地。麦子冒头，生蚂蚱，把麦子都咬掉了，都大号，八路军发动群众打。

打完蚂蚱麦子都熟了，收了点，该种粮种粮。七月十五下了七天七夜大雨，大爷在地里看地，死了。不是洪水，看不着路。生病死了老多人，连饿带病，也没饭吃。咱村死人不少，一家死了三四个，抬到湖里就埋了。霍乱，抽筋，上吐下泻，一会就死了。梁庄那边重。

那灾荒年，下雨下七八天，那院子一米多深。不知道水多不多，逃荒了不知道。有时回来，有时不回来。没有被淹。十个得死七个，都是饿死的，也有病死的。又啰又泻，还抽筋。米都不成粒，没成熟，人都吃了。后来吃地里的菜。吃没了就开始逃荒。我也逃荒了，我13岁逃荒，在外地也摘野菜，吃糠。我逃到邢台，龙王庙，逃到那，也活不下去。一个吃不好，一个皇协军日本人。逃这个地方死了一百多人。后来迁到南营了。死了以后，拿出去示众，让人认。那时候都人吃人的年头。这个庙，在马头村尾就有几个庙，就有吃人的。卖的包子还有头发，人肉包子，我一看不能吃，后来想吃，别人看见了，抓着包子就跑。我亲自吃的人肉包子。那人死了后，刮了肉，贩肉。那我见了。好几个小孩都哭了。

我买四个帘子，往邢台走，下雨了，布帘子都湿了，我也扛不动。一个帘子换了四个馒头。吃了有劲，又扛着走了。都是饿死了。我和那些人住在一起，头一天还有气，第二天早上就没气了。

1944年，这村人逃荒的陆续回到家了。这村就成立学校了，我就开始上小学了。读一年级的书，小学上了六年，让我教学去，我才十五六岁。上了两年高小，又上了一年师范，才开始教学，教的是14年小学，后来教了二年中学，又退休了，在家享福，五个儿子一个女儿，一个月1000块钱。够吃。

八路军保过村庄，不敢跟人打。日本人抢、杀、烧。没烧过咱村。前街杀过人，后街杀过人。皇协军也不干好事。被日本兵逮到过。不给日本人干活。鬼子还没皇协军多，好几百皇协军，住在馆陶。大扫荡，住了七八天。射机枪也没射中。

小侯仲村

采访时间：2007 年 5 月 5 日

采访地点：邱县南辛店乡小侯仲村

采 访 人：陈洪友　李玉芝　张少勇

被采访人：程书远（男　80 岁　属龙）

程书林（男　76 岁　属鸡）

程云才（男　72 岁　属鼠）

书远：民国 32 年五月份没吃的，下雨下了七八天，那时有日本人有皇协军，都没的吃了。好多人得了霍乱病，得霍乱病，一天死十几个人，我父亲就是得霍乱死的。有人会扎针，有名，叫程云登。那时庄稼不熟，还被蚂蚱咬，那会吃树叶。我母亲她逃荒了，五月我逃荒了，逃到南和县，第二年八月回来。

书林：没逃荒的在家吃野菜，父亲得霍乱死了。没盐吃。喝井水，没有烧的只能喝凉水。

云才：我出去的早，民国 31 年逃的，到齐河那边逃荒，民国 32 年回来的。灰菜长得很高。都不在家，在家就是等死。

采访时间：2007 年 5 月 4 日

采访地点：邱县南辛店乡小侯仲村

采 访 人：陈洪友　李玉芝　张少勇

被采访人：程思路（男　86 岁　属鼠）

（我）14 岁就娶媳妇。地主家有 300 亩地，一个人有七亩地都得计划着吃，一亩地能收一百多斤粮食，地里主要种棉花、高粱、谷子。

一个是灾荒，一个是得霍乱病。阳历8月26日开始下，下了七八天雨。得霍乱后上吐下泻，可是得霍乱病没有能治好的，很快就死。老伴得了霍乱病。收成不好，再加上皇协军来抢，给八路军交粮。灾荒年没啥吃的，吃一些树叶。挨过饿。一个村剩的人不多。八路军给老百姓运一些粮食。政府不是固定是流动的，不出现意外，顺利的话不会遇到敌人，送到老百姓手中，这样一部分人不会饿死。母亲领着一个妹妹去逃荒了，我前一个老伴家里好，早先靠她去娘家拿粮食吃，可是这么多的人养不起，就把我接到老伴娘家住了。

基本上没有医生，只有一个会扎针的。得霍乱后抽筋，扎腿上的脉，出血有时是紫血。我得霍乱扎针好了。下雨期间喝的是砖井的水，主要是烧开水喝，怕喝生水得霍乱病，能烧的全烧了。看见一家有烟火，一个传一个，纷纷去有烟火的那家，去借点火回家点火。

地主把粮食藏起来，他们不跑，地主家里没有得霍乱的。村里最多人口为400人，得霍乱病有200多人。

没土匪。吃小盐。

采访时间：2007年5月4日
采访地点：邱县南辛店乡小侯仲村
采 访 人：陈洪友 李玉芝 张少勇
被采访人：刘刘氏（女 85岁 属牛）

得病没吃没喝，一个村一天死好几十个人。得病后又哕又泻。扎针（抽筋）扎胳膊。家里没得霍乱病的。

灾荒年那年先是旱，接上苗了，后来下了七八天。吃菜。这辈子啥也经过了。去逃荒要饭，逃到老远，下着雨去逃的荒。

县城有老毛子，老毛子来到村子里，给老毛子拿粮，老毛子进城待了一年，又走了。

邱 城 镇

北　街

采访时间: 2007 年 5 月 3 日
采访地点: 邱县邱城镇北街
采访人: 李　斌　丛静静　韦秀秀
被采访人: 陈仲桂（男　76 岁　属猴）

陈仲桂

　　民国 32 年灾荒，这里有一种瘟疫，毁了不少人。有个村庄，种的这个瓜，这个瓜吃得不好，死了不少人，一天都死五六个，按老辈说叫霍乱。医生少，医生技术又不够，光会扎针，有的扎住了，有的扎不住就死了。我没见过扎针的，听别人说的。数这个霍庄死的人多，种瓜，种这个甜瓜，吃瓜得这个霍乱，吃了跑肚子，缓不过劲。都是旧历六七月得的这个病，说不准是民国那一年得的这病。

　　民国 32 年大灾荒，旱，不像现在旱了能浇浇，再就是，别说不收，收点，别人就给你抢走了。俺这一片都逃出去了，有逃西北的，逃南边的。逃不出去的有饿死的。有下大雨砸死的，那房倒，那时都是土房。

　　大部分人都逃荒了。就属俺这片苦，俺家出去了，出去的近，就在西边十多里地。俺爹的老娘家在那，还能多少维持一点。民国 32 年逃出去的，几月份逃的想不起来。在那住七八个月回来了。

下那个雨挺大，六七天，甚至人都有砸死的。土房，下雨下得大了以后都浸了，水一泡，它猛然间塌了，把人砸死。可能是民国 32 年八月下那个雨。我记得是八月，我说的是旧历。实际上地上的水还是不多高。它一个劲儿地下，不停，愣猛的。村里都有个大坑，水都流到坑里。平地上没水。下雨的时候霍乱不多，都是房屋倒塌，人给砸死的，那个比较多。人吃不饱，饥饿，死得比较多。下雨之后没听说有霍乱的。下雨的时候还在村里，下雨之后逃的荒。

日本人在邱城城里，在中街住，在这住了有七八年，住的人不多，那时小，都不知道，听老人说就一二十个日本人。

采访时间：2007 年 5 月 3 日
采访地点：邱县邱城镇北街
采 访 人：陈洪友　李玉芝　张少勇
被采访人：高张氏（女　76 岁　属猴）

下雨八天，房倒屋塌，因为霍乱病死了好多人，家家都有得霍乱的。下雨后潮就得霍乱，下雨期间有得的，下雨后也有得的。喝雨水，没有柴烧是喝生水。

采访时间：2007 年 5 月 2 日
采访地点：邱县邱城镇北街
采 访 人：王　凯
被采访人：李玉堂（男　75 岁　属鸡）

灾荒年逃荒去了，去邢台，老的小的走不了的都饿死了。有贩卖小孩。邢台比这好，去那要饭吃。干活挣钱，住了两年，回来后种地。有吃的都让伪军抢走了，吃不上。伪军出发到百姓家就抢，皇协军都是中国人，地里收得不好，高粱熟了都抢走了。

李玉堂（左）

灾荒年时（我）11岁了。也不打井，靠天。八月二十八一连下了七八天。下雨房子都漏，我和娘躲在墙角，下雨时得的病。不下雨后，又过一段时间就没了。霍乱病没治，邻家有得的。有五六个，太小也不会抬。得了病就死。我走着走着就倒了两次，下雨以后得了这种病，抽筋犯了四五天，没看病就好了，不能正常抬头，只能低或抬头，不知叫啥病。只见过死了的就抬出去埋，没棺材，用布或席卷起来，死了都没人管。那时可苦了，下雨时日本人差不多走了，民国32年下半年都走了。日本人说："我们不行的了，中国朋友大大的有。"

民国32年后半年走了，出发去东门，见过他们出发，有多有少的时候，都穿军装。他们长得和电视上演的差不多，那时戴铁帽子。他们不是一出门就开车，有时骑马，到乡村时，人都跑。

八九岁时日本人在这，我在家，上城门玩，日本人、皇协军睡午觉，桌子上手表在那，我不知是啥，我给他砸坏了。日本人问时，说："小孩子没法治，八路军死啦死啦的。"过来一个日本官说："小孩子没法治。"打了我几巴掌，日本人把爹娘都拉来，打了两巴掌后开路的就走了，打了每个人两巴掌。平常和他们玩过，娘不愿我跟他们玩。

老娘家是孟村，我住在那里时，日本人去扫荡，我们跑了。日本人走后我们回去，桌子都拆了烧了，牛牵走，宰了烧着吃，净吃大米，点火烧房子。日本人抓过女的。在城墙上大小便。日本人有自己领着妇女来的，有抓妇女关起来的，关在城门楼子里，抓的最小十八九岁。抓过劳力，外面挖战壕，没听说过有抓到日本去的。

八路军力量小，住乡村里，八路在城外等着，打几枪，打准就打死，打不准就跑了，净打游击战。八路那时力量小，跟美国联络好了，又打过日本了。

拆城门是1967年春天。

采访时间：2007年5月2日
采访地点：邱县邱城镇北街
采 访 人：王　凯
被采访人：刘开宽（男　80岁　属龙）

刘开宽

这是老邱城，原来归山东。解放后归河北，属山东时归济南管。还种着地，地里种着棉花。

（我）上不起学，9岁没父亲，15岁没母亲。共6口人，父母、姐、妹、哥，排行老二，都没了，灾荒年以前就没了。日本人进城杀了父亲。二十九军住城里，住了一个连。我和母亲好几个人出城从北门跑了，父亲看门。后来回来住亲戚家了。街坊告诉我父亲被杀了，日本人杀红眼了。姐寻到北边临庄，病死了，脊上长疙瘩。15（岁）时母亲得病死了。过了春之后死了。灾荒年妹到了邢台，十几岁就去了，两三年就死了，添小孩添的，得了病。

日本人住东街，皇协军住北街。乡政府、卫生所、西街都住着。到了年龄都当他们的兵，当皇协军。哥哥去当皇协军被打死了。抢粮食，皇协军抢。日本人不吃中国粮食，吃自己带的。平常出城找八路打，一打我们就跑了，找村里跑，留在家的就藏起来。烧房子。

日本人住了七八年。自己无依无靠。灾荒年时日本人可能还没走。家里没房子，没人了。有土匪。灾荒年下八天雨，肚里没饭，地潮湿就得霍乱。下雨时住姑家，姑家是渝庄，姐在邢台。渝庄在西北角，差不多12里地。姑家邻居饿死了一个人，都臭在屋里了。年轻人放放血就好了，放黑血就好了。见过有人扎，扎胳膊窝的大筋，都是本村懂得点的人扎的。下八天雨时有这病。日本人走后不知道有没有人再得。听别人说这边年景好了，就回来了。给别人干活混饭吃。姑姑家没吃的了，就自己逃荒了。跟着别人往东南走了，逃到北边至范县南边至埠州。逃荒回来先住姑家，房子都让日本人掀了。日本人、皇协军一家的，家里没人就掀了。在外待了三年。

灾荒年蚂蚱多，炒着吃。下雨以前吃蚂蚱，闹过蝗灾。一旱就生蚂蚱。蚂蚱多，都朝北走。蚂蚱一吃庄稼就一起吃，要不吃都不吃。在地里挖壕，就出不来了。这时日本人还在这，家里没大人，无依无靠就找亲戚住。

听说过有抓劳力的。当时出劳力，出夫。按炮楼，离这8里地有人，20里地有3个炮楼，皇协军看炮楼，日本人少。进城看见过日本人，穿黄呢子衣裳，长得跟咱一样。街上碰见过日本人，出发派大队，有一百二百的，有几十个的。开着车，四个轮子的汽车后面拉着大炮。第二（天）回来了一架飞机，在这转了一圈，飞得挺低。灾荒年前，就这一个飞机。我正在地里拾柴火，一个翅膀上一个红月亮头。

1958年入党了，干部介绍过去的。入党时学习过。

1963年我就回来了。1956、1963年上过水。1956年御河，曲州运城河开口都灌到这。乡村洼的都淹了，城里没淹。下雨下得淹了，下了没几天，修水渠，从城外挡水。东边地里可大，听人说这洪水东西200里宽。东边御河西边曲周的河灌到这。

采访时间：2007年5月2日

采访地点：邱县邱城镇北街

采访人：王 凯

被采访人：刘文学（男 74岁 属狗）

城里都住日本人，东街路北住日本人，路南住日本官，住楼。都已经 70 年了，城里没出啥大事。

刘文学

民国 32 年大灾荒年，草籽不见，天天饿死人。八月二十二天上下雨，有急有慢，房倒屋塌。数那年雨大，雨有时大有时小，七天七夜不出太阳，房倒屋塌。下雨时受潮得病，得霍乱病伤亡不少，上吐下泻。家里有人死，亲大娘死了，大娘肚子没饭，饿的，四五天就死了。一部分人得霍乱病，上哕下泻，一部分饿死。都记不清是谁得病死的。三天得有两天往外抬人，埋了，死了不少。见过得病的人。那些人瘦，皮包骨头，就几天就死了。那时没有先生治病，也没钱。得病就等着死。埋人，把门摘下来把人埋地里。

民国 32 年没有洪水，全是下的水。地里水到人的脖子，那时我 9 岁。有高地有洼地，洼地水到小孩的脖。那时没河。喝井里的水，家没水地里有水。爷爷种五亩菜园，奶奶，姑姑一起吃。大姑出嫁了，二姑民国 32 年嫁到邢台。

民国 32 年逃荒的人不少，多数家里都没人了。有饿死在家的，不知有多少人。饿得父子不顾，卖孩子卖老婆。这一趟街剩不到十个人。死的死，走的走。爷爷奶奶，三个姑。父亲当皇协军，被抢走的。爷爷奶奶，三姑在家。我跟哥，母亲，大爷逃荒。大爷的女儿逃荒，民国 32 年逃到曹州府，跑到河南，离家 500 里地，民国 33 年回来。庄稼收了，收成差不多，都有吃的了。从闸往南。逃荒走了好几天，跑，走。去时吃棒子芯，压碎，筛子筛，蒸熟吃。解大便解不出来。

逃到曹州有吃的，跟着别人住，成别人家的人了。民国 33 年自己偷跑回来了。哥、母亲要饭，说好第五天等着，我过了好多天也没敢去。那家人让我去给他女儿送枣，走时晴天，半路阴天，下大雨。路上娘看见我，让我先走，我娘叫着我哥，一起跑回来了。小时没姓。

民国32年后半年日本人走了，下雨时都投降了。日本人下雨时都走了。

1963年夏天上面来的水，水库来的，东边馆陶河西流，西边水东流，两水碰头，渝成水库。不分高低，连坟尖也看不见了，平地能行船。上边救济，运菜运粮。

哥刘文富是八路军，北京海军连长，住北馆，找他去了，住了半个月。国家兴盛过程他都知道。

采访时间： 2007年5月3日
采访地点： 邱县邱城镇北街
采 访 人： 陈洪友　李玉芝　张少勇
被采访人： 孟富学（男　78岁　属马）

1942年就灾荒了，1943年七月十五开始下雨，下了七天七夜，下雨期间得霍乱病的特别多。我听我的长辈说，日本人在这里撒了霍乱菌。民国32年，我家七口人死了三口（爷爷、奶奶、父亲死了）。叔叔饿死，婶子改嫁，妹妹送人。东边洼地积水能到成人的大腿。七天下的雨，下雨时日本人还在这里。1944年春天时，日本军队撤走了。

所有能吃的都吃了，树叶树皮，不能吃的东西也吃了。我的邻居老太太被土匪杀了，为的是抢她的衣服和吃的。下雨时喝的是井里的水，都没火，谁家有火，都对火。用倒塌房屋的木料烧水，不缺烧的，就缺吃的。咱这村就是北街行政村，年轻人都走了。1945年吧，日本人投降后，逃荒的人回来了。

得霍乱时全县不到5万人，我们家也没人了，到现在还有没回来的，逃的逃，死的死。八路军也饿跑了。我1944年当兵，当兵时15（岁），灾荒年时14（岁）。没有发大水。

因为二十九军杀了不少日本人，所以日本军就无情地残害老百姓。南街杀人多。日本人 12 点前见人就杀，12 点以后就不杀了。鬼子在中街住着呢。

那时候百姓吃小盐。

采访时间：2007 年 5 月 6 日
采访地点：邱县邱城镇北街
采 访 人：陈洪友　李玉芝　张少勇
被采访人：孙正文（男　73 岁　属猪）

孙正文

（我）念过小学，高小，初中，1954 年初中毕业。

我是老中农，家里有 10 亩地，爷爷开饭店，奶奶磨麦面出售，爸爸学做电线，爷爷在日本人进城时上吊了。

1948 年，我当了儿童团团长，给八路军送鸡毛信。1956 年 4 月 4 日结的婚。1958 年打成右派，邱县 270 个教员剩 52 个。工资 1954 年 24 块 7 毛 5，牛肉一块四斤；1956 年涨到 38 块；后来打右派降到 29 块 5；1978 年四月开始每月 30 元。现在 1800 元一个月。

初中时学英语，1958 年后学俄语的，杨凤英老师净跟外国人说话。

五儿一女，老伴十二月十二死，家在老县城。

民谣："民国 32 年，灾荒真可怜，树皮草根都用完啊，还是没有饭。俺爹俺娘从小就把我卖。"春天到农历六月连下大雨，连下八天八夜。人得霍乱，北街死三十几个人。水大，外面下大雨里面下小雨，外边雨停，里边滴滴答答不停，柴火都湿了，喝凉水，又冷又潮湿，一个下午就抬走霍乱病患者 32 人，六月下旬的时候。人都到城墙上边去了，那不湿。吃大蚂蚱的籽。

八路军抗日战歌："敌人起兵不可怕，集中力量来打他，机枪快枪一起下，我们不怕他们，我们消灭他。"

采访时间： 2007 年 5 月 2 日

采访地点： 邱县邱城镇北街

采 访 人： 王　凯

被采访人： 吴长生（男　76 岁　属猴）

吴长生

我 11 岁了，记得歌谣：八月二十二日老天爷变了天，接接连连昼夜不停下了七八天。

父亲得霍乱抬出去了。两三天就死了。抽筋，上哕下泻。别人得了都好了。父亲得病也没看，等着死。村里有医生会扎，但不敢出门，怕传染。不该死的就好了。下雨以后两三天潮湿了有得这病，下雨之前没有，下雨之后也没了，就那七八天传这病。见过人扎，扎腿窝大筋，都是黑血。当时没有吃的，旱的。也没淹，水不多。村外有个场，抬到那埋了，地里刨个坑埋了，衣裳都埋了。兄弟五个，两个给人家了，我老三。

民国 34 年后光景又好了，那时住霍庄。日本人没得这病的。霍乱后日本人才来。我跟着日本人伐树干活，干活时十二三岁。日本人围了一个地方，壕，就一个门，别人不能进。里面一会几十个一会几百个日本人。没见过打仗。日本人吃大米饭，不让我们吃，就是白干。早晨吃了饭去，中午自己拿饭。

日本人穿黄呢子。见过穿白大褂的，兵营里有穿的，在外穿军衣。

采访时间：2007 年 5 月 3 日
采访地点：邱县邱城镇北街
采访人：李 斌 丛静静 韦秀秀
被采访人：肖玉火（男 77 岁 属羊）

肖玉火

　　民国 32 年，我在邱城东街住着，那年 13（岁）了。一年都没收啥东西。邱城城里有日本人，到外边呢有土匪，哪也不能去，不能出门。民国 32 年六月逃荒，俺父亲他逃到邢台，饿死在邢台了，俺就要饭往北走了。俺父亲到八月饿死的。俺奶奶没走，饿死在家了，她死那会儿可能是民国 32 年八月份。俺家是四口饿死了两口。

　　没啥吃的。日本人在这，外边的没事不敢来。在这住着时，光开着一个东门，俺是六月底逃荒走，那时咱这还没下雨。到邢台待了一个月就下开了，一块下了能有半个月。也没地方住，也没啥吃，就饿死。留家里的就得着霍乱了。家里光开个东门，一天就抬出去三四十个，日本人一看不中，他就走了。得霍乱都是八月那会儿，他一看得霍乱了，就开着个东门，那死尸一个劲儿往外抬，他那个兵站岗的都戴着防毒护罩，他怕传染他，后来一看不中，他就走了。

　　八月份俺还没回来，俺在邢台不是待了一个多月嘛，碰见俺叔叔了，告诉说俺奶奶饿死了，这才知道了。俺叔叔是八月份逃的，在邢台遇到，说家里一天死多些多些，跟俺说："走吧，不能回了。"俺就走了。防毒面具那是他告诉我的，日本人在城门，戴着防毒面具。俺奶奶那具体是怎么死的弄不清。

　　日本人在这住着，一直是南门北门都没开着，开东门、西门，开俩城门。后来到民国 32 年城里一乱，西门也不开了，光开个东门。这些人出来下地干活都是从东门转。有人守着，城外有岗，北门不开也有岗，北门和南门里面都装上草袋袋和土都囤住了，就是不开。以前到北门外的地里干活，出了东门往北转，出了西门往北转。城门上都是日本人守着，一个城门上四个日本人，皇协军多，可能得有十多个。你过来过去的都得盘问，老百姓过都得有良民证，上面有相片。到后来俺在城里的人，待的时间长了，他（日本人）都认得了，就不盘问了，看相片和脸盘差不多，就不问了。除了盘问别的没啥。乡里的赶集的不敢来，城里那会儿没集了，把集弄南关了，城里不敢来，他见着个生人就盘问，盘问不好了就抓起来了。

打针平常打过，在十字街打过，小孩也打，老人也打，日本人有医生，他主要怕传染。我记得我那十来岁在十字街打过一回，在北街现在这个医院也打过一回。他那个不要钱，防疫针都是白打，说是怕有传染病。老人、小孩打防疫针，中年人没见有打上的，打的净小孩。不是逃荒那年，逃荒以前打的，逃荒的时候就没人管了。可能是逃荒以前一二年打的，民国29年，民国30年，可能是那时候。日本的医生打，他们有两个医生，一直在这住着。我打过，打这胳膊上，跟种痘差不多。

下雨是到七月底，到七月天就冷了，这个人死的严重都是一进八月，一进八月又没衣裳，又冷，再肚里没饭，他这个时候死得快，以前没死人。我说的是旧历，不是阳历。俺父亲那个时候就是这么死的，他死的时候就是又冷，又饿，没有上吐下泻，没有抽筋。邢台那是个死地，饿死老些人了。到邢台你去要饭吃啊，连一口都不给，你要住那，人家把那个庙都堵住，不叫住。为啥，你要在那住，没啥吃，还不得偷啊。数邢台死得多，这躺着一个，那躺着一个。当地的人没有死的，净那些逃荒的，逃到那都死了。人当地那时好年景，水浇地。那时候咱这一片主要是旱，没井，没法种地。

那会儿反正咱这又不种麦子，吃点高粱、谷子，这是不很孬的年景。一到灾荒年就没啥吃了，卖点破衣裳，卖点乱七八糟的，换点高粱，回家掺一半糠。看谁家生火了，一冒烟儿，还没等下锅，皇协军就来给抢走了。树叶都吃了。那时候吃小井水，水也没了，起得早了还能打满勺了，起得晚了就没了。我娘把我系个绳放下去，拿碗舀满一罐再提上来，都那样提水。旱的时候水都没了，井里也没水了。

见过日本飞机，在城里转了两圈就走了。是日本人第二次来的时候，他飞机先来看看城里有兵没有，转一圈一看没有，就进来了。

日本人就是给小孩打过防疫针，平常不给人检查身体，就是你死了他也不给你检查，他还管你那个。

民国32年人死得差不多的时候，听说邱城日本人就走了。日本人第一次进城时我七岁，住了一个多月，就走了，隔了一年又回来了，又住了六年。我在邢台待了没俩月，那逃荒的人一个劲儿的往那边去。邢台净日本人，看到逃荒的不管也不问。城门上也有日本人，不戴防毒面具。当地的没有死的，死的净逃荒的。当地基本都没有死的。往西了净好年景。顺着铁道线上都是好年景。

采访时间： 2007 年 5 月 6 日
采访地点： 邱县邱城镇北街
被采访人： 于俊明

于俊明

这个城方圆八里地，日本一共来了两次。那会有老杂儿，国民党。日本有大炮。

日本宪兵队在咱这，一进城，日本人待不长时间就走了，后来又回来了。建炮楼，白天建，晚上拆。宪兵队没有多少人。当皇协军要担保，怕八路军混进来。

八路军穿老百姓的衣裳，弄个防空洞。

民国32年那一年有大旱，旱灾。

采访时间： 2007 年 5 月 3 日

采访地点： 邱县邱城镇北街

采 访 人： 陈洪友　李玉芝　张少勇

被采访人： 赵秀芹（女　88 岁　属猴）

那时候粮食都叫日本人抢走了，雨下了好几天，几天几夜，下得不少。没得吃，逃荒到娘家阳谷去，躲了两天，回来后，吃灰菜，八个妇女拉犁，一个男人扶犁，生喝雨水，用雨水做饭。奶婆，奶奶是三辈的婆，得霍乱病后，嘴抽筋，死掉了。

东　街

采访时间： 2007 年 5 月 3 日

采访地点： 邱县邱城镇东街

采 访 人： 王　凯　张　慧　于婷婷

被采访人： 郭树森（男　81 岁　属兔）　　王自安（男　72 岁　属鼠）
　　　　　　 谭中生（男　75 岁　属鸡）　　赵英贤（男　78 岁　属马）

左起：
郭树森
王自安
谭中生
赵英贤

郭树森：这里原来是老邱县城，以前属山东临清市，归济南管。我以前没有上过学，在那时候这是常事。1943年是灾荒年，上半年旱，下半年淹。民国32年，下雨七八天，人得霍乱，死的也多。以前没听说过霍乱，就灾荒年有霍乱，现在也没有了。那是在下雨时，毛豆能吃了，八月份有这个病的，下雨七天七夜时就有这个病的，下雨八天都没停。家里四口人，父亲、母亲、弟弟和我。家里有饿死的，没有得这个病的。当时人死了见坑就埋。民国32年下雨时有王姓两夫妻得霍乱死了，当时就三四十岁。那时得这个病没人治，家里也没别的人，有大夫也治不起，死得很快。得了霍乱死的人很多，也很快。

赵英贤：那时俺父亲得霍乱就死在大门底下了。民国32年大灾荒，下了七天七夜雨，也没啥吃的，连饿带病（霍乱病）小集时就死了。大集时（我）买了斤油菜根，吃着跟人走了。俺兄弟让日本人把手打残了，俺娘在院里让日本人打死了，俺妹妹还吃奶，在俺娘身上趴了一夜。当时是七月里下的雨，那时有首歌谣："民国32年，灾荒真可怜。老天爷阴了天，七月二十三一下七八天。"那时俺妹妹比我小5岁，俺兄弟比我小2岁，后来就都没信了。我12岁时下了煤窑没死了。

王自安：在以前就有霍乱，但少，在灾荒年里，下雨时就更严重，不下雨时还轻。那时候没得吃，什么也吃，下雨又潮，霍乱就多起来了，严重了。

赵英贤：当时俺14岁，俺父亲就得了这个病，熬了十天多。我在南边给他抓药，把房子都卖了，抓药喝完他就吐了。那时没医生，只是抓些药吃。那时附近也有许多得霍乱的，这个病人死了都来不及抬，这种情况有百十天。当时日本人住在路北里，下大雨时日本人也在，还住那里。我16岁时日本人才走，在这里待了一年多才走，灾荒年时没走，民国33年才走。我8岁时日本人来的，到了16岁时才走的。

谭中生：民国31年春天，有中国人也有日本人给我们打过针，第二年给种的花（天花痘）。人们都不愿意打，不愿意也不行，打了针后，没有死人的。

郭树森、谭：当时日本人就住在这，大约一个连百十个人，他们还修了个炮楼，支了个机枪，他们还喂鸽子，这边光喂，那边光卷纸条了。当时老城墙有四个门，开了东门和南门，北门没开。有人站岗，谁过去都得摘帽鞠个躬，不鞠躬就会挨揍，拿刺刀就挑。

王自安：灾荒年时喝井水，那年没发大水，只是下雨下得大，下大雨时也喝井水，有喝凉水的，也有喝开水的，年轻人大都喝凉水。那时候下大雨时没柴火烧，就拆房子烧。当时下雨的时候日本人还在，下大雨也不管，灾荒年过去后好转时日本人才走。日本人走后共产党就来了，人们的生活也越来越好。

采访时间：2007 年 5 月 3 日

采访地点：邱县邱城镇东街

采 访 人：王 凯

被采访人：申金铭（男　75 岁　属鸡）

申金铭

这里是老县城，我一直住在这儿，我上过高小。

民国 32 年时，我 11 岁，上半年，这旱，种不上庄稼，还有蝗虫灾。阴历七八月生蝗虫，下籽繁殖。地里种谷子，那时高粱都出穗了，一咬穗就掉。大雨从 8 月 21 日下到 28 日，水不大，但房子涝，没饭吃，得了霍乱病，上吐下泻一会儿就死。下雨时就死人，死了都埋不及。推着小车从东门过，看见。

那时家里只有我和娘，当时得病的街坊有个人，儿子出去了，把女儿卖了。有个老奶奶 60 多岁得了这个病，那时我 11 岁，我娘和她女儿作伴去了。我见她了，那时上吐下泻，还难受，得了一天就死了，第二天就埋了。那时找大夫看就是扎胳膊窝，放放血，黑乎乎的血，有救过来的，大部分都没救过来。下雨前没有这个病，打雷阴天下冰雹时，邻居已经得病了。下雨后还有这病，肚里没饭也没钱治，死了不少人。我见过后街一家死了爷爷、奶奶、老爷爷。没得吃，就吃蒺藜，回来压压，炒炒，磨成面，闻着香，吃着苦。8月28日晴后，就不死这么多人了。

下雨时喝的是井里的水，井没有盖，都从这吃水。下雨淋湿了柴火，连板凳都烧了，那时喝凉水。日本人在这，说日本人下药了，这是听老人说的，当时不知道，听他们说井里下药了。那时日本人住东西街路北里，有二三十个日本人，一个排，有伪军，下雨时还在这，他们有粮食吃。我见过日本人，他们穿黄衣服，我推磨时，头栽破了，找日本人给我治病，有穿白大褂的人。

灾荒年之前，日本人有给打过针。我打过一回，冬天，打完以后我就把水挤出来了。每个人都要打，还种过花（天花痘）。日本人是1944年正月初五走的，俺家那会围着日本人，日本人把俺们撵走了，他们在俺家住着。

灾荒年我们逃到高城县了，离这三四五里。1944年正月十六逃出去的，姊妹两个，兄弟两个，只剩我和姐姐，哥没信，妹在山西了。俺娘和我去看过妹。今年12月，孩子给她打个电话。逃荒时，这只剩伪军了。

现在我住这地方，是日本人以前的杀人场。日本进城时，杀了人，在南街杀了人，扔井里。以后清理街，都扔那井里。日本人在1937年10月13日开始来，当时我在家吃饭，出去看，人都向北跑，那时日本人还没进城，我、娘、姐、妹都跑了，二十九军在城外把守不让跑，二十九军在这住着，骑着马，带着枪，不让跑。我们跑了一里多地又回来了。

日本人来时我们就住这，俺姥娘在南街，我们住那儿。我们一出门大炮就响，震得耳朵听不见。那时挖的防空洞，西边那个坑，当时趴里边。魁星楼炸了，日本人就快进来了，回到家一看，打得天昏地暗，日本人砸了路南一个做买卖的大门，吓得人都藏红薯窖里，里面可黑，里面藏了十几个。磨棚里有一个磨，我就藏了磨底下，还藏了一个人，棺材里都藏着呢。二十九军有一个人负伤了，日本人没进屋看就走了，藏到黑天就回家了，黑天时在做饭那屋睡了。

邻家一个老人说，后街杀得没人样了。我没见杀人，看见炸死个人，炸了个空，脸上有血，都炸死了。第二天，就不敢出门了。我跟姐藏柜子里。那时日本人从家带来一些女的，古继瑶打了个小旗跑到黄战侬家，日本人在这住了以后，弄来些女的开妓院，是从日本弄来的，不是中国女的，有朝鲜的、日本的，在屋里，穿呱嗒板鞋。

日本人从这抓过劳力送到日本去，苏武章就是，后来放回来了，现在死了，日本投降以后回来的。有几个抓走就没信了。

郭桃寨

采访时间：2007 年 5 月 4 日

采访地点：邱县邱城镇郭桃寨小学

采访人：王 凯 张 慧 于婷婷

被采访人：张振中（男 85 岁 属鼠）

徐巧莲（女 75 岁 属鸡 娘家是曲周北四头）

张：原先这也叫郭桃寨，给分开了。灾荒年时俺爹娘都饿死了，剩下我当兵去了，家里有 4 口人，爹娘死了，妹妹卖了现在也没个信。灾荒年上半年大旱，不下雨，没收庄稼，收的也很少，有点皇协军都抢走了，抓人要粮食，还打人，一亩地要 100 斤粮食。那时候收几十斤麦子。后来下雨，得霍乱病。

徐：那时俺得霍乱病，叫人给扎，扎好了。

得病时正下大雨，下了七天七夜，没吃的也没喝的，有

张振中（右）、徐巧莲

歌谣:"民国 32 年,灾荒真可怜,接二连三下了七八天"。我得病时还小,下的雨大,人受潮湿了,难受都扎,放血,扎腿窝里放血,脸不肿,干呕下泻,没啥吃的,肚子难受,不让人扎。从腿窝里扎,两个都扎,放血。都找不来医生,俺村里一个不真正的郎中,没有先生,放的是老黑血,我趴在那里,扎了也没死,就好了。俺爹娘、一个姐姐、一个兄弟都没得,俺爹得盲肠炎,没钱也没先生看,疼死了。我一大早起来,得这病叫二麻子给扎哩,那时还没吃饭,也没记得喝水,当天就叫人给扎。那时候得病的不少,一个劲儿下雨,受潮湿了。那时候从井里打水,挑水吃,用木头烧。下大雨时柴火淋湿了,屋子又漏,一天就吃一顿饭,整点花生吃,喝的凉水多,一般不生火。灾荒年以前也有得这病的,听说过少,后来没听说过。当时得病的不少,俺村又大,死了不少,就往外抬。那时我小,没见过抬的。

张:这里没听说过有得霍乱的。邱县离这里 5 里地住着日本人,皇协军见啥都拿,啥都拿走,家里啥也没有,饿得人面黄肌瘦,走都走不动。邱县十里地有钉子(炮楼),下雨时日本人没走,记不住啥时候走的。日本人祸害了老多人。俺四嫂年轻不敢跑,三个人跳红薯窖里,日本人来了看见就点火烧死了,日本人不大来,扫荡时来。

徐:四头有集,他们抢集,抢东西,抢姑娘。那时候有穷有富,皇协军抢集,分不清是皇协军还是日本人,都穿黄衣裳。

张:日本人有狗,俺村里被挑死好几个,有砍死的也有挑死的。我见过日本飞机在上边飞,好几个,有飞机来,飞得不高,有时高有时低,看不见里边的东西,也没见过扔东西。日本人抓苦力时,先摸手,有茧子就不要。抓苦力,抓了他国里扒煤去,不叫回来。

徐:俺家一个叔叔,被抓走了,日本人抓走了,听说在那里扒煤窑,待了好几年,解放后又放回来了,回来又瘦又黑,又吃不好,饿不死就是好的。现在已死。霍乱这个病老多人得了,但不下大雨就好点了,下雨大了就严重。

后段寨

采访时间： 2007 年 5 月 4 日
采访地点： 邱县邱城镇后段寨
采 访 人： 李　斌　丛静静　韦秀秀
被采访人： 马清夫（男　82 岁　属虎）

马清夫

　　民国 32 年在家。俺家六口子人饿死，弟兄四个，俺母亲，还有个小妹子。天旱没种上地。有点庄稼日本人皇协军就给抢了。有日本人，有皇协军抢，没啥吃。

　　有七八天雨没停夜，房倒屋塌的，都漏了。人得了抽筋，得霍乱病，就是这个抽筋病，腿抽筋，上哕下泻，一会儿就死。受了潮啦。雨是那年七月才下的，都得了霍乱，属俺这个街，一天死了 18 个，哪一街都得死五六个。三人埋一个，两人埋一个。俺这个街上死了五百六百的，一街都死了，八百人剩下三百人。下大雨那阵儿，死了是来天，人都死了，哪一天都有死的。没先生，没大夫。扎针能扎好了，扎腿肚子放血，扎这个筋，放放血，老紫血，放放这个血就好了。这病前后两三个月，到十来月就好了。霍乱那时候吃地里的野菜，吃树叶，树皮都吃光了，没粮食。下雨下得井都满了，吃水洼子里的水，坑里的水。

　　日本人在城里占着，北边焦路有一个钉子（炮楼），坞头一个钉子（炮楼），有六个钉子（炮楼），一直到北馆陶都有。那回村里让日本人打了老些人，他一打仗，来见人就杀，杀了有二三十个，是过了民国 32 年以后的事儿吧。那是日本人来这扫荡。八路军那时候还不太成功，几天一扫荡，几天一扫荡，这离邱城太近了。有个干粮啥的，他都给你抢走了，抢光了，没啥了，他把你的衣裳都给扒走了。

日本人穿黄呢子军装，大皮鞋。戴没戴过防毒面具不知道。没给检查过身体，没打过针。

采访时间：2007 年 5 月 4 日
采访地点：邱县邱城镇后段寨
采 访 人：李　斌　丛静静　韦秀秀
被采访人：吴清梅（男　82 岁　属虎）

吴清梅

民国 32 年在家，我家五口人都死没了，饿死的，大人没奶。阴历七月、八月下雨，下了七八天十来天，一直不停。人得的霍乱，六七月份得的。那霍乱是旱，还没下雨的时候，六七月份得的那个。七月后下雨，俺这个地方人死差不多了。

灾荒年，一个女的卖两盒洋火。都逃命了，朝外逃命。没啥吃，旱，霍乱。没啥吃，得的霍乱。下雨大了，光跑茅子。霍乱就是抽筋。那会儿没医生，扎针是有，拿三棱的针，老长的针，扎哪儿不清楚。得霍乱的多得很。我父亲得霍乱死的，八月十五前后那两天死的。死的时候家里一点吃的都没有，我黑夜蹚着水去了，地里净水，我到地里抓了两手小花，我说俺爹吃吧，俺爹后来就死了，没气了。那主要是没啥吃。（霍乱）五六月份就开始了，猛一得霍乱就是抽筋，后面又上哕下泻，到七八月份下雨又更严重，都死了。俺父亲就是这个霍乱病，抽筋抽抽，抽着抽着就死了，很快，抽的腿都蜷住了。旱的时候死人没那么多。饿的吧，到后边七月一下雨死人就快了。饿得狠了。有点粮食皇协军就抢走了，那高粱都抢走了。

后来我逃荒去了，要不逃出去也饿死了。1943 年走的，当了三年兵回来了。当通讯兵，在山东七分局里。

咱这是敌占区，没法生产。还没到地里，日本人就来了，那还不逃命啊，一跑啥都不要了，村子都空了。日本人来了光抢、打、杀。点火，房给你点着。小女孩，不管男的女的，叫你脱光了腔跳坑，冬天里，腊月了，谁不跳，那刺刀挑谁。跳进去冻着你，亡国奴了不是吗。天不明就围住了，往东跑，八路军挖的沟，往沟里跑。跑不及，等他进村了就毁了，逮住了要枪毙。老人扎个小辫，过去老人好扎个小辫，给逮住了，说这个小辫是八路军，拿枪崩了。就因为他扎小辫，扎小辫就杀，一天打死三个扎小辫的。还有法儿说了？腊月，抢粮来了。俺那大爷有点儿神经病，说："到我那去装。"那年他麦子收了。日本人装了有五六口袋。俺大爷说："还装啊，你不装了吗？"他抢粮来了，啥不往回拿啊？俺大爷不让抢，照着他腿上就扎一刺刀，扎的那个腿上呼呼流血。俺大爷不怕，说找他日本人去。我那才 12（岁），抬着他到城里。到城里还不孬了，给上了点药。日本新民会给上的，日本人的小医院，里面有医生，给日本人看病。那家伙，给上点药老不简单了。上点药回来，全给抢光了，他也饿死了。没法儿，那会儿。

当时这个村子家家户户通地道，我家这院子里挖过，挖了日本人来了咱能跑到沟里躲着，八路让挖的。现在地道都没了，都塌了。

日本人穿军装，防毒面具那没见过。飞机见过，扔炸弹在邱城东门外炸死一个。一炸一个坑，方圆一米多的坑。只见过扔炸弹的，别的没扔什么。

邱城那一仗死了 800 多。日本人刚一进中国的时候。二十九军跟他打，把日本鬼子打死七八百，他不打死你七八百。

俺这街上 82 岁的只剩下我们四个，那两个不能动了。

后尹庄

采访时间：2007 年 5 月 3 日
采访地点：邱县邱城镇后尹庄
采 访 人：王穆岩
被采访人：孟庆春（男　71 岁　属牛）

（我）一直住在这儿。是邱县第一班初中生，是邱县一中，现在搬到马头。15 岁到 18 岁上初中。1954 年初中毕业后，我上过中专，在太原铁路中专毕业。从铁路机关回来后当过村长。

记得民国 32 年的事。1943 年，旧社会，没解放。日本人在邱城，不在马头。白天日本人出来抢砸，抢东西的老皇协从邱城来，他们见东西就拿，老百姓没好东西吃，晚上有土匪欺负老百姓。八路军力量小，晚上出来。

民国 32 年大旱，苗都没种上，一直到秋天下大雨。8 月 20 日开始下，下了八天八夜。那时都是土房子，房子都漏雨，到处都是水，坑都淤了，老百姓连睡觉的地儿都没有。民国 32 年下大雨，地里的水全流村里了，地的地势反而高，那时不敢下水，庄子被淹。井口不盖盖子，那时水井较浅。

下雨以后，得霍乱死人多，到处很潮湿，没干地方。人得霍乱病得快。人不是完全都饿死的，很多得病死的。老人都没有了，小孩很多送给别人，再给人贩子卖出去，现在也有人找回来了。女的逃到外边就嫁到那儿了。民国 32 年吃野菜，树叶，蝗虫。下雨时吃树叶。榆树皮，抹上面粉可以吃。大部分人都逃出去了，剩人很少。

大爷是民国 33 年春天死的。老爷爷先去世。我大爷、三爷那时得霍乱，得病快，得病后很痛苦的样子，脸都发白，上吐下泻，脸黄，两三天就要命。那时没有医生，有老中医也不会治，不顶用，后来他也死了，年纪大了。霍乱这是中医的名字，是听别人说来的名字，原来与前尹庄是一个村，大概有百十口人。得霍乱病死了有四五十口人，年轻的都逃走了。没听过民国32年以前得霍乱，可能有，很少。亲眼看到有人得霍乱，有时一晚上死两三个人。

我二叔那一帮灾荒年逃到山西，过了灾荒年又回来。我家那时有四五口人，我老爷是私塾先生，老奶奶、大爷都在灾荒年死去。三爷爷的儿子领着媳妇，孩子逃到山西，那个婶子后来就改嫁到山西，他自己后来回来了。

不知道民国32年下雨后日本人还在不在，反正很少见到，听说民国33年春天走的，听老人说的。下雨后我们逃到姥姥家，在孙庄。小时候见到鬼子不知道害怕，给我们吃剩饭，饭团，饭里放糖。

民国32年秋蝗虫是有翅膀的，民国33年这里有蝗灾，大家打蝗虫。挖一道沟，半米到一米，蝗虫过不去，那时蝗虫还小，就被堵到一边，人们就打蝗虫，秋天生蝗虫，太多了，遍地都是。院子没人住。院里长臭蒿草，到处一片荒野。人们拿口袋去捋蝗虫，回来放在锅里烧，好了就吃。老百姓没法种地，有地，粮食也没法种，日本人给弄去了。后来八路军来了，号召抗日，很多人参加八路军。民国33年这里差不多就解放了，打尧（音）子是民国33年的事。民国33年起是八路军的根据地，民国32年也有，不公开。

从我一出生日本人就到中国了。民国32年日本人还在这里，他们有时也出来。看到过，和中国人长差不多，穿军衣。民国33年基本是没鬼子了。听说1937年，邱城有二十九军有个骑兵连，退到城里。

日本人出来时都不是一个人，一个人不敢来村里，一般二三十个人。他们来抢东西，有时找村长谈判，拿枪带刺刀，穿皮靴，骑洋马，有的戴钢盔，跟骑摩托带的一样。村长有时也给皇协军当村长办事。日本铁帽子，是钢做的。可能见过天上飞的日本飞机，记不得飞机什么样子。有人喊日本人扫荡就跑，说日本人扔炸弹我们就躲。

采访时间： 2007 年 5 月 3 日

采访地点： 邱县邱城镇后尹庄

采 访 人： 王穆岩

被采访人： 张思亭（男　76 岁　属猴）

张思亭

民国 32 年旱，生蚂蚱。后来下大雨，一下子下了八天，人们得霍乱，死人。100 口人，死了近一半。下大雨还没停时就有死人。

人们逃荒，民国 32 年春天我跟父母、姑姑逃到邢台，要饭。在邢台发白饭，领饭吃，好心人发饭。回来荒草比人高，很多野兔。房子有倒了的，有卖了的。

霍　庄

采访时间： 2007 年 5 月 3 日

采访地点： 邱县邱城镇霍庄

采 访 人： 李　斌　丛静静　韦秀秀

被采访人： 常俊贤（男　78 岁　属马）

常俊贤

民国 32 年我在家里，那年大灾荒，地里不收。日本鬼子封锁，外面的东西进不来。曲周、邱县、馆陶都有炮楼，这一带为封锁线。大的据点里有鬼子，其他的光有皇协军。封锁线以南粮食便宜，这边很贵，那边有粮过来也难，这边没粮食吃。不下雨，没能种地，再加上霍乱病，不知道是鬼子撒了细菌还是别的什么原因，死了好多人。

霍乱这个病上哕下泻，很严重。俺奶奶得病死了，没药，村里有扎针的医生，开始给扎，后来请不出来了，怕传染。这个病前后一共有几个月，传染得不太快，可是没法防。死太多了，死了都没人埋。

8月28日开始下大雨，沥沥渐渐下了七八天。霍乱下雨时就已经有了，后来持续到地里种的那个瓜已经熟了。我在地里看瓜，看着这抬着一个出去了，那抬着一个出去了。种的白瓜、菜瓜比较多，主要是为了糊口。病持续了多长不好回忆。

日本人、伪军经常来，抢东西吃。伪军那时就没吃头了，那时日本人刚开始还能给他供应点，后来伪军就出来了，抢着吃。

日本人检查身体那回是乍一来的时候。他刚来没多久，说检查身体，就要给你打针了。不知道打的是啥，那群众不了解，不敢叫他打。日本人说是防疫针，他说得再好也不能相信。我没打过，我那小着咧，也没看见别人打过。有打的，不太多，都不敢打。是我十二三（岁）那时候打的？记不太确切了。可能是灾荒年以前打的。过了灾荒年日本人就不中了，力量都弱毁了。灾荒以后日本人还来村里，这里离城里很近，这算敌占区。灾荒年之后来扫荡。灾荒年过了，八路军的势力越来越盛。

我记得那一回我正在地里看瓜，日本人出发了，转到后边去了，有两个八路在我那个坟头那儿放哨，我一看，说北边净老毛子，你在这就包围起来了，他说那家伙咋整？朝哪里去？我说你往东跑吧，往东跑个几十米有个小草房，我这个坟北边有个斜路，结果他俩刚跑过那个小草房，日本人就过来，从这进村了。

这是敌占区，日本人随便走动。下雨时他来没来就不知道了，下雨时都不出门。日本人穿军装，没见着戴防毒面具的。八路军宣传过撒细菌这个事，没说在咱这个地方撒细菌。宣传在什么地方撒的细菌，究竟什么时候宣传的，这个事记不大清楚。这都是八路军的宣传，说日本人细菌战，日本人打的针是绝育针，又是撒细菌了，都这么说。

没发洪水。东边是个御河，西边是个滏河，就这两个河，别的河是后挖的。东边的御河发水不往西边来，朝东开口。据说原来治理这个河时管事的人有点目的，叫向东开不向西开。堤坝西边可能是高点或是厚点。

采访时间：2007 年 5 月 6 日

采访地点：邱县马头镇

采访人：于春晓　刘　静

被采访人：霍光玉（男　74 岁　属狗）

霍光玉

　　老家县城霍家庄，小时候十来人，祖父弟兄四个，一个妹妹，父母亲。主要是种地，八十来亩，收成不好，以小麦、玉米为主，经济作物棉花。小麦最多四大斗，一斗40 斤，最好最好，一般是两斗玉米 40 斤，或是 30 斤，30 斤上下能维持。最基本搞点家庭副业，碾粉皮弄点下渣，没统计人吃下渣，喂牲口吃下渣，人吃下渣节省粮食，牲口吃下渣节省饲料，脏水上肥。有给我们家捎地的事不算，长工、临时找个忙，一天给你几斤粮食，没数了，做点地里活帮着下地，自己基本够的，不能借给别人。基本没大盐，当地有碱地，自己淋或买。村往南 5 里有仁义庄，有专门卖的淋盐。吃棉籽油，主要吃棉籽油，不是很充足，一年吃两回五回就不少了。端午节，过年吃，捞点菜吃，包饺子很少，麦子少，面少，也只是过年过节能吃。

　　灾荒年八九岁开始读书，日本人在的时候，叫抗日小学，读了一年。日本鬼子来的时候，把书藏起来，在野外挖个坑。后来灾荒以后 1945 年，成正式小学，共产党组织的。

　　日本人基本上没进过老根据地，1937 年冬季来到邱城，鬼子、皇协军来到村子里扫荡。日本人岗楼，最近 30 华里，坞头有，临西县下堡寺，邢台也有。皇协军不敢待在这，到处乱窜乱抢，皇协军和鬼子岗楼周围的老百姓也趁机打劫。走到哪抢到哪，岗楼周边村子的人，有的人是被生活所迫混碗饭吃。

　　日本人对老百姓不实行残酷的统治，主要是对共产党，主要在济南军区活动。日本人我亲眼见过，穿的跟电视上一样，鬼子来了人就全都跑了，只有一个人没跑掉，一个小红军十二三岁，比我大两岁，四川人，只知道叫小邓，在周边被日本人逮住了，装哑巴，日本人看他能听懂别人说话，就把他逮起了，打了不久就会说话了，口音是四川口音，怀疑是八路军，鬼子让他找济南军区的前库后库，找不着，日本人恼羞成怒，被日本人用刺刀刺死了。

他日本人不敢进来，当时这儿属于平原，是最大的根据地，南到梁庄，北到香城固以北，西到曲周槐桥东到临西下堡寺，这儿是济南最大的根据地。1941年共产党开始在这活动，正式部队有骑兵步兵，都是从延安回来的，其他老红军都是骨干。八路军和日本悬殊很大，灾荒年开始有县大队组织的当地民兵，老百姓组织的。共产党和老百姓是鱼水之情，没有老百姓哪能活，从部队来开始吃的住的全靠老百姓，全靠老百姓保卫、征税，征大户的税，普通老百姓不征，吃从外地运来的粮食，吃小米向大户要，要小米，当时念共产党的书，唱劳动英雄吴满友，在延安是个劳动模范（灾荒年以后）。

土匪四起，遍地都是，有当地有周围的，最大的是王来贤，其他都是小头头，到处砸抢，靠抢吃饭，没白天晚上，公开化，走到哪吃到哪。八路军正式部队来之后把土匪扫了，小股没了，大股有被收编的，有投靠皇协军的。日本人也打土匪，也靠他，土匪毕竟是中国人，看到日本人抢杀，也打日本人。

民国32年，1943年，头一年歉收，头一年都大旱，耩上也收不成，长不成粒，春天也是旱，大户人家顾不住，逃荒。不能说寸草不长，野菜很少，庄稼长出苗子也不结粒，种小菜（油菜），能吃根。没饭吃的都逃了，我们家要说逃也没逃出去，到了冬天雪很大，脚脖子深，走不动，想逃到阳谷，劲大的都走了。吃小菜、秕谷，野菜、柳叶都吃光了，柳树叶团团吃。俺是小村三百多人，灾荒年以后不到一百人，饿死了没人管，济南军区供给处部队在这住。

阴历七月连下了七天七夜，雨不大但不停，破房都漏了，房子基本上都漏了，大户人家还好。没饭吃，饿死的不少，村里人很多，御河没出水，如果出水了那死人更多，如果水成灾，连饿带病，瘟疫霍乱病，上吐下泻，一会儿就完了。也叫霍乱抽筋，整个一个夏天，灾荒年之前也有，只是个别的，灾荒年之后也成个别的了。村里有老中医，土法扎针，刺激神经，制止住上吐下泻，个别有好的，大部分扎不过来。我在村里，我见过，扎哪不记得。大娘有个兄弟得霍乱，上哕下泻，扎不及，当时村里有个庙，庙里的和尚会扎针，没扎过来，我当时扎过来了。当时有砖井，喝井里水，喝开水。

死的人没人埋，靠八路军抬出去埋。八路军有后勤医院，有来给老百姓治的，打针，也有打好打不好的。当时八路军也没粮食，组织老百姓去到外面，阳谷、寿张、运城。有部队掩护当地党卫组织跟岗楼打声招呼，赶紧跑过岗楼那片，过不了岗楼，粮食吃了就吃了了，运来以后给老百姓分点。

记不准霍乱有没有日本人，鬼子不理小孩的事。

采访时间： 2007 年 5 月 2 日

采访地点： 邱县邱城镇霍庄养老院

采访人： 李　斌　丛静静　玮秀秀

被采访人： 孙建业（男　73 岁　属猪

孙庄人）

吴树平（男　78 岁　属猴）

孙建业

孙：民国 32 年，邱城里有皇协军，叫村里不能种地。本来天旱，没井没水，种不上地，浇不上苗。皇协军来村，看谁家有粮食，连粮食种也都给你拿走了。

吴：一开春就旱，光刮大风。民国 31 年就旱，民国 31 年麦子没种好。

孙：民国 32 年旧历七月底下雨，七月七、七月八，就那时下大雨。那时还小，咱都不知道，反正都净成水了。头一年没种上苗，没吃的，过民国 32 年没吃的，都逃荒。

吴：地上水不大，下的时间长。

孙：连阴不住七八天，沥沥淅淅一直下，饿死的人多了。坑里水都满了，平地上有点水。死那人多了，都饿死的。到那下雨以后，地里有点水，收点粮食，人吃，得的叫霍乱病。地里长点儿就吃了，吃毁了，都跑茅子，拉稀。拉稀的多，按老百姓说就叫霍乱病，不吐，抽筋那不知道，发烧，一天就死了，没饭，有病就死了。下雨下的，天又凉，又吃地里的东西，我家我叔叔就得这个病。那时候都没在家，都走了。俺叔叔、俺爷爷、俺奶奶都死外边了。那人拉肚子，一两天死了，肚里没饭。后面我还记得，吃荞麦花，吃了后胀脸肿脸。没有医生，都饿得叽叽歪歪，谁给谁治？死了后都没劲儿埋，都有地，埋自家地里。一天埋那些，一天十来个、七八个。老人说叫霍乱。民国 32 年以前有没有霍乱咱不知道。得这个病一天就死，传染人。

吴：中间得的时候也不知道，以后说灾荒年得霍乱。一下就得好几个，都说传（染）人。谁家有病都说别上他家去，传染你了，你回家就不能动了。

孙：谁家先得的不知道，光是一天死十个二十个。一是霍乱，一是饿。没下雨时还能有点吃，家里乱七八糟的卖了，买点米，买点面，买点东西吃。逃出去好些人，能动弹的都逃走了。

吴：有病的就死了，没病的逃走。有往北的，往南的，东京汴梁，都有逃那的，河北北部的有，逃东三省的也有，到后来好几年才回来。

孙：这个病阴历十月左右就好了。下雨之后地里长那绿豆，到地里去薅个角就吃了。地里长的那个小棒子，还没长籽就剥开给吃了。村里有砖井，吃那个井水，下雨以后吃坑水。看着挺干净的，都不打水了，直接从坑里打。那个时候连火都缺，你家要冒个烟了，街上的人都上他家去对火，拿啥对啊？拿这个棉花秧子，对着了那回家去烧点水，烧点饭。灾荒年民国 31 民国 32 年那时老鼠多得很。挂那个小布袋挂到房上，都上那里。平常不多，平常人都喂个猫。人少了，老鼠就多了，白天里有，晚上也有。

民国 32 年以后就没日本人了，民国 32 年就走了，这边没人、没粮，也没吃的，他们也没吃的。日本人住在老邱城，老邱城是个根，在别的地方修钉子（炮楼）。馆陶修，曲周修，白庄、路头寨、焦路都有。

日本人少，净咱们的人。老毛子到村里抢东西，抢吃的。日本人不打小孩。不敢见日本人，一见就跑了，见着他还不杀了你？生病后日本人没来过，不管你，他管这个干吗？日本人一来都下地跑了。

吴：卢沟桥事变后，民国 26 年腊月日本人扫荡，在邱城，杀了 803 人。杀的都是老百姓，当兵的都逃了。二十九军在邱城，跟日本人打了一天一夜，给庄稼人都打毁了。打完之后日本人杀老百姓。打完仗进城，一进那个南门，就开始杀。杀了能有五六百，还有很多人跳进砖井自杀了。

孙：苦力经常抓，抓去修炮楼，修路。老百姓抓走以后得用钱买回去。日本人，皇协军是合伙的。有抓去日本的，就跟劳改一样。

1938 年就有八路军，那时八路军不显面。国民党没，都走了。

土匪多了，日本人一进中国就有土匪抢东西，不敢打日本人。他不敢打八路军，不敢打日本人，就敢吓唬老百姓。

看到过日本飞机，上面有红月亮，没撒什么东西。铁帽子，呢子衣服，东洋刀。

采访时间：2007 年 5 月 3 日
采访地点：邱县邱城镇霍庄
采 访 人：李　斌　丛静静　韦秀秀
被采访人：吴学孔（男　78 岁　属马）

民国 32 年在家，那年生活苦着哩。有皇协军，有土匪。自然条件这方面，不下雨，还生蚂蚱，后面接连不住下了三四天雨。肚里没吃的，连阴天，加上霍乱，死了

吴学孔

以后没人埋。都没人啦，死的死，亡的亡，苦着呢，民国32年灾荒年。咱这五百多口子人就剩下二百多口子人，一半还多啊。

先旱后涝，七八个月不下雨，种不上苗。七八月六七月才下的雨，连阴天，雨不大，七八天昼夜不停。人受了潮湿就得霍乱了。又没吃，又没人治病。霍乱是八月二十二开始的，老天阴了天，不是唱那个灾荒歌吗："接接连连昼夜不停下了七八天。"雨是八月二十二下的。这个下雨和生病是同时的，一下雨，人身上受了潮，得霍乱，上哕下泻。"男女老少死了一大半"，那个歌不是唱吗？下着雨，死了人，谁也不上谁家去。根本没人埋，谁看见谁了？下雨那回有吃雨水的，喝凉水，吃饭烧开了吃，渴了就喝点凉水。

霍乱持续了多少天那不记得，没人治，谁治？一个过道没剩下几个人，能有个十天半个月的。逃荒的不少，有三分之一。逃荒死外边的人有，那到现在都不知道死在哪。我家人逃荒了，我没逃，就吃个树根、树叶，吃个树皮，还能吃啥哩？霍乱以后就没人逃了。记不准。

俺祖母得的霍乱，下雨下的。还有个两兄弟也得，没死，哕、泻，没死。扎没扎针那不知道了，反正是好了，年轻，老人就不行，俺奶奶死了。

遍地是蚂蚱，秋天里来的蚂蚱，把苗都吃了，人没办法，吃蚂蚱。树叶都吃了，树皮都刮着吃了。

邱城里有日本人，还有老杂（土匪）砸着你，还有皇协军，老百姓可不苦着？日本人常来，地里种庄稼，收了点东西，都给抢走了。皇协军连那个粮种都给抢走了。有穿便衣的，有穿军装的，不一样。老毛子的医生给老毛子服务，没给咱检查过身体。霍乱时日本人不管，也没来过。防毒面具我在电视上看过，戴在脸上的那种，日本人戴没戴那记不得了。有霍乱日本人就不来了。

贾 街

采访时间：2007 年 5 月 3 日

采访地点：邱县邱城镇贾街

采访人：李　婷　高海涛　张　翼

被采访人：贾盛春（男　82 岁　属虎）

贾盛春

　　我叫贾盛春，82（岁）了，属虎的，我没有上过学。

　　民国 32 年，旱了，不落雨，地不能浇，没井。人，都饿死了。这个饿死的原因，是啥？一来是地里不收，再有日本在咱中国。日本当兵的到农村来都抢，有粮食他都抢走了，东西他也抢走。抢走，又死了些人，饿的，没东西了，没东西卖了，吃的没粮食了，死了好些人。后来又兴啥，土匪。这个土匪，奶奶个逼的，你抢我，我抢你的，你打我，我打你的。这房屋，他都扒了。他都把人民侵略了，人都饿死了不少。外边的都出去逃荒，都出去了。到西北，藁城、石家庄、山西省太原。有的上东北，吉林，上秦皇岛。东南，上济南，济南以东，河南。济南向南，安徽，到河南省，这一带的人都有。有上东北，上煤窑的。后面俺这都没人了。民国 32 年，没人了（哭），地都没人种。俺这一片都荒地。

　　中央下了个命令（哭），逃荒的一律都往回走，灾荒区的人一律都得撵走。有的不想回来，有的孩子给了人家那了。你不给，你不叫我来。谁知道你在哪儿？没人了，中央下了个命令，谁也挡不住啊。毛主席，知道不？都回来了。那后面以后，政府，咱这有政府了不？政府救济人，给粮食。给你粮，叫你种地。种地，人多了，村里都有人了。人多了，都组织互助组互助，拉力拉帮。那都没外国人了。那都不灾荒了。

民国 32 年，八月里，阴历八月里，又下了，下了半月，房子都漏了。都我这个院住着，我这个院，三四米的瓦房，都给这个院住着。

得霍乱的不少，得霍乱病的尽小孩多，跟俺这个岁数的，十几岁，十七八岁的，二十岁的，都这岁数的。肚子痛，肚子闹，有会扎针的，给胳膊放血，一放血就过来了。有的放血早的，过来了，晚了就死了。那个病，挺快，有四五个小时就死了。哪个村里也有，那一会，贾街、刘街，还有个陈街，这三个街，360 口人。到民国 33 年、34 年的时候，我也出去了。回来的时候，我这个街三家人，刘街两家人，陈街剩一家。民国 32 年出去的，阴历都是七月季了出去的。到以后，8 月才下的雨，下了半月。人都饿，得了霍乱了。那又饿，又没啥吃，走啊，都走不动，又出不去了，有那一家一家人都死了。得这个病的，数字很难统计，数字我弄不清。俺家里，俺都出去了。出去早的都出去了，出去晚的都出不去了。提起那事儿。

到五六月里，渴了，都趴在那个沤里喝水，南河里有水。不让喝，那是个别的，懂了不？不是普通的，困难人，对不对？人没法，担着小孩呢，小孩，扔那都不要了，走了。人他娘走了，不要了（哭）。小孩还在那坐着，还哭。有的还不会跑呢，会跑的，会爬的，在那"哇哇"的，那都扔那都走了。饿得走都走不动了。

有吃有喝的时候没有霍乱。都在下雨的时间，得了霍乱。又下雨，天气又潮，地又潮，没吃的，得的霍乱。不下雨了，就没霍乱了。不下雨了，没人了，都走了，谁还得霍乱。没人了。得霍乱，还没医生。扎针，那是个别的。会扎的，个别的。喝水井，有一个俩的水井。没法，喝那一口水，顶那点事儿，没面，又下的雨，又啥的。主要是这个病，起名就霍乱。那时候，我小，又不懂得，人说霍乱咱都说霍乱。我是阴历七月份里出去。到民国 33 年回来的。民国 33 年年底。

那时都有蚂蚱，到外边都是蝗虫，不会飞的那个叫蝗虫，会飞的都是蚂蚱，多。五月里就发生蚂蚱，旧历五月里，蚂蚱都成了。到六月里，那蚂蚱都多了。到七月里，还有蚂蚱，那人都逮蚂蚱吃，到屋里。倒锅里，就烧死了。后来，那蚂蚱都翻，炒炒，它都死了。蚂蚱炒焦了，拿了那蚂蚱就吃（哭）。

民国 33 年，又生了一会蚂蚱。地主，大地主有牲口，有啥的。种地，人都耩的麦子。蚂蚱给它麦头都捋下来。

采访时间： 2007 年 5 月 3 日
采访地点： 邱县邱城镇贾街
采访人： 李 娉 高海涛 张 翼
被采访人： 贾兴志（男 80 岁 属龙）

贾兴志

（我）今年 80 岁了，属大龙的。日本来了那年我才 10 岁，上了一年学。老毛子来了，我才 10 岁。

日本人，又灾荒年，八路军给编了个歌："民国 32 年，灾荒真可怜，男女老少死了一大片，老百姓得了潮湿，人人得霍乱。"

就是这个歌。八路军编的。过了灾荒，得霍乱的多了。那会儿不吃药，不打针，一天死了好几个。马固当时是九道街，现在街都并了，摸不清有多少人，有 2000？贾街有 400 口人啊？两道街变成一个大队了，一个陈街，一个贾街。这是三个街并成一个大队了，并成一个支部了，有 400 人吧。

过灾荒，都薅菜，薅那个绿豆角，豆角，都到地里薅那个。蒸一蒸，吃了。都弄那个，没吃正东西。到八路军来了，那高粱都让蚂蚱吃了，蚂蚱给麦秸头都咬了。小蚂蚱，八路军收蚂蚱，大队里叫谁，谁都去。八路军让挖个壕，把蚂蚱撵到壕里头，收都收不起来，那蚂蚱多去了。打蚂蚱，逮蚂蚱，咱八路军挖路沟，那一天，光那小蚂蚱呀。八路军收，后边一斤粮食换一斤蚂蚱，那后边，也吃。收都收不起了，一袋一袋的。蚂蚱都吃光了，人吃蚂蚱，都饿的，盖到锅里，一烧，烧死了，都吃蚂蚱。那母蚂蚱，小孩，都吃蚂蚱头（哽咽，泪闪），大人吃蚂蚱，小孩吃蚂蚱头，蚂蚱那个脑瓜。

那时候不下雨，刚是割了麦，才下雨，阴历几月份，老了，记不起来了。老百姓得了潮湿，抽筋得霍乱。叠叠连连下了七八天。薅豆角，毛豆，胡豆角。不吃面，人都饿的。下了雨以后，薅个豆角，薅毛豆角，薅白萝卜，很脆，一拨拉，都薅萝卜吃。那会儿，都八月份了，在那好几家都死了。都记得，数我岁数大。

我买了一小挂麦面，给扎出来，使磨和了和，拐了拐（音），吃了点新粮食。那会儿，都吃新粮食了。那时俺娘霍乱。都走了，俺两个弟弟也走了。都我跟着俺娘。俺家里也走了。我那会儿都12（岁），都娶了媳妇。那都走了，跑了，跑到西边那个街上。三道街剩下两街。就是贾街，我都逃张街了，跟那住着呢。是贾街得的，都下雨那会。都是吃菜吃的。人人得霍乱，上吐下泻，搐筋得霍乱。八路军念了个歌，都是那一年。都是扎针。一个一个跟着，都扎不及。没先生，啥先生没有。埋都没人埋。你这儿出家闺女了，我跟你送闺女回来了。听说大娘都死在那儿了。找的人，推着小车，我去了。连一个出去的都没有。是在贾街。能吃新粮食了嘛，下了七八天，人人得霍乱。

日本来的那天，我在城里住着呢。接着飞机来家了，10点钟，飞机来了。我跟城里住着呢，叫我回来。人家不开城门，城门紧闭着呢。接下来了，11点钟了，我在邱城城里住着，日本人飞机一来，那时候，中央军，那时候兴中央军，给四门紧闭，不叫出。叫亲家哥接下来了，吃了顿饭，就打邱城了。那还不知道架个枪呢，急得钻兜子里，鸡兜子里。听着"咕咕咕"光这个声，他打，都啥响呢？中央军一个人，他催给养的，人家当兵的知道，马棒一扔，投邱城里了。老百姓都不知道机关枪，到了黑夜都。

头一回是打邱县，第二回又打邱城，一打，那走了，中央军都走了。走了以后，有撵来。又顶了一年，他又打了一回，打邱城，那中央军就兴八路军了。

日本人待了几年又走了，在这里修炮楼。八路军在南边跟日本人打了，日本人少了，是八路军跟日本人打，这到底是共产党八路军给它日本人打，打毁的。蒋介石中央军一路拉到黄河南，走了。

还在以前听老人拉过黄沙会。民国32年，那没有黄沙会，那还在以前。尽我这样的。岁数大的，当过八路军的，还懂那一套。是吧？

采访时间： 2007 年 5 月 3 日

采访地点： 邱县邱城镇贾街

采访人： 李 婷 高海涛 张 翼

被采访人： 刘金玉（女）

刘金玉

我叫刘金玉，娘家在城里，过来灾荒才上这里来，才嫁到这里来。

8月23日，老天爷阴了天，叠叠连连，这也不住下了七八天，黑天白夜，住也不住，下了七八天。水打着了潮湿，人人得霍乱。编那个歌，都是八路军编的，过来灾荒编的。

我在城里呢，灾荒邱县都是过灾荒呢。我那儿不，比他这还强点，城里比这强点。那会儿有俺爹，俺爷爷，有两个爷们不，给咱卖点片柴，推着出去卖了，卖回来，买点烙烙饼子，要不就弄个石磙，拉到那儿去，卖了，回来买点啥吃。有啥吃还好点，连这饿死那些，他这饿死人多。得霍乱病死的，有饿死的，还有饿逃出去的。

我是过来灾荒第二年（嫁到这儿的）。邱城那也有，那都是一样，都得那个霍乱病。城里俺那姑姑得霍乱病，没死了。她姑俺大点，没死了，叫人扎了扎，好了。扎大针，扎胳膊这个筋，扎好了。扎了就好，得霍乱病都扎扎胳膊呀，一放血都好。也是霍乱病。肚里疼，上哕下泻，也不抽搐，哕，泻。人搁不住，不抽筋。扎好了。她跟俺家住着呢，她家是陶寨，离俺家城里12里地。东边呢，她许那了。她孩子爹当兵去了，当八路军去了，她领着两孩子在城里俺家住着，算是在娘家住着呀。都没传染。光她家得的，扎扎就好了。饿得都没啥吃了，她那个女婿当八路军走了。她领着孩子上娘家住着。

得霍乱时下的雨大咪，水大着了，潮湿，下了七八天，房子都漏了。人人得了霍乱。下雨以后才得的，下的时候还没得，不下雨了那才得的。潮湿大了，都得霍乱。下雨之前没得霍乱，都是饿死的，下雨以后才得霍乱死了。过了那一阵都没了，后面都没霍乱了。

没大水，光下，光老天爷下。

说老毛子来了，这都忙着往外跑，飞机也是老毛子的飞机。飞树那么高，飞得低。邪大，红月亮坨子，一个赤月亮，那都是老毛子飞机，到城里转转。到后边，老毛子都进城了，都来了，来了城里，打死了老些人呢。看见人都挑了，都拿刺刀，枪上带着个刺刀，一拧，都给人挑了，吓那人都跑，谁不跑？都吓得没法。人都说老毛子来了吃小孩，谁不跑啊，吃小孩。

上半年旱，到阴历七月里才下雨，下雨才浇地。这会儿有井，能浇。那会儿没井，不下雨，等着雨，才能耩呢，才能种地。你看这会儿能耩苗，不下雨不能种，那时候要不了，都灾荒。

老毛子要兵，都当他那兵，都是皇协军，他都跟城里要兵，还有叫他打死的。兵没有得霍乱的，他当兵能吃饭，他还得霍乱。都是庄稼人饿了才得霍乱呢。没记得他得。老百姓得的多，不扎过来就死了。那霍乱来得些快，死得些快。俺姑姑差点没死了。有那么个先生不，会扎针，给俺家沾点亲戚，给俺爷爷沾，给俺姑姑扎好了。

黄沙会都拿刀。光记得俺爷爷说过那黄沙会，光杀人。我记事都没了，光听俺爷爷说过。

光记得老毛子，老毛子人不是很高，都胖不墩儿的，没咱这人高，都扛着那枪，上边摘着刺刀，愣明。见人了，盯谁不顺眼了，都挑了你。

灾荒年以后才有八路军。八路军过来了，才打老毛子呀。老毛子过来的时候，八路军没过来。老毛子跟这占了。二十九军中央兵，不是咱八路军，他不跟老毛子打，他就向后退。八路军一个劲儿打，他不打，他一个劲儿退。那会儿是二十九军，起名叫二十九军。他不跟老毛子打，他要打了，老毛子还进城了？他不打，八路军才打呢。

兰 庄

采访时间：2007 年 5 月 6 日
采访地点：邱县邱城镇兰庄
采 访 人：刘鹏程
被采访人：兰大军（男　76 岁　属猴）

兰大军

家里三口人。民国 32 年那是灾荒年。逃荒还能住外边啊。逃荒有，出去要饭，那死的多了，上外县，这县不中。那年旱，粮食不够吃，卖东西。烧火，劈柴哎，那会么法。那会有啥水喝啥水，水流不到井里，村里死人那不少唉。很少有粮食多一点的，那会不分地主，过好的有窝窝吃，吃的不多。

日本人待邱城占着，见过，还打过我来，打巴掌，打身上了。

俺家过得不行，自己有地，有十多亩地，能收一百二十来斤。八路军那会过来了，八路军还穷来。

马固孟街

采访时间：2007 年 5 月 3 日

采访地点：邱县邱城镇马固孟街

采 访 人：李 斌　丛静静　韦秀秀

被采访人：孟昭印（男　83 岁　属牛）

孟昭印

　　民国 32 年没在家，灾荒年逃出去了。灾荒年吧，这个霍乱病，一半多人都得霍乱病，没医生，主要饥饿，吃不饱饭，加上阴天，下了七八天雨，人得了潮湿又没饭吃。

　　我那是当兵出去了，灾荒年前在外边，是这种情况。

　　日本人在这没法生产，主要是日本鬼子。不能生产吧，他抢粮，粮种都给抢走。有天气方面的原因，接接连连下了七八天雨，没饭吃，遇着灾年又遇着潮湿，这两个情况发了霍乱病。死了一大半人，死的人都没人埋，死的人都瘦得没肉，都就一个骨头，老多村里的人都没埋。

　　是阳历 8 月 28 日开始，一下下了七八天雨，昼夜不停。要是晴天的话能摘点青菜嚼一口，下雨就不能下地了。雨大，昼夜不停，地里有水，不深，下了雨以后人不能出去摘菜了。这些树皮啊，人没劲，这个榆皮都吃了。

　　井没被淹，地里还是没水，坑里有水，烧开喝，粮食没啥吃，光吃些野菜。

　　村里死了有一半的人，有百十个。

　　开始下雨时人得了潮湿又加上霍乱。以前就有点这个霍乱病，他少，能吃上饭，有抵抗力，他少点，后边下雨了，没饭，不能吃菜了，这个问题就严重了。霍乱病都能传（染）人，那会又没有医生。上啰下泻，其他的没啥事，一啰就死了，有的一天就死了，有抽筋的。我家我那嫂嫂死时就那么死的，啰泻，上啰下泻，其他的没啥，别的看不出来啥。八月季初，都那季得，那很快，一两天就死了，埋的时候就不下雨了。病在村里有一个月。

火柴都没有，这一条街，这一个村吧，一到做菜煮饭的时候，找个火都没处找。有个火都借个火，你家有火？找着火没有？找着火了都不叫它灭，灭了没火柴。

日本人在邱城，咱这属于敌占区，离邱城二里地三里地。日本人经常来，三天两头来。有皇协军，皇协军在头溜，鬼子在后头，来扫荡，穿的都是呢子衣裳，铁帽子。有防护服、防毒面具，还有铁锹。

咱这个邱城日本人早走一年，后边光剩这个皇协军了，他还不投降。霍乱那时候日本人还没走。

孟 固

采访时间：2007 年 5 月 3 日

采访地点：邱县邱城镇孟固

采 访 人：李 婷　高海涛　张 翼

被采访人：连凤山

连凤山

二十九军不让日本人，打，抵抗得很硬。他这个火力猛，二十九军退却了。打死了日本鬼子 800（多人），日本人就是打不开邱城。打开以后，自由三天，抢男霸女，见了什么银钱好东西，随便拿。他下了个那令，还实行三光政策，把东西给你抢光，把房屋烧光，把人杀光，这是三光政策，自由三天。可是二十九军退却以后，日本人进了邱城以后，杀人又杀了 800（多）。有杀的，有拿枪打死的，有逮住就填井里边的。在邱城待了八年。

村里 300 人还不足呢，剩下 108 个人，不是完全死，有是逃荒走的，小孩跟涅住了。找那好年景的，去人家住了，都给了人家了。得这个病，有死的。那个时候都说闹年馑死了，完了。那个时候连个医生都没有，连饿，带有病。那家伙得病的多了，都不知道叫啥。我那时候小，死的尽是大人，小孩饿死的少，有病的也少。有点东西，大人不吃，叫孩子吃。以后真正供不起孩子了，都给了人家了。大部分都给石家庄以北以东。正定、无极，这都是石家庄地区。藁城，还有怀柔，大部分人都给那边了。逃荒在那住着呢，女的都是嫁到那了，小孩给人家住了。我的这个北邻家，王越显，他现在没回来，他在辽宁呢。那死了，现在有 100 多岁了。

这个霍乱病，灾荒年之前没有。下大雨之前有，就是下大雨时候严重。下大雨以前也有。有这个病。下大雨以后还有，数下大雨的时候多。下雨反正是二十二，不是 8 月，就是 6 月。

得这个病，没医生。中国那时候，咱这一片就没有医院。最早的一个医院是临清，现在是聊专二医院。聊城专区，有个临清市，原先临清市有个专区。现在还是临清市，有一个医院。离我们这 100 多里地。治不起，没有一分钱，饿的谁治病。扎扎不管事，都咱这老百姓，他会扎，有好的。肚里疼得顶不住了，扎扎，就好了，就没死。霍乱就肚子疼，上哕下泻，上边呕吐，底下腹泻。肚子就要疼，肠炎一类的吧。有扎的，轻的能扎好，严重的狠的，就扎不好了。俺没有得。王月妹（音），死了，我不知道有多大年纪。王月明，还有王月亮，还有个姓刘的叫刘复齐（音），我说的就我村的，都是连饿带啥，那家伙多了。那死老些人哪，姓韩的，韩根儿，还多着呢，死的那家伙，那数不清。那会儿我又小，咱也不知道涅叫啥，是不是。有一个叫斯大余（音），这死的多了。

那我刚才不是说，人又饿，人身体又孬，赶了又下雨，不是下七八天雨啊，这个人都有病了，有病了，也治不好，都死了。日本人放毒，咱也不知道。没有上大水。这阿米巴痢疾啊，这是从我自己来猜的，这是一码事儿。就是日本在咱中国的时候有，从 1937 年就开始就有，照后到解放以后就没了，八年以后就没了。一解放，日本走了以后就没有了。那时候人都叫霍乱。有说是霍乱咮，有说是抽筋咮。最简单的，饿死了，都这样，不是。这个阿米巴痢疾呀，这是我听邯郸地区医院里一个老医生说的。因为啥，我一个孩子一直是肚子疼，在我们县里看不好，我领到邯郸去了。在我们县的时候，有个卫生所，有个所长，姓翟，叫翟淑平，他说这是阿米巴虫，阿米巴痢疾。这个年（龄）不多，这是 40（岁）。老医生说这个医生诊断错了，不是阿米巴虫。日本人在这时候，有阿米巴虫，解放以后就没有这个细菌了。他说你这个孩子是肠道滴虫，阿米巴虫那是一种菌。我这是听地区医院里一个教授，姓陈，他说日本人在这的时候，有这个毒，阿米巴虫，这个是个细菌。

没听说日本，皇协军得病。那个我说不准。

日本飞机那个在上边呢，光在上边飞咮，那个翅膀上一个红月亮坨，这么大一个红圆的家伙。没见过扔东西，没在这儿炸，他打仗的时候，打不开了，才炸呢。

大部分是皇协军抢，日本人，老百姓家的东西他不拿。人出国了，拿你的东西干啥？当时咱中国收着去的粮食啊、棉花啊，都运走了。日本人侵略咱中国以后，他们都掌了权了。要公粮啊，要什么东西啊，都给了他们。涅侵略中国为了啥，就是要咱中国的东西。底下收的这些农产品都给整走了。

那时共产党都地下藏着呢。给这个村里，大仗没有打过。日本人从威县，从馆陶，在我们邱城，来回跑。八路军那会儿没有正规军在这，有县大队在这，打几枪就跑。日本人力量大，共产党力量小。这就叫打游击战。村里有当八路的，都牺牲了，都死了。那时候，抗日，当兵的人都死了。八路军打过邱城解放。

民国 32 年上半年年景不错，不错也没收到东西。种的是麦子，蝗虫过来以后把麦头都咬掉了。那蝗虫都会飞，把麦头都咬了。六月六就该收秋了，结果蝗虫就给麦头都咬掉了，都掉地下了。割了麦以后，不是种秋荏苗啊，有种谷子、高粱，玉米那时很少。都长高了，都秋天了，又过来一荏子蝗虫，又都给吃光了。

蝗虫过去，第二年春天又出了那个小蛹蛹（音），那个家伙不会飞，光会蹦，光会地下蹦。那不是八路军都解放了，都组织老百姓打蚂蚱。拿这个鞋底，给这个鞋后边钉上个棍儿，扑啦啦，扑啦啦，打。这刚刚解放。这灾荒民国 32 年以后，都解放了。

日本人给邱城住，他也住不安生。这个游击队光黑了扰乱敌人。光打他几枪就跑。他也睡不安生，他也占不稳。他们行动的时候，不给老百姓治，老百姓有点病，碰上找，城里去找他去，挡住，给你点药，不要钱。咱这个钱不能花。咱这个叫白票，日本那个叫奶奶个金票。一块钱顶咱们中国票顶一百块。日本人不叫花咱这边的票。咱共产党不叫花日本票。咱这个票那是以前叫冀南票、鲁西票、北海票。那就是省里都能印票。那票谁印呢？那还是国民党。这儿花冀南票。

一个人一个证，良民证。那个良民证是公安局办的。你是好民，都是良民。

腰秤，那个叫洋秤。外国进来的东西叫洋东西。那个秤砣上边有个窟窿，有个铜嘟嘟，那个铜嘟嘟里头都说有毒，把那个都攒出来了。良民证有毒没毒，我没听说。秤，就是在灾荒年尾。

两口井，东头一个，西头一个，就这两个井。

咱这老百姓饿得没办法，就劫。他没啥吃了，比如你拿点东西吃，他就给你劫走了。劫道的有，那都是当地的老百姓劫的，都认得。那个村里谁谁谁，他好劫，都认得。这个三里五乡的，不认得啊？他那都是饿得没办法了，劫路。可不是，劫路，劫吃的东西。皇协军他不劫路，他也不敢劫路。劫路到路上要藏着八路军不把他打死啊？他不敢出来。我们这离邱城五里地，他们来最少来一个班，一个班来十来个人，到老百姓家，抢人家吃的东西。有点衣服，给你拿走。拿走，就跑了，不能久待。他怕八路军、游击队打他呀。就是皇协军，日本人大扫荡，大部队才出来呢。抢点东西，拿点吃的，日本人不来。

采访时间： 2007 年 5 月 3 日
采访地点： 邱县邱城镇孟固
采访人： 李 婷 高海涛 张 翼
被采访人： 王国息（男 76 岁 属猴）

我叫王国息，76（岁）了，属猴的，没上过学。

民国 32 年时候，我都出去到南河，其这百十里地。给那住着，家都没人了。

给那待了一年，我就返回来了，我主要是家近。那一年是先旱，后边又淹了。会飞那个蚂蚱，把地里苗都祸害了。那高粱都有小穗了，还不成籽儿呢，把高粱那个穗儿都咬了，到秋天里。下雨那都是七月初几下的雨，记得那个苗都有了。你看，人都没吃的，到地里薅那个绿豆角，回来溁溁，或者是煮煮。地里那个野绿豆，胡绿豆，黑绿豆，拿锅里煮煮。那一年生了两季虫子，春麦里一季儿，秋后又一季儿。秋后那个会飞。一层，爬那个高粱上边，都给那个麦都咬了。到八月几了，飞的那个蚂蚱，到地里咬的那个谷穗，祸害了。那一年，艰苦得很。

给屋里打萧萧（音），那时候房质量都不高。有的给地里打萧萧，给地里种瓜，有的是给家住着。露太阳的时候少，下了 18 天，在 18 天没有好天，再说一个吃不好，人伤了好些。人吃不好，穿衣裳又不暖和，吃不饱，他好得这个病。霍乱病，主要是受潮，再一个人吃不饱。人人毁了不少。

说民国 32 年，大多数都是逃出去的，在家里极少数，村里都没人了。你看我大爷亡的时候，埋到外边的时候，找不着人埋。没人，街上都没人。他那也是主要是吃不饱，受冷啊，受啥的，主要得那一类的病，霍乱病，下雨以后。下了雨，人主要是吃不饱，也穿不暖，容易得病，一得病就伤亡。那会儿治又没钱。大都治的少，没啥吃了，治病的先生都逃出去了，都没人了。一个是霍乱病，再一个跟饿有联系。到以后，这个病严重了，没吃的，有吃的，都不中了。

上啰下泻，有的是浑身肿，有的是不肿。那人都瘦得都走不动了。一得病，都挽救不过来了，得这类的病快，这个人就不行了。就下十来天雨，得这个病的人就多了。灾年以后得病的少，那会儿得病的少，都是民国32年，那会儿主要是下雨那一段得病的多，得病还挽救不过来，就死了。有扎的，有扎过来了，有的都扎不过来。有的轻点，可能扎过来了。有严重的扎不过来。

那一段有半月时间，得霍乱病的不少，下的时候，没啥事，过了十来天往后，这个人伤亡的多。下雨那一会儿还少，那会儿得病的少。主要是人吃不饱，饿的，再一个也受冷，大多数那个人家。主要是一得那个病，一上岁数，这挽救不过来了。要有吃，那啥，再说那会儿有吃的少，大多数都没吃的。人都逃出去了。在家那人也不行，也受罪。

我出去那一年，13（岁）了，14（岁）我就回来了。麦天里出去的，麦天里返回来的。麦季儿都是阳历6月份。出去那可能是民国33年。我出去都最后了，我出去时，那瓜都些大了。春粒熟了，还生了一回虫呢，把那个麦头都咬了。那会儿那人，拾个麦头，搓个籽儿啊，能顾住吃了。搓搓，煮煮，拿碾压压。我出去那是阳历6月份，民国33年。第二年我回来的时候，麦子有的熟了，有的还没有熟呢。

这里没八路军。日本人点了俺家一座房，别的没受损失，过年谨之前，光点了个房。以后，过来灾荒以后，有吃的了，有喝的了，在这里，发种子，买不起牛，上面给贷款，那时节，上边给贷款，灾荒以后，上边给救济了1000块钱，1000块钱买了个红尾子牛。起这往后，算有吃有喝了。那会儿种点地儿不容易，光凭天能种多大地儿。

黄沙会有，咱村里还没听说。主要是村里一户发一个那个枪，那是一个铁枪头，安个板，前边一个口，有七八寸长，枪头都有七八寸。解放军发，叫看村里，保护村里。看地都拿的那个。那又不能打子儿，后边绑个木头板，一寸来宽，有七八寸长。可能是以后领的，是领的，买的，我弄不清了。俺叔他那有一个。

得病的是俺大大爷，没传染。就我在家，没多长时间，我也就出去了。得霍乱病是七月初几，下大雨都有六七天了，得了这个病。连得病带伤亡算三天。他那会儿，村里我记得都没人了，埋的时候，都没人了。家里，别的都没人了，这个大爷还没出去呢，俺这个大爷在家。还没在家住着呢，他先在路南，以后又在街里找了个房住着，他是头大爷。俺一个大爷给别人做地里活。出去了，得病的还在家里。他又找了两人，把大大爷埋了，埋到外边了。俺那个大爷下边好几个小孩，给了人贩，把小孩领到外边，找碗饭吃，啥也不给，就算了。这个小孩，碰上大人了，给两个钱。还得坐车，也得走老远。俺这个二大爷，他出去了，剩下小孩了。现在他这个闺女还在石家庄南呢，没回来。光来过两趟，离着有 300 多里地。

采访时间： 2007 年 5 月 3 日
采访地点： 邱县邱城镇孟固
采 访 人： 李 娉　高海涛　张 翼
被采访人： 王月磊（男　70 岁　属虎）

王月磊

　　灾荒年，连四年不收。头一年旱，第二年淹，第三年生了虫虫蛋，第四年赶上乱，日本进了中国抢，炸。

　　到后来下了七八天，没吃的。老日本鬼子抢。光跑，我才四五岁。头一年旱，不下雨。那是灾荒年，下半年，得霍乱病，我那个叔，犯了病，一会就死了。那时没麦子，啥也种不成，抛荒。

　　不少逃荒，有逃出去的，有在家饿死的，有跑不出去的。当时一百来人，不到二百人。那死人不少，都是二百来口人，剩下百来口人。有去外边的，有病死的，好好的得病就死了。

　　俺那个叔，我记得，在家得的。五六十来岁。哕，泻。我小呗，有抽筋，我也得那个，我好年景得的。有俺那个孩子时得的。下雨之前，不下雨的时候得的。吃草，荠菜、野菜、树皮、树叶、柳叶、椿叶，都吃了。

数那天死人多，一天埋了九个。那时候死人哪，都没人抬，没人，饿得没劲了，还抬啥。连坑都挖不动，挑个树窟，都。不是下雨时候，以后。我家跟俺大奶、大爷一个院里住着呢，四五口人，那是叔伯叔。没听说传染。当时就死了，毁了。没有扎针。那会儿哪里找先生？院里尽是草，到处是一人深草，老臭，臭蒿，院里尽是野兔。都那会儿逃出去的。那会儿没别房，尽草房，土坯的，房倒屋塌的。那会儿事儿不中。下雨以后多，都出去了，没人了，地里也不收。兔出来，人都逮不住。

有皇协军、老毛子，有日本人。日本人有没有来过不记得，我那会儿小呗。皇协军都骑着大洋马，牵着大洋狗。

没井，旱，麦子不能种。靠天，家里打的砖井吃水。整个两口井，西头一口，俺这东头一口。日本人不敢这住着，他都邱县城里住。

（我）没上过学，没大人，没爹没娘，我独个，一个奶奶。民国32年有我母亲。那时不能给家住，一听炮响跑了，都在地里住着，怕日本人跟皇协军抢。他抢你的东西，跟这会儿社会不一样。做买卖不中，推公粮不中，光劫路劫你，谁也劫，谁没啥吃，劫。给八路军推公粮，他半路劫你。推了800斤粮食，给你几斤粮食，给工资，跟现在工资一样的。

老些事，我记不清，我这个脑瓜不好使了，有高血压。

孟 街

采访时间：2007年5月6日
采访地点：邱县邱城镇孟街
采访人：齐 飞 刘晓燕 付尚民
被采访人：马文子（男 84岁 属鼠）

那时候村里有600多口人，包括南大街和北大街，是一个村。家里有父母、两个兄弟、一个妹妹、三个弟弟。我自修到高中毕业，小学在这个村里，日本人来了后小学就没了。家里有50亩地，粮食不够吃的，一年收好了，收五六担（十斗一担）粮，不够吃的话要饭吃，上边也救济，共产党救济。

马文子

离这儿七八里龙潭有日本人的钉子（炮楼），大地堡，在西南方向也有。龙潭的钉子（炮楼）大，日本人皇协军一共二百来人，日本人少，一个钉子（炮楼）上有七八十个日本人，日本人一个钉子（炮楼），皇协军一个钉子（炮楼）。

日本人不经常来这村，日本人来了人就往地里跑。在这个村从北头到南头杀了十来个人，用枪刺刀挑死、打死、烧死了。马文生被枪毙了，因为穿衣服大点像八路军。打死的青年人多，都在30岁以下。对小孩、老人好点，看见不顺眼的就打，王梁贵跑被打死了，因为跑，一见跑就拿枪打。日本人来杀了好几次。

皇协军、日本人一块来，皇协军杀人少点，爱财，抢东西。皇协军都是这儿一片的人，当皇协军给吃的，给钱，能维持生活，但也吃不饱，给家强。当皇协军有自愿的，也有抓去的，这村里有被抓走的。王边度（音）被抓去当皇协军了。

那时村里来土匪，晚上来的，把人打死，抢走东西。土匪、小偷住店里，打死人，抢东西，那时候日本人已经来了。土匪没有头，但有大头王保仁（东南边，离这儿六七里地）、王来贤、赵国义（郭庄，离这儿五里地），都是本地人。马头有个李运昌的是大头，土匪也有组织，下边有好几百人。各人有各人的组织，李运昌的人不少，也有汽车，土匪来村里不杀人，来了是公买公卖，讲公道，他们到南边去祸害，杀人放火都干，这边还平和，到外地都祸害了，就乱了。

民国32年收成不好，七八月下雨，下雨连下了八天，水有一米深，到腰这儿。出村要坐船。连下了八天，把房都下倒了，一溜房都倒了。在此之前下得小点，下得慢点，一直过了第二年才露了地皮。下雨那几天有村子一天死了二十多个，找两个人挖个坑埋了，用门扇抬出去。他们的病叫哕泻，上哕下泻，是霍乱的病，找个医生都很忙（哭）。那是个黑暗的社会，杀人放火，黑夜里有小偷。下雨之后得病的少，有病的都死了，岁数小的不容易得病。那时医生少，一个县一个。有老中医会扎针，咱这村里有一个扎针的叫王尊雨，只会扎针，有了病就去找他，这个人现在没了。县里有一个医生，只有院长一个人，底下没人了。

上哕下泻，霍乱传染，传染到身上。那时不让种高粱，怕藏人。那时候很厉害藏到柜子窝下睡。那时候房倒屋塌没地睡，没东西吃，就在地上睡，死人也多了，一天天挪。

那时雨连下了八天，俺家不咋，碾米，有吃的，这村不行了。一个村有 20 个人死，都抬出去。民国 32 年喝凉水多，喝开水少，喝井水，喝下雨水时从地上找水喝。

下雨的时候日本人还没来，日本人来了是枣树就锯，北边五里地，把南王楼给围住了，保护他们自己。住哪儿就先锯树把村围起来，树毛（音）朝外，口朝里。但不经常来村住，顶多住三天就又挪了。他也害怕，怕八路军打他，那时还没有钉子（炮楼），有了钉子（炮楼）就不出来。出来扫荡，扫荡完了就回去。

这一片儿有根据地，在威县有根据地，这儿也算根据地，曲周是日本人根据地，邱城日本人占着。咱村就有党员，孙来斋来找我入的党，村里有青抗先，他在村里任抗先，下边有模范班，不知道其他村有没有。青年人都在模范班（好好种地，起模范带头作用，头是班长，办好事，啥事儿办啥事儿）。村里那时有三四个党员，家里人不知道我是共产党，我自己知道，就四五个人知道，日本人也不知道。我参加过游击队，都在这儿一片活动，一天挪几个村，怕日本人来抓，找个庄稼人家里住，老百姓都愿意让我们住，老百姓都认识我们。跟日本人没怎么打过仗，日本人的火力好，那时用独眼龙（打一枪推一个子弹），一个人有四五个子弹，游击队没打过炮楼。

民国 32 年以后共产党给粮食，有指标，每人八两（这时候日本人已经离开中国了），那时八路军一天一人一斤粮食，一斤小米。西边永年运粮食（河北）离这儿七八十里地，南边 300 里地（黄河以南范县、运城），我运过，运 400 斤。共产党组织运粮，我当过村里运粮的头，村里去十来人运粮，一般一人推二三百多斤，去了两三趟，一趟就住几天。有一次去推粮，腊月三十，在马路上下雪，走不动，天黑，说着话。有人来，皇协军到跟前，说别走，别动，把车衣服都给拿走，朝南走，推钉子（炮楼）里边，我说没劲，皇协军拿枪往身上撬，不准说没劲，过了路朝西走，推到钉子（炮楼）里，推到里边把粮食卸下来。穿着单衣，外边来了个人，喊黄班长，放下板子，让我们四个再去推，出来了，一伙人围着，我们在中间，去推车。想了个点子，一步一丈远往北跑，我们四个跑了，他们没枪，怕八路军。碰到老乡，说说话，跟到沙新庄，我家有木头，先烤烤火，叫沙连城把轱辘头烤了，烧得没法使了。第二次来回一个月，回来时一天走五里地，一天给二斤粮食。推一趟能剩下二三十斤粮食。家里一屋东西不值一斗粮食。推 100 斤粮食 100 里地给 18 斤小米。一斤小米相当于一斤半粮食。八路军的粮食是东南来的，是公粮，从山东的范县，运的是公粮。

我看见过天上的飞机，但没往下扔过东西。那时候飞机少，飞得远看不清。

采访时间：2007 年 5 月 3 日
采访地点：邱县邱城镇孟街
采访人：李　斌　丛静静　韦秀秀
被采访人：孟宪学（男　80 岁　属兔）

民国 32 年（我）在家，那时 16 岁。旱灾，一方面没收，人饿了时都偷粮抢粮。邱城里那有日本人和伪军，种地的时候他把种子都抢走了。有土匪，家都困难没啥吃，以前最

孟宪学

贫困。家里都没粮，经不起这个灾荒，经不起不收，有点粮害怕绿林军抢了，这藏点，那埋点，维持生活。逃荒的能占一半，有400人啦，逃出有200人。

那时就属一个马固，死那块的人邪多。再那边是孟街，后边是贾街、张街，这些街一共九条街，小街灾荒年都完了。像刘街、小庄死的死，逃的逃。那个时候都是妻离子散，小孩都给了人家了。人家南边有水浇地，像咱这到解放以后才打井，那会儿都没收。

旧历七月以后才下雨。种地种不上了，种点萝卜、荞麦。到第二年还没收，蝗灾又上来了。粮食都咬了。种那棒子都没收着，收上都没长籽，种上瓜了，种完了一冷一下霜，那就不能收了，光收点小菜、萝卜，都吃那家伙，配点草、菜叶。有饿死的，大部分都逃荒走了。我记得那会儿死了两个人，都是得霍乱病。得霍乱病最严重的是上啰下泻。没大夫治，没药。霍乱是八月吧，算成阳历是9月多。

民国32年后半年，那会儿编了个民谣：民国32年，闹灾荒，人潮湿，潮湿以后得了霍乱。到下雨以后编了那个歌："八月二十二日，老天阴了天，小雨下了七八天，房倒屋塌，妻离子散。"

我村里病的人不少。我见俺前边街上，叫孟宪闵，最少比我大二三岁，他得霍乱死那时也得二十多岁。霍乱死的人不很多，病的是不少，到后来有喝偏方喝好的，那个偏方是啥说不清，能不能治好不一定。再谁家有得病的咱不知道了。霍乱有一个月，都是个别的，不是大部分的。别的街比咱这更坏，别的村里咱说不清。霍乱就是啰，泻，止不住，治不及。

日本人少，他在邱城县城里没住很多人。日本人来，年轻人都跑了，怕被抓走了要东西，叫当兵去。俺街上当时400人，当兵的就20个，当八路军，没当皇协军的。伪军都穿粗布的黄军装，日本人穿黄呢子。日本鬼子一般不打仗的时候不戴防毒面具，他打仗的时候咱没见过，谁知道。行军的时候，走路的时候不戴防毒面具。他不给咱检查身体，他不办好事。下雨之前来过。

下雨之后，俺后边那街上他修炮楼，没修起来，白天修，晚上北边八路都给破坏了。

采访时间： 2007 年 5 月
采访地点： 邱县邱城镇孟街
采访人： 齐　飞　刘晓燕　付尚民
被采访人： 王天锋（男　82 岁　属虎）

王天锋

　　我一直在村里，民国 32 年出去过。那时候村里六百来口人，过了灾荒年就剩下二百来人。那时家里六口人，过了灾荒年就剩三口。那时有大娘、娘、婶子和我，四岁时我父亲死了。我舅舅是共产党，区委书记，后来被逮到炮楼里去了。家里有 80 亩地，打粮食够吃。蒋介石时，我上了没几天学，那时日本鬼子还没有来，我上了两三个月，在村子里上，是雇的老师，要钱。

　　离这儿八里地一炮楼，在龙潭是大炮楼，离这儿四里地一个小炮楼。皇协军抢东西，见东西就抢。日本人来扫荡，挑了三个怀孕的，跑的打死了好几十个。日子都不能过了，牛给牵走，东西拿走，日本人三天两头来村子里。

　　民国 32 年早先旱后淹了，下雨下了八天。8 月 22 日开始下，那天阴天。有霍乱病，哕泻，当时不知道是霍乱，民国 9 年，老人说有过这病，那时一天死十来个人。下雨前没这病，下雨之后就卸了劲了，少了。日本人下雨不出来，日本人都穿黄衫皮鞋，没有穿白衣服的。我见得日本人多了，修炮楼我出工，把村里的枣树都锯光了，种地多了就得多出，三十多亩地出一个去出工，村里的人都去修炮楼，之后去挖南北河，修马路。我见过日本人的汽车，汽车上写着年号"昭和"，枪炮上边也写着"昭和"。二十九军从这儿过修了一条大马路离这儿五六里地。日本进中国后八路军来了，是先有根据地后有炮楼的。民国 32 年下雨的时候喝雨水，喝开水，下雨时也喝开水。就这个村子种上点儿苗。

采访时间： 2007 年 5 月 6 日

采访地点： 邱县邱城镇孟街

采 访 人： 齐　飞　刘晓燕　付尚民

被采访人： 王庭玉（男　83 岁　属牛）

王庭玉

　　我不是党员，在日本（人）进中国时上过学，上过两三年，在大街村上的学。那时家里有五六口人，弟兄三个。村里不足 100 口人，家里有五六十亩地。十家有八家不够吃的，村里人家境都不好。

　　日本人来过村里，南边在地堡，西北角龙台有炮楼，其他的就远了。马头是八路军的根据地。见过日本人打死人，在村里、地里，打死两个人。日本人不要东西，皇协军抢东西，日本人抓人，都带走了。这村里没有抓过村里人，皇协军十天来三天，皇协军也打死人，比日本人还孬。

　　不记得土匪了，民国 32 年不够吃的。民国 32 年天旱，苗不长，草不长。不记得在什么时候了。民国 32 年水大，也淹了，七月、六月来水，下了七天没人了。饿死得多，水下得多。

　　下雨时有得病死的，抽筋霍乱，不能动弹，抽得厉害，也泻，泻得厉害，下雨的时候得的这病，地潮，下雨之前得这病的少，这病后来剩没几个人。当时有饭也被皇协军端走了。

　　下雨的时候没来日本人。日本人穿黄军装、大皮鞋，没见过白大褂的日本人，没见穿白色衣服的。下雨的时候我在村里，村里没有医生，村里也没有扎针的，不下雨就没这病了。

　　那时村里没逃荒的，都在村里吃黑蚂蚱，吃叶子，吃衣服里的套子。下雨后日本人经常来，来点房。那时候也种地，但种不上。要饭，什么也吃，那时候逃荒，100 里地多远的地方都好。

　　这村里很多当八路军，八路军吃运粮。我有推过粮，从南边推粮，离这儿好几百里地，那里有粮食，从那儿收粮食。白天躲着，有时走，有时不走，推一次得走六七天，一天走五六十里地，不都给八路军，路上吃剩下了给八路军，不给老百姓吃了。除了炮楼跟前都有八路军，晚上也去。不清楚日本人和皇协军是不是一块儿住，大炮楼四五十人，小炮楼二三十个人，一个炮楼上二十几个皇协军，日本人少。曲周日本人多，邱县的日本人少，三天两头打炮楼，日本人走了，只剩皇协军后，八路军点了炮楼。

我在远处看见过打仗，见过日本的飞机，飞机飞得低，炸城市扔东西，炸曲周扔东西，飞机炸都知道，但没在村里扔过东西。

有土匪的时候还没有八路军，没有大土匪。过民国 32 年八路军来了，这村里没蒋介石的部队，这儿归山东管，这儿属大胜庄（音）。不清楚首长是谁。

采访时间：2007 年 5 月 6 日
采访地点：邱县邱城镇孟街
采访人：齐　飞　刘晓燕　付尚民
被采访人：王泽付（男　82 岁　属虎）

王泽付

我以前上过国民党的学校。

日本人到村里抓村民，我被抓住了。皇协军比日本人还孬，抢老百姓东西。日本人自己带罐头，他们不吃老百姓的东西，怕被药着。皇协军让我去当兵，结果我回来就去当八路军了，解放后我回来的。村里年轻人都被抓了，这个村的基本都去当过兵。

民国 32 年的时候我在区游击队，都属于八路军的地方。我民国 32 年秋参军。民国 32 年不下雨，人都跑了，地都荒了，种上没人管，光草。那年下了大雨，死了老些人，一家家都没了，死了都没埋的。那年连饿带有病死的，什么病都有，霍乱病多，所有的病都叫霍乱病。没药吃，都哕，有好几种。

我在游击队里，在附近一片转悠，先编到县大队、区大队，后来成为正规军，在广宗、南宫、巨鹿打过炮楼。后来日本人走了，剩皇协军。在邢台死了很多高丽人，那时候八路军的子弹够用。

南 街

采访时间： 2007 年 5 月 2 日
采访地点： 邱县邱城镇南街
采 访 人： 李 斌 丛静静 韦秀秀
被采访人： 郭金贵（男 78 岁 属马）

郭金贵

民国 32 年逃到石家庄，没得吃，天旱。城里有日本人，乱得很。以后七天七夜的雨不停地下，房子都塌了。人得霍乱转筋，得病就死。霍乱转筋是一种病，哕泻，得病的人不少，是人灾，正下着雨就生病，每天都埋人。后来都说这个事。俺家没人得这个病。那会都出去了，没见过得病的人。屋里屋外都潮。雨后又生蚂蚱，一飞太阳都遮住了。

日本人在时只让开个东门。日本人住东街，四周有城墙，内七丈外八丈，有三丈六高，城墙上能跑汽车，一面二里长，四面八里，城内四条街，城门在城墙正中间。

采访时间： 2007 年 5 月 3 日
采访地点： 邱县邱城镇南街

采 访 人： 陈洪友　李玉芝　张少勇

被采访人： 刘门杨氏（女　86岁　属狗）

　　没有粮食吃，都饿死了。下雨天数不少（小雨）。我爷爷是得霍乱死的，哪有治病的，没有，得了就死了。得霍乱后没活的，只等死，快的时候一天就死。我娘把兄弟送人。老人在家里，年轻人都走了。那时候，下雨后喝凉水，吃野菜，薅了菜，煮煮。小雨，没发大水，也潮湿。那时候还在老家那梁家庄。吃小盐，不好吃发苦，没大盐好吃。谁家有狗呀，都出去了，家里没人。雨中得的霍乱。

　　皇协军，土匪去抢百姓的东西。日本鬼子也上梁家庄。俺爷爷出不去，在家里，我出去了。财主家有吃的没有饿死的。下雨前旱，不收庄稼，有蚂蚱，吃蚂蚱，煮着吃。

采访时间： 2007年5月3日

采访地点： 邱县邱城镇南街

采 访 人： 陈洪友　李玉芝　张少勇

被采访人： 王门武氏（女　89岁　属羊）

　　民国32年那时候饿死的人多，那时候穷呀。灾荒，逃的，人吃人。那时候得霍乱。那时饿的，死人死得老多了。那时候是阴天，潮湿，都得霍乱。那不下雨么，下了八天八夜，下雨下得房塌屋塌。那时我已经在这儿了。拿东西换点米换点面，都给孩子吃。光吃井水，喝点凉水呀，没烧火。俺家没有得病的，村里有得病的又好了。日本鬼子在县城。俺也没在家，也逃出去了。那时候谁在家，都跑出去了。都有老毛子，都不敢出门。杀人哪，跑着去埋了。灾荒年以后都70年了。

前段寨

采访时间： 2007 年 5 月 4 日
采访地点： 邱县邱城镇前段寨
采访人： 李　斌　丛静静　韦秀秀
被采访人： 曹金海（男　72 岁　属鼠）

曹金海

民国 32 年在家，秋天里就涝了，下七八天雨，人没啥吃，没啥烧。抗日战争那会皇协军听日本人的话，还抢。吃糠咽菜，饿死老多人了，一天饿死十来口子，大街看不见一个人。得病都是没啥吃引起的，受寒引起的病，霍乱病，抽筋病。那时候一天吃一顿饭，没啥烧，光下雨，到哪儿整火去？没柴火烧。死那么多人。上哕下泻，得霍乱的多得很。

阴历是九月底了开始霍乱，跟下雨有关系，都是潮湿，涝，叮当叮当漏雨，屋里站不住人。下雨前人还没得那病，正下着雨那会儿。下了七天七夜，人受了潮湿，不见太阳，下得房漏屋塌。扎针能扎回来。村里有个老医生，这儿有得病的，那儿也有得病的，扎不过来。医生又少，又没有药。我知道能扎好，大人告诉的。霍乱传（染）人，传染很快，都听别人说霍乱传（染）人。我那会儿才 8 岁，后来光听大人说有医生扎针。我家没人得霍乱，周围的人有得的。那快得很，一天就毁了。人都饿，瘦，饿毁了就没有抵抗力。到后来有点吃了就没那病了。有两个多月、三个月就没那病了。接连不断有人得病，得这病的肚里疼，抽筋。死了埋地里，没啥棺材，买不起棺材。

那会儿真没法过，从西南过来了蚂蚱，一下子给这个太阳都遮住了，就跟阴天似的。后来一到村里，在那高粱上都落满了，咬那个高粱蔓子，把高粱全都咬了。人吃啥啊？那个布袋在高粱梢上一抹，吃那个蚂蚱。那家伙吃了肿脸。过了年地里又生小蚂蚱，人都打不及。在地上挖个壕，两边撵它，一撵那小蚂蚱就钻到壕里了，用布袋装，回家吃。下雨以后来的蝗虫。

地上有水，不深。那会儿不是瓢泼雨，按这会儿说是中雨，小雨到中雨，下的时候长，下了七八天。吃房檐流下来的水，屋里那盆接着水。

日本人在邱城里住着，经常来，抢东西，打人，打死几个人，没法过。日本人穿黄军装，戴着铁帽子。没见戴防毒面具。没给检查过身体，谁敢叫他检查身体，也没给打过针。正下雨时日本人就不出发了，下雨时没来村里。日本人不管，八路军管。八路给点儿救济粮，每人都给点儿，给不多。给过我，我是烈属，俺哥哥是抗战打死的。八路军也是跟村里要的粮食。八路军要，皇协军也要。八路军跟村里的富户要粮，穷人没的吃，要啥？日本人抢，到家以后翻箱倒柜。八路军打那个游击战。

日本人抓劳工抓过，抓到东三省，给他当奴隶，挖煤窑，搬运工。村里抓去的不多，我认识的都死了，死在家里，民国32年抓走的，民国33、34年就回来了。没有抓到日本国的人。

飞机没见过，飞机少。

民国32年南边有个漳河，好淹地。几月份闹不准，是民国32年，淹到这了，北边来水淹到这，下雨下得多了，积到一定程度，连沥水，连来水，淹到这了。这块下着，那边发水，能不淹？经常淹那会儿，一到秋天就淹地，1963年那年特别厉害，平地水深一米多，飞机还在空中投东西吃。

采访时间：2007年5月4日
采访地点：邱县邱城镇前段寨
采访人：李　斌　丛静静　韦秀秀
被采访人：元清月（男　88岁　属猴）

都忘了。民国 32 年，我逃难了，在山东曹州了。饿的。咱这不怎么好，都没吃的，饿死老多了。小日本在这儿待了半年。他们逮人。

旱，都饿死了。没井，天没下雨，旱死了，有虫灾。得霍乱病，我回来少了 200 人，连病带饿都死。一天死了 8 口人，都死了。原来 700（人），都死了，没人了。都得，30 多（岁），50 多（岁）都得。那时候我不在家。

元清月

采访时间：2007 年 5 月 4 日
采访地点：邱县邱城镇前段寨
采访人：李 斌 丛静静 韦秀秀
被采访人：岳金路（女 75 岁 属鸡）

岳金路

灾荒年，民国 32 年，那年 11 岁，在馆陶南边要饭。家里没吃的。蚂蚱，淹，上水大，下雨，阴历七月，下了七天。水不多，下的时间长。是有得病的，得霍乱病，就抽筋，就死了，死得快，上哕下泻，一天多。一天这个街死了 8 个，那可不死，死的不少，剩了 400 多人，现在 2000 多，那时候说不准。医生治不过来，医生少，人多。一喝凉水就死，上哕下泻。上茅子，拉肚子。喝凉水喝的，都死了。凉水喝的就不错，哪还有热水喝。俺爹也是那年死的。俺娘是八月二十三死的，饿死的。

高粱都熟了，都是得病死了，喝凉水死的。一天一夜就死了。俺娘饿死了。

当时有日本人，有个堡，八路军来了，打下来了。日本人不到村来，霍乱的时候不来了。那时候没皇协军了。

采访时间： 2007 年 5 月 4 日
采访地点： 邱县邱城镇前段寨
采 访 人： 李　斌　丛静静　韦秀秀
被采访人： 赵宪福（男　77 岁　属羊）

赵宪福

　　民国 32 年在家，十来岁那年，旱灾，伪军骚扰，粮食种都抢走了。以后七八月份下雨，秋雨下了 40 天，40 天没晴天，把人都下毁了。得霍乱，死 20% 多，有全家死的，少医没药。得这个病肚疼，哕泻。饿死的人也不少，30% 的往外逃。这病传染，我家有我母亲得，六月、七月、八月，大约这三个月得的，没治好，没传染别人，扎针没扎好，非常快，三五天就完了。这个病有三个月，从八月份开始的。这个病跟下雨有关系，见不得太阳，不止一天得下，没停下日，下的时间一长，就开始死人。民国 32 年种地，家里还有人的就种点儿，都饿着了，种那个粮食，不熟，七分熟就吃了。接水吃，有烧开的，有烧不开的。日本人经常来，来抢东西。下雨后来过，来得少了。

前尹庄

采访时间：2007 年 5 月 3 日
采访地点：邱县邱城镇前尹庄
采 访 人：王穆岩
被采访人：尹新仲（男　76 岁　属猴）

尹新仲

　　我一直住在前尹庄，以前叫尹庄。念过书，1946 年上高小，1949 年在马头上初级师范，1952 年师范毕业，分配到仁义庄高小当老师。1953 年到香城固干校，干了一年。1954 年到棉花加工厂职工夜校教工人，在棉花厂干到 1961 年。到了固城营寨，当武装部长，直到 1972 年。1972 年到县糖厂储备小组。1975 年到海河指挥部，海河改造保护天津，挖河，当副团长。指挥部与水利局合并，到水利局工作，工作到 1992 年退休。施工股股长。

　　民国 32 年，下了七天七夜的雨，没停，房屋都漏了。一点干柴火都没有，没有吃的，也没有烧的。下雨后人得了霍乱病，我们村一天能死三个人，没人扎针，没医生，不懂。没人埋。民国 32 年一共死了 60 个人。日本人一天来三趟，他们在邱城，他们一来，老百姓就跑，晚上土匪出来，有粮食也不能吃。民国 32 年我爷爷奶奶都饿死了，也不能出殡，放在院子里。跟着父母逃荒到山西太原。在那儿给别人放羊，给了十块钱日本人准备票，买火车票回的桓台。我下大雨时在家，正下大雨时，爷爷奶奶得了霍乱。那时全村 200 多人，去年村里做了村谱。爷爷奶奶生病时上吐下泻，爷爷得病一天就死了。爷爷会看病，霍乱病又叫二号病，奶奶在爷爷死后三天后去世，奶奶得了疮。

　　见过日本兵，每天给日本人干活，按地亩数给日本人干活，三天去两次。日本人在邱城。和泥垒墙，搬砖，不给钱，干不好用棍子打。在张街修炮楼时我去了，晚上回邱城。晚上八路军拆，八路军在贾街打枪。贾街是八路军后方，日本人不敢去，只到马固。人们四下逃走了。给日本人修炮楼，日本人监工，千把人去，都是周围村子，1942 年修好了。日本投降前两天，日本人跑了。

下雨时，邱县里日本人在，看到了，邱城东街是日本司令部，有吃的，抢的，别人运来了。日本人一直没走，他有饭吃，不知道他们传不传染。七天七夜后见过日本人，一天来三趟，抢东西，还给他们修炮楼，打二草的。邱县上的人，一出北门，看见日本人来了就喊，人们就跑。那时前尹后尹一个村 256 人。1952 年分开。11 月下大雪，我就逃走了，从下雨到下雪，没见日本人来过，1945 年逃荒回来日本人还在，还有兄弟姐妹逃荒，我放羊，父母姐妹要饭。晚上住在一块，住破窑洞，没人住的，解放以后又去过，窑洞还在。

儒 林

采访时间： 2007 年 5 月 2 日
采访地点： 邱县新马头镇光荣院
采访人： 李 斌 付尚民
被采访人： 赵林雨（男 79 岁 属蛇）

赵林雨

民国 32 年我在俺那个村的后方医院，俺村是邱县南边的儒林，后方医院在那住着。我那时没的吃，后方医院要照顾伤员，我就到那了，伺候伤员。那年灾荒，没收什么东西。老天不下雨，下雨又晚，又半年多不下雨，到秋天才下。高粱啥的都没收。后来下雨还不小了，下了七八天。七八月下的雨，地上没水，没涝灾。发洪水是 1963 年。死人死多了，一天都往外抬好几个，抬不及。霍乱死的，老辈子起名叫霍乱，上吐下泻。下雨之后得霍乱的，死得不少，都记不清了。没人治，没大夫，治病也治不起。

还生了蚂蚱，下雨以后生的蚂蚱，有蚂蚱时天就冷了。多得很，满天乱飞，大蚂蚱过去了以后又生了小蚂蚱，我吃了七八天的蚂蚱。那时也冷了，在高粱叶上一捋一把，就吃。

日本人来村里逮鸡，杀人。下完雨，日本人也来过村里，来找八路军。戴钢盔。飞机见过。

王桃寨

采访时间：2007 年 5 月 4 日
采访地点：邱县邱城镇王桃寨
采访人：王 凯
被采访人：陈上宾（男 83 岁 属牛）

陈上宾

俺没上过学，一直住这村子里，原来这是桃寨，六几年分的，民国时归老邱县，山东管，归临清。

民国 32 年是灾荒年，上半年大旱，没收粮食，立了秋才下雨，一连下了七天七夜，都浇塌了。没啥人了，都得病死了，得了霍乱，抽筋，净得这个病了，死了一百多人。原来村里有二百多人，后剩几十口了，逃荒的逃荒，死的死。吃不饱，潮湿就得病，在下雨后得的，下雨前没有。

邱城离这里十里是日本马头，离这里五里是皇协军，焦路离这十里是日本人，有二三十个日本人，坞头住七八个，隔一个炮楼就有日本人。皇协军抢东西，日本人领着，他们抢。

是下雨时得病的，阴着天还得，我家没有得的，得了一会就死，不记得是谁了，我邻居就有两个人得霍乱死了，年轻人、老人都得。得病后抽筋，传染人，上呕下泻，扎针能扎好，放放血，但没医生，我还扎过。肚子疼，呕，还没抽筋，扎了针放了黑血，血臭，就好了。兴中医不兴西医，扎针的人已经不在了。扎胳膊窝、腿窝的血管，放出黑血，发紫，而且难受，肚子疼，死得没几个年轻人了，一会抬出去一个，一会一个。下雨以后就没霍乱病了，就那几天。

灾荒年喝砖井里的水，井浅，没盖。下雨时日本人还在，我见过日本人，穿黄衣裳，跟电影上一样。日本人经常来村里，有八路后就不敢来了。1938 年、1939 年就有八路了，忘了哪一年走的日本人。1943 年，皇军大改变，炮楼拉了多半片，日本人后来投降了，下大雨时还在，日本人抓过苦力，抓到外蒙扒煤窑去了。王来艺是 1987 年八路复员的，他那时候走了八年才走到家。

俺逃荒到藁城县，那解放早。那会蚂蚱乱成蛋蛋，就过来了，把粮食都吃了，把麦穗都弄地下了，没收成，饿死的不少。过了灾荒年又逃回来了，在邢台那要饭，叫人家抓走，下煤窑，不知道干多长时间的活，反是天天不见天。有点收成就叫日本人抢走了。

有霍乱病那会，日本人没来。日本人进城，好几年不出城。

采访时间：2007 年 5 月 4 日
采访地点：邱县邱城镇王桃寨
采 访 人：王　凯
被采访人：陈上武（男　88 岁　属猴）

我没上过学，一直住这儿。这儿原来归山东东昌府管，临清专区，范筑先是专员。这儿的人，大都没上过学。抗日战争时，冀州政委是宋任穷，前几年刚去世。

1943 年灾荒年，鲁西北遭蝗旱，到天津都是这个年景，冠县年景好点。

灾荒年七月初六下的雨，没收啥，饿死老些人。没吃的。村里没几个人，逃荒的逃荒，我那会儿年轻，没逃荒。那时有皇协军，皇协军有枪。那年我 24 岁，灾荒年，家里种地呢，八月底快九月时下雨，连阴十几天，光下雨，得霍乱病死好多人，一家死好几个。到十月没下霜，腊月也没下霜。

陈上武

1943 年下大雨十几天，天天下。得霍乱病，没医生治，扎一针就好，家里人没有得这病的，西边这家就得了，刘景先她娘、爹、爷爷都死了，南边那家他爹、弟弟死了，南边这家七口人剩一个人。我见过得病的人，得这病就抽筋。没人埋，我那时不闲着，帮着埋人，埋坟地里。有个人他埋人去了，他也死了，传染。我埋过 6 个人，得这病一天就死。有下雨时有不下雨时，一会下一会不下，不下时就去埋。得这病有法治，没吃药，光扎针，有会扎的，但扎不过来，得病人太多。有人请先生，先生也染上，死那里了，是东边北井头的。

下雨时喝井水，砖井，当时村里有三口井，没盖，都不盖。下雨，雨都淋里边，那几天柴火都淋湿了，柴火扔屋里就没事。有喝凉水的，有喝开水的。

坞头炮楼有 8 个鬼子，有 30 多个皇协军，给日本人做饭的伙夫，是共产党，有了情报战，一出发这边就知道了。老多做饭的都是共产党。事先埋伏好，三连连长张子成，四川人，打仗很勇敢，那时埋伏了一个中队，行井村两个排，北街一个排，一共百十个人，一开枪皇协军都跑了，把日本人打死了 6 个，2 个跑了。1943 年秋打过一次，打的坞头，就坞头有鬼子，邱城西有个炮楼，5 个鬼子 8 个皇协军，住一个炮楼，皇协军暴动，打死了 5 个鬼子就跑了。曲周那时归邱县管，后来不归了。

我给公家运公粮，给共产党运公粮，哪个村都有共产党。他们打游击。运的粮食是莘县以东 100 里地来的。这里是四区，九区是赵庄那块。八路军有仓库，铺个席把粮食放那，敌人扫荡，八路的粮食都埋地底下，八路军一天一斤粮食。八路军那会儿人不多，邯郸军区司令十个连，馆陶县是二十二团，六个连，这边四个连，北馆陶到邱县百十个八路军，一个连百十个人。

邱县解放得早，1944 年麦子黄的时候解放了。北馆陶那边多打一年，1945 年高粱熟了解放。日本人不敢到这边来。灾荒年编了一首歌："1943年，环境大改变，炮楼拉了一半截。"灾荒年以前八路军不敢打仗，1944年麦子黄了，那边打了。1945 年日本人走的。

西 屯

采访时间：2007 年 5 月 3 日
采访地点：邱县邱城镇西屯
采 访 人：陈洪友　李玉芝　张少勇
被采访人：程风林（男　84 岁　属鼠）

民国 26 年日本人占据 105 天。民国 27 年到民国 33 年一直在此驻扎。票据是中国联合银行发的。向北 600 多里，汉奸不少，一个月给 100 银圆。海货（大烟），一个炮弹 16 两（老秤），6 个马拉一个，亲眼见。

民国 31、32 年旱死，没有收成。阳历 8 月 22 日到 28 日下小雨。得霍乱后扎腿弯的大筋，出红血，都是自己扎的。得霍乱后，上吐下泻，半个月就死。用牛粪干烧炕上的烂席烧水喝。村里大约五六十人得霍乱，下雨时得的。日本人没有听说得霍乱的。

村里吃从地刮硝盐，城里有少量买盐的。

村里人有当二十九军的，八路军的，也有当皇协军的。

新井头村

采访时间： 2007 年 5 月 2 日
采访地点： 邱县邱城镇新井头村
采 访 人： 李 娉　高海涛　张 翼
被采访人： 高明恩（男　74 岁　属狗）

高明恩

　　高明恩，属狗的，虚岁 74（岁）了，上过学，上到初中毕业。

　　民国 32 年，有的逃荒走了。有到河南逃荒走了，有到山东这一带，有的就上外边逃荒走了，有的在家。

　　后来，下了七天七夜雨，得霍乱这个时候，下雨当中多，我姐姐得了。民国 32 年那时候又饿，肚里没东西，没粮食吃，吃蒺藜呀、野菜呀，都吃那。蒺藜，长那个刺，磨那个面儿都吃了，吃糠，大便都大便不下来。吃上不行。再有老杂儿，就是土匪，土匪来抢。有日本人，日本人在这来，扫荡啊，抓人啊，修钉子（炮楼）。日本鬼子，八年抗日战争，就那。再加上再下七天七夜雨，房都倒了。房也漏了。又冷，肚里没东西，又下了七天七夜雨，造成这个霍乱多了。

　　民国 32 年是旱灾，没有雨，大旱。旱得不行。种不上东西，庄稼都种不上。农历八月份下了七天七夜雨以前都旱，雨都哩哩啦啦，哩哩啦啦，不是那大雨。格拉格拉，一个劲儿地下。普雨，没有大水。八月份以后，哩哩啦啦，哩哩啦啦下，也没有淹。没有把庄稼淹了。有点萝卜，红萝卜，白萝卜。

　　得了霍乱都是哕、泻，上吐下泻。干哕，抽筋，冷。那个土名字叫抽筋病。都是得了抽筋病了。有扎好的，有没扎好的。俺姐姐扎好了，我一个嫂嫂，没有扎好，死了。有的叫喝水，上吐下泻不缺水？有的医生叫喝水，我姐姐喝水过来了。我那个嫂嫂，医生不叫喝水，渴毁了，扎了以后，渴，叫喝水，那医生不叫喝水，就死了。不喝生水。没听这喝生水。

我姐姐她已经出嫁了，住娘家了，病娘家了。她都很大了，30 多岁了吧。我，我父母亲，我外甥女，没有听说传染。那会儿得的人多了，我那个嫂子五口有两个得。我那个嫂子死了，我那个大侄子也死了，我同胞哥，都是这个村的。村里那时候，不少得的。村里那时有 400 来人吧，现在有 2000 多口吧，死的死了，亡的亡了，逃的逃了，基本那人很少了。

都是民国 32 年，我没有得，我那时小。咱弄不清楚咋得的，都那个劲儿。叫我认为啊，就是下雨，天灾，人祸。日本、老杂，抢，再一个没啥吃，没喝的，肚里没饭，吃野菜，吃点脏东西，那还吃不饱肚子呢，造成这个病。我记得是霍乱。民国 32 年之前没听说有。

见过日本飞机，炸死了。当时，我跟我哥哥去东南地里薅菜呢，来了两架飞机啊，我弄不很清了。飞得些低，从那一看，扔炸弹了，这家伙，这不掉我头上了。那会小，好像落头上了，我顶着个草苫子，顶着。其实没落头上。炸弹是扔了，扔俺村里了，在俺这个街上扔了三个炸弹，原先一个菩萨庙后边扔了一个，把菩萨庙炸毁了，俺村里一个叫刘文起院里扔了一个，院里挖了个红薯井，红薯窖，把那井炸毁了，最后一个扔到院里，院里炸那深坑，炸死了三个人，肠子都炸出来了，姓高的他一家，他娘，他爹，都炸死了，四口人炸死了三口，那一个孩子他那个姐姐，也炸伤，最后在那坑里待了两天，就死了。那一个就是饿死的吧。炸死了三口，饿死了一口，四口人完了，绝了。那惨着呢。剩下那闺女，人死了没人埋，死了臭了。闺女那个绿头蝇围着，还有气呢，脸炸了一半，地下躺着，没人管。死了没人埋，买了两个窝窝，找人抬出去埋了。

日本人坞头有炮楼，城里五六里地一个炮楼。焦路七八里地一个炮楼。坞头一个，焦路一个，陈二寨一个，三个炮楼，跟那邱城一条线。日本修的一条公路，都修的炮楼。抢，杀，点火。

我见过日本人，我那会儿小呗，日本人在那坐着呢，我一看日本人就马上跑了。日本人杀人，一个姓曹的，叫堵到家里，叫日本人逮住了。他那会儿穿得比较干净，日本人认为他是八路军，领他到东南角，把他挑了。我当时看着呢，我小，不知道害怕。这个脖子那扎了五六刺刀。他不是八路军，是老百姓。

八路军是游击战争，俺这住三连，那个名儿叫三连，有四分队的兵，县大队四分队，三连是八路军的正规军，有机枪。三连一直打，在这打死过好几个日本人，三连打好了，日本人在这不行。村里有参加八路军的。国民党抗日没有。

就那一回，有一回，宋任穷，向南走，日本人飞机撵着呢。我没见，我这是听说的。

采访时间： 2007 年 5 月 2 日
采访地点： 邱县邱城镇新井头村
采访人： 李　婷　高海涛　张　翼
被采访人： 袁世忠（男　75 岁　属鸡）

袁世忠

我叫袁世忠，属鸡的，亲兄弟一个。

民国 32 年，没有逃。那一年没上水，1963 年上过大水。得过霍乱，民国 32 年得的，浑身搐筋，拉肚子，就死了。那得的多，我没得，我弟弟得过。有人看，看不好。有人扎。有多长时间，不知道，死老些人了，每家都有。俺自家一个爷爷，可不，会扎，没扎好。民国 32 年，我母亲没了，父亲在，和我兄弟俩生活在一块，弟弟得霍乱，没传染。都天井，喝生水。

那时候，穷人都饿死了。没啥吃，我没出去。

日本人住在北边。日本人见过，哪一年不知道，好逮鸡，发糖给小孩，我没有，我那会儿大点，十来多岁。

那会儿八路军些少。八路军抗日，和日本人打。

采访时间：2007 年 5 月 2 日

采访地点：邱县邱城镇新井头村

采 访 人：李　娉　高海涛　张　翼

被采访人：张清玉（男　74 岁　属狗）

张清玉

（我叫）张清玉，74（岁），属狗的。上过学，那会儿都是高小毕业，我是高小毕业。

民国 32 年那是灾荒，旱灾，地里没收。日本鬼子还在这呢，那时老百姓不得过，你收点粮食，叫日本人给抢走。下雨下了七天七夜，一个劲儿下。人还没啥吃，那个天潮，房子都漏水。那会儿没有这砖房，弄个墙墙，没这砖墙，下了七天七夜，都漏。人没地方住，受潮，都得霍乱。村里情况反正是霍乱十家都有八家得霍乱病的。那个病是咋个得的？那个病传染。

民国 31 年、32 年，日本人还在这，小鬼子还在这。哪能过？不能过，老百姓不能过。那不抗日战争？毛主席领导打游击战，各个村里都有民兵了。有民兵，在毛主席派来那共产党员，兴打日本了。有小部分游击队，那个时候，正乱腾的时候，得了霍乱病。

看那个情况，主要是没啥吃，天潮，得了这号病。我父亲就是得的。俺街上有个医生，那会儿也叫先生吧，老先生能扎针。这个霍乱病啊，非扎针不行，针还不是现在这个银针，是钢丝砸的那个三角子针，三边，在石上磨了，些粗，放血。得了那个病，都得扎筋，胳膊上这个筋，穿，穿里头，把那个针拔出来，再往外挤血，那个血都呲到门上了。一挤那血光"哗哗"往外呲。把血放了，弄弄，都好了。得了那个病，血稠，浓度大，挤出了就好，给不出来，一会儿就死，一两个钟头就死。民国 32 年，我父亲那扎好了，都那一年，以后再没了。那个针比这不粗，是那铁丝，磨成三角，腿上，脖子，腿上都扎。扎针把血放出来就好了。民国 32 年，就那一年。我那时候八九岁。以前，没听说过那号病。之后，死老些人了。俺街上一个医生，扎也扎不过来，跑地也跑不过来。死老些了，死了很多。那时候都是 300 多口，具体人口我还说不准，你看我那会儿才八九岁。得霍乱，数字那弄不准，反正，差不多一家都得那个病呢。死了还不少，连饿带得那个病，死了不少。我家那时八口人，没传染上，就俺父亲得了，那不扎好了？那都说下雨下的，还没啥吃，饿的，都是那。从科学上讲那道理是个啥，咱弄不清。那家伙，抽筋，腿往里蜷，"唉唉唉"往里蜷。浑身冷，上吐下泻，扎针把血放出来就好了。得那个病血稠，那不能超过四个小时就得死。及时得扎，扎得晚了，得死，时间不长，抽搐抽搐，就死了。有扎好的，扎得及时就好了。现在没药，那个时候也没那种药。没那个药，根本就没药，没药吃。

那时候一道街一个水井，还是苦水，些苦，又苦又有药味。

见过日本飞机，这个敌机扔了三个炸弹，那会儿我亲自看着呢，南方过来的，一个大黑母机，那个叫母飞机。冲着太阳一看，南方过来了一架，那也过来了一架，飞来两架小飞机，过来，在俺东南街上扔了个炸弹，炸死了一个小男孩，肚子、肠子，都炸出来了，我去看去了。据说是撵谁呢，宋任穷，在中央，他是啥干部，反正活动在这一片。炸他了，炸宋任穷了，俺这扔了仨。

民国 32 年那会儿没水，下了七天七夜，那没存住水，没淹。1956 年上了一回大水，1963 年上了一回，1963 年这回水大。

那时日本鬼子在咱这呢，没有组织，中国共产党刚一到这儿，那没组织，谁管那事（霍乱）。

鬼子跟老百姓对敌呢，他管你那病。他见了年轻人，说你这八路，给你一刀，捅死你了。跟演电影是一模一样，演打鬼子的那个电影，那是一样。在俺村打仗，打鬼子，我经过老些回。跟演电影一模一样。日本鬼子在这，他还管老百姓吗，他不管。都是民国 32 年，大概情况都这个样。

咱这有一次，弄不很清，我没见，那个叫毒拉死（音）。个高，鼻子高，闻不见，像我这个儿都能闻见了，那叫毒拉死，有那个，那个名儿叫毒拉死。日本人放的，在空中放的。人光唉唉，熏得不行。高个儿闻不到，矮个儿闻到了。一刮风，它那空气就往上走了。不严重，咱这一片没毒死人。反正有一次这个事。没毒死人，没听说得病的，它那个东西不是普遍都有。在那边放，南风，靠那边走了，在这边放，南风，靠这边来了。

民国 31 年，可能是，我那会儿十多岁，下雨之前，听说有霍乱。我就听说一次，后边没听说。不是民国 31 年，就是民国 32 年，都这个时候。都民国 32 年那年得了霍乱，是秋季，到冷了都没了。七、八、九月这仨月，都得了那号病，都那个时候。

元东堡村

采访时间： 2007 年 5 月 3 日
采访地点： 邱县邱城镇元东堡村
采 访 人： 王穆岩
被采访人： 陈东成（男　82 岁　属虎）

陈东成

民国 32 年，灾荒年，在家混不住，没米吃，羊、菜、草都让老杂偷走了。民国 32 年三四月份走了，去关外了，在关外参加队伍，民国 32 年走时没有得病的。1950 年回来，在邢台招工，卖药。

采访时间： 2007 年 5 月 3 日
采访地点： 邱县邱城镇元东堡村
采 访 人： 王穆岩
被采访人： 陈风超（男　77 岁　属羊）

民国 32 年，日本人在这儿，还有老杂，土匪、日本人抢砸。天旱，不收，灾荒年，加上有皇军，都饿死七八十人。本村有二百七八十口人，死了六七十口，饿死的。下雨下了七八天。有霍乱病，听说死了不少人，上吐下泻。没见过得霍乱病的，我没在家，在山西，民国 31 年六月底出去的，民国 33 年四月回来。回来人少多了，人都逃出去了，逃到山东济南、河南、邢台。

采访时间：2007 年 5 月 3 日
采访地点：邱县邱城镇元东堡村
采 访 人：王穆岩
被采访人：陈光领（男　82 岁　属虎）

陈光领

民国 32 年闹年景，苦着呢，一天死了好几口子。天降灾，连饿带犯霍乱，我母亲得霍乱死了，都说是霍乱病。我逃走了，逃到邢台，民国 32 年忘了什么时候逃走的，忘了什么时候回来的。在外面待了三两年，听说雨不大，但一直下，下了一个月。听说房倒屋塌，薅野菜煮吃。

采访时间：2007 年 5 月 2 日
采访地点：邱县邱城镇邱城北街（民国 32 年住在娘家元东堡村）
采 访 人：李　斌　丛静静　韦秀秀
被采访人：陈桂荣（女　78 岁　属马）

民国 32 年灾荒年，（我）14（岁）了，都旱死了，没啥吃，逃出去好些人。8 月就下大雨，哩哩啦啦不停下，房子都漏。那年有个歌："八月二三日，老天阴了天，接接连连下了七八天"。都是阴历的，阳历不懂。没发水，这离河远，民国32年没水。下雨时还没啥吃，下雨又死那些人，上哕下泻，一会儿就死。死了老多人，有逃出去的，有饿死的，全街都没人了。那时候小，在元东堡，下雨以后就挪到城里来了。

陈桂荣

下大雨时开始死人，七月里死人，俺爹是七月二十一死的。就那会儿死人多，之前旱，没死人，地里还有点啥吃，到后面不收了，都饿，地里没东西，都逃出去了。

那会儿一点病都不能见，见病就死。那阵儿都得霍乱，都是泻，一哕泻就死。拉肚子，拉稀。抽筋儿那我没见过，反正就是霍乱死的，一得病就是霍乱，死得可不快了？那时都没得吃，也哕泻，俺爹就是那样死的。俺邻家死得多，俺家就俺爹。俺爹那不是霍乱，他就是有病，没啥吃，走不动，走不动俺就上俺姥娘家，拿两个花籽窝窝给他，他也不能吃，就那么死了。没医生，那下着雨，都没先生给治。死了没人管，死了都没人抬。俺那个村、城里，还有别的村都有得的。别人村的都是听说的，俺村见得多。城里死的也不少，俺姥娘家是南街的。俺村不大，那会儿也得死二三十个。都逃出去了，剩家的都是饿死的。头先没听说谁家有病，都饿，没啥吃。得了病以后，剩家一两个人，又都逃出去了，俺那个村就没啥人了。逃哪儿的都有，邢台、石家庄，有上南边的。这个病等到不下雨了，后边晴天，这个人就好了，前后有一个月，晴天了，人就正常了。晴了天以后没听说有死人的，都那下雨的时候。有病就死，没啥吃，没个人瞅他，有两个人都逃出去了，没人瞅着，没人管他，一得病就死。俺父亲在俺那街头躺了几天，也没啥吃，躺了几天就死了。

下了七八天，黑天白日不停。下了雨以后这些人都没啥吃，又潮，到九月初就凉快了。人都埋到村外，都没人抬，城里东门一天都出去好几个，到后来都没人埋了，都埋家里。没下雨的时候，那人就都逃出去了，剩家里的人都饿死了，饿了就得病，雨还没下完的时候，一街一街地都没人了。

到后来不下雨了，俺就到城里（老邱城）来了。俺老奶奶家是南街的，俺就在俺老奶奶家，和俺娘、俺弟弟、俺哥都逃出去了。俺爹七月死了，下完雨以后俺就来了。老毛子（日本人）都走了，光剩皇协军了。到灾荒年日本人就走了，到第二年皇协军也没了，我记不大准。光走一个城门，别的门都堵着了，下雨的时候都走一个城门，都走东门。俺到的时候，皇协军还没走了。日本人在这待了6年。老毛子来的时候我才8岁，灾荒年我14（岁）他才走的。他来的时候在南门打死多些人。来这儿看，死的人也不少，那都前面死的有人埋，后面死的都没人埋了，埋到家。都是霍乱病，净患霍乱病的。

没听过灾荒年有治病的，灾荒年没人治病，都逃出去了。

那会儿有二三年没得吃，又过了年，下雨后第二年才缓过劲来。有糠，掺点秕子，掺点谷子，吃花籽的时候多，那时候有花籽，就是棉花籽。

采访时间：2007年5月3日
采访地点：邱县邱城镇元东堡村
采 访 人：王穆岩
被采访人：陈彦年（男　82岁　属虎）

民国32年没逃，我没走。日本人来抢。种绿豆。蚂蚱一层，逮蚂蚱吃。

我没得霍乱病，得霍乱病的不少，死老些人，一天抬了五六个，跑茅子，不能治，六七月有病。

陈彦年

被日本人拉去修碉堡，乌头，龙寨有个钉子（炮楼）。以后皇军走了，解放了。

老邱城镇

采访时间： 2007 年 5 月 2 日
采访地点： 邱县邱城镇原老邱城镇
采 访 人： 陈洪友　李玉芝　张少勇
被采访人： 孟现银（男　70 岁　属虎）

孟现银

　　（我）6 岁时逃到山东要饭吃，逃到齐河等地，先天旱，后水灾。1943 年七八月发大水。庄稼刚发芽就发了大水。得霍乱，人一个接一个地死。没饭吃，得病后只能等死，这一片都逃荒，跑到外地去了，都逃荒了，不是一个。

采访时间： 2007 年 5 月 2 日
采访地点： 邱县邱城镇老邱城镇
采 访 人： 陈洪友　李玉芝　张少勇
被采访人： 申文玉（男　82 岁　属虎）

申文玉

　　我 9 岁时日本人来到村子，八路从王村来到本地，打了六七百日本人。鬼子一来村子，鸡狗一点不留，全抢光。村子人没有办法，纷纷跳井自杀。咱们中国人杀死一个日本人，日本人就会杀死我们两个老百姓。我 1947 年当兵，当时村子里小孩的头骨、腿骨到处可见。1943 年发大水，死的人也有，咱这少，紧接着逃荒。日本人抓了好多人去当劳工。弄到日本去了。死的死。

孙文玉

采访时间： 2007 年 5 月 3 日
采访地点： 邱县邱城镇老邱城镇
采 访 人： 王 凯　张 慧　于婷婷
被采访人： 孙文玉

灾荒年时（我）15 岁，去正定了，在保定东边就参军了。

19 岁就没了母亲，十七八岁时就参军，跟着八路军了。在山东青岛六十七军，当时 600 个团，200 个师。

灾荒年时下大雨，把水库淹了。

吴连�

采访时间： 2007 年 5 月 2 日
采访地点： 邱县邱城镇老邱城镇
采 访 人： 陈洪友　李玉芝　张少勇
被采访人： 吴连�（男　85 岁　属猪）

民国 32 年大灾荒，天旱种不上庄稼。到最后下雨了，一下就 12 天，老百姓开始逃荒，要饭打工到外地。各人顾各人。我奶奶得了霍乱病，见了，得了霍乱，没几天，那时不知道是霍乱，不吃粮食就吃菜。邻居崔孙智得了霍乱病，没医生看，自己瞎治。那时日本人还在，日本人也有得病的，但随即到医院看，日本人医院不看中国人，当地的郎中也顾不上病人，不治病了。下雨发大水后才有得霍乱的，死了好多人，有好多人死了就埋在家里，村里有姑娘得霍乱的，家里人就将她拉到粪坑里埋了。

得霍乱病不久就会死去，病人会出现呕吐，拉肚子，又加上没有饭吃，病人没几天就会死去。我知道霍乱病时很害怕，怕传染。村子里有求佛的，但不管用，后来就不求了。当地人喝的是井水，有好多井，有甜水井，有懒水井。城北门有个较大的庙井，城南也有井。

日本人占据城里，包围了老邱城镇，里外不通。自己家人得了霍乱病也顾不上。日本人占据邱城，打上老百姓。最后日本人见中国人就杀，十字街全是老百姓的尸体，日本人大约杀死了八百多个老百姓。日本人惧怕八路军的游击队，不在城常驻，是常来常走。日本人抓了中国人去为他们修路，修据点，建炮楼。我逃到商丘参加了和平军。

乡下有土匪，城里有日本人，土匪不敢进城。日本人没来时土匪也有在城里的。大河没有。水闸是 1982 年建的，毛主席时候挖的。

张 街

采访时间：2007 年 5 月 3 日

采访地点：邱县邱城镇张街

采访人：李 婷 高海涛 张 翼

被采访人：李树亭（男 82 岁 属虎）

李树亭

我叫李树亭，82（岁），属虎的，没上过学，上过三月扫盲学，上不起学。

一年一年看不见吃，看不见收。

没啥吃，我跑出去了，是民国 32 年十二月二十一跑出去的，饿得走都走不动了，跟家都饿死了。跑到巨野东南，离巨野还有几十里地，那要饭吃。

前半年旱，后半年淹。滴滴涟涟下了七八天，七八月里，房都漏了。有砸死的，有没砸死的。没啥吃。奶奶个逼，没人埋了，没劲了。可不是饿的？得了病了，有劲埋去？霍乱病，上哕下泻，那家伙，都那号病，谁管你？没先生，没人给你治，喝偏方，治不好病。可是不少，得霍乱还有别的病，走都走不动了。得病多了。说是霍乱那个是大事。死人多，不好治，不是大事啊？不好治，没人治，谁管你？我该不见死人呀？父子不顾，谁管事？有一个半个的，他好有劲？要粮没粮，要吃头没吃头。人太多了，扎不及，病人太多了。哪没有扎好的？一个半个的。扎针那个，陈街那个，石街那个交石宗言，他会扎。有好几个，不给你扎了，没劲儿了，饿得没劲了，扎及扎不及？

民国 32 年，我在东南角小的那个村刘街，1948 年社改过来的，我在邱城西边住着呢。我说回家没人了。工作组在那住着呢，你回来吧，这个地方是给我的。刘街大概人不多，有四五十号人，小街。有死的，有没死的。有给了人家的。下雨以前还不要紧。那也有病，那少，不是一天两天得的。下雨以前薅胡绿豆角，逮蚂蚱，那家伙呼呼。几月份？还早点，下雨以前。都那会儿逮蚂蚱。连到锅里，盖过锅盖，煮，不加水。

我家有俺两个哥哥，一个嫂子，一个侄子，还有我，六七口。我从四岁就没有爸爸妈妈了。那也是没啥吃，病死的。俺一个三哥给了人家了，那还早，不是民国 32 年，我那个三哥八岁了，我四岁了。我三哥给了人家了，我妈妈光哭，老人生点气，再得点病。给现洋，没多少钱，现洋 30 块钱。我哥哥又悔回来了。还是没啥吃，又给给了。给了她不光哭。饿那个劲儿，那还早，我四岁。民国 32 年我 17（岁）。

家里人得个啥病的都记不准了，总算没死。我没记得扎针，也没人给扎。看书，扎两个针。

日本人那来了，他也得霍乱，日本人得霍乱。日本来，我才 12 岁，民国 32 年，我十七八（岁）了。那五六年了。不断来，有伪军，有皇协军。皇协军前边，日本人后边。他出来，皇协军扫一家拿点吃头，吃你点东西就跑了。那侮辱妇女还能没有？那不是很明显的，谁说那事。

有日本人，有老杂，有劫道的。他没啥吃，他不出去劫个道。现在有劫道没有？啥时候都有，那时候多。"给我不给我，不给我，拿手榴弹炸你家伙。"独眼龙，村里卖，独眼龙跟那手枪一样的，打一枪都完。就这个情况。

富的也过不了。穷的不得过，抢你东西，干啥的有。他怕上他家抢东西，富的有啥东西不敢吃，有啥偷藏着，怕抢。这个街上抗日的多。刘街没几个人，穷家，不认字，没抗日的。

摸着啥拿啥，咋给日本人？不给他。皇协军吸海货面儿，他买那个面，一吸这个就毁了。连吃带吸，买那个面儿。拿点吃头吃了，拿得多了，顾他家了，他家还有人。摸着啥拿啥。把人都吸毁了，都干了。吸那个东西越吸越多，跟喝酒了，浑身有劲。那（得霍乱）记不准了。他不出来，吃啥？要粮食，要钱，没人给他。他出来，皇协军仗日本人武器好，他出来。

我是跑到李庄、郭寨，在那住着。收点东西还没煮呢，给偷走了，把缸给拿走了。俺就挪到邱城里头。俺一个二哥他在刘街住着，挪到江村，又到邱城。我都腊月里逃的。

老毛子来了以后，我跟刘街住着呢。我家喂了一群绵羊。有皇协军，老杂子，土匪，那乱七八糟的，不能回家了，回家给你弄走了。

我跟俺哥不是一父，俺哥哥是李庄，我是刘街。那时候穷，他是弟兄俩，一个妹妹，我有一个哥哥，弟兄俩。那会儿没啥吃，啥办法？我哥哥为的我，一个母亲那个，叫我走吧，跟俺二哥，俺二哥跟俺大哥他一个父亲。俺二哥在外面叫刘福成打死了。在李庄住着的时候，俺大哥说，你别在这儿。俺二哥跑到这儿，张街后边，叫刘福成带走了。到黑了，打死了。咱都不知道，别人说的。他刘福成是日本的顾问护兵，掖着日本手枪。他叫咱八路军逮住他了，到东边枪毙了。

刘福成他娘、他大哥都是乱棍打死，村里（有）些人（也被）乱棍打死。刘福成他娘，连这边都给她拉了。那不死完了不？刘福成住城里，他哥哥在家，他娘，都不是正经人。黑了，来个，男的，给人劫了，拿东西劫了。女的，年轻的，摆置你，再把你摆置死，埋了。女的，买小米，摆置够了，再把你埋了。他娘跟老杂睡觉。男的，拿的东西给你抢了，打死，女的，黑了摆置你，把你活埋了。刘福成他娘，他哥哥，还有他妹夫呢。他那亲戚都不办好件儿。"我从多大多大，我就干这个。"刘福成他娘说。江道同，以前，干革命工作的，小学校长，管这一片的。现在还有他儿，在南边住着。他管这个事儿，开会，老些人，乱棍打死。给下了令，把他们都，他哥哥叫刘健邦。老些人，打得棍子尽血。那是灾荒年以后，日本走了。刘福成逮住了枪毙了。

到后边李庄还不中，把羊也卖了。剩四个绵羊，到邱城，跟那过。光东门开着，南门，西门，北门都不开。俺哥哥不敢过，上边站岗的，皇协军有站岗的，日本人不站岗。俺哥走到那了，皇协军叫俺哥从城墙上过，齐这过去吧，俺哥哥齐那过去了。一看俺哥哥上去了，又差别人去了，"不行。"把俺哥哥好打。打，要四个羊呢。他想那四个羊，叫俺哥哥上城墙，上去了以后，又叫别人把你捆着。他叫你说，没法了，打，呛不住劲了，给了人家了，羊没了。

过了灾荒年以后，俺哥哥跟他打官司。上区里去了，区里说："你这羊有什么记号？""我有记号，我这个羊左边，"我哥哥说，"左边有一块痣，眼边还有一块痣。"到那儿去，发羊呢。就这个羊，大绵羊，一看，就是这一块痣。"这个羊晚上给了人家啊，你不给，你妈逼当皇协军，你三四个羊，把人好打，你把绵羊给了人家。"给了，又给了。这都是过了灾荒，告他去了。那是一区区长，名字记不住了，邱城地区。

几口井，砖井三两口吧，一个井浇菜，一个砖井好吃点，咱吃那个水井水，小井水好吃。盖啥盖？吃还没啥吃，还盖啥盖？下那八天雨的时候，喝井水，为啥呢？要烧没柴火，可不喝生水。现在共产党改造了，水能排出去，那会儿谁管呢？洼地水些深，高地没水。不平。

（本段描述的是老人在灾荒年的经历）

村里洼。刘街两口。我家喝水，有是浇地，喝那大井水，有时喝那小井水。不能担那个了，那会儿还搞卫生了？那一会儿下大雨，哪能不进去？

老些当兵的。刘街当八路军也少，我去当八路军，嫌我瘦，跑不动。

民国 32 年前半年，饿得顶不住，呛不住劲儿。跑，跑不动，那会儿瘦。我去了好几回，他们不要我。去上区里，一区在邱城，北边占着呢。二区、三区、四区，四个区。二区，记不准了。大郭头，三区，我到三区，当八路，太瘦，不要。在张街东北，大郭头离这有七八里地吧，华里。那有多，老些八路军呢。那会儿日本武器好，八路军挖的沟。

12 岁到李庄，一直到十七八（岁），逃到南边去了。南边濮阳，老毛子那。没法站了。灾荒年在江村住着呢。那我跟江村住着，井都满了，二三尺深水，井口离上边一米深。淹了，洼地净水。挪到邱城。我从邱城逃荒到南边。刘街九户人家，四五十口人。李庄，有 300 口人吧。得霍乱去世的记不准了，哪都有得霍乱的，有病的多着呢，那家伙多了。呕，啰，不咋的死了。老人死的多，小孩一般有，都给了人家了。老人死得多，小孩给了人家了，死的比较少。

俺这 1963 年上大水。上大水时，俺这行船呢。这左边这不是公路，村里尽船。这马路通到邱城，那（是）1963 年。

采访时间： 2007 年 5 月 3 日
采访地点： 邱县邱城镇张街
采访人： 李　婷　高海涛　张　翼
被采访人： 张永江（男　74 岁　属狗）

张永江

（我叫）张永江，74（岁）了，属狗的。

民国 32 年记得。二年灾荒，民国 32 年那一年严重，民国 31 年就开始了。民国 31 年那一年闹了个半截，民国 32 年这严重了。那二年都是旱。七月里耩上苗，到霜降还不熟，旱灾，那二年都是旱灾。

七月里的时候，下雨，耩的苗，耩了以后，到高粱出粒的时候，上的蚂蚱落了一层。头一开始的时候，大白头，跟那个水里蜻一样，汪汪，扬天一飞，下面都看不见天了。那个都是蚂蚱。蝗虫是小的，大的就是蚂蚱了。闹蚂蚱，那高粱都出穗了。

人到黑了没事都逮蚂蚱去。那时候蚂蚱能吃，逮着在家炒炒，吃，那会儿年景不好，都没啥吃，都给你祸害了。门一开，都逮上级给你粮食。逮逮逮，上级给不起粮食了。晚上，拿扫帚扫，扫到案里头。上级就是共产党，他不是收蚂蚱，他这是号召群众叫群众逮蚂蚱。那都是在民国32年那个时候。

那霍乱病严重着呢，一天那死好几个，一天往外抬好几个，抬都没人抬了，都饿得没法，走都走不了。都七月里的时候。连下七天雨。房倒屋漏，少吃没喝的。七月下的雨，下雨以前没有，都下雨那个时候，得了潮湿，人吃喝不好，得霍乱。跑茅子，哕，泻，一天就不中了，快得很。抽筋？弄不清。都老人死得多，小孩给了人，都跟人走了。我家没有。我父亲那时逃荒走了，跟我哥在外边呢，逃荒走了，就我跟俺母亲，俺妹妹在家呢。俺家没事儿。南边有一户，官名我弄不清，小名叫三改名，他得了，死了，死在东边的车棚里头了。那死的人多了，一天都抬好几个。才九岁那时候，也记点事儿。在家害怕。不知道抽搐不，跑茅子，哕，泻。一天就不中了。反正不少。得病的没看见过，光见下雨了，抬一个埋一个。那都是白天呢，有下雨的，有不下雨的时候。找不着人了。有不下雨时埋的。下雨了，都在屋里，跟屋躺着，找两人，马上埋了。要是有屋，搁旁屋住着呢，不在一屋住着，扔一天两天的也不要紧。

都下雨下的，都下雨那几天霍乱特别厉害。那以后都少了，再有人那都是饿死的。没啥吃饿死的。没有，过了灾荒年以后没有霍乱病了。一直没有。下大雨之前没有（霍乱）。

村里那时候给这会儿人少，这会儿人多着呢，那时候有100多口人咾？现在比那会儿多，俺街上分三个队，一个队都100多口人。按我家发展情况，我那个时候，就俺三人，俺父亲，俺哥哥回来，俺五口人。现在我家18口子人，哈哈。饿死人，弄不清（楚），反正死人不少。我父亲也是灾荒年死的，他逃出去了，一块逃出去的。回了家以后，他不出去了。他身体不行，他不愿意出去了。他出去在夏津（音）、杨川那一带混，一看也不中，回家不出去了。俺这边又逃出了，叫他他不去，死到家也不出去了，他饿死家了。俺几个都逃南边去了，逃到开州，俺姊妹仨跟俺母亲逃出去了。我父亲都是饿死的，他不是霍乱。他回到家以后，家少吃没喝的，俺这边都叫他出去，他不出去了，都民国 32 年，那一年。出去待几个月都回来了。你少吃没喝还不饿死。就民国 32 年那一年，到冬天了吧，就逃荒去了，给家少吃没喝的。

我逃到南边开州（音），给那待了一年。开州（音）是在河南，往南逃的时候，日本人还在这呢，皇协军还抢，逃到南边以后，就解放了。日本都投降了。到南边，给那要饭，要饭要到那叫啥村？离俺住那村七八里地，到那，八路军在，给要饭的一个人十来斤粮食。那中央军还在那儿呢。我要饭，东西那个村里，离这有七八离地。要不人家问你。跟滦城（音）住着呢，"呀，你那个村里还有炮楼不？""有"，"有兵了不"，那会儿咱也不大，"那还有兵哦"，"那给你，先给你倒"。要这会儿，饿坏了。

有人来回跑，给家里拿点东西到外边卖去。到那边开州，铺的挺缺，来家来一趟，铺的拿点，换点粮食。烂衣裳，棉花挺缺，没棉花，拿点布，换点粮食。俺这要饭，过了吃饭，就不给了。冬天回来的。

那个时候，没记得下雪，没下雪就逃走了。逃外以后，后边听说咱这里有下了冰棱子，下冰棱子，冰雹。那是俺逃出去以后。我到民国 33 年秋天里我就回来了。回来就没日本人了，回来就解放了。

下雨，小棒子，敲谷穗儿，一个半个。烧火，那房倒屋塌，烂柴火啥的，出去都烤火了。冬天，连木料都烤了。凑合着吃碗饭。那做饭，找点柴，敲点东西，吃熟的。

有的家都是老人多，得霍乱了。也是吃不好，喝不好的。老人多，老人又不打针，又不吃药。有人懂点，扎扎针，那人也得霍乱，不中了，也那一年死了，扎针那个人。我那时候小，不知道人家官名，小名叫大疤痢。他会扎针，扎扎，他又不中了。找他扎的不少，究竟谁好谁不好，弄不清。我那会儿年龄小，才九岁呀。扎过有扎好的。

俺街上岁数大的没有了，我这论岁数算大了。路北这个，他比我岁数大，他知道的多。他以前是刘街的，土改以后分着俺这住着呢。有学校那个村，现在那个村没了。

日本人来过，来，领着皇协军，抢粮食，一次，两次，三敦儿（音）来了。经常来，隔一天来一趟，不是这个村，就是那个村。有皇协军来了，抢你点东西走了，吃饱喝足了，还能得了病？生活不好。

那都是以前来的，死人以后，那日本人就不来了，在城里抢东西呢。俺逃出去走的时候，这城里头还有日本人，俺走了以后没多少天，没日本人了，就解放了，日本人走了。

我见过日本人跟中国人一样，出城跟邱城东门走的，那皇协军见你有两个干粮，给你抢走了，给你多少，你出不去了，他看你在那要饭啥的，就没人问，你要是带东西多，带点破布烂套子的，就有人问了。到那边，开州，挺稀罕，这个拿两件，那个拿两件，他要点，他要点的，分了。拿点破衣裳，到南边。皇协军在门上站的岗，有日本人也不在门上站着。涅跟城门楼，在上边呢。那时候做买卖的也不好做，给城门那一过，都叫人卡走了。

刘街，是东边这个村的，有两个年轻人没出去，给劫道了，劫道，就是有钱跟你要钱，有东西跟你要东西。他，现在住在路北的这个，他二哥叫人打死了，给劫道的劫住了，给打着那儿了，东边这个刘街比这儿厉害着呢。

俺这个村有九道街，九道街，九个姓儿，有旁的姓儿，都是土改的时候挪过去的。石街两个姓儿，一个姓史，一个姓严的。贾街，姓贾的，姓李的。九道街，都咱这一个村，周围一个村，是马固。马固九道街，第一个是张街，第二个是贾街，第三个是陈街，第四个是刘街，再一个是孟街，再那一个是城关儿，第七个是吕街，两边是石街。孟街是俩，一个大孟街，一个小孟街。现在要按大队说，少了。刘街并到陈街，他那仁街是一个大队，前后孟街，城关儿，他那并一堆儿了。张街一个大队，李街一个大队，石街一个大队，现在大队少了，那时村小。

有当八路军的。那会儿八路军挺少，轻易不来，离邱城近。那时候来时候不多。跟离邱城远那边活动多。八路军跟皇协军联系好了，里应外合。哪会儿出发，准备打他。有暗号。皇协军他明着不好打，暗地里也都跟日本人不是一回事儿。亲家连亲家，你给我通气，我给你通气。实际的情况他还跟中国人是一人，都不大离儿。俺街上就有张星光（音）当八路军，他五哥当皇协军，他们俩联合通气，有啥情况就反映过去了。动员，叫他跟亲家联系，通过亲家关系拉拢。他亲弟兄俩，一个当皇协军，一个当八路军，这些情况多得很，名咱叫不上，这情况多得很。

井南边一个，大街上路北一个，我这门这儿有个井。过灾荒年那一年，井里都没水了。都掏水，掏一勺提出来。旱毁了，没水了。

下雨之后，第二年又生了一回蚂蚱。这以后又没了。又顶了好几年，又生了一回。拿个棍儿，捆个鞋卷儿，扑蚂蚱去。

连阴，不大离地，沥沥淅淅，下七八天。地下水不是很多，不是哗哗，可劲儿地下。院子都没存水，街上存水也不多，阴天吧唧地，七八天哪一天都下，下的水些多。雨不是很大，不是些大，些紧，下那一个小时就淹了。

那个时候都是土墙，地下有桩，上边都是泥条子，那个时候，上边盖的，有法就包着，都是土泥，高粱秸。那屋不是很高，一摸就摸着梁了，下雨塌的不少。

日本飞机那时候经常过，上边一个红月亮坨，跟这飞机差不多。飞机一过来，城里老毛子些喜欢了。有电话，他们联系着。看见上边扔啥，不知道。往城里扔过，扔啥不知道。给村里不扔，经常过。一来，三个两个的，一个时候的些少。红月亮坨，些新鲜。搁这过过，没炸过。

那是灾荒以前，打过仗的时候。老毛子在北边来，侦察员他认为是皇协军出来了，打，他这个明着是打，暗地里联系事儿呢。他认为是皇协，到后边老毛子来了。杀人，打仗还不杀人？打得不轻，打了一仗。我听说，一个打伤了把眼都挖了。八路军那一回没胜利。可能被挖眼的那个是八路军。不在跟前，他们说的，闹不清，反正是灾荒年以前。那会儿小，过灾荒那会儿九岁。

我当时往南走，离龙王庙有半截，才有喂牲口的，那有喂牲口的呢。龙王庙离这有六七十里地啊，叫小滩（音）龙王庙，俩村。

赵桃寨

采访时间：2007 年 5 月 4 日

采访地点：邱县邱城镇赵桃寨

采 访 人：王 凯 张 慧 于婷婷

被采访人：郭新有（男 75 岁 属鸡）

郭振爱（女 73 岁 属猪）

郭新有：日本人进城来的时候我才 5 岁，那时候上不起学，但我上过小学。这里原来叫桃寨，民国时。原先这三个是一个村，后来解放后 1960 年又分开的，以前属

郭新有（左）、郭振爱

山东聊城管，解放以后又归河北。灾荒年我 11 岁。灾荒年上半年饿死老些人，日本人、皇协军在邱城、坞头、焦路（离这儿五里地）。坞头城里有日本人，有岗楼，安的钉子（炮楼），焦路有皇协军。

那年上半年旱，八月才下雨，下得很大，下了净水，下了七天七夜。

咱这里也有八路军，住在南边的村子里，八路军力量小，不敢住一个地方，各个村子转悠。那时候在这村子西边八路军和日本人打仗，我看见过。八路军有一个排三十多个人，日军有二三百人，八路军机枪打坏了，净破枪，穿着灰色衣裳，有时穿便衣，把日本人打走了。

日本人穿黄衣裳，戴钢盔，牵大狼狗，朝人一指，狗就咬死人，咬脸。下雨时转盘街（原来的名）死人最严重，其他的好点。有饿死的，有

逃的，有儿子给人家了，有闺女大点嫁人了的。有病死的，也是饿死的。那个病脸都胀了，浮肿，得这个病死的不少，是传染病。下雨下得没啥吃，房都塌了，把人砸在里边。下雨时喝砖井水，没盖，里面有蛤蟆、秸秆子，打水就吃，很脏。这片没河，有个沙河都淤平了。

灾荒年那个就叫霍乱病，人都说叫那个病。我见过得病的，脸都胀，得了没多少天就死了。家里人没有得这个病的。东边有家五十多岁的，一家有十几口人，过了灾荒年一口也没了，孩子给人了，闺女嫁了，有死的，有逃的，他老两口得了这病，死了。没给看这病的，找不着先生，大夫。下雨后得的这个病，记不很准了，不长时间就死了，死人卷卷抬地里就埋了，埋的时候没下雨。

灾荒年这里是重点。有八路军，力量小，部队也挨饿，没人给吃的，他们还吃不饱哩。也没人给看这个病。日本人在的时候没打过防疫针。有两个人叫老毛子打得胳膊都没了，有个医生见天来给换个药，后来也叫日本人打死了。坞头有一个班十几个日本人，焦路光皇协军，邱城日本人一个连，八九十个日本人。以前没有霍乱，灾荒年没得这个病的，下雨前也没有，那时饿得身子虚，日本人有供给，皇协军拿粮食吃，有窝窝头也抢。

过了灾荒年后，这个病就轻了。死人当时没人抬，饿得没劲，给人俩窝窝，就给抬，刨个浅坑，把身子埋住了，脚丫子露着就算了。闹这病时我还在，后来两三年里我逃了，过了头一年，第二年就逃了。我一家都逃了，逃到石家庄西北怀路县（现在已改名），俺一家共五口人。到那有吃的，待了5年，就又回来了，回来时日本人走了。俺走时，在邱城转了一圈才走的，转到邢台上火车，有日本人，咱要饭的穷人他不查，下了火车，走了一天才走到。不敢白天走，黑了才过去的。

郭振爱：灾荒年我9岁，娘家是馆陶自新寨，我25岁来这的。我在馆陶也挨饿，民国32年六月里俺就逃了，过了年二三月里回来的。那边也不好，逃到滦城县，要饭都不给，走一步要一步都不给，吃谷子里那个白带，掺上点花籽，那时我小，也记不清了，走也走不动。回来后村里有集，就做买卖混饭吃。俺村里得这病的轻。

采访时间：2007 年 5 月 4 日

采访地点：邱县邱城镇赵桃寨

采 访 人：王 凯 张 慧 于婷婷

被采访人：赵青海（男 76 岁 属猴）

赵青海

　　我今年 76 岁，属猴的。民国 32 年都逃荒。皇协军来了抢、砸，皇协军也没啥吃的，啥都抢。日本人在这占着的，有皇协军，少吃没喝的。

　　上半年孬年景，上半年旱，皇协军闹的，种啥啥也不硬实了。下半年下大雨了，下了七天七夜。得了霍乱病，有病也治不起。七月里下的，那时候不该下大雨的，过了耩地的时间了。三四月该下却大旱了，正该耩庄稼的。那时候种谷子、高粱，不种麦子，七月里该收的，不熟都薅着吃。下雨下的该不得这个病霍乱病呀，上呕下泻的。村里逃荒的逃荒，死的死，总共剩下 18 户人家，开始的时候四五百口子人。

　　孬年景，人吃人，都逃到南乡里，有到西北县里的，人贩子把小孩都贩到无极县，石家庄那边。南边的村子鬼子不敢去，有八路军。南边的村子有一个叫石佛寺，这个村子也有八路军，那时候八路军打游击，力量小。

　　我见过鬼子，多少人不知道。村里有伪村长，给人家日本人出人，不管饭，有时候让人家扣住不让回来。我去给人家修路，挖战壕，我还被扣住过，没干完活，和杨春林一块干活，没干完活就不让回来，住了一晚上，第二天还干活，不让回来，饿了家人给送吃的，没有就饿着，日本人不管这事，光让我们干活了。那时我才十二三岁。

　　日本人都穿黄衣裳，人家是日本人，皇协军也穿黄衣裳。皇协军就是咱这的人，他是自愿去的，混碗饭吃，为了这个嘴，只要他不反对。没见过穿白大褂的人，日本人没给咱打过针，也没种过花。

我见过得霍乱的，多得很。我是听别人说的，下雨之前就有得霍乱的，但是少，下那七八天雨死得多，那之后就少了，这跟饿有原因。

下雨挺大的，在家里，喝砖井水，雨水下到井里。没柴火烧，有也点不着，没法烧。不能烧就喝凉的。点到火能烧啥就烧啥，门窗子、檩条子都拆了烧，不舍得拆自己的房子，你拆我的，我拆你的，不舍得拆自己的。那时候都喝砖井水，挑着喝。

得了病啥样也不知道。那时死的人多，见过往外抬的，见过近的，刨个坑，埋地里。下雨的时候也往外埋，死了不能在家里哎，死了也得埋。得了这病没看的，没大夫。不知道日本人有没有得这个病的，人家死了咱也不知道。

下雨的时候日本人还在这儿，到后来他投降了。光出数见过日本人，下雨的时候没见过。日本人进中国的时候我六岁，日本人走的时候记不住了。待了六年孬年景，孬年景之后三四年又走的。家里人没得这个病的，下大雨得病的时候我在这里，18 家没逃荒，有我一个，家里没人，不敢逃荒，逃了人家就把房子都拆了。那时候家里四口人，俺爹，俺娘，俺奶奶，俺奶奶就是那年饿死的，下雨之后饿死的。留下 18 家，家里有个人就算，没有不逃的。俺爹俺娘逃到南阳，整点破烂，回来换点粮食吃。下雨的时候水不大，河里也没发水。

中段寨

采访时间：2007 年 5 月 4 日
采访地点：邱县邱城镇中段寨
采 访 人：李 斌　丛静静　韦秀秀
被采访人：郭如江（男　80 岁　属龙）

民国 32 年都没啥吃，旱，皇协军抢。俺都逃荒走了，跟俺哥、俺姐走了，推着车就走了。俺哥、俺姐都死在外边了，夏天那时候，到后月（音）庙在那给人放羊，俺家里人在那给人做饭，待了一年。

民国 32 年旱，刮风，没下雨，1963 年下大雨，都这深（约一米），向北流，流到四五百里，岳城水库崩了，还下雨。民国 32 年可能霍乱那年有，厉害着，说不中就死了，扎不好就死了。死了都没人埋。有扎针的，能扎好，扎不过来就死了。有老人，

郭如江

有小孩。肚里疼，都说是霍乱转筋。老大的针，扎了放点血就好了，放出来的血都发黑。给谁扎针我记得，看到过。这病什么时候开始那不知道了，持续了没多长时间。霍乱病那会儿俺逃荒都回来了，看到村里有几个得病的。下雨可能是 8 月 28 日，人受潮，又冷，都得病，上哕下泻，抽抽，一天死了 18 个。地上的坑里有水，平地上水不多，房都漏，那时还是土房。那会儿都不能出门。

下了七天雨，吃饭都吃不着，什么时候下的弄不清了。下雨以后人得了潮湿得霍乱，正下着雨就死人，这个是听说的。前街那个医生叫朱有三，那家伙！三天三夜没睡觉，扎针，了得吗？不是这家扎就是那家扎，有扎好的有没扎好的。

日本人穿黄呢子衣服，戴铁帽，俺小，不敢抬头，看见他们就跑。日本人可不常来？城里东街上是日本人一个炮楼。在这个街里，都搁我这个门前插枪架，抓鸡，一个大牛让他打死了。俺这离邱城八里地，日本人经常出来抢东西。霍乱病那时日本人就不来了，霍乱病以后他就不中了，快完了，不来了。日本人都穿呢子大衣，大皮鞋，东洋刀。他的东洋刀不能掉，枪上的刺刀不能掉，掉了就关起他了。当官的戴白口罩，防护面具没看到过，戴没戴过防毒面具那不知道，没给打过针。飞机见过，有次在集那扔了个炸弹。

　　下雨的时候没喝雨水，井里有个盖子盖的。怕别人投毒。怕坏人，日本人，使个盖盖住。没人投过毒，就是防止，也没听说哪里有让人投毒了的，就是防止，日本人他能做好事了？

　　村里挖地道，民国 32 年下雨以前就挖了，现在都没了，日本人来了好往里藏，八路军也藏，咱的人也藏。有一丈七八尺深，家家户户相通，怕日本人来了跑不及，藏里面。日本人知道我们在里面，他不敢下来。听说过日本人放毒气，在俺这没放。这儿还不是地道战。上级指示挖的，那时有区，区里号召，有地下党。有粮也藏里边。

香城固镇

安仁村

采访时间：2007 年 5 月 5 日

采访地点：邱县香城固镇安仁村

采 访 人：李　斌　丛静静　韦秀秀

被采访人：赵广田（男　95 岁　属牛）

　　　　　　赵焕文（男　73 岁　属狗）

赵广田

赵焕文

赵焕文：我们这个家洪武十四年从山西迁到这个地方，五六百年了，据说这里没有人家了，才从那边迁入，迁到这个地方。族谱在"文革"的时候毁了，后来光凭记忆补了一个，补得七零八落的。那会儿一说是四旧，都给烧了。

我小时候上学，以后当教员。那时村子比较大，一个班百十个人，有上的时候，有不上的时候。过个大灾荒停了几年，没有上学。等到小学毕业就已经 17（岁）了。那时小学毕业有个叫"抗高"，高小还有五、六年级，我 17 虚岁上的高小。

我六七岁的时候日本人来了，坐小铁车，用马拉的，从北到南走，逼着你喊口号，喊满载（日语"万岁"的发音），人在街上站了两溜，不喊不行。

我们这老根据地，一直有八路军住。过去我家四米的房，有北屋、东屋、西屋、南屋，常住八路军。一到白天就来住着，一到晚上就走了。日本人有汽车，修公路，八路军给他挖了，把电线杆子剪断，天一明抬着电线杆子就回来了。我们这个地方往北 12 里地，第十营有个炮楼，他们有时到我们这里扫荡。那炮楼里边厨房有个伙夫是八路军，在里面隐藏。

民国 32 年是灾荒年，有个歌唱：民国 32 年，灾荒真可怜。前边旱，旱到快立秋了，能结荞麦和小菜（油菜），就这两样能收。有那种玉米的，正瘪瘪的时候就降霜了，都冻了。下雨可能就是立秋那时，七月还是八月记不得，一连下了几天。当时那个歌：民国 32 年，灾荒真可怜，接接连连下了七八天。下得房倒屋塌，那会儿我记得北屋都完了，我跑到西屋住。西屋上面是个篷顶，过去老屋篷顶上面是张席。一下雨以后，少吃没喝的，人得的是霍乱，主要还是饿。到如今还有死在外面没回来的。分不清谁是得霍乱死的，谁是饿死的。有饿死的，有霍乱死的。可能是有抽筋的，有哕的有泻的，主要是没吃没喝，再一下雨，就这种情况。都人吃人，据说马头一个庙里边那一个人烧人头吃，这都没办法。我那时小，没见过得霍乱的人，我到西头地里看瓜去了，一直住在地里的窝棚，也不回家。下雨的时候我在地里住着，在地里待了一个月，八月才回家。那个时候都病了，反正都饿的吧。到家以后都昏迷不醒了，头天晚上还没事。我走了一个月没来家，我母亲没见过，来了说回去吧，太瘦了，不回去了不得。头天我来家可能是旧历八月十四，我记得月挺明的，在地里还没事，到家里就不行了。在地里没抽抽，哕泻那都没有。村里死了不少人，哪个村子不死个几十口。

皇协军抢东西，我家的牛、布匹、车辆都抢走了。日本人烧杀，日本人把活人扔进火里烧，那个人叫济山，没烧死，爬了几个月，不能动。咱这离日本人比较远，12 里地，他不太好抓劳工。他一来就有动静，人都跑了。让他抓住就危险了，折磨死了，不死也得花钱赎。有那样逮到威县，好几天不给喝水，不给吃，找人花两个钱来赎。找得紧了就有人，找得晚了就没人了，死个人他也不用负责任。刘云固有个人抓到日本出苦力，叫什么想不起来，他孩子可能是叫刘连桂。他父亲被抓到日本国，后来回来，现在可能还活着。

灾荒当兵的也没有吃。柳树刚结芽子的时候，他们也上树剪柳穗，捡些野菜吃。拉犁种地，打点粮食，坚持敌后抗战。后来又组织过运粮食，从南边往这抬，黄河以南。俺父亲去过。有人组织，过敌人的封锁线有部队掩护。有的时候人多不怕他，就明说今天要过人。

赵广田：民国 32 年生活苦，灾荒年，前半年旱，后半年淹。七月初五连下七八天雨，人死了好多，都没人埋，有时埋院子里。一家子一家子都没了。

家里有八路，我不怕日本人。给八路军推粮，有炮楼，通过要掩护，有次没掩护就没过，等第二天掩护好了从焦路、坞头过。那都有炮楼，日本人在炮楼躲着不敢出来。腿脚好的能推五百来斤，我不行，农具也不行，推 300 斤。推得多给钱多，推得少给钱少。

在荒年后还有日本人，也进村，围了两次，我们都向北、向南跑了。放火烧屋，抢东西。

采访时间：2007 年 5 月 5 日
采访地点：邱县香城固镇安仁村
采访人：李　斌　丛静静　韦秀秀
被采访人：赵书良（男　85 岁　属猪）

（我）家里七口人，有哥哥、姐姐、妹妹、父亲、母亲。不是灾荒年的时候地里收点，还能念点书。我上了七八年。一开始上初小，政府办的。小学毕业后上高小。那时候是二四制，初小四年，高校两年。高小毕业考初中没考上，又待了一年就事变了，九一八事变，日本人占东北。那会儿还是多数人上不起学，条件好点的，家里多几亩地的还能凑合着上起了。我家人多点，30亩地，能收点，还能上得起学。一年收的都够吃了，能吃窝窝就算好的，地都是自家的，也没有存粮，这年收的能顶到过年就不错了。那时好麦子一亩最多120斤。以前一斤十六两，换现在的

赵书良

公斤秤实际上是十六两顶十二两。地能种过来，喂了一头牛，对付着种了。我家在村里算中等户吧。没把地租给别人种，那得地主。这村有几家地多的，300亩的，400亩的，那会兴雇长工，地主不雇长工怎么种？

民国32年灾荒年，我逃荒了。灾荒年是1943年，学校都停办了，村里都没人了，咱这一片啥学校都没了。1941年、1942年、1943年三年不收麦子，到1943年这一年一点都没收。1943年人都逃荒走了。到七月下了七八天大雨，都得霍乱病，连死带什么的都没啥人了。剩家里没出去的，不管谁的窗户、门，拿来烧，能吃个东西就行。我（是）1943年八九月逃荒，逃到山东、河南。政府有通知，学校停办，生产自救。下雨以后停雨了，啥东西没收。到年底了，我逃的荒。村里没啥人了。第二年1944年大生产，回家大生产，地都荒了，拉犁耕地。

正下着雨的时候死人死得多。下雨的时候又是冷，肚里没饭，又没有治疗条件，后面死的那些人也都没人管了，都窝在屋里。下雨之前还没有，从下雨的时候人开始有病，霍乱病，抽筋，泻肚，硬跑茅子，身上抽筋，没劲，那就是饿的。这又没个统计数，咱估计这个大队上死的有百十来个人。逃出去的都没事，我家差不多都逃出去了。家里边剩了两个老人，也没死。据说霍乱扎针能扎好。那时谁也没给谁看，那会儿都是父子不顾，妻子不顾，谁也顾不上谁了。可不传染了，这个得了，那个又好得

了。哕泻，那都是霍乱病，不光是我说的。很快这病，有时候两天，有时候三天，一哕泻，人就不中了，跟饿有关系，饿得没劲，再一抽筋，人就毁了。那个棒子还没结出籽来，那个棒子芯就嚼嚼吃了。1944年政府一号召，回家大生产，有外地来的救济，吃点以后就好点。

那雨下了七天七夜，属那回亏的人多。地上有水，不是河里来的水，咱这不靠河，光下着雨。下雨还吃井水，有柴火的就烧烧喝，没条件的就不烧了，有的锅都卖了，有卖屋的，就换点吃的。

香城固那边的村叫马兰，有个写村史的人叫吴旭。那得好脑瓜，问好多老人。现在的年轻人都知道个啥？

日本人到处烧杀。我那会儿在俺村一个庙里教学校，日本人来了，书没藏好，还掉了一个小黑板，我跑了。日本人看掉了个小黑板，还掉了一本书，把那个庙点了。逮住我还不给我一刺刀？那是抗日学校，教的都是抗日书。我都是游击生活。教抗日学校是为了获得人支持。1941年办起来的，还是1940年？没课本，有油印机就印两张，没有就手抄。小孩都成立一个儿童团，站岗放哨，见着生人都问问去哪。就一本语文书。打日本人，全国人民要一心；九一八，九一八，日本鬼子进中华，占了东三省又把热河拿。净抗日书本。还有群众歌曲，叫又劳动又种地：我们是军，我们是民，我们是冀南根据地，我们是冀南老百姓，我们是冀南子弟兵，时刻保卫根据地，不把敌人赶跑不甘心。我从十八九岁开始教。我两个同学在区委，对我说你来教抗日学校吧。一个月给我45斤小米。有时游击的时候没给，没给就不要了，不一定是45斤小米。

邱城那回毁的人多。二十九军跟日本人打。日本人进城以后不管老人小孩，男的女的，见人就杀，井里都填满了。那回谁，我叫不上名字了，让日本人围住了，烤着火冬天里，他玩你呀，你哪边跑他哪边拥你，拥，拥，都快烧死了，烧得不能动了，烧得那皮都净油了，叫济山。他自己不知道怎么拱到沟里，后来救回来了，老长时间不能动。日后能动了，身上烧得净疤。现在他不在了。牵牛，要东西，到处奸淫、烧杀，那都有。

抓劳工的听说过。刘云固有一个姓刘的，叫什么不知道，抓到日本。楚庄有一个，叫楚新科，抓到日本国挖煤窑，去塘沽坐船运走了。到日本哪了咱不知道，据他说那一船载着好多人，全是中国华工。吃不饱饭，说话不对了生揍。以后回来了，日本投降以后回来的不少。这些人现在都死了。

刚过灾荒的时候那死的人没人管。我去马头，回来的时候那路上就有两具大人的尸体。到马头那东头一过，那死的人臭得了不得，谁管？据马头人说，在马头一个玄帝庙吃过一个小孩，小孩没气了，死了给吃了。有说死的人弄一块煮煮给吃了，那谁知道。

北香城固

采访时间： 2007 年 5 月 6 日
采访地点： 邱县香城固镇北香城固
采 访 人： 高海涛　张　翼
被采访人： 韩景龄（男　83 岁　属牛）

韩景龄

（我叫）韩景龄，83（岁），属牛的，上小学，上一年，那上的时候，还是老蒋那会儿，上学时 16（岁）了，那会儿穷，这会儿不一样。先生都是俺村一个，他那一会儿一个月五六块钱，现洋，印的洋钱。那会儿上不起学，那时都灾荒。日本进国了，一进国，这学就没了。都是老蒋，日本一来，这个村乱了，这个学就散了。后来我到家劳动了，割草，拾柴火，拾粪，打工去了，这还不到灾荒的时候。种点地。这会儿把井都打起来了，这不旱了。过去那个井啊，光靠天，不下雨，收不到东西。

过灾荒回来，我磨面，磨了五年面。

灾荒年，那都逃出去了。俺这都朝北逃了。有逃到河南，有逃到藁城，石家庄。在那待了有七八个月，就回来了。下了雨了，滴滴涟涟，下了七八天。在我炕上搭的鞍屋，使席，那里边睡，房子都漏了。那会儿尽是土房。这会儿那房顶都是洋灰泥的，那会儿都是土泥。吃啥？吃草籽儿，荠荠，兴那个蓬头药（音），根儿，都烧菜吃了。土野菜，兴那个吃。回来煮煮。

哪都有井，使那个井绳在里边提。烧开了煮。柴火那时候有，这房，烂房，那个屋，都烧了。下了七八天，都烧那个烂秫秸，这会儿椽，那会儿秫秸棚的，高粱那个秆儿叫秫秸。那会儿洋火都没，有火镰，打打，使火纸。打不着，看谁家冒烟，拿个破烂布到谁家对去。这个对火，在别人家对着。八口子人，那会儿。这人还多。灾荒那会儿，八口子人，逃荒逃出去了。逃到藁城那里。那算没饿死，都回来了。饿死老些人呢，路上走不动的。他连出不去，在家都饿死了。那会儿我还小呢，领着领出去了，领到藁城。藁城石家庄那里。那里住了一年，一年没收东西，起那要饭，他那有井，水头会拉，浇地。没下以前灾荒，逃那里去了。在那待了七八个月，回来，这又下雨了。下雨了，这小谷子长这么长一点，那地里都耩上苗了。俺家里，俺父亲，有俺兄弟妹妹，到收起了以后才回来了。在那待一年。

没吃的，人没啥劲了，饿死的。没劲，饿得那人很瘦，抬出去了，囫囵个的，都埋了，抬不到地里，都埋了。那一年，也饿，也得了霍乱病，抽筋。那难受，那没治，也没医生治。反正不少，连饿带瘦，死了老些人，死了一多半。那都是1000多口子，到后边都剩了600口子人，死了一半。老的、小的，都死了。浑身疼。也瘦，饿得皮包骨头。饿的那瘦劲儿。那霍乱病，都跟那瘟疫一样，传染病。那会儿得瘟疫病有，不很多，都是饿的。那饿的，肚里没啥，还不死啊？饿得些瘦。

日本人侵略中国的时候，飞机，大炮，机关枪。从这通过的时候，来的时候，飞机，大炮，机关枪。俺村东边这石碑这里，打的仗打得最后胜利了。那是三八六旅，要不在这修纪念碑？那都过来灾荒以后了。

日本人他戴个砂锅，跟个盆似的。飞子一打，还打不死他。都叫砂锅，砂锅的，那个铁的。来，光扫荡。听着一打，人都跑，我说这过来灾荒以后。

皇协军，他尽是咱中国人，他跟日本干。他一扫荡，他都出来，出来抢东西。威县，日本人城里住着。皇协军下来，粮食，米、瓜他都抢走了。日本人见过，一说来，牵头就跑，困住你就不行了。他来了，要面呢。你好比张庄，哪里都有，咱这是个空地，把老百姓挤当间了。你好比理平头，你口袋有蓝水，钢笔水，把你都挑了。他认为你工作人员，那会儿钢笔少。日本人跟皇协军戴的帽差不多。打仗，这皇协军，尽咱中国人，在头里跑。你手上没茧子，你不是庄户人。我党员五六十年。皇协军向日本，不向中国人。一看有钢笔水，说那是八路军。他反正是怀疑。八路军便衣，不穿军装。日本（人）光来，俺这没安炮楼，这八路军根据地。那儿离这二里地，有岗楼，俺这没有，反正日本不敢在这安岗楼，扫荡上这来，向北 15 里地有岗楼。他要公粮，俺这不给他拿。他光抢，往北 15 里地都拿公粮，我这儿不拿，他不敢上这来。来了光打他。我那会儿小，头一天当兵，第二天敢没有你了，这会儿当兵打过一枪吗？

种点地，红高粱。这会儿都吃白馍馍，吃白馍馍、卷子，那会儿哪有卷子。一个人合一亩多地。那一会儿好比有个地主，他种好几百亩，好地他种了。你要荒滩，没利钱，光种点破地。那小，也不要你，你给人家弄不来牛，连耙带犁，弄不来，也不要你。

吃得孬点，八口人，六个孩子，两个老的，11 亩地，80 斤一亩地，收上 120 斤最多的了。种高粱，糁点麦子，种点红薯，绿豆角，棒子。维持生活，吃不好，不是跟这会儿，享了福了。

碱地，刮盐土。底下铺上席，上边搁水，再熬，淋了之后晒，晒成白盐。那会儿没有大盐。大盐就是那个粒儿，海里捞的盐。有淋的，有卖，有申寨是淋盐的，也是私人的。兴铜子儿，不兴票了，一吊钱 50 个大子。不知道一块钱换几吊。

井多着呢，有七八个井。井干，等着秋季，挑井绳担。不是跟这会儿一样，打一个，呼呼流水。不盖。有日本人就盖住了，怕下药。锁住，上边弄个木盖子，怕日本人来下药。日本没进国的时候不盖，到后边进国了，盖了盖，他掀不开了。民国32年，那个日本离这远，在东三省那儿呢。头灾荒时日本进的关，过不来，关外打。

过了灾荒以后有土匪了，那土匪尽老百姓，那是庄户人当那个老杂的。那个不正混的，好吃好喝那人户。

采访时间：2007 年 5 月 6 日
采访地点：邱县香城固镇北香城固
采 访 人：高海涛 张 翼
被采访人：李贵喜（男 76 岁 属羊）

李贵喜

（我叫）李贵喜，属羊，没上过学，小啊。

民国32年那时候，都俺姊妹仨，俺四个。我才13（岁）呢，光挨饿，天天饿，俺也没出去。我是南边村的，马兰。我出村了，在闺女家住着呢，腿不好。俺父亲都饿跑了。民国32年，这可能是后半年，他不顾人了，饿跑了。没信儿，没回来，他死到外头了。

下七天七夜雨，他（王明臣）都说了，一模一样，房子都漏了，搭的鞍屋，可不是？搭的鞍屋。

马兰，民国32年剩下200多人，这会儿1000多人。头灾荒多少人，叫我说不准呢，死的，走的，在外边逃的，饿死的。那会儿说得病，都饿死的。没治，没钱治，听说有霍乱病，咱不知道。

饿得皮包骨头，饿得些瘦，天天饿，哪家没大人。一个老娘，很聋，天天饿，连房木头都卖了，都卖给那户，人人都卖了。一个房换两个窝窝，有桌子都不要，给一点点干粮。都卖了。搭鞍屋了。吃点啥，卖了都吃了。有的买干饼，买馍馍。一天天饿着。在地里捞么点去，有豆角，偷去，偷摘去。吃井水，砖井，没盖，井台高。

都饿毁了，天天饿着，没大人，都吃那个香油茧，卖香油的，陈茧，磨香油的，吃那个渣。愣腻，头天那个渣，吃那个陈渣。屋都给人家了，把屋给人家了。七天雨时，七天七夜，正灾荒七月里。到八月里下棱子，在地里往家跑，砸得脑瓜子疼。民国32年可受罪了。大人谁也不顾，大人不顾孩子，自个顾自个了。俺村宝山两个小子都些大，饿死了。他不顾他孩子了，都他自个吃了。那点叫孩子吃了，他都活不了。那两孩子也有七八十来岁了，饿死了。

家里四口人都过来，真还不赖，还命大，真不赖。

民国32年灾荒年，没下雨，父亲出去了，没信了。谁知道死哪了？不知道。

日本常来扫荡。给过糖块，纸包着，那时小，有给那罐头，不多。发脾气，说好就好了。他拿刺刀还穿我嘞，一个过道，他从这来，我从那里去，"缸吱"一下子，胡同口，他在里去，我在外边，吓得。俺头上那个邪乎，他正在那吓唬呢。家里埋点粮食，家里大人不能让孩子知道，知道一说，那没了。不能说，都埋自家院。他爹给小虎说了，说一小窝，你看看就没了，光拿你。一点不能有，埋到地里。你还别说，真没粮。

土匪是老杂。没见过劫道的。

俺那住日本人十军团。八路军打十军团，在马兰打。那八路军才厉害呢，一到天西就围住了。人都在屋里，他们在外边，那家伙连树都锯了，有土围子呢。他在里头，八路军死得可不少，死得可多了。

十军团光抢，还没到灾荒呢，蒸的年窝，在俺村里起了老些，都给整走了。看家枪有，几家户的都有，都整走了。家里连大人都挨揍了。都压杠子，支支歪歪地。在俺家打的，死得可多了，死的尽是八路军。打得不要马兰了，八路军不要马兰了，日本人拿炮削，不要了，不要俺这儿。起那就窜了。吓跑了，那一黑了就跑了，十军团跑了。

八路军死的，那家伙死的人可多了，八路军死得多，真可怜。八路军真有一点点土子弹都打，这可怜，那家伙。十军团一到天黑开会，连屋门都锁了，都锁在屋里，老百姓都锁屋里，不让出去。打没几天，可能三天。

王明臣

采访时间：2007 年 5 月 6 日

采访地点：邱县香城固镇北香城固

采 访 人：高海涛　张　翼

被采访人：王明臣（男　77 岁　属羊）

（我叫）王明臣，77（岁），属羊的。上过小学，都这村北香固，不交学费。先生是本地的。那是新政府，这是老根据地，邱县来根据地，日本人没在这待过。灾荒年以前有日本人了。

民国 32 年，灾荒，日本刚进国，那时八九岁。到灾荒年都 13 岁了，我上学，日本还在这儿呢。

民国 32 年，大灾荒。两边收点咪，吃不上，日本人来了，抢走。扫荡来，抢东西人。日本人怎么不见过？成回见。那时候我家人多，十七八口子呢，过灾荒那会儿，都逃出去了。剩我、我奶奶俺俩。他们都是一过灾荒年都逃出去了。都受苦了，薅点野菜，能活着，没点东西，有点东西，日本来给抢走了。都饿死了，都是那饿病，都死了。

下七天七夜雨，都七月那会儿。不下了，出去找点野菜。七天，有停会儿雨的时候，不能光下，停半晌，出去找野菜，下得慢点，那雨一个劲儿地下，刷刷刷。

水都有井，井多了那会儿井，有按井说吧，七八十个井，眼井，72 座庙，整个香城固。过灾荒那没分开，大香固连着呢，整个香城固。

过灾荒以后大香固剩 300 多口人。现在这一个北香固都 200 多了。那会儿人三绺死了两绺，按这会儿说剩一绺一半。都是饿死的，日本人打死的。那时不跟这会的，日本人来了，说死都打死你了，他不讲理呗。你这年轻人，他说你八路军的干活的，他打死你。他看看你手，你手上没磨得死疙顶子，膀肩扛枪的有印，他说你是八路。

跟俺奶奶俩都受苦了。那日本人来了，弄那个棍子，梆梆梆梆一个劲儿在头上敲，害怕得很。都一说来了，看谁跑得快。啥也不顾，照外跑。

烧开，有柴火，破木头啥的，屋子不漏。那上边包着顶，上边搁着柴火，续上土，就我一家不漏，别的都漏。搭的鞍屋，盖住，顶顶，一搭搭起来了，底下人睡。房子里边搭的，里边不漏。搭住了。没办法，那咋整？房子漏了，没地方住，上边席，搭的鞍屋。

一天吃上一顿，能吃饱了？烧点开水，煮点菜。给谁干活去？都没人了，好不这家一人两人，都没人。下雨以前，春天都逃出去了。

那时候霍乱病不知道，谁知道？到明了，死了，拉都没人拉。没人埋，都死那街上，在那街上待多少天，都没人管。饿的，谁管？找谁去？也没医生，上吐下泻，咋活？也没人治，也没钱。那时候，都各顾各过，远处都不知道。那日本人在这那厉害得很。日本起这待了八年呢，整整八年。那一说日本人来了，看谁跑得快。那小呢。

看你不顺眼，打你，小孩也打过，少。没你这一户打得多。也是光打。他砍人，看哪个不顺眼，拿刀咔就砍了。骑着马，在马上砍，摘着那刀，脑瓜子一拨拉就掉了。

老是清亮江，多深看着底呢，那时，有水。赶年上，这些年不上水了，不上水了，又来点水了。现在这是老沙河，这都是起挖河以后改的老沙河。都是1960年改的老沙河。有叫清亮江的，有叫老沙河的，大部分叫老沙河，那沙土多。

跟日本人是一色，他是帮手，皇协军是被压迫的，不是真正当那。顾生活，能吃饱都中。都祸害得很。八路军过来，要点，日本过来，抢。八路军也得要吃的不？他也是要，按地要，一亩地几斤粮食，是种地都要。种地注粮，交公家粮食。那时候种地不多，十来亩地。过灾荒时候少了，地少了，人都破开了不？你一口，我一口，这都少了不？都荒了，草这么深，走不动，捋点草籽儿吃。

盐都是刮的那个碱土，淋淋，搁院里晒晒，院子里太阳一晒，上边供点盐，自己弄，弄回来吃。买盐哪有钱？没买过，都是淋点吃。威县后庙有，现在后庙一个大工厂村了。

有土匪，那会儿，断道的多了，你背点东西过，把东西给我，丢这。断道的是断道的，跟土匪又不一样，土匪光抢，断道的跟这会儿一样，劫道的。这会儿好比劫车啥的，都那个情况。土匪过灾荒以前多。日本来了，进了国了。有黄沙会，日本进中国以前，不记得。小。

土匪头子咱弄不清，那都是暗处说，土匪都是跟你这一样，他不上家，他上好户，不上穷户。没大好户。一过灾荒，都没好户了。从前有好户，一过灾荒都垮得不行了，都没东西了。都穷了，都抢去了。都叫日本人、皇协军、皇协军家属整走了。房子都卖给做买卖的，那会儿吃屋，这会儿不吃屋了，那木头，他还要好烧的，粗的还不要，要上边这椽子，才要呢，别的不要，粗的，皮不叽的，不要。

砖砌的井，没盖，都上敞着。井跟这个桌子一样，井台高，底下洼。它不上水，这个井里不聚水。能落进去雨，井口大的一米左右，绳子往上拔。

没野菜都饿死了，我没吃过（香油渣）。我尽吃野菜。俺这没香油。七天雨以后，这又能种点庄稼，种点荞麦，有耩小直棒子的，菜疙瘩，种那个。

八月二十四，上了霜了。你还收啥呀？不收啥，八月十几下的棱子，八月二十几上的霜。那棒子都死了。都跟枣一样的。

治安军都是皇协军，第二是治安军，第三是皇协军。他是日本。日本狗腿子都是日本军，皇协军。治安军高级。日本人兵第一，领着些狗腿子。治安军中国人不？皇协军中国人不？他这里边也分一个大小，也是抢东西。他发性格，高兴就给你，不高兴就不给你。

你说土匪就土匪，说老杂就老杂，他俩不分。截的暗地，他不能向明处出来，他是暗处。

我这住的八路军，杜庄也是十军团，打十军团。我这香城固，每天晚上竖个杆儿，旗子，到那一去，还是八路军死得多。他是房上，他是房下，拿梯子甩，叽哩咕噜，掉下来了。那时候咱小，听着人家说。能看着？我小，我看不着。八路军泼命了，把那个村算是灭了，非把十军团打下不行。

这个烈士碑，死的人埋多少？一个坑里一个 40 个，一个 30 个，一个 20 个。打老沙河，打八辆汽车。你那边守，我这边打。正月十四开始打的。打三天，最后那天，兵都调好了，解决他呢。西边东边都埋伏好了，他后边出去了。老鸹寨，南草场，跑出去了。俺这跑回来一个。

北马堡

张慧莲

采访时间：2007 年 5 月 4 日

采访地点：邱县新马头镇杏园村

采 访 人：李廷婷　刘鹏程　刘　宝

被采访人：张慧莲（女　76 岁　属猴）

民国 32 年，我 12 岁了。俺娘家是马堡的，俺爹娘都饿死了，两个哥哥逃命到新罗县了，给人做饭，在那儿干了两年。我也出去逃荒了，还有我弟弟，在外逃了一年多，一直要饭。种麦子时回来的，拉犁种麦子。

民国 32 年都是蚂蚱，沟里都是蚂蚱，一撸一大把，回来把锅烧热了，放里面，用铲子搅和搅和，放上盐吃。灾荒年一点树叶都没有，都是蚂蚱了。

那年下雨下了八天八夜，老人不能吃东西，饿死了，年轻人还能吃点树叶。有得霍乱病的，娘家那个村净老人得这种病，年轻人逃走了，看见八路军，跟着走了，十几、五六岁的小孩给了人。那年下大雨，房子漏，土房泥的，都漏，那会儿一天一顿饭。喝水拿小罐，从井里摆水，水把井都淹了，水不缺。得霍乱病，拉稀水，躺那儿不动了，那时谁也不顾谁。得霍乱的不少，天旱时没有，下雨时得的，又潮，没啥吃的，主要是饿，不传染。

那时有日本鬼子，过两年才走，民国33年走的。

日本人没活不抓人，没给过吃的，也没给打过针，不抢咱东西就好了，皇协军灾荒年什么都拉走，赶牛车拉，拉走卖。那时飞机少，日本人来了年轻人跑，老人、小孩不跑，日本人不打老人，日本人在邱县进城的时候打，以后就没打了。

东 关

采访时间： 2007 年 5 月 6 日
采访地点： 邱县香城固镇东关
采 访 人： 高海涛　张　翼
被采访人： 李开新（男　77 岁　属羊）

李开新

（我叫）李开新，我 77 岁，属羊的，上过学，我上的那是高小。

南香固那会都有浅井，井些浅，吃井水。那会儿，人数有四百来口，现在一千三百多了。

八月二十二，阴天下了七八天，叠叠涟涟。旧历八月二十二，开始下，下了七八天。屋里搭的鞍屋，在里边睡。俺父亲他们出去了，就我在家。他们逃出去了，就我在家。我在南香固，公路南边，那一道街都是南香固。那会儿也是南香固。

灾荒那一段，前半年没下雨，旱了。直到最后，八月初儿才开始下了，下了七八天，又下一回冰雹。庄稼长得挺好，都给砸平了。下冰雹，你没见，小麦都长那深了，没料着下得砸平了，都给砸那撒那了。要是不下棱子，好不成灾荒呢，下冰雹都给下坏了，庄稼那时候都长得不错，都是下一场棱子下毁了。下冷棱子那是下雨以前。都是眼看高粱都收米的时候，谷子都抽了穗儿（音）了，快熟的时候了。下雨是八月二十二开始下的。下棱子的时候，我还下地去了。刮西北风，喘不上气了，我割黍子（音）去了。我下地割庄稼去了。那个黍子熟得早，还没割，这都下得开了。那大的，打得我的膀子疼。起那下了棱子以后，这八月二十二阴天下了七八天。这算连续大灾荒，给受了灾了。

向南去推点粮食回来维持生活。逃到河南，来回使红车推粮食。在路上也有皇协军查，查不住就出去了。那时候都使那维持生活。到河南，我和俺母亲两个，他们逃那去了。他把你都挑出去了，挑走他都问你：你当过八路军吗？我那个叔叔叫那刺刀一挑，他往后一躺，没挑到身上，把衣服都给挑坏了。他连打带杀的。都是灾荒那一年。

三月十五大扫荡。天气那会儿旱着呢，没雨。七月前，那不下了一场棱子，那谷子出穗儿的时候，到八月二十二阴天了，下了七八天。

那一片，这一片的，股头些多，尽土匪。"黄学"还早，都是灾荒以前，这个事，那我还小，记不清。

日本人那是十辆汽车来的。十辆汽车打坏了九辆，给他。日本进中国，我上学那会儿，我那会儿打游击上东关，上斗口营（音），方营到威县。逮何梦九的时候，我还在那里呢。没听说何梦九吗？逮他的时候，我参加了会议。他家都是威县的，他害这一片人多了，那会儿这南关的好几个，都死在威县了。何梦九他是威县县长，抓他的时候，上邢台逮捕他的。八路军冀南行署的主任，那是孟福堂，讲他的罪恶，一说，光强奸妇女500（多人），把数字都给说了，最后孟福堂叫七枪打死，不叫一枪打死。下边拿小刀，都要剐。他那会儿还不那个做啥呢，光处理别的问题了，七天扎了那个台子。打以后，埋了。人都扒了，一块一块拉走了。人都恨透了。那时我 13（岁）了。灾荒前一年。八路军那会儿行署主任是孟福堂。一说，都知道。

民国那时候，黄学起义。他还是个人物。皇协军是日本的走狗，尽是汉奸。光侵略。日本他有那大力量？下边他发展了些人，何梦九这都是皇协军的县长。一扫荡，到你家，好东西都给你带走了，给你拉个乱七八糟。七八天一扫荡。他一来，这人都跑出去了。

我入党以后，家没人，我没出去。我父亲那会儿都是 1938 年的党员，这一片就数他早。他在村里当书记，党支书记，做地下工作，发展党员，领导贫农。有事，给他们讲一讲党的政策，讲一讲八路军的事。不领导别的。不是正式部队。他党员发展的早，这一块数 1938 年早了。他叫李五峰，给部队里头弄军装，在那儿藏着呢，埋夹缝，尽干这一套。八路军找党员。

灾荒时，20 亩地，有地都没少，还那些地，没卖。那会儿尽种粮食作物多，也种棉花，有水井浇地，那会儿也没水，浇地，收成也不高。那会儿小麦都是晒地，春季不种，以后糊上小麦。这会儿小麦，棉花，有水井浇地，收 1000 斤。这玉米夏季这一季还收 1000 斤，连续收 2000 斤，这现在。那一会儿一亩地都一二百斤粮食。那会儿也都是外边卖的，打包出去，胡粒粒，尽吃那个。那会儿盐，也说大盐。碱地大，有淋的那个，那也吃淋的那个盐，那个也不难吃。胡粒粒都跟大米粒一样，一块一块的，都不加工，那是大盐。那会儿有卖的，私人，尽私人多，有卖大盐，有卖小盐的。我还刮过土，淋过那盐呢，自家吃。几毛钱一斤，小盐也是几毛钱一斤，上下差一毛钱。大盐贵，大盐还有运费呢，都是天津大港那运过来的，那不靠着海边？本地产的小盐现在没了。那时候有，长期卖。这东关这都是中香固，没分开大队也是这几个村。这是南香固。

日本进中国的时候有黄沙会，跟土匪一样的，八路军来了，光抓他们。那个早，详细情况咱弄不清。

听说过，灾荒年有那个抽筋的病。霍乱，像是手抽一样的，连饿带做啥的，加那个病，死的人多了，都说那样情况。实际那还在灾荒以前有这个病。灾荒的时候少，一个半个的。俺村里那个年纪大的知道，咱记不很清（楚）。我没出去，剩我跟母亲，一个村里都逃出去了，剩 30 多口人，其他人都逃出去了。那会儿都说 300 多人，折耗的，剩没有 30 口人，大部分都逃出去。不行都出不去，都死在家了。总之，那个生活，没吃的，都是得病的，伤亡，都是饿的，肚里没饭。

那一年到现在 64 年，我那会儿才 14（岁）。

该不见日本人？他来了以来，都跑出去了，那会儿咱这是根据地，再往北威县这都是日本跟汉奸。

三月十五，都是日本大扫荡那一年，在本村那个马兰，叫日本人困住一回，那是日本铁壁合围大扫荡。有那八路军在那检查，那个脸黄，都说吸过面儿啊，你当过八路军啊。都赶那儿去，多少大都在那看，检查你脸，看你脸，看你脸黄了，这个不正常。

采访时间：2007 年 5 月 6 日
采访地点：邱县香城固镇东关
采 访 人：高海涛　张　翼
被采访人：王银海（男　82 岁　属虎）

王银海

我叫王银海，82（岁）了，属虎的，没上过学，那是系穷，上学上起了。我逃下边是南边马儿寨，我妹妹给了山西无极县的，给了人家了，这现在又找来了。还有俺这个妹妹呢，俺这个妹妹，外甥都在化肥厂，公社里。

民国 32 年下半年吧，那麦子给雨下的，两亩地收两斤麦子，都死了。我家种两亩地，就那两亩地，有俺母亲，有俺妹妹，有俺姐姐，有兄弟。过灾荒，俺兄弟逃荒逃出去了。俺这个姐姐现在没了，跟俺这个妹妹在一块给了人家了。给了人家，人家又卖了，卖着山西省了。人家卖了，卖了13块钱，现洋，又卖到山西省了。这又打听，又摸家里来了。联系我来了，摸家里有几年了。有七八年。还有俺妹妹呢，外甥在这住着呢。

那会儿不下雨，青的不见，都干得不行，旱，没井，啥也没收。有日本扫荡。

七月里下的冰雹，砸得光杆了，以后红薯，光蘸点盐（音）。下棱子以后，才下了七天雨，以后才下的大雨。雨水还勤些，下多些。下半年，以后哎。不用雨了，都下。严释放（音）他家盖房子那一年，都知道那一年的年景。

什么也没有，你做买卖弄点东西都抢走了。啥的没有，我背着俺这个妹妹，跑到榆林，山东，跑那，在那打七八天汽车，打汽车打死了。都叫日本围住了，汽车都，大炮，机枪。我背着俺妹妹跑出去的，八路军那会儿还不叫跑，兵都瞒俺，我背出去了。我没劲了，这个妹妹，这俺这个妹妹都卖山西那去了。外甥还在这呢。

我推着小车，埋俺娘去，还没回来，这就死了俩，埋不及。都推着小车埋。十一月死的，还些暖和，那一年。开这个口，还不冻。我埋我娘去了，我推着小车去的，还有我队里大奔儿（音），再以后他又去了，一脚起卷，一点不冻。我推着俺娘，饿死的。民国32年不饿死啊？在家都吃那个大麻籽，饿得都不行了，吃那个吃得，饿得都不行了，饿得啥不吃。有那个仙麻籽，这么大了，高了，尽是刺，吃那个籽，金荷死的那一晚，她跟俺这个妹妹在一起，她也吃了，金荷死了，俺这个妹妹也吃了，没死了，俺这个妹妹现在也70多（岁）了，我这80多（岁）了。

我逃，没有在家，在家有日本人。啥也不收，逃山东，买了地一个菜园，我在那住着呢。王福禄当兵，他跟我住着菜园里。我跟他在那住着看菜园。光吃了白菜。吃啥也摸不着啊，粮食也摸不着。我在小屋住着，问我多少钱，我说这八路军，不要紧。那有日本人扫荡，谁敢顾弄人？他没地方住，跟我住菜园里，这王福禄忘不了我。

我在菜园小屋那住，我看不见，我知道，打汽车，连汽车都点了，打毁了。汽车那一点，火都房子，还冒呼呼的烟。到明了，我上香固这儿这贸（音）来，给人找点，人说，你别贸啦，香固没街市，都是汽车，汽车都炸了，呼呼老高了。有日本人汽车。日本人扫荡，日本人在这，不得安生。在这住了七八天。那是过了灾荒。

咱那有井，光种点瓜，啥也没收啥。山东，那高粱都晒米。我推着小车，推着高粱罐罐，我推着到店里去卖，那皇协军，日本人一路见了都炸，我都跑好路了，只好连车都扔了，在那房里，掌柜的又给我绑送起来了，结果啥也没剩。光日本人扫荡，那跑，人都炸跑了。

人逃到哪就在哪住着，光混嘴了，饿不死就拉倒了反正，那都饿死老些人，啥也不收，有点啥，日本人都抢走了。连锅都拿走了，拿走了老些人的锅。你做饭也做不成啊，光这一趟街，拿走了多少锅。我在外面，我奶奶饿死家了，我回来推着俺奶奶埋的，到这儿也没土埋，提那会（欲哭），我推着俺奶奶去的，身上血还温着，你晓得不？

霍乱病那会儿该没听说过？咱没得过那个，都饿的，光饿。俺那个母亲下雪的时候，冬天的时候，再饿一天就得死，跟俺那个三麻壮（音）他娘，逃他家去了。一个鹰噗啦噗啦，那雁，一打，落窗子上了，她俩煮了煮，吃了，没死了。那叫个雁。雁，打死了。俺娘，饿得走不动了。成天不见，我去了。下的雪。我去马二寨三才家里了。我一问我娘，我说你这咋了，不能动了，她说你这雁打死了。差毁了，噗啦噗啦落到地上了，俺娘跟俺这个三麻壮他娘姑两家，她俩煮了煮，她俩没死了。我心死在屋里。打雁的时候下了雪了，那个时候冷天。俺妹妹给了人，让人家卖了，卖到山西。这又回来了，回来光奔着威县猴王庙，王乐成上威县开会去了，俺这个妹妹问，香城固是哪儿呢？说我是香城固人。说你是香城固人，说我托你一下吧，俺妹妹说不敢不敢，他说，我是王银海的哥哥，叫二哥，王乐成连俺这个妹妹托家来了。

黄沙会，那不好，他都给老杂一样的，见过，黄沙会来过。那小，咱不知道，反正这个部门，那以前都有黄沙会。有日本人的时候，那好前。八路军都打他，管他。那时候还在以前，小，谁也不问那个，那时光顾吃点。上学上不起，我都 80 多（岁）了，谁上过学？都上不起学。淹、涝、缺、债、老杂，带日本人扫荡，我都卖锅子，卖烧饼。老缺，老杂，抢，夺。那都知道。我那时还小，我起 12 岁就卖烧饼，卖锅子。都现在 80 多（岁）了。没死了，吃馍馍。

吃那黄面还得掺上糠、麻籽。日本人扫荡，挖河，挖井。我在梁二庄挖河，挖井，修桥，我也没死在那。下冰棱，在那做饭，我在那做饭，在梁二庄做饭。

东石彦岗

采访时间：2007 年 5 月 3 日
采访地点：邱县香城固镇东石彦岗
采访人：刘晓燕 刘燕 刘洋 韩仲秋
被采访人：苏金光（男 76 岁 属猴）

苏金光

村里灾荒前七百来口，过了灾荒年就剩四百来口人。鬼子来时，我家里姊妹三个，加上父母。两个老奶奶死了，也说不清是什么病。家里那时有三十多亩地，好年景时打得粮食够吃的，我们家光种地，不干别的。

民国 32 年天天下雨，不出门，也不知道死了多少人，也说不清楚是什么原因。我家没有得霍乱病的，有个邻近的七哥，种了点瓜，死在瓜棚里了，也不知道怎么死的。

我听说过抽筋病，我爷爷那时民国 9 年的时候，抽筋病最厉害，村里死的人很多。我爷爷死时，我父亲十五六岁，光说是抽筋病，光抽搐，没说上吐下泻。村里有个扎针的医生，他父亲也是得这个病死的，给人家都扎好了，自己父亲却没扎好，所以后来他就不扎针了。这个家里大儿子扎针，二儿子看风水，三儿子号脉，四儿子治眼。三儿子早死了，这家人也早死了。扎针扎过来的人早都死了。但是没听说过民国 32 年有得这个病的，没人说这个事。

鬼子在村里杀过辛店的一个人，是活埋的。我们村里也有被打死的，日本人来时，那家里有人，就被日本人打死了两个。灾荒年后日本人来村里，那时麦子都出穗了。

民国 32 年没出去逃荒，我父亲、姐姐到外边跟人家要点粮食推回来，要不就卖家里的东西换粮食。要不是日本人在，饿不死那么多人。那时候有劫道的，有点粮食就给劫走了。家里没有粮食，饿得没办法，就去当土匪，皇协军。我们这个村是根据地，离岗楼远，都是后方，遭炸弹的都在霍庄。那时候印济南票，一亿的都有，以后用济南票换日本票。十块换一块，印济南票时鬼子在。净假鬼子（二鬼子）中国人把这里败坏了，要是净鬼子，祸害不了。净二鬼子年轻人跟着日本人扫荡，他们住的附近他不去扫荡，他们附近的居民有良民证，上面年龄、村名都有，有良民证的人能进城，咱进不去，怕是八路军的探子。

我念了没几天书，灾荒年来了就不念了，灾荒后上邢台做买卖。到我姐姐那里住，她在邢台东边南河，离邢台 40 里地，日本人也在那里。日本人走了以后买卖不大行了，我就回来了，要不是苏联帮忙，就打不走日本人，他们武器好，中国人也跟他，日本人火车到处走，中国人什么也没有。八路军破坏敌军的铁道，八路军吃树皮，草籽，白天黑夜地打仗，都不敢去当兵。

东赵屯

采访时间： 2007 年 5 月 5 日

采访地点： 邱县香城固镇东赵屯

采 访 人： 高海涛　张　翼

被采访人： 赵舒信（男　81 岁　属兔）

赵舒信

（我叫）赵舒信，81（岁）了，属兔的。

上过几年学。灾荒前在这个村上的，以后在县师范。先生是村里雇的，学校拿钱雇的。一个学生 12 块，现洋，一年 12 块。村里办的，马落堡大村办的。我那上学时 9 岁了，上两年半，日本进中国了，民国 26 年进中国。

我家 12 亩地，不够吃，我父亲出去扛活。

七月七事变之后，日本人旧历十月十四来到咱马落堡的。过了 40 天，那从威县到曲周到邱县，这儿过。马落堡那是一个大村，村里摆了两个红桌子，迎接人家。没在咱村住过。有酒，有烟，有糖块。胆小的都跑了，光剩老人伺候他们。我那会儿很小，也跑出去了。

民国 32 年阳历是 1943 年，灾荒，我 17（岁）了，一直在这村里。天旱不雨，那会儿没井。那谷子不收，蚂蚱特别多。生蚂蚱那是八九月那会儿了。咱这没下雨。地下谷子拾谷穗。

后面下了七天七夜雨，那还在家呢，在地里摘豆角，回来煮着吃，煮豆角吃。没柴火，拆房，房倒屋塌。后边没办法了，整了点谷子，不熟的，回来箩了箩，搓了搓，搁磨上推了推，整成饼。

下雨时候得病的多了，霍乱抽筋，上啰下泻，吃不到东西。地主没事有粮食，没死人，有窝窝，人不要紧，没死人。穷人得，我也得的那个病，抽筋，上啰下泻，浑身抽抽，扎一回就好了。下雨以后，下雨那几天地里回来，到家抽筋，上啰下泻，到后来，叫屋里头，扎针的给扎。找先生，不给人钱，人不扎呢。给人买了煎饼吃了，吃了以后，给人一卷煎饼，扎扎，拿针扎。扎以后，地下躺着呢。扎了一回就好了，不出血，几天就好了。好了以后，俺爹、俺娘逃荒走，家里没的吃。其他人得病死的多了，那会儿有 2000 多人。具体数字想不起来，那时多了那会儿。

得这个病，街街有。按我那一街说，我十几娶的媳妇，我那媳妇得那病死了，前边赵成章一家子人死了，没多少人家了。他家六七口子呢，三海、三宝、灵儿，她那会儿没的吃，先生不来，没扎，死了。我媳妇在史庄，北边史庄，她娘家是史庄。主要没粮食吃，吃野菜，野菜也没有，很少。天不雨，下井，挖点水吃，那井没盖子，尽砖井，桶下去挖点水。有柴火，烧开，没有柴火，开水也没有。下七天七夜，生水多，熟水很少。哪有柴火？些湿，点不着。差不多房子都漏了。

我那会儿十六七（岁），地下偷点豆角。有柴火，要点柴火煮煮；没柴火，吃生的。别人地里。刘固那的地，咱庄地里没有。那会儿一般都没人了，没人逮你。

地不多，十来亩地，种谷子、高粱。下雨时，谷子将出穗儿。下了七天七夜雨。村里没水。不是下些大，下雨穿着衣裳在地里摘豆角，摘回来吃，有柴火煮煮，没柴火吃生的。那时得的病。下雨那几天得病厉害，下雨之前有，很少，叫霍乱抽筋。下雨之后就没了。过灾荒以后，没有这病。得霍乱时候，日本人没来。

八月以后，秋后逃荒去了，逃到范县，范县待了一年多。范县县城里边没日本（人）。那个就是范县政府，人民政府，八路军。去了要饭，黄河北沿。我父亲、母亲都一块出去的，都要饭。后边那会儿我 17（岁）了，能当兵了，见我个小，八路军不要。那会儿小，不要，没办法，我住人村长家，范县南边村长门外边一个木棚。给村长说了说，当八路军了，范县二区大队部当通讯员，当了一年多通讯员。当了两年，当了八路军了。人民政府，一月领粮食。后面二区大队部兵升级，升成县大队，把我留在家了，还在二区大队部，那会儿个小，人不要，又留在大队部了。其他兵都升级了，升成县大队，起那以后升成县大队了。后边跟日本人一碰上，一打仗，后边二区大队剩下一个指导员，一个队长，一个我，一个大城（音）。范县二区大队部挪到吕集，是个大地区，吕集归范县二区。吕集那立个营园，后边没人住了，在那种菜。

民国33年，咱这收成好了把地种了种，又回去了。这好了，整好了，走吧，咱又回来了。秋后回的家。民国32年出去的，民国33年回的家。

都在村里，咱这儿人民政府，村支书，在村里跑腿。开个馍馍房，卖馍馍。蒸馍馍以后就到了减租减息五次运动了，五次运动都是斗争地主。

那小盐。土里刮出来，小盐，淋的。刮的碱土，搁筐里淋，又搁锅里熬，淋出小盐。后边刮得多了也卖。那个盐论斤，一块钱多少忘了。老百姓自己刮土，搁筐里淋。那会儿日本在这没大盐。后面有大盐了。好户人吃小盐，有钱买。穷人自己淋。现在海盐都大盐。

地都卖光了，两斤窝窝一亩地，一斤米一亩地。房都卖了，卖给地主家里，村里地主。后面冀南行署在威县有赎地运动，民国32年卖的都兴赎。民国32年咱这冀南票，过了民国32年兴人民票了，那票又贵了，赎地些贱，又悔回来了。有三斤米的，两斤米的，卖给那地主卖了三斤米。

那12亩地，兴摆盒食，摆盒食，好比你地主，你想要我地呢，你得给人弄点吃，摆这盒食。摆那儿，叫卖的人也吃，叫说写人也吃，当家的书写人，就中间人，再后边说说，都写个文书，都算他的了。都南边那个路那，那五亩地，三斤米，小米三斤米。后面也卖了。我父亲去的，那会儿吃窝窝。吃了之后，写文书。三斤小米，地都他的了。

到最后，赎地运动时候，三斤米几个钱，都给了。还是原样，五亩地又回来了。没有多给地主。房子拆走算没了。拆走，他不赔了。不拆走，你要多少东西，给你多少东西。那时候，一间房子一斤米。三间房。那都没法过。给三斤米不，还不敢吃，少吃点，掺点野菜。大家伙子吃，俺爹、俺娘，还有我姐姐，我都得吃。卖光了，东西没了。走了。先卖，卖光了，没办法，走了。

咱这向北走五里地，都给日本拿给养，上公粮。咱这村没有。不断来抢东西。他不是光日本人，有皇协军。皇协军，日本人武装的中国人，给他办事的，叫皇协军，那都没办过好事。皇协军多，皇协军来这抢你的东西，逮住人就打，尽皇协军多，成天来，那该不害怕，俺爹、俺大爷都受过他打，皇协军打，要钱。那会儿哪有钱，没钱就揍。日本人来了都跑。日本人不孬，有小孩，去了以后给糖，罐头，给啥，给点吃，不怕他。吃，都吃了。跟现在罐头一样。大人不给。日本人给，皇协军不给。有皇协军了，不中了，主要是跑皇协军。日本进中国时候，日本人进邱县，咱村过，过了40天老百姓不跑。后面有皇协军了，跑开了。不跑，光打你，给你要钱。日本人祸害很少，不祸害人。那主要是皇协军。

土匪很少。后面，民国26年，咱村不少。日本鬼子进中国。民国25年冬里，民国26年春上，有土匪。后面有日本（人）了，没土匪了。民国32年有，土匪没枪了，尽年轻人，拿着棍子，到你家，有窝窝端你窝窝，没窝窝要点吃。他没枪。有的多，有的少。村里年轻的干这个的多了。过来民国32年，有，很少了。民国32年，这郭企之不是牺牲了，咱这改了个企之县，成立个企之政府，枪毙了不少他们土匪。郭企之不是南宫人，是曲周县，向南里去了，叫日本逮住了，叫活埋了。香固以西是企之二区，香固二区。那会儿枪毙了不少。那会儿，区政府也有毙人权。大土匪头子有，咱这个村住了一个姓焦，叫啥咱知不道，咱庄上住着。他家是东寨人。那他是民国32年以前，后面回东寨以后，把他媳妇打死了以后，跑了，跑的邢台以后。

八路军那会儿有，咱庄上来回走，村里来过。八路军没盖的，村里来要盖的。那会儿每街都要盖的，街街有。给，多咱八路军走，把那盖的送回去。住在富农地主家，人家房子多。他告，找不到八路军，日本人一来，都跑了。地主那没事，有住三晚上，有住两晚上的。没有在这村打过。那会儿八路军也穿便衣，土匪也穿便衣，都是便衣。谁也碰不见谁。那会儿，人民政府都有名单，说抓谁都抓了。

有锄奸队，人民政府锄奸队。民国32年以前，有锄奸队。那会儿咱这儿是企之政府，政府里边有锄奸队，光打黑家。哪个村里有名，都请锄奸队，把他锄了。咱村，姓任叫任老金，把他锄了。他些有名，有名的人物，起那后面，锄奸队把他从家里整出来，枪毙门外边了。没打死，把脸崩了，把牙崩坏了，起那又治好了。他在那个红帮，红帮是个教门。锄奸队是麦子古营上的名号。日本在麦子古营修的炮楼，威县东边那儿。他都说是企之县政府打死郭头了，卖的是麦子古营楼上的名号，说是麦子古营楼上打的。实际是锄奸队打的，打死了。私人有些事儿，叫老杂儿抢了，他都管这些闲事。东寨常用贵，他后面叫企之政府枪毙了。后面日本投降了，他任老金递了个悔过书，他不悔过，政府那还是抓他，递了悔过书，算是准了，对到家，拾柴火，拾粪。

红帮都是一样，总头领咱不知道是谁，日本正在这住着，给日本人办事。这村里一个，民国时候，曲周教学的一个私先生，叫政府枪毙了，他是国民党，见坑跳坑，见井跳井，打死在东寨坑里了。他给日本人不办事，那会儿企之政府县参议，八路军政府。他是曲周教学的，在人民政府里当参议，后边知道他是国民党，就不中了。

跟日本人打交道，以前，没啥事。八路军政府一成立，又上校，那时候没校址，弄西北龙王庙里边上校。八路军那一成立，穷人，那会儿给你小米。不拿学费，还给你。八路军政府一来，还给你啥呢。那个政府是黑暗政府，是蒋介石政府，要12块钱学费。到八路军来了，还给。一般老百姓不去，上学还给东西呢，还给小米呢。我上过，过了灾荒，第二次上学，日本人还在。过了灾荒。那书尽油印机印的。龙王庙里把那神灵都掏空了，把书放里边，日本人来了，就跑。就在西北角儿龙王庙，现在没庙了。起那后面八路军日本政府一成立，给点东西，我这一片都去了。那会儿，过了灾荒，都是十几。民国二十九年时候都不中了。后面那会儿，学校先生，来的那个老妈妈，她女婿是中心校长。后面八路军一整顿，他这校长也不中了，逃荒逃到南边，帮助政府，他有点文化，初中，在村里给村长半点事，起那县里些拥护，把他提起来了，后面当的政府县长。

以前种瓜很少，野瓜，主要是谷子、高粱。那时候这整个马落堡是一个大村，中央军到大名那一年，五次运动，我到县里师范，后面教了二年小学，然后到县公安局待了四五年。那会儿在县公安局看守所当所长。起那回家，种地。到后面成立联村社，张庄，马落堡这四个村成了一个社，在村社当会计，当到分村了，分到小村，在本庄当会计，又当好几年。老了，不中了，不当了。没有退休金，村里没有那样了。

采访时间：2007 年 5 月 5 日
采访地点：邱县香城固镇东赵屯
采 访 人：高海涛　张　翼
被采访人：赵树云（男　76 岁　属猴）

赵树云

俺这个小村，一天死七八个，啥是霍乱病，那会儿人穷，没吃没喝的，饿得那个劲儿了。上啰下泻，那个家伙，那会儿谁给治？那会儿日本也在这。该没见过？他长啥样，也是个人样。那会儿说日本人来了，都跑，这街上人都跑。

那会儿小，十来岁。天气一直旱，到六月里还没下雨呢，都到六七月才下雨。头前一直旱，后边一下下了七八天。那会儿住的房又破，都是房倒屋塌的。漏，漏，谁家都漏。那会房又破，都跟这会儿一样都是洋灰锤顶。那时都是对付着吃，吃糠吃菜，喝水都是井里提。西边这有两口井，那会儿提水，倒水瓮里。那会儿没盖子。烧开喝，凑合烧。我家没有得霍乱的，那会小呢，说不清有多少人。这好几十年了，谁记得？

那会儿少吃没喝的，你不死说啥？一天死七八个，都饿死了。抽筋，上啰下泻，都那个。那个社会，没有先生，那个社会真困难那会。没有见过扎针的。

下雨那会家里有四五口（人），老百姓，种地，种地不少，啥也不收，过灾荒年不收。

那会儿都吃小盐，都这农村集市上有卖的，刮土淋的那盐，自个也会淋，淋，自家吃。现在吃的这大盐，那会儿没有。那会儿政府还没过来呢。他国民党政府管啥？啥也不管。

赵中华他那也是个老百姓，他啥也不会，那会儿，不会扎针，那后边学的，解放以后。

赵树云，今年76（岁）了，属猴的，上学上过几年小学。头灾荒上了几年，那会儿上学不拿学费，都啥俺这个村里，先生都死了。本村的。不交学费，那会儿共产党过来了，共产党办的。学校不发啥，上了一年二年，这就过灾荒了。

采访时间： 2007 年 5 月 5 日

采访地点： 邱县香城固镇东赵屯

采 访 人： 高海涛　张　翼

被采访人： 赵振刚（男　78 岁　属马）

赵振刚

（我叫）赵振刚，78（岁）了，灾荒年14（岁）了，属马的。

上几天小学，不大事儿。过民国 32 年不上学了，家里没人了。家都饿死了，死得没人了。得病死的，霍乱的病。尽饿死的多，得病那不能鼓涌（动）了。没啥吃，吃糠也没有。

地那都荒了。生的虫子，蚂蚱。满地是蚂蚱，那也是春上天，蚂蚱都给吃了。

那年到七八月下了七八天水呢。下得大，连阴天，那会下得房子都倒塌了。民国 32 年那年人死的，连阴天，见天下。那会儿房都卖了。没啥吃，给他了，卖了。又不值个钱，三斤，二斤，几斤粮食一座房。三四斤粮食给三间房。那粮食都是高粱、谷子。那会儿兴种棒子的少。俺父亲、俺母亲、爷爷奶奶，人不少，那会儿。过灾荒都在。过灾荒那一年，都死了。七八口子呢，哥哥兄弟，还有一个姐姐，一个妹妹。姐姐落到山西了。灾荒年，走那，给他了，在那住了，主要小，那时候。俺父亲、俺母亲、爷爷奶奶都在家，饿死家了。不好出去，出不去。有日本人，三里地都日本人，不好出门。出去晚了，俺爹娘死了，我都没在家。我在滦城，上那要饭。都是那冷劲儿时候，那天都冷了，下了雪了，我脚都冻得扒了皮了，哪都冻了，都掉地下了。都是起那回来，踏雪上冻了，那是民国32年冬季了。爷爷奶奶饿死了，也是连阴天那会儿，我也没在家，那俺爹娘在家，都是饿死的。灾荒那会儿做啥饭？啥也没的吃。拾上两个干巴枣，吃那。在地下摘个豆角，找个豆角，回来煮煮。饿得啥不吃？

得上点病，霍乱病，抽筋病。那会儿都说抽筋病，人都抽筋。那号病，霍乱病。主要是饿，饿得人都走不动了，瘦得人都跟鬼一样，饿的得病，得了都死了。啥病，没多大病，主要是饿的，没啥吃。

谁给治？给这会儿有医生，那会儿有啊？啥都没有。那会儿没医院。扎针的，那都死了，没了。

民国32年，我尽在外面转悠。那小了还，那才14（岁）。民国34年回来的。1943年冬季下雪，家里边没人了，都走了。不能鼓涌了，冻得。一烤火，化了，脚趾都抹了一层皮。逃到赵州滦城，要饭。做啥也不要。我哥哥饿死了。一块出去的，找不着他了。饿死人多了，一天死好几个人。都八九月那会儿。都下雨那几天死人多。都饿的。没啥吃，不饿死？死了，埋都没人埋，走不动，没人了，都逃出去了。一个村剩没几个人。那没多少人了，剩个大概有三十多个人。一家一家都死了了。（那以前）二百多口子。现在还是二百多口子。是，都是西赵屯，（32年）那也是西赵屯。

那会儿主要是饿。哕，泻，肚里没东西，他不得死啊。一般的都死了。下雨时候，我在家待了几天都走了。连阴下几天雨，房子都漏了，下的，那会儿尽土房，土顶子。该不漏啊？

没有上大水，不是尽水。都是砖井，没有盖，下雨下里边了。井里提点水，提点喝，烧开了喝。下湿了，那火镰，吃点糠，吃野菜，那会儿树叶子都吃光了，槐叶、柳叶、杨叶，啥都吃了，是叶都吃过。烧开，煮点汤吃，啥也没有。爷爷奶奶都不在了，下雨之前死的，死了以后就下了雨了。

在咱乡里见过日本人，日本人扫荡来了，他在这村里来，在这农村来了，来都吓跑了。民国32年，民国32年以前都来。民国32年尽是日本人，谁家也去，到家，有东西拿点东西，没东西走了。挨门端，那会儿。年轻人，穿光模样，他说你八路军，拿刺刀挑了。穿干净了，年轻人，你穿干净模样，他说你八路军，不打掩护给你整死了，拿刺刀挑了。我见过死的，没见过挑的。扫荡的时候，那打死了，拿枪都打死了，都死地里了。他一来都跑了，都跑出去了。

刚来的时候，给小孩发东西，发洋钱啊，饼干啊，罐头，那儿扔。到以后都闹了，都不发了。民国32年啥都不给了，还拿东西。

皇协军来了光抢东西，都咱这本地的人，给他日本人当兵。那不是中国人啊！找东西来，好铺的，好盖的，都给你拿走哎，拿走了都。该没见过？都咱中国人，啥也知道啊。没到我家来。

日本闹，皇协军闹。临清没有皇协军了？哪儿没有？威县有。咱村没有当皇协军的，咱是八路军根据地那会儿。八路军就这一片有，以北十来里地都日本人了。八路军在村里住，穿农衣裳，穿本地衣裳，敢穿军装啊？八路军正规部队该不穿军装？到下边，下马堡来，区部啊，那会儿都是穿庄农衣裳，都是跟你这一样。那会儿人少。一般的区里，县里二三十个人。哪敢住多长时间？住两天就走了。在这日本还不掵住？日本那掵住整死你，逮住就挑了。八路军偷打他，打了就跑了。那会儿武器也不中，八路军尽土枪，一扳一响，卡这了。咔咔的。见过，一搂一响，这会儿都一梭子。那会儿那打一下，搂一下。我那时小，八路军都在庄农家住。黑了，来了。屋里腾腾，黑了住住。找盖的，在家住一黑夜，住一天两天就走了。那会儿不敢在四队（音）那儿住。谁还能记得（住过的八路军姓名）？

八路军在张庄打过。东边这个村子，打那了，把日本四五辆汽车都打那了。那回死了日本人不少。跟皇协军该不打，打，皇协军跟日本都一色的。

八路军来了，土匪都少了，他都不敢了。八路军光打他，见了都打他，整死了。那死人多了。那会儿，那老杂儿抢东西的，跟土匪一样。他那没多少人，黑了整你点东西。咱也没啥，好户家里，他才去。谁有法，给谁家去。没点法，给你家去，要啥？

好户也有死的，那都得病死的，都是那饿死的病。涅好户还吃的好点。穷人死的多。

灾荒以前种地，种高粱、谷子、棉花，都这。那会儿够，不过灾荒够吃了。

地卖了，后来又要回来了。地价，那会儿给点粮食，一亩地值个三斤二斤粮食的，小米，高粱，都那。二十多亩地，八九口子人，只要弄，都够吃了。那会儿收少，一亩地都收几十斤。刮那大风，把麦子都吞住，使那铲，铲，搂。弄好几年，那家伙。那高粱都枯蔫了，不抽穗了，都枯蔫没粒儿，要不人到后面都死了。

那尽吃小盐，淋的那盐，都刮的那盐土，淋那个盐。那会儿，一块钱买个三五六斤的，那会儿，三四斤。没这大盐，现在这供销社卖的那叫大盐，本地那尽小盐。那家里淋的盐。咱庄上没有，那西边那碱地尽淋那盐。咱这买的。西边那个村里有，那边过来卖的。那都吃那盐。

刚逃荒回来，也收不成，收百八十，一百二百的粮食。那会儿连个井也没有，啥也没有。那会儿尽干地，没井。回来，那地要回来了，有政策管着，有政策，是那会儿卖的东西，一律都归位。你卖啥，都给他。回来房子都没了，这都自家盖的。

采访时间： 2007 年 5 月 5 日
采访地点： 邱县香城固镇东赵屯

采 访 人：高海涛 张 翼
被采访人：赵中华（男 86 岁 属狗）

赵中华

（我叫）赵中华，那牌子上不写着？86
（岁）了，属狗的。

民国 32 年，上聊城了，上那做买卖了。
咱这没人，都没了，都走了，逃了。没啥
吃，饿都饿死了。为啥不种？没水，地里没
下水，四年没下水。去济南那是 1938 年，
去聊城那是灾荒年。

人都饿死了，饿死了不少。光这个村里死了 2000 多（人）。有日本人
打死的，有得病死的。霍乱的病，腿疼，胳膊疼，腰疼。得病就死，霍乱
得病就死。啥药没有。我家里没有。得病村民的名字，那家伙能说清了？
死了这多少年。死了 50 年了。

我那会儿 18（岁），当医生，能看，都扎针，扎扎针，抽筋，不能
动。那筋短，治好的多。都给啥？都是给钱。扎一个一块。四寸的，六寸
的，八寸的，扎胳膊，扎腿，扎腰。不出血。啊，有些钱，有个万儿八千
的。这会儿不扎了。这会儿我不中了，穷了。

六月里，都这蚂蚱，老天爷下的，吃麦子。七八月里得霍乱，没有
下雨。

见过日本人杀人，吃人。吃，烧烧，就吃了。

就这现在叫马落堡，那时也叫这。

六月里，日本人还没走呢，过来灾荒以后，从黄河那，黄河开了，南
边，阳谷寿张，寿张归河南省，过来没法挡，挡不了。就这房，一踢，就
倒了。日本人挖开的，那会儿兴那个。水过来之后得了，啥病也有。这霍
乱的病，一阵一阵的。那会儿也通信。我见了黄河大堤，大堤都给你翻
了。秦始皇修的堤。那会儿，又是杀人，不挖能开啊？挖开的。我那会儿
在东边，山东呢，梁山。日本人挖开的。那抗日战争，游击战争都是那。

水五六人深，五六丈深。到家了，房子倒了。这是新盖的。

那会儿小，我那会儿十八九岁，那会儿是八路军。

日本人也给老百姓扎针。一天，能扎十个人。就那灾荒年，民国
32 年。

日本人有得霍乱的，没有见过得病的日本人，嗨，得那病就死了。

在梁山当兵，三八六旅，年代太久了，旅长、团长、连长、班长名字
想不起来，都没了。战友名字想不起来。那是民国。一天吃两顿饭，饿死
老些人呢。

过灾荒年都在家了，不走都饿死了。知不道那时候全村人口。那家伙
得霍乱的死得多了，黑天半夜地埋。不能扎一个好一个，三寸二寸的都
有，针多了，大人不少，小孩也不少。传染。

东 庄

采访时间：2007 年 5 月 5 日
采访地点：邱县香城固镇东庄（司庄）
采 访 人：李　斌　丛静静　韦秀秀
被采访人：司桂德（男　86 岁　属狗）

司桂德

民国 32 年那年都饿死了。没啥吃，谁
管，寸草没收。没下雨，那时还没井，没法
浇地。以后下雨就晚了，七月那会儿下雨，
啥也不收了，下了七天七夜，人都下毁了。
我这个奶奶那年饿死了。下得还能不大？都
淹了，水泡了。那道上都没路，房子都倒了，一百间房子倒八十间。都逃
荒出去了，民国 32 年都逃荒出去了，好年景又回来了。

下雨的时候我在家，剩了三间房没倒。吃啥？饿着。从四五月开始一

直死到七月，死了没人埋，人死了都烂着。

下雨时能不死人啊？没啥吃，得霍乱转筋，上哕下泻。七月下雨那会儿，上面下雨，地下得霍乱转筋，下着下得都死绝了，那都没人了，在家都死了，一家家地死。我那会儿在邢台住着了，俺母亲在邢台，俺奶奶在家，有个老人在家，能不管俺奶奶啊？

三四月份就去邢台了，那有个亲家，不然能上那去？我在那干，挣两个钱。俺奶奶在家，我回来了，给俺奶奶送点东西，送点儿吃的。回到家净水，路都冲了。送点儿粮食，送点儿面。上哕下泻，不能动，那就完了，饿得不动，皮都包着骨头了。我待一个月回来一趟，有老人在这，不管不就饿死了吗？

这最后一回，人病了，俺奶奶病了，我给她唠唠病。不能吃了那时，她说这个吃着邪苦，吃着味道苦，不能吃了。霍乱转筋，她这个上哕下泻，再一转筋，死啦。抽筋了，吐还能好吐啊？那吐不了多了，肚里没东西还能吐多了？没人埋，我找了两个人，我还有个小姑姑帮着埋，埋在自家地里。棺材就是一张席卷了卷，扒了个口子埋在那，扒不沉，下雨下得挖不沉。埋的时候没下雨，那就不下雨了，那七天七夜还能不停一会儿啊？停那一会儿，抬地里埋了。那都死得没人了，俺这一个村都没人了。

采访时间： 2007 年 5 月 5 日

采访地点： 邱县香城固镇东庄（司庄）

采 访 人： 李　斌　丛静静　韦秀秀

被采访人： 司桂芳（男　78 岁　属马）

小时候家里十多口人，父亲、母亲、奶奶都在，那时还有老奶奶哩。以后到我记事儿的时候，到民国 32 年都饿死了。有个兄弟饿死了，老奶奶也饿死了，俺爷爷也饿死

司桂芳

了。我父亲跑到白家庄，那有日本人，也饿死了。我哥哥也当兵走了，打到云南，比我大两岁，前年死了。

我那灾荒年自己要饭，逃到黄河南了，走到后来就剩我自己了，哪儿黑哪儿住，一个小孩子。黑了，就住下，早晨起来，要饭就走了。吃了，再走，向南就走了。南边那年景好。

日本人来了能干好事了？光发孬，奸淫。他进中国以后俺村这个来成（音）的媳妇给强奸了。

史长有，那遭让日本人给捂住了，说他是八路军，叫他跪着，前面烤着火，再后边拖到了果园里，日本人拿着东洋刀，往他脑袋上啪嗒一下，啪嗒一下，他不是真要杀他，他跪着，前面是火，一看没杀，看着火，赶紧跑吧，脑瓜子上净血，他那是倒摆你，不是真砍，他跑出来了，以后没死。

听说过老街上司福良，当兵的时候让日本人挑死了。他一看逃不出去了，戴着帽子，两只手交枪，交枪叫日本人挑死了。日本人烦那个，你这没骨气，你投降，他要挑你。

张卫友，那会儿围住他了，打他不轻。伪军一个队长，叫什么不记得，带着打他。说他是八路，实际上他就是区里的人，逮住他打死他了，打得没气了，后来又缓过来了，没死。

司清连，他站八路这边。他要公粮，要了以后自己拿家去了。以后知道他贪污，两边要公粮，八路把他枪毙了。

民国32年在南边要饭，下了八天八夜。不大，时间长，房都倒了，净是土方，水泡时候一长就倒了。民国32年得那霍乱病，抽筋，几天就死了。下雨那时候得，传人。那一年死的，我记得有我一个兄弟、我爷爷、老祖母，都那八天里死的。我父亲逃荒逃到泰安那，给日本人干活，得了伤寒病，也死了。我没跟着去，我哥哥跟着去了，死在那叫百家庄，在那山沟小屋里住着。

灾荒以后，等我当兵复员回来，我去我父亲那里去了，到百家庄。那会儿正冷的时候，当时一去，还有那个小屋。一个山沟，两边净山，中间山沟盖着一座房子，他们干活的都在那里住着。抬土还是整啥的，谁知道干的是啥活。那就是个山沟，也不是个矿啥的。俺庄我一家的一个叔叔，叫司清徒，他跟着俺父亲走了，跟着俺哥。去以后他也记不清在哪儿。听那个意思是在这边，左边。弄不清种的是啥，十一月正冷时，地都冻着呢。再来一看，那边种的是谷子，山沟外也是谷子。他说："就是这一片儿，我在那块埋的。"我说你埋得有多深？"就这深。"那会儿是个山，没种粮食。人家种粮，地一平，骨头早给扒拉了。干苦力活儿，反正给日本人干活。谁知道整啥活啊？俺那个叔叔也没说是干啥活。

我爷爷种的瓜，死在瓜地里，肚里没饭。看瓜，种那白瓜，地里又旱，不下雨，我爷爷没下雨就死了。我正送饭，那会儿就饿，一白眼儿就死了，俺父亲知道他死了，抬到坟地里埋了。

俺老奶奶死的时候也是灾荒年，下着雨就死了，死到屋檐底下了。老了，80多（岁）了，死那年83（岁）。可能是泻，上哕下泻。死了以后找人埋都没人埋。亏着俺娘在家，她自己拉地里埋了。那时候死个人跟死个啥一样。得霍乱病的就我老奶奶。我兄弟硬饿死的，他才小两岁。

传（染）不传（染）人不记得啦，那时都不记得这个了。霍乱病就那几个月。家里没剩几个人，都逃出去了。下雨时没见过日本人。我十一月逃荒出去的，走那阵儿，村子里没剩多少人。逃出去的有二百多人，没灾荒时村里也都四五百口，灾荒过后三百多口人。

日本人没给打过针，也没给检查过身体。

采访时间：2007年5月5日

采访地点：邱县香城固镇东庄

采访人：李　斌　丛静静　韦秀秀

被采访人：司学勤（男　79岁　属蛇）

小时候家里八口人，父母、姊妹六个，从我记事儿起父母上头就没人了。种地为生，给人扛活，人家给点粮食。给地主扫地，看火。家里没啥地，两三亩地，就这两三亩是自己的，其他的都是给人种地。到秋后计成分，人家要七成，咱要三成。光吃糠，吃野菜。地主家五顷地，一顷是100亩，就属他地多，在庄上算个大地主。从记事起他家地就那么多，怎么来那么多地不知道。就这500亩地的地主家生活也不太强，他吃一个窝窝头，就吃那个。他省下以后，再要穷人的地，穷人卖地他要，把

司学勤

那个家扩大一些。地主家就放债，百分之多少的出利，几分的利不知道了。越穷的就越穷，收点东西都先给地主了。解放后地主都斗了。

日本人来以前这的生活也不中。好几年光旱，没有现在这个水利条件，靠天吃饭。1943年都旱的，我听说，民国9年那家伙是大灾荒，到1943年又是灾荒。那时候我们这个大村，马落堡，过了灾荒之后只剩六百来人，一街一街都没人了。年景好的时候有八九百人，千数人。得病了那年（是）1943年，下雨下了七天，得的是霍乱病。下雨大，都污染了，这厕所，这什么那什么的都流了，流到井里头都污染了，人再吃不饱，得霍乱了。

我当时没见过得霍乱的人。新中国成立以后，我在咱庄当卫生院院长的时候，发现一例假性霍乱，他们都不知道是什么病，一报告，一说，我说是假性霍乱，你不用怕。具体哪一年不记得了。这个假性霍乱上吐下泻，那是一直不停，痉挛，上哕下泻，身上失水了。我说赶快输液，两个管子输，手上一个，腿上一个。他光哕光泻，身上能有多少水分？得赶快补水，最后好了。按道理来说得上报，俺上报给县防疫站，县防疫站说咱现在就这一例。县防疫站又检查呕吐物和大便，说假性霍乱，传染的。新中国成立后就发生这一例。他用吃的井水，连续监视了好几天，也没发现。就他这一例，所以叫假性霍乱。真性霍乱症状和这个假性霍乱都一

样。要是真性霍乱那就不止他一个了。新中国成立以后真性霍乱始终没发生过。

1943 年死那个人啊。逃荒，在家的净老人，带不动扛不动的，在家没饭吃。一连下了七天雨，水井都污染了，下雨不得这霍乱？这病就是正下着雨时，都污染了以后得的，下雨以后爆发，我母亲是得霍乱死的。饿死的不少，一连几天他在家吃不上饭，饿死的。

1943 年我不在家，出去当兵了。我十一月十三走的，去桂林。实际上他给我弄错了，我实际上是 1942 年走的，后边档案也没给我改，弄成是 1943 年走的。1943 年已经当兵，在冀南四分区医院给人当小鬼，那会儿才 13（岁）。医院里没治过霍乱，治的都是硬伤。家里这个霍乱是听说的，以后谁不说啊。1943 年，医院在临清以东，和高唐交接的地方，那面是敌占区。在医院里听说有霍乱，部队上没霍乱。

那地方也下雨，庄稼收了，收得好着呢，要不能跑那去？几月下的雨不记得，没发大水，卫河没有决口。人当地那个地方好着呢，没有霍乱。在医院一天喝两碗稀饭。老百姓大部分都吃不饱，伤病员也是一天喝两碗稀饭。

日本人扫荡，抢粮食，能干好事？俺庄那谁他爹还是爷爷叫日本人打死了，还有个小妹子，叫司清兰，也给打死了。日本人来了，她跑，让日本人拿枪给打死了。看你跑，他就打死你。司清兰她父亲也让日本人打死了。他俩都不是八路军。日本人在咱庄杀人，但不是大屠杀。日本人来了就跑，那不能停。穿黄呢子衣服，大皮鞋，没见他们戴防毒面具。打针、检查身体都没有。八路军就住咱庄，区政府也在。

灾荒时八路军组织救灾，抬公粮，到南边河南还是哪儿的，抬完了给你多少粮食。组织好多人，有部队掩护。组织妇女纺棉花卖钱，卖给公家，给她点儿钱买粮吃。一个地方用一个地方的票子，咱这用冀南票，到别的地方换成别的钱，一比一地换。

日本人不多，大部分还是皇协军。有几种情况。一是生活逼迫当的皇协军。有的队长跟咱这有关系，到日本人扫荡的时候报个信，不光是办坏事。还有的是咱这过去做地下工作的。皇协军倒不杀人，有那样孬的队长打人。以后皇协军收服了，把那坏家伙，当头儿的，都干掉了。做好事给你记个账，做坏事也给你记个账，最后算个总账，最孬的都枪毙了。

焦云固村

采访时间： 2007 年 5 月 5 日
采访地点： 邱县香城固镇焦云固村
采 访 人： 王　凯
被采访人： 焦丕芹（男　70 岁　属虎）

焦丕芹

　　我从小住这，原来就叫焦云固，小的时候归马头管，有两三年了归香城固管。我 8 岁上学，上了七八年，差点上完小学，上学时都解放了，刘云固、张云固、南柳村都上过学，不上学以后不是喂牛就是喂猪，我也不种地了，现在兄弟管面吃，兄弟 50 多岁了，就一个兄弟，一个姐姐，两个妹妹，都在。

　　灾荒年就住这，上半年灾荒年旱，七月十五才下学，上半头旱后半头淹。这没井，地里一片净草。七月十五才下雨。那会啥记事了，我 16 岁了，下了七天七夜没到头，房倒屋塌，那会哪有这好房，船子房是好房。下大雨时灾荒年死的才多哝，得了跟傻哈病似的，不能吭气了都死了，剩下三四家都逃出去了，我那会逃到梁山东南，离这 500 里。我、父亲、姐、母亲都逃出去了，那个村叫杨楼，那边人稀地宽，五里地一个村。村里有富农，有地主。

　　下大雨时死了老多人，都叫霍乱病，听老人说的。那会村里没先生，没有会看病的，没先生，咋得治，有先生就死不了那么些人了。俺这村得这病的还不多，不知道谁得了。那时村里有三百来人，现在有四百来人。逃荒去那待了两年，在那边，我娘给人家好几家洗衣服，带小孩的就光管吃，不带小孩的给点东西，给人家弹棉花，待了两年。听说收了，就回来了。晚走一天就出不去了，就没盘缠了，要饭人家还不给呢，那会不论天，走到哪要到哪，哪黑就哪里住，走了好几天。

采访时间：2007 年 5 月 5 日
采访地点：邱县香城固镇焦云固村
采访人：王 凯 张 慧 于婷婷
被采访人：赵立芹（男 78 岁 属马）

赵立芹

78 岁，属马的。七月初九生日。没上过学，1941 年我上了一年小学，1943 年灾荒我就出去了。灾荒年，民国 32 年。灾荒年的时候 14 岁，日本过中国的时候 8 岁。

灾荒年我逃到南边去了，馆陶、阳谷、寿张。灾荒年俺村里就剩下三家没出去，原来有二百来人，现在四百来人。逃不出去就死了家里，家里没吃的就把小孩扔了。俺奶奶就饿死了。灾荒年逃到馆陶，去要饭去。有向南逃的，有向西逃的，死的多，活的少。要饭也有人给。

那时候没井，什么东西都没有。头三四年就刮大风，人对着脸啥也看不见，刮的黄土。

下的雨不小，老大的，房屋都漏了，不能睡觉，没有正经地儿。没柴火烧，没火，那时候使火镰子打，有洋火，带洋字的都是外国来的。有抽筋病，跟羊角风一样，见过得这病的，肚里没饭就死。焦长保得这病死的，跟我一般大，不是 1943 年就是 1942 年，记不很详细了。定不着得啥病，光知道他，不记得其他人得这个病。

咱村是个老根据地。日本人扫荡，俺村里叫日本人挑死好几个，记得叫什么，姓焦，叫焦丕祥，周二环、周长军、赵官文，赵官文跟俺是一家子。村里当中有个土地庙，他们在里边藏着的，日本人说里面藏着的不是好人，就挑死了。日本人过来了，人都跑。没见挑死这几个人，人家都埋了。那时候我有时候还不跑的。日本人从威县到邱县，这是一个线，到俺这个村就是个点，咱中国人皇协军孬。日本人从这个村里吃饭，见小孩些亲，我八岁，日本人不打小孩，骑着大洋马，见小孩邪亲，给冰糖吃。日本人进中国 800 万，听说讲这个事，抗战八年他才失败，1945 年整个失败。

1943 年逃荒出去的，穿的单衣裳，跟俺爹俺娘。下大雨时还在这里的，下雨以后逃出去的。14（岁）逃出去的，我回来就 16（岁）了，回来日本人都打失败了。

1943 年、1944 年都在馆陶，在那里要饭，过年下也在那里要饭。不知道馆陶得这个病死人。1948 年搞的土地平分，土地改革。

西临河村

采访时间：2007 年 5 月 5 日
采访地点：邱县香城固镇刘云固
采访人：王 凯 张 慧 于婷婷
被采访人：贺文梅（女 82 岁 属虎）

娘家香城固镇西临河，23 岁嫁入这里。灾荒年时还在临河。那年人受罪，不得过了，有庙，那时死人，饿得没劲。

日本人孬，粮食偷着运，天黑从岗楼（岗楼是日本人建的钉子）底下运过，邱城

贺文梅

那边就有炮楼，粮食还得挖坑埋了，使小土篓、小平车推一大麻包，粮食豆子多，有黄豆，从南边来的粮食，有啥推啥。俺爹有个亲家弄粮食，推了给八路军，反正不白运，给我粮食10多斤。我父亲给八路拉粮食，八路还上俺家住过。一次最多推百十斤，推不动。八路军啥也没有，运来挖个囤埋了，怕日本人抢。有个瓮，家里东西都埋里面。那时候没油，吃点花籽油、芝麻油。有地主，大地主有400多亩地，他不干活，雇人做，雇长工一年年给他做，吃他的，地多雇一个俩的。村里也有种他地的，租他的地，一亩地收不到百十斤粮食，不多，收麦子五六十斤。收100斤他要一半多，给他50斤，留50斤，就按这比例，收不多。吃红薯、高粱，红薯熥熥吃。挖个大坑，把红薯放里面，啥时候吃啥时候拿，能吃三四个月里，没粮食就挖野菜吃。种点麦子，没粮食了，薅一碗放院子里晒晒。吃榆叶、柳叶、菜籽菜，有时连这也吃不上，多艰难。

来日本人时，我才十几岁。那时俺家还种冬瓜哩，下了七天雨，房子都漏了，没坐的地方。就不吃饭了，稍微吃点，一天吃一顿。喝砖井水。有柴烧，就喝热水，没柴烧就喝凉的，喝凉水多。没的吃，啥都没有。有霍乱病，死人都埋不动，哪一天都得死七八个。村里下雨之前也有死的，上呕下泻，俺奶奶就是那时候死哩，临河那村小。听说这村一天死七八个，孙文玉（贺文梅丈夫）兄弟仨，他爹跟他说逃，向南逃向西逃，他爹娘，俩兄弟。孙文玉从龙王庙腿残了，跟日本人打仗打的。他16（岁）入八路，打伤腿时十八九（岁）了，灾荒年时当兵了。听俺村里一个逃荒的说见过，他腿伤了。他两个兄弟和他爷爷推着他奶奶（文玉爹娘）找他去了，正好他出来打饭哩，去了时是个好好的小孩，见了就哭吧！文玉住了一年两年龙王庙，离这儿百十来里地。

俺奶奶得霍乱病时，我也就十一二岁。那时候没下雨，头下雨前得哩，可能俺奶奶那一辈里没啥吃的，五更里呕了一回，呕那水多，跑茅子跑了一回，都说抽筋死的，俺没见。我那时从俺姥娘家住哩，奶奶得病天黑就死了，死得很快，五更里得这病。我回来吓一跳，眼瞪瞪哩，我吓毁了，她眼吊吊着向上，听说能扎好哩。埋俺奶奶时我见了，没棺材，用门板夹住了，自己家抬地里埋的。先下雨，后来俺奶奶死的。死的人很多，乱大轰里死，死得很乱。俺没逃荒出去，吃不好。那时父亲天天运粮食，俺家天天住兵，这拨走了，那拨又来了，天天跟八路军打交道。后边医院都从那里买针买药，都埋了俺家里。俺家，俺临河就是沾八路军的光，没逃荒，有人死家里，也没人抬。得这个病得有一年，孩子饿得一点劲也没有，绿豆蝇都撵着他，当大人走不动了，就把他扔了，谁都顾不上了。那时有个小妮，十多岁，八九岁给了人家。下雨时日本人还没走，一到村上就扫荡，过了年就扫荡一回，年后又扫荡一次。有探子穿着大袍，出着腰。八路军的探子，穿着便衣，腰里掖着盒子枪，专门注意日本人。外边小孩一喊娘，就跑出去，没事就再回来俺有八个孙，七个小孙（重孙），有两个当兵的孙，现在村里人有 1500 多（人）。

刘云固

采访时间： 2007 年 5 月 5 日
采访地点： 邱县香城固镇刘云固
采访人： 王　凯　张　慧　于婷婷
被采访人： 孙宝森（男　80 岁　属龙）

我一直住这儿，这儿以前也叫刘云固，民国时就叫刘云固，归曲周管，现在归邱县。以前家里有三亩地，家里 6 口人，父母、一个哥哥、一个弟弟、一个姐姐和我。那时种地不够吃，做点买卖，卖梨子、桃，赶集看会时卖，去香城固等地，那时做买卖见天去会。马头有集，人都赶集，有卖高粱面儿窝窝、棒子面儿窝窝的，卖绿豆面儿的多，绿豆面吃水，加水就大了。马洛堡那时二、四、七、九是集。以前吃硝盐。有卖的盐，买不起盐，自己淋点。有个筐，里面铺上席，从地里刮碱土，放筐里，倒点水，下边放个盆子，水滴盆里，没柴烧，把盆放在外面晒着，水干了，盐就出来了。整吃小盐，大盐过不来，偷着卖盐。有日本鬼子，八路军不让过盐。火都没有，用火镰子打火，对火。

有八九十口子人，四百来户。光俺村，没几家地主，有几十亩上百亩，就那家有四百多亩地。姓刘家没人，就一个人留这，大号刘老会，现在还在天津。刘黑七跟土匪差不多，抢粮食，放火，抢大闺女。那时候日本人在东三省，还没到这。那时候归国民党管，灾荒年归八路军管，来日本人时把国民党打南边去了。

民国27年、28年，我10岁。日本人过来，俺吃了饭就跑。咋不跑啊？日本人从邱县到威县，威县到邱县，一跑40天。他不知道找人，离老远看见过他，老毛子见人就揍。刚过来有车，跟床样，邪黑，咣当咣当哩，日本人汽车、炮都有。打邱县时，有大炮，轰了好些天，二十九军退出向东去了。日本人来以前，共产党还没发展哩。日本人待了六年。老党员最早是1938年，咱村里有1938年的党员，刘富村。日本人在时，不知道谁是八路，不敢说。衣服上印那字，日本人也挑，那时是地下党。日本人来了，土匪也一起来了。灾荒年那年七月里立了秋下的雨，下了七天七夜。

三月初几下了一点雨，能种上地了，就一直没下，到七月里才下，下了七天七夜，房漏了，使秫秸秆棚里房子，柴火也没有，都连这桌子都烧了。没啥吃，有时候吃一顿，有时候不吃，勒点树叶子吃。下雨俺村里死好几百口子人，连饿带病都死了。呕吐，抽筋，都说"抽筋"，也没医生，有扎针哩，叫刘保善，50多岁，过灾荒年病死的，不知道得啥病。抽筋都是霍乱病，都那样说。下雨一天死好几个，有死地里的，有死家里的。灾荒年俺父亲病死的，将过了下雨没多少天就死了，呕泻，他没抽筋。谁也不出去了，各人顾各人了，下着雨不出去，别人有出去的听说死了，有当时听说的，后来听说的这个村共产党占着呢，这是个老根据地。没打过防疫针。灾荒年时，共产党也在这，他也没药。灾荒年那年，三月里时，捆树哩，上边有杏，抢杏吃，爷子掉头了，把耳朵捣透气了，八路军给治的。这村里有后方医院，有医生姓高，有个高医生，还有个李医生。

采访时间：2007 年 5 月 5 日

采访地点：邱县香城固镇刘云固

采访人：王　凯　张　慧　于婷婷

被采访人：孙保振（男　79 岁　属龙）

孙保振

　　1937 年前半年上过学，上了 7 个月的小学。

　　灾荒年 1943 年一年没雨，到了七月份下雨，七月九号下雨，下了九天，连下了九天雨。按俺这个村子九百多口人，当时，那时一天能死七八个人，抽筋，腹泻，再加上生活困难，天天吃不上饭。这个病的情况就是抽筋，一腹泻起来发烧，吃不上东西就抽搐，肚子里没饭，又抽筋，就死。得这个病能扎好，治的话能治好，饭力就是抵抗力，吃了东西有抵抗力。那时候医生会扎针，会扎针也请不及，请不到。村里 1000 口子人，医生也没啥吃的，走不动，也不愿意走，总起来说饥荒饥荒就是挨饿死的。

　　那时候国民党掌权，再加上日本人在这，没人管，家里没东西，有点陈东西。高粱出穗了不长粒，出秕高粱，别说粮食了，连菜也吃不上。没水，天旱，什么也不长，长点野菜也不够人抢的，树叶子也吃光了，榆叶、槐叶、椿叶都吃了，枣树叶子不能吃，一个是苦，一个是硬，煮不烂。

　　灾荒年下雨的时候我还在家里，那时候谁家房不漏就跑了谁家住，房倒屋塌的，再无奈就外逃，逃荒要饭。基本上大部分人都逃走了，逃到河南、河北。

　　日本人，再加上土匪。那时候八路军来到了，游击战，势力不及现在大，那时候保护自己的势力，能打胜就打，打不过就走，阵地战不能打，火力不及人家。人不敢往外逃，往外逃碰见日本人就给挑了，逃不出去就在这耗着。

　　病从 1943 年灾荒年开始的，开始的时候轻，秋后一凉连下雨就严重了。暖和的时候很少，也有，腹泻在这个时候还好治点，医生能看过来，得病的不少。抽筋就叫霍乱病，听本村的医生说的。人死了以后没人埋，那时候不搞殡葬，自己挖个坑埋，埋不及就埋了自己院子里。一天最多抬七八个，我那时候小，才14（岁），抬不动。家里有两个人，背也背不动，找个小车就抬出去埋，埋在坟地里。有的死在外边就没人找了，死了没人埋。那时候死的人都是得这个病的多，跑茅厕，按现在的话说是腹泻。有个大夫叫刘保善，当时50来岁，会扎这个病，扎针不要钱，一顿饭也管不起，没听说谁扎好。他也是死在灾荒年这一年了，可能也是得这个病死的，当时没别的病。这个病也传染，也叫瘟疫。最多的时候就七月份以后，下雨了，下了八九天，下雨的时候病就多了。刘立志，他家灾荒年母亲死啦，埋了家里红薯窖里啦。

下雨的时候喝土井里的水，砖井，水浅，两丈多深挖出来就有水。没盖，雨水流了里边。村里有七八口井，不讲卫生。有柴火的烧烧，没柴火的就喝凉水。下雨的时候日本人不出来，当时没走，1945年才无条件投降走的。

耶律寨西头有个庙，庙里死了两三个人，在里边避寒的，死了里边没人管，没人问。离这里有个南辛店，那里有个老沙河，里边有个人死了里边没人管，干巴那里了，皮肉都黑了，冷了也没蝇虫，有皮肉，狗也没吃，没狗了，都吃了，我父亲领我赶集卖水来回过到南辛店看见了。我家有俩人，有个父亲，一个大娘死在外边没找着尸首，连病带饿死的，不知道啥病。我父亲不愿逃荒出去，家里有点东西，东西没了往外逃就死在外边了。挑着担子，带着碗、壶、锅，拾点柴火，烧开水以后挑着卖，在集上转悠着卖。那会子三四分钱一碗水，有时候五分钱要他也给，没钱三分也给一碗水，喝不起茶叶水，喝白开水。卖水的时候有日本人，咱这集就转了北面去了。原先集在古城营，离这里18里有集，后来挪到了南营。广宗县后古庙有个炮楼，里边有日本人。赶集找个没日本人的地方，咱这里是老根据地，东西八九十里地没日本人炮楼，东西五六十里这一片没日本人。

日本人每年在这里扫荡好几回，一到春天地里没青纱帐了，没挡头了，日本人就出来扫荡，抢牛，抢粮。日本人带着皇协军，皇协军也是中国人，抢东西的皇协军多。家里没得这个病的，不出门，没串门的，没见过。

那时候日本人扫荡，再加上十军团，也是国民党的兵，他自己独立出来的，出来抢东西，烧东西，还有刘黑七，刘黑七在山东最有名了，娶了九个媳妇，九姨太。也是国民党的一个兵。十军团还有刘黑七也叫八路军给消灭了。

1944 年、1945 年共产党把这里大部分都占了，发动人民运粮自救，从冠县、莘县一带运粮食，推二三百斤，推不动就 100 多斤，用小红车，推少的路上就吃了，推回来再集中分，推多的多分，推少的少分。用小红车推，一个轱辘，一个架子，轴上垫个鞋垫为了不让它"吱扭吱扭"响，怕日本人发觉了。敌人有条封锁线，过封锁线的时候谁也不能发声。后来组织自救，发动人们自力更生，拉犁拉耙，组织互助组，用人拉，牛没有，养不起，自己拉不动，互助组人多了能拉动。

过了灾荒年 1945 年，村里在家里的才四五百人。1945、1946 年共产党政府叫逃了外边的人，给外边的人，嫁了外边的人，只要本人同意回来就批准回来，有这个政策。

采访时间：2007 年 5 月 5 日

采访地点：邱县香城固镇刘云固

采访人：王　凯　张　慧　于婷婷

被采访人：张延福（男　75 岁　属鸡）

张延福

（我叫）张延福，75 岁，属鸡的。上过学，上的年不少，上的高小，高小毕业后我会珠算，会打算盘。毕业后给公家干活，在马头，当雇员，20 来岁，16 块钱一个月，我好花钱，16 块钱不够花，我不干，财政科后来帮忙一天一块钱，一个月 30 块钱。我起小连上学加教学，我好看书，看老书，过去现在未来的事我都知道，能预测。

那时候吃红薯干，吃得孬，我吃不下去，吃点高粱面儿就是好的。灾荒年那年我 11 岁了，在焦云固上学，一出村就刮大黄风，刮沙子，那时候灾荒年头二年，1941 年就经常刮风。灾荒年天气不正常，多风后边又多雨，上半年大旱，庄稼不收，谷子长穗一手指长。下雨多雨，屋子都下漏，下了七天七夜，下三四天雨中间黄昏的时候，见着点太阳。没粮食吃，地 240 步一亩地，一亩地吃一顿饭就吃了。死多了，饿死，霍乱病，抽筋，拉痢，大部分都得霍乱病，肚里没饭带病就死。那时候医生有懂的给扎针，叫霍乱病，见过扎的，扎四肢，上中下腕，两边是天枢（穴道）。我学了，我会扎，有针。扎好顶少得扎三次，叫医生一顿饭也管不起，第一次扎上、中腕，两边扎两个天枢，吸一支烟再扎一回，最少得扎三回。肠炎，拉稀，拉脓，蹿稀，上呕下泻，上边呕，下边蹿稀，肚里有炎症，肚子疼，扎了以后不出血。腿要疼，腿这叫（腿腕）叫锥中，扎这里放血，紫色，稠。放出血不见都好，扎着扎着就死。

"肚腹三里留，腰背委中求，头项寻列缺，面口合谷收。"

我那会在徐州住着，他那边河西边死了人不去埋，谁去埋他都有死的（可能），这个病急。得这个病这个村一共连逃，剩 70 口人，原来有 300 口人。灾荒年俺村里剩了 70 口人，我没出门。这边有个跟我同岁的，叫张月春，他死了，剩他剩我，剩小班儿，年轻人就剩了俺仨。逃不出去，家里连个被窝都睡不着，当地的土匪，打、砸、偷、抢，随他拿。

张凤歌他媳妇饿死的，霍乱病连饿，死的时候 40 来岁。东边住着个叫春生的小孩，都叫他黑小，长得（有）些黑，七八岁，饿死的，姓张。张兴安死的时候 40 来岁。这个过道里死好几个，这个村小，每个过道里都有好几个死的。霍乱病开始的时候就是七月里，下雨了，黑天白夜地下雨，下雨的时候得的，下雨之前没得过这个病。那个时候不缺柴火，能喝开水。喝的井里的水。下雨的时候柴火都淋湿了。地里光脓糊糊的，胳拉拜子（膝盖）深，脓泥，没水。

下雨的时候日本人还没来到的，日本人卯年进的中国，到酉年出的中国。"日出卯时，绕到酉时，绕到正西"，有会算的。

马兰村

采访时间： 2007年5月6日
采访地点： 邱县香城固镇马兰村
采 访 人： 高海涛　张　翼
被采访人： 武　旭（男　74岁　属狗）

武 旭

（我）属狗的，74（岁）了，农村都说这个虚岁嘛，外边都兴周岁。上学就在本村，抗日小学，那时候不拿学费。建国以后才有学费。更小以前，可能私立小学有学费。我上的师范，初师，国家给助学金。那个天津师范大学，我是天津师大，你看我这有简历。是组织保送的，也有助学金，我属于调干。原来教书，教师。在天津工作，后来又调回原地。

冀南根据地，你学历史的知道。共产党领导的八路军建立敌后抗日根据地，属于冀南根据地企之县，邻近那边的有临清县，这边还有馆陶县，那边还有曲周县，本村是属于企之县，企之县一区。比较大的村是香城固，香城固是区公所所在地。那几年日本扫荡特别厉害，特别1941年、1942年，推行蚕食政策，修碉堡，进行残酷扫荡，这一片的军民生活非常困难。因为啥，四周都是敌人，都这一片是根据地。

那一年发生大灾荒，1942年都没收，1943年又没收，1943年前半年旱，后半年淹，到了七八月，发生瘟疫。本村发生几种病：一种是霍乱，上哕下泻。伤寒，人都傻了。还有抽筋，土说都叫抽筋，都这几种病，还有羊毛疗，那个身上那个啥疗，都说羊毛疗，土名。死的人不少。本村灾荒以前都是700来人，连死带逃，剩一半。一天死过18口。因为人外逃的多，有饥荒，死了都没人埋，找不着人埋。

得霍乱病的咱县里前一段了解了一下，统计了几个名，有十来个名，大多年陈日久都不知道了。当时村里得霍乱病的，也有岁数大的，也有年轻人，也有小孩。你要写，要了解名字，我还记得几个，我给你写点。

这是我的一个姐姐，12岁，猛一提，还真不好提这个名，这我都70多（岁）了，还能记得一点，年轻人不记得。1943年当时我才10岁，武小玉（音），是我的一个姐姐，她1943年死了，她当时12岁，她比我大两岁，伤寒病。这个姓孙的妇女，老年都没名，孙桂荣的娘，孙桂荣是男的，他娘，大概都50多岁。我记得这个人，可能是霍乱病。

都是出现这几种病，伤寒病，我这个姐姐，伤寒病，都是傻了。霍乱是上哕下泻，羊毛疗，我见我的邻居也得过。这个筋好像光往里抽抽，羊毛疗都是人身上发黑，使那个针哪，往外挑。我听说，把这个疗挑出来以后，人那个毒疗就出来了，挑出血来，黑血，滴出来黑血。那都是抽筋，当时有这个情况。

这几种病，我知道。投放这个菌苗，咱不知道。光知道得这种病，霍乱，伤寒病，抽筋病，咱知道。这个病的原因是啥，那咱不知道。说日本军国主义投细菌，实际上是细菌战，原来都不知道，县里给添上的那一句。县里有个方志办，他改的。

属于历史性调查，很多人都不了解这个情况。即使知道点事儿，他跟日本军国主义这个侵略，这个撒细菌战这个情况，更不知道了。一般农民不知道，有文化的可能有知道的。邱县方志办可能掌握点情况。得上班以后吧，我估计。因为他是搞历史研究的，是吧？我估计可能了解点。

没啥好说，亲身经历，写下来，留给后人，作为一个教育材料吧，是吧？教育后人。像我这个年龄吧，抗日战争都知道，解放战争都知道，很多是亲身经历，把这些写成书，对后人能够进行很好的传统教育。困难很多，写本书不容易，经济上的，知识方面的，身体方面的。特别我这70（岁）才写，写了三年。2004年初开始的，2004、2005、2006，2006

年写出初稿，打印了五次。打印了以后进行修改，修改以后再打印。从
2006 年 7 月份定稿，然后打印，打印了五次。2007 年以后打成送审稿。
县里边评审委员会批准以后才出书。2007 年 1 月份批准的，然后又进行
修改，提了一些修改意见，原则上通过了，又提了一些修改意见，修改以
后，最后排版吧，排版，印刷。现在正印呢，在邱县文印中心正印呢。打
印村里出钱，外调啥的尽我自己拿，花不了多少钱。大量调查都是本村，
本村及周围村庄。到县城可以骑自行车去，到邯郸那，到别的县去不很
多，主要还是到县城去。都是这几年干的事儿，拍了一些实物照片，拍照
是我设计的，摄影师照的。想照啥定好拍照计划，摄影师照的。都这些情
况，目录里边都有。

马落堡

采访时间： 2007 年 5 月 6 日
采访地点： 邱县旦寨乡傅中村
采 访 人： 刘　洋　刘　燕　韩仲秋
被采访人： 崔文俊（男　81 岁　属兔）

崔文俊

　　那会八路是 1937 年过来的，到冬天过
来的。家里没有一亩地。那会住亲戚，他亲
戚有几亩地，做小买卖，开店，饭店。土改
的时候搬过来的。在马落堡种点地，孬好能
吃饱，那会都吃得孬，吃粳面子干粮的，没
有的掺糠掺菜。
　　灾荒年，（我）在马落堡住着，灾荒年出去逃荒了，上郓城去了，过
年下走的，天下雨，下了七天雨，下雨时来这待着呢。那个村很大，死人
多了，不知道谁死了谁不死，谁还顾。抽筋，肚子疼，跑茅子，有肚子

疼，针一扎，呼呼地流血。扎针的见了一回，用大烟子抹，好就好，死就死了。村大都不见了，那会没啥吃，谁也不上谁家去了，都逃荒走的走，都不知道了。不逃荒在家，谁也不顾得谁，上谁家去。以前没有这个病，得浮肿的多，没饭吃，吃的东西不好，椿树树叶子，洗不干净有毒。吃树叶的多，还有身上干巴，得浮肿病，跑茅子都死了。吃菜叶子，他有抵抗住的，有抵抗不住的。哪有粮食吃啊，那会给八路军推公粮运点分点，分不了三斤二斤，人多，你分不过来，上敌区整点粮食分点，人都不能吃干粮，就打点面糊。

始合堡

采访时间： 2007 年 5 月 5 日

采访地点： 邱县香城固镇始合堡

采 访 人： 高海涛　张　翼

被采访人： 史德喜（男　72 岁　属鼠）

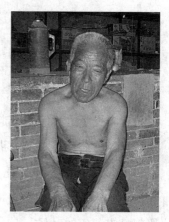

史德喜

（我叫）史德喜，72（岁）了，属老鼠的，没有（上过学）。

日本鬼子，我该不记得？那会儿，老毛子来时候，我还小呢。威县，离这儿 25 里地，修的炮楼，地里（音）也修的炮楼。威县也在北边呢，这都离咱庄不远，都这日本人住着。上咱庄抢咱的闺女，当他的太太。白家村的一个，北边李家头（音），在这偏西北边，那个女的，头天涅解放了，许到咱这个街上了，东边那个胡同（音）的。那时候在日本人那里待的年不少，后来散了，回来了。回来了，她这个男的说她不正经，你许了多少人，那还不多少人啊。他那个侄子，在县里。他来见他那个三婶了，这个县跟那个县，都通着信儿呢，他问他三婶，她回去不回去？这儿，他说这话呢，叫她这男的听说了。知道这个女的家没人。去那打她呢，打她呢。那不是她侄子，到以后还回来了，有她那个侄子管着呢。她那侄子，也在部队上呢，那以后回来，头前开大车，开了有两年。她当的是日本人的太太，咱中国人。北边李家头的娘家，反正现在也是姓范。

反正这仨我都记着呢。这个姓范的，也许到咱街上了。这姓耿的，扒房子，卧土里（音）呢。九台这一个，姓李。说这仨，这都知道。她是咱这人，都到里边，都当日本人的太太。那许老毛子了，都干那个。九台那个姓李，李家头那个姓朱。那里边，打死了一个人。把邱城杀了好几百，和邱城比很少。

是啥不收，吃糠咽菜。我跟我父亲，光做买卖，要不做买卖，还不得饿死啊？那都卖套子，盖的套，衣裳套，卖那个，卖片柴。累毁了，还冷呢，蹚水，那腿都扎了（音），起的尽疙瘩。那尽冰茬子，你不蹚，不能过了。那可不是冬天？那这时候冻冰冻上了啊？都是灾荒年的时候。

起根儿就在这个村里，咱这个村就（叫）始合堡。有的逃出去了，逃出去好些个呢，过后都没回来。套外边，都是混嘴唉。咱这明国（音）的奶奶都饿死了，那家伙你看，这饿死多少人，都咱这个街上。今天见了，明天就不见了，死家里都起不来了，都那个劲儿，那不死了。那不得病能死了，浮肿病，有抽筋，那筋都崩。都俺这个街上有。那都小的时候，也不知道害怕，在那瞄那死人呢。有多少人说呢，他这都抽筋死了。咱小呢，咱听人说，亲自见，咱不知道了。以前的时候，不跟现在医生也多，那都是灾荒年的时候。

你们拉，我这嘴，说话不是很快。

都那种浮肿病，呕吐。咱也没见过，听上边人说过，咱这个街上，多着呢，死人老多了。都我这个姑姑，都许在咱街上，也没男人了，光许了几个闺女。她家是都饿死了，只是落到山东一个。尽饿的，那会儿都得那个浮肿病，霍乱病。那会儿还没啥先生呢。些难找，人都没有。光下雨，那都房倒屋塌，那会儿。老破房，秫秸棒，后面，一家住着一个院，下大雨。这房现在没了。

那大灾荒闹了好几年，那日子才不好过呢，闹了三四年。起身地里啥没收。光记得那时候，好天少，光孬天。俩兄弟，大的去世了。

我母亲拉劈柴，光做买卖。叫我干啥，弄点东西劈柴，要这个破房、破椽、烂柴火，烧。

光吃生水，那家伙了了啊？更得病了，也吃热水，吃生水不中。那时候都砖井，砖整的井。那时候有四五口井。

我有个叔叔，跟上做买卖，这不在了，也赶那个嘎拉车，嘎拉，嘎拉，坐多少人，担多少东西，转悠，格啷，格啷，拿着拨浪鼓。

现在是三四百口子。五六十口子，过灾荒以后，光死，都剩那些人，剩下二十多口子。

日本人该不来？哪能干好事？抢东西，有那家，爷们跑了，有那女的，他都玩。我给你说这，都是真事。我有个婶婶，那个时候娶的，那个时候年轻，来了都玩。可不是日本人？咱这多少人都弄啥了。那都在家，我跟俺娘俺俩，还有老嬷嬷，他都打，年轻人他都不打。我跟俺娘上这一家，姓耿的这一家，好几个老嬷嬷，他一看，喊她了，呜啦唔哩，就是想弄你呢。他一看，老嬷嬷，光指。我跟俺娘说：咱走吧。日本鬼子，俺那个婶子，乱了魂了，拉到屋里，哪能办好事了啊？那个官，吹号，吹哨，他们那衣裳黄不叽的，那都办孬事。那会儿不过二十来岁，年轻人，将娶了没多少日子，她那会儿小。这会儿，现在也病了，在家躺着呢。提起那一会儿，那人没法过。那几天一扫荡，几天一扫荡，进了村子没好事。

再过了灾荒，又是闹蝗虫。正打仗呢，那会儿都使投子打仗呢。听着打枪呢，牵着走，不牵着走，他都给你抢了。灾荒过来了，日本那会儿正扫荡呢，正乱呢，把西边威县南刘固，这一大道，离这十里地。县里，俺这个乡香城固。

当兵的，八路军，村里来过。该没见过？担架，都是红军啊，担架，叫日本鬼子打伤了，抬着。西边，别地儿没道。住到北边，不敢住着，都咱这当兵的，也不敢住在马固，乱，挪五里地，他都敢住。向南一打听，马落堡往北走，不敢住，有日本鬼子，北边日本老家了，修的炮楼。离这 20 里，住的都是日本人，那是日本人家，日本人住那儿，他那武器好。下来抢东西的，枪一扔就不管了。这以后都不那个劲儿了，毛主席讲了中国当兵的，你要敢抢他的武器。有当兵的尽抢他那武器。

他们弄女人，你不干，弄死你呢。他都给他里边干，他还一直通信儿。日本人上他里边有事，通着信儿，他硬抢上他里边当兵的，到他里边随人家，向他里边抓。那个时候，咱中国人给他里边硬抢过日子。

土匪卖白面，一吸那个都晕，卖给地主，给日本那个官，他们那会儿通着信呢。

投降，咱中国人在南边。到以后，一开会，哪个哪个村，哪个人，有办多少事的，马落堡，一顿枪毙了。咱这个街上，一个姓罗，叫罗头，有三十几了，抓住了，都枪毙了。也办那个不好事，有钱，有东西，下边这些穷。枪毙的时候，开大会，可地上都挂那旌旗，讲他大吃大喝，也没个人敢保他。民国 33 年以后就开始枪毙，都死在那个街上了，那枪毙了四个，这高海一个，那一个在坑里边，打枪，手软了，跪那儿了，响了枪，他把脸往后了，又响了第二枪，这才打死了。别人都是一枪，打死了。死到西边一个，毛主席那会儿命令，你不办好事，回来就枪毙。

村里不好，向北挪。挪那边去了。就俺这一家子做买卖，没挪。

采访时间： 2007 年 5 月 5 日
采访地点： 邱县香城固镇始合堡
采 访 人： 高海涛　张　翼
被采访人： 史文增（男　79 岁　属蛇）

我叫史文增，历史的史，今年 79（岁），念过几年书。

我家很贫，十亩地，不收，耩高粱，耩了以后，风沙些大，耩了好几回，才耩上。

史文增

一亩地，收五六十斤高粱。做买卖，卖个凉粉或者发点水果、蔬菜，维持生活。

那会儿我就是十多岁，日本进中国的时候，那是民国32年之前。民国32年那一年，咱这灾荒严重，人口都死了，差不多有二十来岁的青壮年出外逃荒。老人小孩死得最多。咱这也属于解放区，共产党还不执政，城市地带日本人占着呢，连旱，二三年没下雨。后来涝灾，三年没收东西。老百姓，共产党那会儿不敢公开，老百姓少吃没喝，死得不轻。日本人那会儿还扫荡，抢，烧房，抢东西。到晚上还有土匪，开始抢，砸，真痛苦，那会儿，都没法过。

民国32年，头前旱，又下了七八天雨，这土房都漏了，群众得霍乱，得抽筋的多，要不死这么些人？灾荒最严重的主要是河北，还有山东一部分，到禹城都没事了，那都不是灾荒了。再一个在阳谷，河南一块也没事，山西太原那都没事。山东、河北、山西占一部分。

下雨以后生蝗虫，屋里都是，耩上小麦给你吃光。自然灾害加上日本在这扫荡，加上土匪抢。那日子没法过。自然环境再加上敌人扫荡，人死得可不少，这一个村里死了有三分之二，剩了三分之一，有（些）户都死了。

灾荒那个时候，还有五口人，我父母都在。地里不收东西，我父母都饿死了。我有两个姐姐，一个是本村的，逃荒逃走了，一个姐姐、一个妹妹也逃荒走了。我父母都饿死了，我一个孤儿，我跟着一个亲戚逃到河南，1943年，下雨以后，闹蝗虫之后，我走的。

下雨连下八天雨的时候，阴历八月里，到阴冷的时候，我都走了。那会儿家中父母临死以前把房产都卖地主了。好过，都卖给他们了。也没有好地，有五亩地，南边那老沙地。那会儿地价，分好多等级，好地八成，十亩地抵八亩，到南边，十亩抵六亩，再到南边，十亩抵两亩，沙地十亩抵两亩。那会儿给钱，一亩地给一斤小米，属于好地，一斤小米买一亩地。两斤米一间房。东西都没人要，主要缺粮食，小米，不是黄米。

我回来以后，1944年底我就回来了，咱这儿灾荒这个劲头缓过来了，地里能收点了，都回来了。后来，17（岁）我都参军了。18（岁）在县里公安局武警里边干，后来调到邯郸市一个公安处一个直属队，那里边经过改编以后，成为公安，也属于解放军待遇，公安团团部侦察员。公安部队改成武警，组织改变以后，把我调到曲周了，还是武警。

吃的小盐，刮的碱土，把它搁池子里边淋，淋下那个水，卖盐，街上也是那。那会儿没有大盐，都在农户里，一户一个，也能干。上边是高粱秸，篷过以后，上边盖上土，倒上水，把盐水淋下去了。两种办法，一种是晒，底下是布，晒盐不好，必须熬盐，把水经过熬了以后。小盐，吃那盐。那会儿旧社会以后，还不叫卖小盐，也是那会儿旧政府。头灾荒那会儿还是国民党政府。他把大盐垄断以后，叫你买。大盐贵，农村都吃小盐。我父亲没卖过盐，小盐不多贵，想不起多少钱一斤。大盐就现在食盐，大盐贵，一般农村都吃不起。管，底下偷淋，还淋。那会儿旧政府垄断，管不住。西边曲周尽淋盐，卖盐。有那户，自个吃点，卖点。灾荒以前，地里收不下多些，做点买卖凑合着能过。

我父亲下雨的时候饿死（在）家了，没什么旁的病。下雨下得房子都漏了，铺的盖的都湿了，没旁的病。我有个姐姐，我母亲张村她家住着呢。我跟我姐姐家个姑姑吧，逃到南边河南寿张，我那会儿13（岁）。在黄河边捡点庄稼，那会儿说有五六里了，到冬天捡点粪，换点干粮吃。到后来，回来看我母亲来了，那会儿尽日本，皇协军，离这240里地，那会儿十来岁，光照西北走，咱这曲周管着，来家以后，我母亲都饿得快不行了，和我母亲走了一天，走了十来多里地，一点走不动了。第二天黑了，在北馆陶，走了一天，走到馆陶南里谷，住到一个庙里边了，起那，死在那庙里头了，那是十一月。馆陶里谷那属于解放区，找了那个村长，埋了，我又回那去了。1945年，我就回家了，灾荒就过去了。

我在始合堡上学，1941年老师都讲过日本实施细菌战，抛撒细菌，叫老百姓得病。灾荒时候下雨下了七八天以后，咱这说抽筋病，哕、泻、浑身打颤。咱这村不少，有几十个得这病的。头灾荒三个队，300人吧，死的人数最少有30个，这一片十来个，死了，石长宽，50岁，1943年

50 岁，八月，两天吧死了。主要说下雨时候，霍乱抽筋。没人管，农村有两个土医生不，他还顾不着自个呢。那会儿灾荒，这有个医生逃出去了，逃山东去了。扎，扎也扎不过来。过灾荒，饿，瘦，再下雨，再一热，一湿，湿得不行了。下雨前没有霍乱，下着雨得的，下八天雨。咱这解放区不是唱一个歌：1943 年，灾荒真可怜，连连点点，下了七八天雨，下雨时候，得这个病的，不下雨以后死得差不多了。以后冷了，就不得了。那都是八月里，饥饿再加上冷，房都漏了。

日本人他城里住着，扫荡，到村里以后，抢东西。有八路军、县大队、地方部队打，打了以后，扫荡时候，日本飞机来，有四个翅的，两个翅的，开始占了。东边威县 20 里地住日本人。起威县那把日本人引出去以后，引到东边二里这个张庄，张庄那个大沙河里，八辆汽车，那陈赓指挥的，八路军埋伏着，一下子打毁了。在路东，张家庄，离这二里地，现在归平县。那会儿我十来多岁了，我也知道那事，头灾荒，那是。

西边这路，天天过，小嘎拉车，每天过。日本人来过这里，日本人来这以后，老百姓害怕，都煮着红薯。我看过，他开始不敢啥，怕下毒，米面东西，叫你先吃。乍一来时，他有一种政策，他不杀人，他对老百姓还挺好。在路上过，老些车。咱给他施个礼，他也知道。他扔个子儿，铜钱。有那小孩，给罐头、糖。给我的时候，俺两个坐着，"小孩，过来过来"，两个，他过去了，我没敢过去。他跟我岁数差不多。光一过来，不怎么闹。后来，时间长了以后，皇协军闹了，烧杀抢，日本人跟皇协军闹。乍一来，不怎么闹呢。好吃肉食，见你鸡，把枪一扔就撵，撵着以后点着火烧着吃。后来打死人，后来扫荡的时候，日本人打死过几个人，还打死几个。咱中国人当日本人走狗，黄颜色的黄，协助的协，比日本还闹呢。他那个小国家有多少人，主要皇协军。咱这个村没有皇协军，咱这个村属于根据地。

八路军半黑夜来，住一黑家就走了。

有土匪，那会儿无政府主义，没政府，共产党没执政。日本人除了扫荡，就在城里。土匪没人管，谁管？有三四十个的，十来个的。原来都这村里，有一部分（本身）就（是）土匪，有一部分受生活逼迫。和劫道的不一回事。土匪主要是晚上，他主要是穷人不抢，主要是好家户。很重要的一个人，他弄走以后，给你要多少钱。劫道的都是路上堵住你。把钱都掏走。后来毛主席镇压反革命，有的血债多，有的受生活逼迫。处理不一样。

死了以后都不知道，找个人抬出去，不使棺材，都埋外边。有的不知道就死了，光下着雨，都囫囵埋了。

吃井水，有时候也没柴火，喝点冷水就算了。下的井都满了，向那井里挖点就喝。得霍乱病。房都漏，没柴火，喝凉水，糠也摸不着，吃野菜，喝凉水，没办法，要不死那么些人。

这村里共产党都偷（着）开会，不公开。根据地，有的跟日本人通气的。晚上有锄奸队，把给日本人通气的都架出去，打死了。毛主席组织的锄奸队。就咱这个八路军，区长，一个区都有枪毙人的权力。特别灾荒时，那会儿汉奸，当皇协军的特别多，只要你跟日本人通气，都有枪毙你的权力。锄奸的，八路军，共产党组织的。那会儿汉奸特多。那会儿八路军演了一回戏，演得些好，群众些拥护，都看了。到了第二天早起，日本人把这村围了，他认为住这了，其实八路军早走了。那会儿要不汉奸逮住都枪毙了，也挺恨人。

日本人他来不来，他也不能治病。他来扫荡以后就回去了。下雨那几天没来。

八路军那会儿不执政，少数来一趟。八路军没有得霍乱的。日本人扫荡，打得那八路军彩号，一个村都住好几个，在老百姓家藏着。我家还住着一个。八路军那医生隔几天来上一回药就走了。那是头灾荒。1942、1941年那时候住着彩号。后来都形成了贫下中农最拥护毛主席了，八路军都拥护。

1943年父母死了以后，我自个独立生活。后来我都参军了，也不是前方部队，是公安局，叫公安兵，待遇也属于前方部队的待遇。后来在邱县公安队里头站岗放哨，当公安。镇反时候，按古代说是刽子手，我执行得多。调到邯郸公安处直属大队，后来成立团部，我当侦察员。后来编散了，改为民警。我分到曲周了，当武警。干几年以后，就回来了。

从小家就很贫。很拥护共产党，拥护咱毛主席，到现在还这样。没有共产党，没有毛主席，旧社会受压迫，地主富农，永远穷。后来参加工作以后，共产党给的，享福了这都。真是生在红旗下，长在红旗下。起根家很穷，后来参军以后，领导对贫下中农，成分好的，从小上过几年小学，文化很不行，上机关部队上学文化，成立文训队，专门培养你学文化。1948 年参加的，还没投降呢。

上学，很穷，上不起，属于贫（困）生，上学不交学费，不但不交，一月给你 40 斤小米，叫你上学。收费一斤不拿，给你 40 斤小米，就是咱本村老师交石德宗。也是共产党出的事。共产党办的，不公开，咱这属于根据地，不但不要费，给你 40 斤小米，主要是培养穷人上学。上了几天学，灾荒，不行了，都没人上了。这会儿都要学费，那会儿不但不给你要，给你粮食，你还上，共产党不能再好了。贫下中农培养叫你有文化，他地主富农子弟也上。八路军过来时候，没区委以后，对地主，富农得利用他，不利用他，八路军起不来。利用他，培养贫下中农以后，不用他了。

地主他们都没死，死的都是穷人，贫下中农。他有粮食吃，有柴火，有啥的，有吃的，饿才得霍乱呢。他没死，死得很少。

西石彦固

采访时间：2006 年 7 月 8 日
采访地点：馆陶县魏僧寨镇闫寨
采访人：兰　坤　姜亚芹　李雪雪　张村清　杨兆乐
被采访人：安淑兰（69 岁　属虎　邱县西石彦固村，现在魏僧寨镇闫寨）

人得霍乱，香城固一天死三口。我家中没有得霍乱的，村里没有，奶奶的娘家有得这个病的。民国 32 年才七岁，不记得下大雨的事，听奶奶说的。她们都絮叨那些个事，闲了拉（聊天）多厉害，多厉害，一家一天死了四口人，死了也没人埋。

中香城固

采访时间：2007 年 5 月 6 日
采访地点：邱县香城固镇中香城固
采 访 人：高海涛　张　翼
被采访人：闫思亮

闫思亮

民国 32 年过灾荒时候，没人了，邻居韩景龄这一个地方，他连后边都占了。过灾荒，我这六七口子人呢，过灾荒，16 岁了，逃到南边，逃到平县。日本鬼子还在这儿呢。那不让住，有俺爹、俺娘、兄弟妹妹，住庙也不让住。逃荒逃到南河，那日本鬼子还在那儿呢。这庙也不叫住，不叫住那庙里边都给泼上水。泼上水，那也六七口子人呢，那不敢待，起那就又回来了。

16 岁了，六月逃荒去的，回来到八月里，那老天爷没下雨，到八月里才下雨啊，下了七八天，俺爹都饿死家了。饿的，饿死了，那死人多了。在家没啥吃，饿的。地里没东西，逃荒走了。回来，有东西了？那一年都没收。饿死家，埋在南边院里了。八月里下大雨的时候，俺娘领俺妹妹逃荒南边走了，我领俺兄弟，俺俩。我 16（岁）了，我兄弟 6 岁。到冬天，没啥吃了，到南边找俺娘去了。他才 6 岁呢，头一天到馆陶，第二天走到冠县。他这说你这兄弟给了人家吧，他小，走不动，没啥吃，我俩都得饿死。我兄弟给着冠县这儿了，30 斤谷子，现在在冠县呢。剩下我自家，要饭，要到郊县，我娘去那了，一家一家访，找也没找到俺娘。

起那以后当工人，日本鬼子还没投降。以后跑哪儿了，到芜湖，给人装船，卸船，那还有日本鬼子呢。待了一年多，回来走到半路，走到蚌埠，在蚌埠那放牛，放牛回来，把俺爹才起出来。那会儿家里死了，没人埋，谁埋？死了，都逃荒走了，俺爹死了，俺跟俺一个叔伯哥哥埋到树坑里头了。

有得病的，得这个霍乱病。霍乱转筋，抽筋。抽筋那病，有得那个病的。天潮，下雨下的。那房子光漏啊。那一会儿跟这一会儿不一样，那一会儿没有塑料布，房顶不好，一下雨下了七八天雨，都一个劲儿下，稀里哗啦，稀里哗啦，下得房子都漏了。房漏，屋里都湿了，屋里湿了以后，人都没地方住，那人不受潮啊？那会儿人人得那个霍乱转筋。霍乱病，人抽搐，都那一年死的。那会儿过灾荒，大香固剩下 300 人。这打村里，有逃荒走的，有饿死的，都一家一家死的。死到家了。以前都是 2000 来口。起那过灾荒，人都逃荒走了，起我这个墙这儿，照西都没有人家。这以后，才发展的，外边才盖上房，我这儿都满堂满地的（音）。

那说不了，那会儿年轻那会儿，那会儿才十五六（岁）啊，饿的，那会儿光记得在地里寻菜叶，薅菜叶。薅菜吃。找那树勒树叶，上树上勒树叶子，是树叶子都吃。过灾荒时候，那咱这村里那树，都没了，树皮都给你扒了，树皮都没有了。在地里去，弄的那个长这么长，两头尖尖，那个家伙，都叫荸荠，长这么长，两头尖尖，那个家伙。找那个，吃树叶子，勒树叶子，都那个吃。那个能吃，煮煮，煮煮也没柴火，想法煮煮吃。哪有柴火？没柴火。喝水，有井。咱这有井，尽砖井。那会儿井邪浅。不是跟咱这一样。这会儿水老深了才有水了。那会儿都丈八尺了，有水。香固井多着呢，香固是 72 座庙，82 眼井。香固井是有。大香固那会儿有两道城墙，城墙，咱县旧城，那个城。香固早先指望这儿安县城呢，没安。两道城墙，香固这。香固这儿是个有名的地界。那可不是喝生水？那烧水也烧不着，吃饭还没有柴火呢。烧水还找着柴火？过灾荒没有柴火，找柴火也找不着。全找点东西来，也不好整。那光喝生水，那不人光得病啊？都那霍乱转筋。那都受潮，喝凉水，地下躺，人心里就那了，就寒的那，都得霍乱转筋。可不是？

光我本身的事儿，说过两个小时，我这一辈子，没有好受过。

到以后八路军来了，日本鬼子过这边扫荡来。威县、临清、馆陶，这转圈这。这尽日本人占着呢。这还是根据地呢。这往北，走到八里地，那边都是敌区。咱这儿不是敌区咪，不是敌区，他光照咱这儿来扫荡。

那将过三月十五，三月十五是铁壁合围，铁壁合围打这个杨司令，西边五六里地儿。这转圈的日本人，皇协军，一起照这儿挤，都挤到这儿来了，起那以后杨司令死在这儿了。这都是过灾荒。西边那不是立了个纪念碑，香城固战役，北京那有个呢。香城固战役，那都咱这儿。打日本鬼子，这都是灾荒以前时候。

皇协军有啊，皇协军都中国人。皇协军，都说是汉奸，那时候光跑，一说日本来了，人都跑了，谁跟他见面啊？咱不跟他见面。三月十五铁壁合围的时候，那人跑咪，没有跑出去。涅黑家一点点挤，挤到这儿来了。尽皇协军、日本人，都挤到这儿了。都挤到房后边这儿了。那个日本鬼子，那没有到俺那儿，那掂着枪，机关枪都到架顶棚了，那是撵八路军了。那该看不着啊？杨司令，那是一个司令，他跑到坞头，坞头东里，从那打的，都歇那了，都跑那了。侯庄那有陵园呢，日本鬼子那打在那儿了。

下雨日本人不来，好天了，他才出来呢。那不断来，在这儿。威县离这 30 里地。那转一圈回去了，转一圈回去了。来这里，见过，日本人跟中国人一样，也是都跟咱这人一样。日本人也是黄种人，你看说话咱听不懂，呜哩呜哩的，说话咱听不懂，样儿都是一样。

那会儿吃盐，尽小盐。刮盐土，刮了盐土以后，地下淋。淋了以后，下边棍杠，上边都是盐。那会儿没大盐，吃小盐。这现在没盐土，没碱土了，那碱地不长庄稼。到马头，马头以西，到南边，霍庄，马头转圈尽碱地。那马头那个文庄，文庄连一棵树都栽不活，碱得那个劲儿那地。刮了碱土，回来淋盐，都卖小盐。

民国 32 年那没啥人了，不见人，逃荒出去了。大香固剩了 300 来人，那一会儿。没人，都没人了，看不见人。有地主富农那也都出去了，都没人在家。八月份下的雨，到九月十月我都逃荒去了，南去了。都出去了，出去要饭去了。家没啥吃。我 16 岁了，我兄弟 6 岁了。俺弟兄俩，一跑都跑到南边。

跑那待了五六年，放牛，当工人。你好比上那修个煤矿啊，烧煤窑。搁那都 22（岁）了，俺一想，俺娘回来了，到俺家愣哭。和俺娘待了二年，俺娘死了，剩下我自家。我学做过窝窝。再上马头孟家待了 16 年。到六几年的时候，退管批（音），孟家石不占线（音）了，我是个穷命人，命穷。那会儿都固定工，又上将贡山，在焦工厂干了 30 多年，这俺退休了，退休了，弄了个临时工，30 多年弄了个临时工。先是说他那里是合同制，那会儿招工没转。说什么，说你这照合同制退了，你退休。咋办？他们说你退了退了吧，退了以后弄了个啥，弄了个临时工。临时工退休，现在我这一个月给多少，给 196（元）。一百多块钱，也不给涨钱，还不算退。这以后下了，找啥，找也找不着人。嗨，穷命人，咱这穷命人。当工人，当孟家石当了 16 年，以后到焦工厂（音）待了 30 多年，50 多年，弄了个啥，弄了个临时工退休。说是给 196（元），196（元）还不想给，说你这不算退休，不算退，这涨工资也不给涨。

82（岁），属大龙，起 16（岁）了逃荒要饭，还上学了啊？没上过学，那会儿正上学时候正小，家又穷，上学上起了啊？那会儿跟这会儿不一样。

（补注：老人叙述中的"将贡山"和"焦工厂"应该是"榨油厂"，老人保存的编号为 0090 的《中华人民共和国工会会员证》上的单位是：香城固榨油厂。另：老人的《工人技术业务考核合格证》标明老人参加工作时间为 1967 年，为 6 级水平钳工）

采访时间： 2007 年 5 月 2 日
采访地点： 邱县梁二庄乡西七方
采访人： 徐 畅 于春晓 刘 静
被采访人： 郝金裕（女 69 岁 属鸡）

我家在香城固，我是 1960 年嫁过来的。小时候八口人。正月里不下雨，八月初三下雨，下的瓢泼大雨，下了七八天，下了很大的雨。下了雨之后，榆树皮草根都吃光了。没什么吃的，卖小孩扔小孩，卖老婆。给两碗米，两个窝窝头，人就卖了。叔家的女儿，他家没得吃，男的逃走了，闺女一个两岁多的，一个三岁。姐姐的男人把弟弟送回来了，姐姐跟着姐夫走，姐夫不让。姐姐带着二闺女走到运城，不好走，趁着黑住在村

郝金裕

外面的瓜棚了，黑的时候人贩子过来了，人贩子给了两个绿豆窝窝，姐姐把袄脱了给小孩盖上，小孩醒来之后爬到村口，遇到大娘大爷没有儿女就收留了她。

旱得啥都不长，俺们没逃走，都还小。村里没水，俺娘的兄弟得病死了，没得吃。

新马头镇

百户寨村

采访时间： 2007 年 5 月 6 日

采访地点： 邱县新马头镇百户寨村

采 访 人： 王穆岩

被采访人： 窦文志（男　81 岁　属兔）

窦文志

民国 32 年，记得，灾荒年，不好受。狗的食我还吃过。在外面逃荒，要了一年多的饭。都得霍乱病，下雨下得胡乱喝水，不喝凉水一点事也没有。上啰下泻，拿锥扎血，没医生，我也扎过。饿死老些人。我当过兵。

采访时间： 2007 年 5 月 6 日

采访地点： 邱县新马头镇百户寨村

采 访 人： 王穆岩

被采访人： 王永瑞（男　82 岁　属虎）

（我）没念过书，小时候家里六口人，爸、妹、哥、姐、妈、我。吃高粱、小米、红薯、山药。自己种地，家里七八亩地。吃小盐，买的，用钱买。记得日本人的事。18岁当的兵，在东陶、曲周、邱县、堂邑。

王永瑞

当了五年兵，日本鬼子跟咱们差不多，个子不高，粗。日本人点房，杀人，烧人，啥也干，孬得很。抓过人去干活，还有几个让日本鬼子逮去，没回来。有妇女被日本人带去，多了。记得32年的事，大灾荒，不收粮，饿得人树皮都吃光了。加上日本人，皇协军给日本人当走狗，皇协还孬，给日本人办事，胳膊被子弹打的。

人都逃荒了，早的都逃荒，晚的逃不了就死了。1000口剩300，有饿死的，有逃的。有霍乱病，哕，泻，得多了，死老些人。年轻人，有老人，啥人也有。止不住，拉稀屙屙，不死就泻死了。霍乱传染，厉害，三五天就死了，快得很，轻的能扎过来。村里有医生给扎针，村里好几个老中医，不要钱，抽个烟，吃个饭，医生，姓刘的一个，姓王的一个，扎肚子，扎腿，有扎好的，扎好了不少。俺家没得。

民国32年一直干旱，没井，靠老天。到七月才下雨，种啥也晚了，下了半月，人才得病，下雨之前得霍乱病的不多，之后多。下雨的时候我在山西当兵，山西也下雨。下雨那段时间我不在白户寨，这一片都是这样。

下雨时候也和日本人打仗，在堂邑，打炮楼，打钉子，咱这儿没钉子。八路军有粮食吃，农民的粮食，兵走到哪儿吃哪儿。有时没得吃。八路军也有得霍乱病的，不多。八路军团部有医院，有卫生站，都治好了。咱这里是八路军根据地，离邱城15里地。民国32年下雨时这里也有八路，八路有时也来，有时走，有时候打，有时跑。

1956年上过水。民国32年旱，下雨下不大。喝井水，村外打砖井，不盖井盖。在八路军里也不盖盖子。听说过日本人在井里投毒，听农民说的，有的地方下毒，有的地方不下毒，民国 32 年没听过下毒。

八路军没有飞机，没有汽车。我见过日本飞机，有红月亮头。见过日本人扔炸弹，打机枪，扫荡时有日本飞机，日本人扫荡时八路军就跑了。1943 年还是 1942 年，日本人扫荡很厉害。日本人穿黄呢子，戴钢盔，38 式步枪。八路军用破枪，捷克式步枪。我拼过刺刀，到过山东、陕西、山西、甘肃、宁夏，见过朱德、陈赓，给叶挺开（过）追悼会，立过二等功。

布路店村

采访时间： 2007 年 5 月 6 日
采访地点： 邱县新马头镇王街
采访人： 齐　飞　刘晓燕　付尚民
被采访人： 于手莲（女　76 岁　属猴）

于手莲

我娘家是布路店的，民国 32 年我在娘家，没上多长时间学。家里父母，弟弟出家了，我家里有四亩地，粮食不够吃。有歌谣："民国 32 年，灾荒真可怜……八月二十二日……男女老少都蚂蚱，回家当饭，人人得霍乱，男女老少计算起来死了一大半。"

民国 32 年旱不下雨，以后下，狠下，昼夜不停，下得房倒屋塌，八月下雨，下了八天，下雨时村里得霍乱。霍乱病，村里死了一大半，抽筋，得霍乱的啰泻，不啰怎么能死啊？村里有治过来的，我见过扎针的，而且扎过来。早的治过来，晚的治不过来。病大了送埋。我喝井水，没喝过凉水。

把草籽吃了，父母饿死，夫妻男女小孩给了人家讨碗饭。饿了，在地里逮蚂蚱吃。人饿死了,都没人埋,只剩下三分之一,有逃的有死的,死的人不多。闺女都给别人了,逃出去的有回来的,有没回来的,很多没有回来的,死在外边了。孩子他爹跑出去,被日本人抓走了,给他干活,到夏麦才逃回来。干活,阴暗,是小地窖,看不到太阳。干活给吃的,但不给钱,最后偷跑回来的。以后得疥疮是民国 33 年长的,不记得什么时候,不热了才得上的病,下雨了,潮湿得的。

日本人来村里杀好(多)老百姓,在我娘家打死两个,这个村(王街)打死一个,日本人经常来村里杀人,抢东西,衣裳、粮食,要不村里饿不死这么多人。村里的坏人把日本人领来,日本人把东西抢走了,自己捅死自己。皇协军来村里,他们两个该不一块儿来的。有老杂,牵牛,不知道哪赶时髦人,拖人,弄走,要钱。

下大雨的时候日本人没来村里,二十九军的时候从这儿走,不祸害老百姓。日本人吓得村里人都跑了,附近村的游击队成天在咱村住,不断地来,都住老百姓家里。游击队好着呢,给挑水砍柴,不损害老百姓,不吃咱老百姓的粮食。

灾荒年的时候我逃出来,逃到藁城市,在石家庄东北,干一天给四两米,那边的共产党政府给的,国民党政府哪给啊。到过麦时回来的,蚂蚱很多,把苗都吃光杆了。蚂蚱都揉成团,一团一团的,人们都用土把蚂蚱埋住。这年收成不好。这是民国 33 年的事。

抢东西的有日本人,有皇协军,不知道谁抢走的多。

大郭斗

采访时间: 2007 年 5 月 6 日

采访地点: 邱县新马头镇大郭斗

采 访 人: 王穆岩

被采访人: 惠逢凯(男　76 岁　属羊)

（我）念书不多，上初小，没上高小，上三年初小。小时候（1943 年）家里五口人，死了三口，剩我和父亲。种地，那时地不多，土改后地多了。吃窝头，糠，吃小盐，买的，拿钱买。见过日本鬼子，跟电视一样，戴绿帽，有铁帽。在村里杀人，抓住青年说是八路，就打。一回使刺刀挑了 7 个，说是八路，放火。1943 年 8 月，一条街，抢东西，粮食都抢了，能拿的都拿了。抓人，抓到东三省，去当劳工。日本投降后当八路又回来了，在咱村没侮辱妇女。

惠逢凯

民国 32 年下大雨，8 月 21 日晚上下雨，下了七天，净水。不一样情况，沟满河平，没淹啥东西。孬房子都倒了。我家饿死三口，得霍乱病，弟、妹、母亲得霍乱病死了。上哕下泻，病急，水泻，拉得止不住，都提不上裤子了。我也得了，抽筋了。20 日那天在贾寨请了医生来给扎针。扎针扎过了，他们扎了，没扎过来。扎胳膊弯、腿弯，一扎出黑血就好了。我的病是村里一个老太太用针扎过来的。我母亲先得的，后来又是我弟妹。下雨之前村里没有霍乱。为啥得霍乱就说不清了。我 13 岁，弟弟 8 岁，妹妹 5 岁。家里人旧历八月二十一晚上死的，得病两天。母亲死了没人埋，接着两天弟妹就死了。

母亲没出门，父亲也没出门。下雨那几天吃糠菜，喝接的水，没劲接水。家人死的时候是人给埋的，有叔叔、大爷等，大爷也死了，一死就一家家地，这一片都很厉害。那段时间接着死人，一家家地死了。喝井水，不烧水，喝生水，没盖井盖。1963 年上过水。

我病好了就逃了。到山东、河南、要饭，倒腾买卖，走的时候快冬天了，1944 年春天回来了。1943 年 700 来口，剩 300 来口，死了两三百，也有逃走的。过了 1943 年，村里剩了没啥人。

这个村算根据地，八路军常来，日本人也来，来抢完就走，下雨那几天日本人没来，下雨之前来过，他们来我们就跑了。黑夜不敢在家里睡，在地里睡。日本人天天来，老百姓不能种地，一来就跑了。见过天上飞的飞机。

灾荒年八路军也来，吃得不好，跟村里要粮，没有就不给。八路军不抢，日本人来了有时候打，有时候跑。八路军力量小，日本人听说八路军也不敢来。听说没有八路军，就来抢。1945年日本投降后就不来了，1945年日本（走了，当地）解放。

十五六岁还上过一会儿学，后来一直种地，当村干部。后来参加工作，到乡里、公社，在公社待了二三十年。从1956年参加工作走了，1991年退休，从电力局退休。

采访时间：2007年5月6日
采访地点：邱县新马头镇大郭斗
采 访 人：王穆岩
被采访人：闫明秀（女　78岁　属马）
　　　　　翟汝贵（男　88岁　属马）

翟汝贵（左）、闫明秀

闫明秀：（我）没念过书。民国32年都记得。灾荒霍乱年，旱年，霍乱抽筋。土匪抢砸。小时候，爹娘、两个兄弟，五口人。种地，吃棒子，抓野菜，毛毛（音）菜灰菜。整了洗洗做做，和高粱面、玉米面拌拌。吃小盐，自己淋。见过日本鬼子，不高，粗，说话不一样。祸害女的，整死人。民国32年旱，不下雨，不能种地，下了雨后种庄稼，灾荒年有霍乱病，人得好几种病。

翟汝贵：民国32年七月初三下雨，下了十来天，半月。

闫明秀：下得房屋倒塌，人得霍乱病还死。下雨之后得霍乱，我爷爷、奶奶得霍乱死了。抽抽颤颤，哕泻厉害，恶心。

翟汝贵：村里没剩几个人了。

闫明秀：那个病可能不传染。

翟汝贵：得霍乱病，那年我 14 岁，日本进中国我 8 岁。逃荒到南边，叫南和县。六月走的，高粱发红了。待了一年多。赶上好年景回来，17 岁就回来了，娘家没得霍乱病的。没得吃，炒一锅菜籽，苦的，榆树皮。喝砖井水，烧开水喝，下雨也喝开水，饿得走不动。鬼子来过，不高，戴帽子，俺爹提水给他饮马。他见我们吃饭，没毒，他才吃。他吃大米饭，鱼罐头。八路军藏着，不敢来。找皇协军，抢东西。不知道日本人有没有得霍乱的。

翟汝贵：见过飞机。

闫明秀：见过飞机。可受罪了。

采访时间： 2007 年 5 月 6 日

采访地点： 邱县新马头镇大郭斗

采 访 人： 王穆岩

被采访人： 赵超明（男　77 岁　属羊）

（我）念过书，私小念了两年，高小念了两年。小时候家里有六口人，弟、哥、嫂、父母和我。吃不好，民国 32 年灾荒年。日本鬼子在咱村抢，人们在地里挖个洞躲在里面。抓人，点房子，打死人，人一跑，看见就打死人，侮辱妇女。这儿是八路军根据地，日本鬼子隔几天一来。

我逃荒到河南津（音）县。民国 32 年十二月走的，民国 33 年回来的。民国 32 年旱荒，村里大概有五六百口人，逃走的占一半。民国 33 年回来的时候有多少人不记得准。逃的逃，死的死。有饿死，日本人打死的，病死的。霍乱病，伤寒副伤寒。见过霍乱病人，男的、女的、小孩、大人。霍乱病大人多，一天死好几个。霍乱病传染，病急。有偏方治疗，喝点毛莨水，姜汤水，出出汗，有医生给扎扎，出出血，出出汗就好了。我哥在民国 32 年得霍乱病死了。家里没得吃，在地里看瓜，又冷，又饿，又感冒，就得霍乱病死了。回家躺了一两天，那时我在家，家里其他人也没传染上。没听说哥哥得病是什么样子。

七月下了七天雨，房屋倒塌，下得大。下雨前有得病的，下雨的时候得病的就多了。我那时给人家打小工，下雨后基本人不多。

日本鬼子穿大皮鞋，戴皮帽子，拿大刺刀。八路军白天不敢来，晚上来。要点粮食，遇到日本人就打。村里人死了不少。喝砖井水，没盖井盖。没听过日本人投毒。经常见日本人飞机，有四个翅膀的，有两个翅膀的。没见过扔东西，没见标志，飞得高。

东常屯

采访时间：2007 年 5 月 6 日
采访地点：邱县新马头镇东常屯
采 访 人：李　斌　丛静静　韦秀秀
被采访人：曹喜林（男　76 岁　属猴）

不在家，头回逃荒逃到邢台，第二回逃到梁山。就灾荒年，民国 32 年头年走的，我走得早。第二回，回来以后，民国 33 年，跟着走，就是一块。下过雨，下了七天七夜。有病，就那霍乱病，多，不少。得那个病两天就死了，没人埋，街上没人，死了没人埋，下雨的时候在家。日本人没见过，那会我小。

采访时间：2007 年 5 月 6 日
采访地点：邱县新马头镇东常屯
采 访 人：李　斌　丛静静　韦秀秀
被采访人：宋恩银（男　77 岁　属羊）

民国 32 年我在家，是个灾荒年。敌人在这里，如果日本人不封锁，咱这一场灾荒能出去点人，那还能好点。你出去离这 40 里地他就查你。我那年 12 岁，当兵年龄不够，后来抬公粮。灾荒过后村里剩六七十个人，活活饿死了。谁逃得早了能活，到后期出去要饭的多了，人都不给你。我逃到西边有一个多月，后来回家，和我父亲抬公粮，来回半个月一趟。有回下雪没法推，道上都是冰，后来化了一点，五六个人围着一个小车推。脚都冻成冰了，用火烤烤脚都掉了。

宋恩银

民国 32 年没下雨，光刮大风。七月下了七天七夜，死了一部分，剩下的在家没饭吃，得传染病，抽筋病，一抽抽就死了，光是这一块死了好几个。我那个大爷躺在院子里光吵吵："给我点儿凉水喝，给我点儿凉水喝。"硬是饿死。抽筋不记得，哕泻那都不记得。没医生，隔七里地，听说有个老医生，得病的多了，谁请医生。

采访时间：2007 年 5 月 6 日
采访地点：邱县新马头镇东常屯
采访人：李　斌　丛静静　韦秀秀
被采访人：宋记增（男　82 岁　属虎）

宋记增

民国 31 年刮大风，天昏，屋里点灯都看不见东西。第二年大灾荒。要在现在就不成灾了，人能出去。那时候日本人在，封锁着不让出去，没法逃到别处。到七月二十才下雨，七天七夜，大雨，下得房倒屋塌，人得了霍乱病，死的人不少，回来后听说死了几十口子。我民国32年二月就出去了，下雨的时候已经不在家了。我到西边的南和，离这100里地，咱这里的人以后不断有出去的，听他们说说家里的情况。霍乱病上哕下泻。人肚里没饭，饿得成杆子了，没肉。我逃那地方没有霍乱，也下雨，那里有井，能浇地。

东 关

采访时间： 2007年5月6日
采访地点： 邱县新马头镇东关
采 访 人： 陈洪友 李玉芝 张少勇
被采访人： 王朋山（男 75岁 属鸡）

王朋山

这边是八路军根据地，邱城被日本人占。

饿得病死了，两个妹妹，剩了一个。上哕下泻，不得劲，扎针，不吃草药。没得吃，霍乱病没得治。砖井水，一片人吃那个井水，井水两丈来深。那会管不了，逃得没人。一个村有五个六个的当民兵，使刺刀捅的。八路军也吃不好饭，"小米加步枪"走到哪，先把米给掏了装布袋里。八路军都饿走了，不敢进来，很小心。八路军没有得病的，地下工作只两个人说，三个人不见面。日本人来这村里来，搜了就走了，他不敢在这住，常来。

我家共六七亩地，穷人没地，"三七地"，借别人地只管种，公粮他们管。那会靠天，一亩地产100多斤200斤粮，连三年没种上好麦子。七月才下雨，种高粱、谷子，八月种麦子，到阳历6月收，种8个月。

那会净老杂儿，抢好家，不抢穷家，小户他看不上。豪爵家也有枪，小个抢牛，小东西，大个抢地主的，有钱的。那会吃糠，也没政府。村里有当八路的，有当皇协军的。

郭 庄

采访时间： 2007 年 5 月 6 日

采访地点： 邱县新马头镇郭庄

采 访 人： 李廷婷　刘鹏程　刘　宝

被采访人： 于学臣（男　86 岁　属鸡）

于学臣

　　民国 32 年灾荒年，抗日战争最艰苦的时候，不容易。现在生活好了，原先小米加步枪。小米、树叶子、树皮我都吃过。那时仗该打还得打，饿着肚子打。大扫荡部队分形，敌人找不到八路军，有分有合，大扫荡时就分开了，敌人走了就又合起来了，当时有日本人，有土匪，有皇协军，不容易。十大元帅毛主席指挥，容易不容易，二万五千里长征，两三万人不容易。

　　在部队上当指导员，那会儿不分官兵，不分级别，没有什么特殊待遇，越领导干部越不讲享受。民国 32 年，我十七八（岁）。日本人 1937 年进中国，我 1938 年 11 月参加工作，那时还没枪高。民国 32 年，我在县大队游击队打仗，那会儿子弹枪不好，敌人打响就跑，不预防，死伤太大。"没枪没炮日本人给我造"，日本人跟中国人打不行，不懂我们的战术，八路军打胜仗就在这里。铁壁合围就在这儿，在后王庙大圈合围。日本人扫荡华北，百团大战把日本人消灭得不行，四二九合围，有把握，百战百胜。那时候曲周老百姓和八路军穿的一样，八路军都换上便衣了，日本人也查不出来。

　　民国 32 年生病也没法治，那时没医院，医院病号多。济南军区宋任穷、杨秀峰（济南军区主任）等是领导人。民国 32 年这儿没大面积死人的事。我也抓过日本人，在打邱城的时候抓过，也打死过。王焕章是共产党打进日本人军队的，在那当大队长，是地下党，暗地里和共产党合作。那时这儿还有老杂，八路军逮着老杂和老毛子不杀，好吃好喝，教育教育。八路军基本不会杀人，老杂愿当兵就当，不愿就回家，恶霸该杀就杀。日本人逮着老杂杀，逮着八路军更杀。保安队归日本新民会管，新民会是一个组织，有敌区没敌人，明着跟日本人干，实际跟咱们干。没有国民党以前投降的部队。小日本人说："邱县这儿真不好办。"日本人在这儿站不住脚。

民国 32 年下雨，下了十来天，得病又多，房倒屋塌，下雨下得又大，这个村剩 16 个人，原先 200 多人，灾荒年都没人了。下了十来天雨，房倒了，人都走了。小孩都扔了，人吃人，把头涮干净了人吃，我见过，马固有一个，离这儿七里地，俺亲自见了。

那时得霍乱病，抽筋，很冷，也说不清，没医生。俺不得霍乱，俺在部队有吃的，不得。亲眼见过两个，抽筋，又哕又泻，别的村的，现在死了。下雨，潮湿，又没得吃，昏迷不醒，一个叫胡大水，主要是饿的。

那年先旱后涝，下雨很晚，不能种庄稼，一直没上大水。城市日本人占着，农村八路军共产党占着。记不清是哪一年，生蚂蚱多了，小蚂蚱都会飞，上了天，看不着太阳。我见过也逮过，炒炒吃，但吃多了不得劲。

当时八路军一个区大队在这儿，有 30 来个人，受县大队管，县大队归济南军区管，当时我是通讯员。日本人炮弹来过，打中国野战军，没听说过扔臭弹。皇协军替日本人办事，皇协军有好的，也有坏的，有的跟八路暗地里有联系，他们有点还抢东西，那时谁抢是谁的。

贾寨村

采访时间： 2007 年 5 月 2 日

采访地点： 邱县邱城镇霍庄敬老院

采访人： 丛静静　玮秀秀　李　斌

被采访人： 孙立明（男　73 岁　属猪）

孙立明

民国 32 年在家，我家在贾寨，离这五六里地。我们那有个集，日本人经常朝那去，我是小孩，不怕他，那时经常见日本人，他们不打小孩，他们拿东西，抢东西，五六天一遍，六七天一遍。

民国 32 年，天干，种不上苗，又没井，浇不上地。阳历 8 月 22 日才阴了天，接接连连大雨下了七八天，人人得了潮湿，人死了一多半，男女小孩死了一多半，房子都下塌了。七月下了点小雨，能种上点地，生了小蚂蚱，飞得都盖了天，成了点苗，也都叫它吃了。下雨之后地上水不大，平地上没多大水，咱这都是沙地，坑里有水，坑里都满了。

人都得霍乱，死了有百分之七十多，跟这个日本人有关，老百姓有点吃的，也被他们抢走了，下雨之前，五六天一遍。人都抽筋，这个腿抽着抽着就抽一堆儿去了。不能吃不能喝，就死了。没医生，还发高烧，脸上起疙瘩，起了以后不能动，不能吃就死了。跑茅子（拉稀），不吐，又拉血，又拉脓，谁也顾不住谁，死了都没人埋。也没医生，没扎针的。我家人死了也差不多了，老人都那时候死的。我婶子那边有个小孩，还有俺爷爷、俺奶奶，俺奶奶死的时候 50 来岁。一共死了四口，不记得他们都叫什么，都死 60 多年了。没人照顾，后边以后地里有草，吃草籽，逮蚂蚱吃。

共产党不成名，国民党不抗日，日本人要灭亡你，还有土匪敲诈。

得这个病的人很少有活过来的，死得很快，两三天就死。那时候邱县这一片死了有些个村吧，邱城以北一直到马头以南，还有梁二庄，南北三四个里地，东西三四个里地，都死。都是得这个霍乱，人死得多了。那时我小，记不大准，过了灾荒年村里剩了能有50来个人，原来能有500个人。饿死的也不少。下雨以前也有死的，下雨前死的人不多，下雨以后死的人多，正下着雨就有人死，有那个抗病能力强的都没得。连逃荒走了以后，剩下就这么几个人，逃荒走的不多。下雨以后谁也顾不上谁了，别说没柴火，就是有柴火也没地方烧，房都塌了。那会老人都说这个叫霍乱，跑茅子、拉痢子，拉痢子就是拉脓。

潮湿，饿，树叶都吃了，下雨之前天气干燥点，没死这么些人，地里有点野菜，叶子都给掐吃了。民国32年到民国33年，地里长的蒿子能长一丈高，都看不到村，到民国33年以后，民国34年才没了。治了病以后，就多少有点吃头了，八路军都给粮食，1945年共产党给你粮食种，菜种，叫你种地，种地没牛啊。

跟其他村走动不多，走亲戚的都是邻村。几里地，十里八里的，你往我这来，我往你那去，跟外地的没有。都是以种地为生，不是以做买卖为生。

灾荒最严重的，从新马头镇南至25（里地），北至25（里地），东至25（里地），西至25（里地），灾荒最严重，这听老人说的，我们家在中心。

日本人残杀中国老百姓，强奸妇女，到哪个村都是，最惨了，惨无人道。

采访时间：2007年5月4日
采访地点：邱县新马头镇贾寨村
采访人：李廷婷 刘鹏程 刘 宝
被采访人：夏保运（男 77岁 属羊）

夏保运

民国32年灾荒年，我12岁了，饿死人很多，荒逃到南边，要饭。民国32年我在家，民国32年七月初，八路军跟鬼子在这打了一仗，把杜平杜政委打死了。我亲眼见了，日本人扫荡，五更时堵住了八路军一中队、二中队，马勇是连长，杜平是政委，八路军死了六七个人。杜政委在这儿，还给他立了个碑，立到马路边上。八路军那时白天不走，尽黑了走。

我可没见过日本兵，日本人来时我六岁。灾荒后，八路军把路挖成沟了。老毛子都是东三省的，在这儿待了八年，死的也不少。

灾荒年，啥也种不上，七月十五才下雨，下了不少，房子都漏了，饿死不少人。那回下了七八天，以后没下雨，前面没下雨。那会儿没井，能喝上水，种不上苗。

下雨时，人都是饿死的，村里没啥人了。那时有霍乱病，死都是霍乱病。土匪，土老仔，有点粮食给你抢走。霍乱病啥也不知啥，特别多。得霍乱病扎针，俺母亲得过，那时她40来岁，那时我十二三（岁），在人中扎针，扎得出点紫血，病状就轻了，一会儿就好了。我没得过。得病那年是霍乱病，蜷着腿，抽搐，上吐下泻，走不动，我没被传染，传染不传染不知道。那时我父亲已经死了。我弟兄四个，有两个弟弟给人了。

民国32年灾荒，饿死不少人。我逃荒到南和县，离这儿有120里路，在西北，在那儿住了5年，我18（岁）回来的，那时家里都好了。下雨时我出去了，回来听说的，下了七八天，种不上苗，没发大水。

采访时间：2007年5月4日
采访地点：邱县新马头镇贾寨村
采访人：李廷婷　刘鹏程　刘　宝
被采访人：于振吉（男　83岁　属牛）

民国32年，我快20岁了。那年我没在家，在邢台住着，离这儿140里地。我7岁时这儿打仗，打死一个杜政委。到邢台有人

于振吉（右）

叫我当皇军，有吃有喝，但我不当，就叫我回家。回家我还当八路军呢，我誓死不当汉奸。我1943年当的兵，我打过日本兵，劫日本汽车，五月初六，是那时受的伤（现在有二等残疾证和胡锦涛主席颁发的勋章）。我在邱县大队当兵，一进马头都知道杜政委。

1943年饥荒年，受罪，街上死的都是人，都是饿死的。下雨下了七天七夜，那会儿大概是七月，那时我还没当兵，还在邢台住着，那时我19（岁）。

大灾荒，树叶都吃光了。都饿得大肚子，瘦得光骨头，很多人都饿死了。我当兵时，从南面运来粮食，我娘在家饿死了，我上邢台走了。我9岁就没父亲了，19（岁）死了母亲，我一个人，现在提起来就难过，从25（岁）结婚，现在俩人都83（岁）了。

那时光俺这个街上就饿死了七八十来口子人，俺这村饿死了五十来口子。这村有没有生病的说不准，我母亲就得霍乱死的，一饿得霍乱，硬饿死的，没病。我老伴还哭了，那个难过劲。我这个人心善，有点东西，我娘说："我老了，活不了了。"我说："你不吃，我也不吃。"有时抓点灰灰菜吃，饿得你不去给日本人修东西就没得吃，我爹是给人干活累死的。那时家里穷，现在我不受罪了。

采访时间：2007年5月4日
采访地点：邱县新马头镇贾寨村
采访人：李廷婷　刘鹏程　刘　宝
被采访人：朱风岭（男　73岁　属猪）

朱风岭

民国32年，我逃荒去了，是秋后走的，那时候我9岁。饥荒年，那时吃蚂蚱，挖个沟，一筐一筐的。没啥吃的，树皮都吃了。人饿死得不少，原来400口人，剩下

70口人。灾荒年面积不大，就这一片的，那时下雨，没下雨的时候我就出去了。

霍乱病，这时候这地方没有，远地方有。阴天下雨有，腿拉不动。灾荒年我在家里，八月二十二下了大雨，下了七八天，那年旱，没收，种什么都种不上。下雨之后，有首歌是"八月二十二，老天爷阴了天，哩哩啦啦下了七八天，随后受了潮湿，人人得霍乱，全村人死了一多半"，歌是八路军编的，那时人都挺惨的。

霍乱是急性病，下雨之后得了潮湿病，得了霍乱，上哕下泻，有一半多的人死了。十个人死六七口子，二百多口人剩三十来口子，那时有逃荒的。那时收的粮食又少，没得吃，平时就不够吃的，遇上灾荒年就更惨了。

那时很可怜，过了就不提了。我没听老人说过，但以前有霍乱，一九五几年得的。民国32年下雨，潮，主要是饿死的，死了在院子里挖沟就埋了，都没劲，抬不动。

日本人来捣乱，皇协军是本地人，抢衣裳，抢老百姓的粮食，见啥抢啥。我见过日本人，戴着钢盔，穿着皮鞋，拿三八式枪，穿黄衣裳，带刺刀。那时还有土匪。日本人打人，在这村点了四五家的房，有队长的房，有干部的房，有农会主任的房，郭天勇的房。日本人在这儿烧杀抢掠。

兰 庄

采访时间：2007年5月6日

采访地点：邱县新马头镇兰庄

采 访 人：李廷婷　刘鹏程　刘　宝

被采访人：佚　名

民国32年，灾荒年，在家里。民国32年，那会儿我12（岁），可能是，上半年，天气还行，下半年淹。前半年旱，前半年旱，刮风，淤到半截，后半年淹，连下七天雨。民国 32 年前半段，麦子收一点，下半年跟没收一样，下了七天七夜雨。

那会儿这都那样，人死了都没人埋，俺哥哥给当兵的磕头，让他给埋。连点吃的都没有。吃了这顿看不到那顿。下雨天有死的，死了一半，霍乱病。我有个大爷霍乱病死的，不知道症状，那时小，两天、三天，上吐下泻，肚子不疼，他哕。村小，那会百十口人到灾荒年没一百口人了，那几天死了七个。

民国 32 年水不大，不停的阴天，逃荒的有，那出门的多了，去外县，往西过了曲周，往南过了馆陶，去的地方多。春天刮大风，把麦子都给淤了，有一拃多厚。粮食够吃还逃荒吗？

卖屋子，房子也卖了，把房檩子也劈了，那会儿没法。摸着啥水喝啥水，有圆井，淤水流不到井里。霍乱不传染，他死那么多人吗？主要是饿。很少人在家里，那户地主也没得吃，还没划成分，那时候最好的吃窝窝，吃不多。饿时吃糠咽菜。

日本人走了之后才划成分，那时我家过得还行。日本人近处的要，远处的不要。那时有村长，他知道有当八路军村长的，有当日本人村长的。那时我家三口人，有母亲，有哥。大爷霍乱病死了，大娘饿死的。

那会儿有日本人，日本人在城关占着。怎没见过日本人？那时我十来岁，看见我不打我，老毛子打我，用巴掌打身上。

李二庄

采访时间： 2007 年 5 月 6 日

采访地点： 邱县新马头镇李二庄

采 访 人： 于春晓　刘　静

被采访人： 程建玉（男　79 岁　属蛇）

小时候母亲、父亲、两个哥、姐姐、妹，家里七口人。住马头镇李二庄，种地，二三十亩地，不兴种棉花，种谷子、高粱、麦子，麦子打一百斤就是好的，谷子、高粱一百二三十斤。好年景，不够吃，问人家借点，给地主家扛活，我父亲16岁开始扛活，我哥哥扛过活，挑水、种地、锄草、推土推粪，给人家喂牛，管饭，能吃饱。吃小盐，刮点土自己淋盐，自己淋的。村里人自己刮盐土，烧成水晒成盐。能吃得起油，菜籽

程建玉

油，吃得少，轻易不吃肉，过年时候买点肉，不过年不过节不吃肉。扛活时借点粮，麦子吃了，人家高粱熟得早，下的时候问人家借点，等高粱熟了再还，不一定还多少，确实没借过钱。

日本鬼子来的时候记不得多大了，鬼子到过李二庄，鬼子从邱城来，为了俺村，打死了两个人。人开始跑，鬼子打死了，打死了一个共产党员。邱城鬼子、皇协军都有。曲周有，鬼子、皇协军一起的，鬼子对小孩确实不孬，没打过小孩。皇协都是本地人，没啥吃的，当皇协有口饭吃。皇协军抢东西，好东西都拿走。土匪不少，鬼子来之前不少，老杆有王来贤，小杆就多了，王宝仁（大杆），都在县城活动。鬼子来之后，土匪也多，后来鬼子打土匪，不是一伙的。抢砸的不是共产党。咱这死人更多。共产党都在山上住着，跟老百姓好，扫院子、挑水，共产党也打过老杂。八路军不吃老百姓，吃带的小米、炒面，到哪村哪儿都要，鬼子在的不征税，不敢征。

灾荒年，民国32年，整灾荒年，春天旱不来水，头一年都旱毁了，没耩成地，春天净旱，没耩着地，旱得不轻，啥也耩不上，吃苗（音）菜、荞麦。700口人，剩下80多口子，饿死的饿死，逃荒的逃荒。八月来下雨，下雨后逃荒，七八月份下的雨，下得些大，下了七八天雨，下得不小。下得房倒屋塌，那时净土房，都漏了。从地里拽的菜叶，回到家和点面吃，不中了就走，拿着两团菜就走了。烧点开水，哪有柴火烧，下雨

喝的凉水，井比较高，没被淹，喝井里水。村里有地方，洼地方有水，高地方没水，没有来水，不记得来水。

下雨之后逃的，没下雪。俺母亲、父亲、一个妹妹，姐姐，我一起逃的，逃到阳谷，跟着人家要点，人家收的不好，多跑几个门几个村。那会儿半收，地里多多少少收点粮食。俺过了个年回来的，民国 33 年回来的，民国 33 年多少收一点。俺父亲回来搝麦子，待了几天，带了麦种，得抽筋病，上哕下泻。哥哥推了二斤麦子，也回来搝麦子，得抽筋，麦子被人偷走了。走之前还没这病。父亲扎了没扎好，我没在家。有个先生，先生不敢扎，病得太厉害了，父亲没扎好，哥哥回来了也得了这病，哥哥扎好了，父亲死了。那年得霍乱挺多，死人不少了，没人埋了，都埋在自家院子里，村里也有得了这病的，下雨下的。

当时村里 800 人，灾荒年之后不到 100 人，逃的逃，死得的，送人的送人，百分之七八十的死。得这病的时候八路军，共产党没过来。

逃荒走的时候二哥当兵走了，牺牲了，当了几年兵，当了参谋长。日本人扫荡，在大别山打仗牺牲了。

梁固庄

采访时间：2007 年 5 月 6 日
采访地点：邱县新马头镇梁固庄
采 访 人：李廷婷　刘鹏程　刘　宝
被采访人：王玉珍（男　78 岁　属马）

王玉珍

民国 32 年，我在家，那时我 14 岁。民国 32 年没逃荒，那会儿家里有个老人，地里没粮食，日本人跟土匪头抢，收的粮食吃不上就被拿走了。那年灾荒，没粮食，日本人还抢，还有霍乱病。那有一个天井一天抬四五个人，没得吃，日本人也拿，土匪也拿。

在家站不住就逃荒，那时候种瓜菜，白瓜、豆角、谷子，没怎么收的就被拿走了。日本人来了什么也拿，跟小偷一样。俺庄大部分都逃荒，有逃到西北的，有到黄河以南的，石家庄、郓城以南，都那一带，到现在还有没回来的。那会儿俺村有三百七八十口子人，那会儿家里人很少，离邱城十来里地，三天两头来抢东西，又抢又拿，东西都被拿走了，没得吃了。三天一来五天一来，就是蒸一个窝窝头也给抢走，土匪也抢，日本人也抢，收点粮食就给抢走了，家里被抢了好几次，没得吃，都逃走了。

那年天气不好，八月二十二日，老天爷阴了天，下了七八天雨，我记不清几时了，房倒屋塌，光涝，屋里叮当叮当，用衣裳被单打个屋，数那会儿死的人多。

霍乱病，说不上是啥病，都说是霍乱病，人就瘦，再饿，死的人很多。俺村该没了，一天都死三四个。不管老人，不管年轻人，三天五天就好了，上吐下泻，闹肚子，头晕，一下雨，天一冷，肚里没饭，再瘟，再饿，再添毛病。那会儿医生少，治又治不起。那时净草药。有治好的，有一个叫刘兴邦，那还不是医生治的，那会儿记不清了，他奶奶（不是一家，姓王）给弄了个偏方，他病轻了点。但还是死的多，以后得了病，从她那儿取个偏方，按她那个偏方，以后一点点的死得就少了。喝的啥我也不知道。那时我生了，不严重，身上冷，头晕，拉肚子，不吐。也没治也没啥就自己好了。饿了，俺偷枣吃，这个是俺的院，那个是俺叔叔的，俺叔叔出去了，俺没出去。俺父亲还有俺一个弟弟逃荒了，在外面给了个亲娘，现在还没回来。四个姐姐，两个姐姐都逃荒去了，知道下落，一个回来了，俺二姐姐在石家庄西南，现在还有联系。其他姐姐往南逃，过了灾荒年就都回来了。那时俺和母亲在家里看家。

那年这儿没大水，没淹，下雨雨不多大，天数多，一个劲下，下了七八天，不晴天，都下毁了。第一场雨，那时八月二十二日，以前那下大雨跟这不接头。八月二十二日以前下过，下过以后不要紧，种的瓜菜多，后来啥也种不上了，又光闹病，就逃荒了。

闹蚂蚱不是那一年，可能是第二年，蚂蚱是以后才有的，不下雨以后。那蚂蚱多得很了，那人都逮蚂蚱，炒蚂蚱吃，蚂蚱爬一墙。那时高粱都晒红粒了，来了蚂蚱，爬墙上，一绺子，民国32年我14（岁），记不那么清了。吃蚂蚱时我15（岁），生蚂蚱，天不旱，我记不很准。这年庄稼也不孬，就让蚂蚱吃了，粮食也吃，没收。

老毛子我见过，多的了。我东边那条街，日本人从这儿过，大炮，车，三个人拉一个，我在那看，他也不管。我这儿是敌区，受人管，从俺这儿往北就不是敌区了。给他们点粮食，派村里两个人给送去。咱们中国人给那号人帮忙抢东西，是皇协会。老毛子不要，不抢东西，他也不管，抢东西的都是皇协军。俺这儿既是敌区又是共产党根据地，共产党管咱要粮食，但不多，不随便要，该多少就多少，交了公粮就没事。

老杂，老毛子也烦他，共产党也烦他，老毛子逮着他就枪决，他们也团结老百姓，皇协军跟老杂通气，暗地里通气，他们一样玩意，都不办好事。

良民证，我也说不清楚有没有了，我没记得发。一出外，有发良民证的，我没记得有，出门发良民证好走，在共产党那用不着这个。八路军谁没见，不断来，八路军跟老毛子在这儿打过。在小寨、贾寨打过，把日本人打跑了。汉奸给日本人报告，在贾寨一条街上开了火，把杜政委打死了。谁告的密那说不清，杜政委眼水不好，把镜子掉了，看不清敌人，叫人给伤了。

民国32年霍乱，下雨前没记得死人。什么时候开始死人时间那记不准，下雨中间，三四天后死的人多，下雨之前没死人。郭庄一个在县营里当兵，比我了解，年龄比我大。那时有人吃白瓜好的，种上两个月就长成了。

俺村没地主，有中农、贫农、下中农。中农他也逃荒，有饿死的，东边的叫耩守文，那人太细。留着绿豆，也没舍得吃，长期打算，饿着肚子。灾荒后也没得吃。我卖过两天绿豆窝窝，东边地里有坑，地洼，那年收成还不孬，日本人来抢了少一点，我还有一点。

日本人打邱城时，我才7岁。日本人进中国打邱城后，俺村还住日本人呢，给他干草喂马，牛都一块块吃了，桌子劈了当柴火烧，粮食拿了喂马，桌子劈了烤肉。老毛子干坏事不多？那会儿还有俺爷爷俺奶奶在家里，俺跑了。给日本人东西还给钱，是日本人钢币。我们花共产党的钱，日本人的钱不能花，中国的钱都能花。那时花铜子，一个一个地。中国钱能花，那时国民党的钱，后来成了共产党的天下，能出钱了，25个大铜子一吊，一个大铜子相当于一毛钱，一个大铜子顶俩小铜子，小铜子一个五分。那会儿不兴纸钱，兴现洋、银圆。二个现洋换八吊钱，换八个25。十块钱现洋买个大牛。

那会自种自吃，没得卖，粮食贱得很。一个现洋最少买150斤或200斤棒子或麦子，那时麦子贵，老百姓吃棒子多，粗粮，吃麦子少。棒子，青黄豆，吃米，吃谷米、小米。民国32年多吃糠咽菜，三个大铜子能买三两谷子。

柳辛庄

采访时间：2007年5月6日
采访地点：邱县新马头镇柳辛庄
采访人：于春晓　刘　静　董艺宁
被采访人：范　琪（男　70岁　属虎）

范　琪

（我）一直住这儿，父母，一个兄弟，奶奶。都是种地，五口人十来亩地，种棉花，小麦，高粱，谷子种的少。沙旱麦，割了麦以后，翻了之后晒，不再种。一亩地打一百五六十斤算是好的，棉花一百来斤，天旱不保险够吃，平时混了个饱。240步一亩，16两老秤。吃小盐，私盐，大盐是官盐，自己买的。说不准多少斤麦子买一斤盐。吃棉籽油，放得少，过年，八月十五吃点肉，买饺子吃，不够吃借粮，跟地主要。这会儿叫麦子不熟，粮食吃了，割了麦之后再还人家，好东家还一斗一，不好的还一斗二。没有给人家扛过活。

鬼子来的时候已经能跟大人跑了。邱城有鬼子，西南有，龙台有鬼子，再就是汶县、邢台。鬼子来过，没见过，鬼子一来咱就跑，没有跑不了的。鬼子没干过大恶，倒没杀人。割了麦以后鬼子抢走，把麦子倒在坑里、井里。鬼子来的时候就有共产党，他们都是村干部，秘密的，解放之后才公开，那一定组织发展党员，我小不知道。老杂不少，馆陶有王来贤，王来贤来过咱村，在这住，住了十来天，抢砸，杀过人，死好几个不服气的，铡死两三个。咱这村没抓过人，皇协军坏人好人都有，有的吸大烟。当土匪没法混了，日本人一来就投靠了，好人不多。皇协军听日本人管，军区司令部共产党宋任穷离这四里地。

灾荒年民国36年，民国32年，有两个灾荒年。民国37年，天旱没耩上庄稼，民国32年春天旱，没耩上庄稼，人都没得吃，都逃到收成好的地方。民国32年春天开始逃荒，俺父亲、母亲、奶奶、兄弟全家逃到泰安，把家里值钱的东西卖了赚点路费，倒没要饭。下了雨了，下了八九天，老下不停，有吃的一冒烟土匪都来抢。雨大房倒屋塌，屋里漏雨。下雨之前逃的，回来听大爷说的，听说病死了好多人，霍乱抽筋肚子疼，有上哕下泻，跑茅厕多就要抽筋。有扎旱针的，没见过。扎旱针是为了放血，有针扎扎过来的，有没扎过来的，老中医都扎死了，姓张。村里得病死的人很多，死多少没人聊过，灾荒年，多少人不知道。下雨下得没干柴火烧，一冒烟土匪就来了。没柴火烧，哪有热水，喝砖井水。高的地方没水，洼的地方水来，南面北面没来水。村里加外来的人（共）400多人，生活不好，没吃热的东西，得霍乱。

马庄村

采访时间： 2007 年 5 月 6 日
采访地点： 邱县新马头镇马庄村
采访人： 李 龙 张 东 赵 鹏
被采访人： 刘峰峦（男 87 岁 属狗）

　　鬼子来了，八路军走了，他把枪给我了，我把枪藏在树林里了。等鬼子走了，八路回来了，我把枪给八路军了。咱是中国人，他是外国人，待了半个月。有城墙，鬼子住在东街，安的老营，有城墙。从邱县到威县，他迷路，开的路。我扒了，把那个线切了，就不通了。

　　皇军离邱城近，鬼子抢粮食。八里六里的人都饿死了，把粮食都抢了。八路军吃的在咱这庄上。90 多人家，抢剩 13 家。我没逃荒，沾八路军的光。八路军组织了运输队，给河南运粮食，县委书记把人组织起来，编成班，一个班十个人，十个班一个连长，十个连一个营长。我这个班十辆车子，朝那走。有时候一个月，下雪，不能走了，带着锅，推公粮的给点粮食，来家蒸成窝窝。在邱县光走马路，那时候不能过，有炮楼，到黑天，看看有敌人没有。

　　谷糠一潮，就沾墙上了。一个坑，三个县来推，都没装满。一百斤给你十斤，三天五天也给你十斤。离马路还有 20 里地，就不敢走了，把车子扔那了。一个班长两个手榴弹，班长探路，看有敌人没，还得等上两三天，还有敌人，黑了再走。急急忙忙跑过去了，不能过去就不回来了。点火为信，一点火就是敌人出来了，不点火就过。好几个县都一起。

　　不运就饿死了，没有粮食吃了，算账该给你多少就给多少。没有敌人就走了。那边火一烧，就别过了。到河南推了三年，就不在那推了。到南河任县推麦子，不能拿小锅了，不能使那一套了。下雪了，就不推了。推了 600 斤，得了 70 斤粮食。那有个滏阳河，马塘那个地方有个桥，鬼子把那个桥掀了，门当成桥来过，黑了就过。

西边那家拾了个炸弹，炸了，炸了个老大爷，听说的。

22岁那一年，旱，都逃走了。都没收成，谷子在半路就抢走了，没人管。我不逃，剩了十来户，下雨了，下得房倒屋塌，得霍乱都死了，死得不少，没医生，刘金凤的二闺女，俺父亲刘尽早。蒋继川他们家里五天死了十口，他两个小孩一个七岁一个八岁，死娘家了，两个孩子饿死在屋里了，开门开不开，就饿死了。逃荒，要着饭走，一个村剩了十来户。要不到，就回来了。推公粮的推公粮，当兵的当兵。遇到人贩子，一下子运了十个八个小孩，运到太原，现在都找到家了。

日本人打死了邱城老百姓1000多人，死了老些人。鬼子从南边来了，见一个杀一个，那个小孩一刀就上了。鬼子一进村就杀人，实事，后来日本人不让杀老百姓了。我这是听说的。谈论这个事儿。邱城皇协军最多。二十九军打的日本人没皇协军。咱村去的都是自动去当皇协军，都是没有吃的，也都是为了吃口饭。当八路也好，当皇协军也好都是为了嘴。

牛比人跑得快，人一跑就跟着跑，人说没来，牛就回来了。背不了80斤东西就当不了兵。

采访时间： 2007年5月6日

采访地点： 邱县新马头镇马庄村

采访人： 李　龙　张东东　赵　鹏

被采访人： 马好山（男　69岁　属兔）

马好山

民国27年日本人进了邱县，八路军老好来，鬼子来了，枪来不及藏了，我把枪藏了。鬼子一来，我把枪给他了。城里东街，安一部分人。有城墙，有四门，鬼子住在东街北。从邱县到威县没路，开了个路。很高，那线好，外铜，一接就通，不接不通。

日本鬼子进中国，从东南角上，城墙长，汽车能拐个弯。鬼子从南边过来，见一个挑一个，井都跳满了。反正不能活了，跳井死了。背着孩子的，一下子挑俩。砖井，老大，老些时候都是砖井，方圆有屋子大，三井深，先跳的都死了。后来都跳满了，都露了。都是自己跳，从南街打到大十字街，日军让停了。南边进来，死人多，不行了，日军退了。

有中国人当狗腿子，起名叫皇协军。老邱城皇协军最多。打时那时都是鬼子，没皇协（军）。自愿去当皇协军，没吃的，都是为了吃的。那时当八路也好，当皇协（军）也好，都是为了嘴。扫荡都是听说的，人都跑了。喂的牛比人跑得都快，都懂人性。人一说没来，就牵牛回来了。不背一个布包（一支步枪八斤，六个手榴弹）子弹、手榴弹80斤东西当不了兵。八里、四里、六里抢，把粮食抢了。没得吃都饿死了。堡寨离这六里地，吃不动了，不是八路来了，90多户人家，还剩13户，都跑了。

我没跑。沾八路军光了，有了运输队，从河南推粮食到这县、那县多了去了。推粮食，县委书记把同村人组织起来编成组。十人组成班十辆车，一个班长。半个月一个月，个人带着小锅，带着碗，下了雪，挡不住一个月。推公粮的一个人给点粮食，磨点，掺点糠，制成粮食。邱县通曲周马路不能过，有钉子炮楼。看有敌人吗，一眄着没有敌人，就过去了。街上有老大坑，倒粮食。一个坑三个县推，没装满。推一百斤粮食给十斤，三天五天推都是十斤，几天都是十斤。离马路还有20里路，到马路南不敢走了，一个班长两手榴弹，线一拽就响了。班长在探路，看有敌人吧，等天黑看还有敌人，还得再等，一看没敌人了，这边过两人，敌人来了，又急急忙忙回去了。

焦路、坞头有炮楼，在那边过。一点火，敌人出来了，不点火过。广宗县、邱县、企之县，郭企之在那里光荣牺牲所以叫企之县。往河北运粮食，你不运就饿死了。种地没种的，该给多少给多少。在河南推了三年，推了三年就不在河南推了。在南和、任县推麦子，不能拿小锅了，不能使那一套了。净敌人。一个小推车推600斤，加上车重量700斤。曲周有滏阳河，曲周下的没多少里，有马堂村有个桥，桥被揪了，把门当桥就过去了。一个车子藏在一个老百姓家。有背箩头的，有拿农具的，装成庄稼人，拿布袋的，过好秤。那边鬼子封得老严啊。麦子又运了一年。在西边一年，一共四年。下雪了，结束了，不推了。成互助组，七个人一个组，叫拉力。

灾荒年旱，那一年收得邪少，都逃走了。收得邪少，谷子半路就抢走了。没人管，谁管谁啊。我不逃。人又慢慢回来了。下雨房倒屋塌，得霍乱都死了，没医生。刘金凤他二闺女，刘金早一家五天死了十口子。张居川、张孟春、张长山，张坯章的妻子死娘家了，把孩子锁屋里，饿死了，开不开门，饿死了。

鸡泽70里地，去那里要饭，死在鸡泽那不少。只剩下几户人，推公粮推公粮，当兵当兵。那时有贩人，人贩子整十个八个运走了，运到山西大同，卖到那儿啊。卖到×××庄60里地，俺自己家孙子（辈），给我大，找到家啦，没回来。

采访时间： 2007年5月6日
采访地点： 邱县新马头镇马庄村
采访人： 陈洪友 李玉芝 张少勇
被采访人： 张喜志（男 84岁 属鼠）

张喜志

（我）1941年参加游击队，都在本地的游击队，家里有母亲，当兵打日本，掘路，不叫开车走，锯电线杆，不叫他通电话。

游击队在馆陶。一个中队是一个连三排，党有手榴弹。后来找了孙参谋，上了四分区司令部去保护首长一个连，是大名县的。

打了一天，晚上到刘村，日本人扫荡，要把济南分区一个也不剩，先跑也寨，后跑到土坡，走不动了，叫人打死了好多，后来就剩十几个人，打散了，没组织了。我跑出去了，跳到红薯窖子里待了一天，回到村找不到人，向南走，到西虎头，到了莘县，扩新兵，河水到膝盖深，又跑到太行山，到那打游击，新兵连不过河了，打了没 20 天。

两边打上桩，拴上绳子过去，过黄河，上了延安（快到灾荒了），修了半年学，分配到联防司令部电话队，接电话（1945），光管首长。没文化，没有上学。开南泥湾，把树都砍了，一村才三家，人家开荒地。后又调回来锻炼一年，除接电话外，每人还得拿两石五斗米。没棉花，纺羊毛，挣些米，得完成任务，小米那时一毛二一斤，完不成任务都受处分，那时艰苦生活。

从太原打到汾阳、渭水、新州、和县，后打到聊城。朱子山把一个旅给消灭了，必须对待俘虏重要，挖掘敌军，给他肉馒头，自己吃大米，后来打到绥远。1945 年年底那会，调到三中队当排长，那会不叫名，部队都叫番号，保护部队秘密打包头，腿不好，后来打风镇、济宁（口外的），还有大同，打六个月，不好打。那会儿，都两门炮，在延安时，再后来就多了。蒋介石给咱的子弹用不完。

1949 年年底复员了，那时还是排长，回来上了大名，上了电话局当了电话班长。那县大，11 个区，在大名六个月多，上了邯郸，那会成了邮电局了，在那上了工程队，管工程施工，后来调到石家庄。回家看母亲，一碗红薯面，一个菜窝窝，就把母亲接石家庄，老伴在饭店上班，我一个月 55 斤粮食，待遇高。退休时还没有 40（岁），1961 年离职（石家庄邮电局）。

聂楼村

采访时间：2007 年 5 月 6 日
采访地点：邱县新马头镇宋庄
采访人：李 斌 丛静静 韦秀秀
被采访人：王之美（女 71 岁 属牛）

民国32年没啥吃，饿。地里没庄稼。头一年不下雨，第二年到八月份下雨，下得大，连着八天，人都死了。俺下雨那时候在家里，家是聂楼的。下雨没啥吃，就饿着。俺娘去俺姨家了，背了一袋枣子，吃枣子。得病得死了都，谁知道啥病。俺哥哥有病没人给他治，在地里埋了就走了，不知道他得啥病，我那才六岁。他有没有上哕下泻、抽筋那都不记得。我大爷得霍乱死的，民国32年得，几月份不知道。我记得那大爷民国32年死了，以后老人说是霍乱。下雨死人多，得霍乱多着呐，以后听大人说人死得埋不及。叫抽筋病，上哕下泻，一天就死了。不知道大爷下雨前死还是下雨后死的。我没逃荒。俺爹卖点东西跑南乡去了。

王之美

聂山固村

采访时间：2007年5月4日
采访地点：邱县新马头镇聂山固村
采 访 人：李廷婷　刘鹏程　刘　宝
被采访人：贾怀礼（男　77岁　属马）
　　　　　　妻　子（女　74岁　属鸡）

贾怀礼

民国32年，那时挺惨，那年旱，从民国31年六月到民国32年阳历7月才下的雨，一年多没下雨，主要是旱灾。日本人在咱这儿，土匪也多，都是偷抢，饿的，啥也抢，见什么抢什么，有的日伪军也抢，没听说过有名的土匪。

　　我记得是 1943 年阳历 7 月 5 日下的雨，当时我没在家，我逃荒逃到南边，离这儿不远，下雨不能走，我又回来了，下雨第三天又跑回来了，不能走了。下得不小，下透了。8 月 22 日又下了七八天，下了两次，7 月 5 日立了秋可以种地了，我跑回来后就没下了。那时没死人。

　　八月份死的人多，得了霍乱，下雨时间长，土房子漏，没有吃的，也没有烧的。有霍乱传染病，这儿死的人不多。北边离这里七八里地死的人多，北边东、西常屯多，传染性很强，这村有，但少，抽了筋，都抽筋，又好了，没死。

　　以下为贾怀礼妻子的回忆：

　　那会儿死老些人。过灾荒年，饿死的，霍乱是得，不多，三百口人还剩一百口人，有死的，有逃走的，有卖的。那时都叫霍乱，上哕下泻，肚子疼，治也治不及，得这个病好的少。这事是在俺娘家曲周县槐桥区套里，俺村有两三个人，得这病来得快，说死就死，其他人饿死的多。有病，有土匪，又有日本人，几种都到一块儿去了。

　　我见过日本人，伪军抢东西，日本人也抢，杀多些人。

　　（贾怀礼）1943 年秋天生蝗虫，一片在云彩上，月亮都看不清。1944 年是小蝗虫，1943 年秋下雨后种的晚玉米，榆树都被吃了。那时没得吃，就吃蚂蚱，干炒着吃。

　　那年漳河河水没开口子，没听说过日本人往河里撒东西，日本人在中国奸淫烧杀，这个村没有，在其他村有，什么坏事都干尽了。

　　（妻子）以前也该有霍乱，好年景有人治，找找仙人吃点药，扎扎针就好了。吃桃籽、蚂蚱。我 21（岁）过来的。下雨时得的病，下雨之前没有，不下雨了就没有了。后来也有，很轻，有几年了。

　　日本人、皇协军在我们村抓人，抓到邱城去，我们村男的都抓走了，抓女的少。我那时还小，俺哥哥被抓走了，挑出五个人，一天天黑了，刮大风，俺哥哥五个人跑了。屋里啥也没有，那时我才八岁。二月二那天，老毛子围着这个村子，把男的都抓走了。挑出来说是八路军的，都枪毙了，是老百姓的，就拿东西赎，交不起的就少拿点。文明村不大，有三百来口人。皇协军比日本人还毒。那时没法过，有一户把老头儿和儿媳妇打死了，光剩一个小孩，七八岁。走在路上就把人衣服扒了。

那时有首歌是"八月二十二，老天爷阴了天，渐渐啦啦下了七八天，人人得霍乱。"那年老大的水，地里水多，村里没河，没发水。俺娘家是八路军给的麦种。村里闹霍乱，有两三个人，拉肚子，上吐下泻，一会儿就死。村子死的人不少，我娘家还死了两三口子，都是饿死的。

良民证都在敌占区发，那个村里没有，也不给我们打预防针。我们村离邱城县十里地，在俺村北边有个炮楼，要钱要粮这都是曲周县要的，邱县的人不要。

采访时间：2007 年 5 月 4 日
采访地点：邱县新马头镇聂山固村
采访人：李廷婷　刘鹏程　刘　宝
被采访人：贾怀义（男　82 岁　属虎）

贾怀义

　　我 1926 年出生，1943 年周岁 17 岁，小，不注意这些事。家里穷，没上过学。当时据点：邱城东、焦录村、坞头、程二寨、白庄（现在是曲周县的），马固炮楼未修。

　　我一直在这儿住，民国 32 年，咱这地区灾荒严重，天灾人荒，天灾是天气不下雨，人荒就是打仗。老百姓不但苦，而且死得很多。我家连死带出去没回来的好几口子。我有一个妹妹被贩走了，现在活不见人，死不见尸。我弟弟在山西，现在联系上了。

　　当时我没逃荒，我当兵了，当八路军，在太行山作战。从太行山调到平原，1943 年我在邱县了，回到本地了。1943 年下雨大了，遍地是，开始是旱，1942 年没种上，年景不好。1943 年开始时不下雨，一直旱至秋天，到了秋天一直下，那时水多少不一样，遍地水，1944 年有蝗虫灾，蝗虫多去了。日本人在邱城，我们八路军在城外，打游击战，一个村最多不能住三天，让鬼子找不到。

那时各村有管理机构，领导不得力。闹饥荒时死人多了，走路碰，走着走着就碰到死人了，那时没做统计。

我见过日本人，跟日本人对打。1943年日本人来村子里扫荡，我们把枪藏回家了，他们找不到，他们也屠杀人。我1940年当兵，那时日本人还没走，我生病退伍了，我当了五年兵。八路军为什么打胜仗？他跟群众结合得好。回家后还愿意当兵，回家后住院，因为药跟不上，就直接回家了。给我退伍费，病好后，我又出去了，刘伯承、邓小平我都见过。那时我小，跟不上，回来了，不是我自己回来的，回来后待了一段时间，在地方也打过。那时国共合作，还是国民党，共产党没有正面作战。共产党是国民党第八路军，新四军。按人数有编制，供应多少枪支、经费有规定，扩充有生力量，自力更生，军队多了。我们人多，跟国民政府报得少，他们代表国民政府，苏联援助武器通过国民党给我们。

当时日本人发东西，如良民证，我没有，我没在家。1943年饿死老些人，俺这村那时我听俺兄弟说，连死带逃剩150多人，现在这村有700口人。俺兄弟比我小四岁，俺兄弟上过学。

1943年生病多了，那时候霍乱、伤寒、发疟子，疟疾，得病没医生没药。我父亲就饿死了。死时身上肿，那时都说是霍乱病，旧社会很多了，现在少了。

1943年以前有下大雨，下了七八天，不小，发水了，水是下的。那边是黄河，水来不到这。1943年前河南人逃荒到这儿。黄河，地上河，没人治理，一决堤，没粮食了。

我上学的时候，国民党政府分两种小学，初小四年毕业，高小一年毕业，同等学力的。短期小学没上完，就七七事变了。国民党写了一本书《中国之命运》，是宋哲元写的，他是国民党主席兼二军队军长，国民党对日本人让步，不让他打仗。1943年见过日本飞机，没扔过炸弹，没固定目标不投。日本人扔臭弹，咱这儿没有。东北多，国家的东北多。那时我小，没证件。

细菌战咱这儿没有，不是这省。有人搞毒药战，我都是从现在的文件看到的。我现在只回忆过去的难。我以前受罪了，当兵时能吃，但吃不饱。我在部队上待的时间短，那时小，跟不上部队。

八路军的粮食都是从老百姓那儿得到的，大饥荒，粮食不多，吃不饱，树叶子树皮都吃了。椿树叶、榆树叶、榆树皮都吃过。1943年最苦。八路军给老百姓发过粮食，1943年，邱县、企之、广曲县接政府麦种，那时不下雨，天凉快了才下雨。政府想法种麦子，这三个县组成一个小组到两边与永年县、鸡泽县、南和县夺麦子，到黑了，到敌人面前，找敌人组织，夺粮时他们不敢不给，这是我亲自干的。夺回来的粮食给老百姓当麦种。去那儿找敌人干部，是中国人老百姓，他们听日本人的话，设防也没用，日本兵在县城。先下大雨，才种麦子。第二年麦子长势不错，麦子被蝗虫吃了一部分，把麦头都咬掉了，地上净蚂蚱，我吃蚂蚱，常吃。日本人被打跑了，八路军进城。

邱城以北至俺村敌人很少，再往北多。郭吕庄那一片儿没敌人据点，马头以南，邱城以北，馆陶以西，敌人不敢到这儿来。

1943年我从部队回来后，给县长当警卫员。那时政府人少，一个县长，一个文书，一个秘书，每科一个科长，行政科、司法科、工商科等，我是专职警卫员。县长责任大，派个警卫员，县长没什么特权，那时我才18岁。没粮食，到处找粮食，老百姓不恨八路军，粮食给八路军吃。县长叫李慕三，秘书是靳博文（还在）。

1943年棉花一亩地不超过100斤，小麦也超不过100斤，富人休闲着，有地，隔一个季度不种，后来再种麦，能收200斤。

以前人工开的煤矿少，没煤。庄稼叶等都当柴火烧，地里不壮，所以地里不收，收得少，人都挨饿。现在最少收一亩地800斤，玉米最少1000斤。

采访时间: 2007 年 5 月 4 日

采访地点: 邱县新马头镇聂山固村

采 访 人: 李廷婷 刘鹏程 刘 宝

被采访人: 于秀荣(女 78 岁 属马)

于秀荣

民国 32 年都饿死了,没什么吃的。当时我住在邱县店荡(音),离这儿 15 里地,在马头镇西北。我娘家没人了,都饿死了。

我是民国 35 年嫁过来的,爹娘民国 32 年还没饿死。那时灾荒严重,娘家人多,没得吃,吃生菜,吃不饱。俺没逃荒,那时村里逃荒的人多,乱七八糟的都卖了,像织布机、桌子等都跟有粮食的人换了,换窝窝。那时怪可怜的。

民国 32 年,八月十几才下大雨,都淹了。下大雨之前地里旱,下大雨之后种东西就晚了。下了七八天,八九天,没晴天地下,从地里薅点菜吃。没发过大水,都是下雨。1963 年外面来水。

民国 32 年得霍乱病,没得吃,没打针的药,死得多了。上吐下泻,没钱治,人都死了。下雨了,俺那村一千多口人,一天埋十来个,雨大,下雨后死了老些人,都得那病死了。下雨之前没有霍乱,就是下雨时和下雨后,得这病死得快,两三天就死了。治好的不多,有扎针扎好的,那时有会扎针的先生。嫁到这村后,没听说过有得霍乱的。

宋 庄

采访时间: 2007 年 5 月 6 日

采访地点: 邱县新马头镇宋庄

采 访 人: 李 斌 丛静静 韦秀秀

被采访人: 牛肖海(男 78 岁 属马)

民国32年灾荒年，连着三年没下雨，草都没了。我逃到太原，民国32年走的，在外面待了三年，走的时候穿的是冬天的衣服。民国32年没下雨，人得病死了都没人管。得的是抽筋病，霍乱病，上哕下泻，也抽筋。死得很快，一得病就死，听说那个谁生病了，一会儿就死了。我大娘得霍乱死了，我那年13（岁）还是14（岁），都记不得了，大人说她得霍乱死的。没医生，国家都不成国家了，还有谁管你？主要是饿的。

牛肖海

这村得霍乱死了能有几十口人。人死了往外抬，有的死了先埋院子里，等年景好了再往外埋。后边光下雨，像是八月里下大雨，一连下七天，下完雨人就好了，下雨后能种荞麦，有点吃。这个病和下雨有关系，下了雨都得病，肚里没饭，又饿，又受潮。

王 街

采访时间： 2007年5月6日

采访地点： 邱县新马头镇王街

采访人： 齐 飞　刘晓燕　付尚民

被采访人： 杨文秀（女　85岁　属鼠）

杨文秀

民国32年，霍乱上呕下泻，少吃无穿。见过得霍乱的，死得快，一晌就死了。天下雨连下七八天，人才得霍乱。雨大呢，下雨的时候我逃出去了，到了曲村（音），任县。下雨之前我就走了。七口人死了，有饥民，你问这些事 50 岁的根本不知道。

见过日本人，比中国人矮，牵着大狗，日本人经常杀人，坏。我在外边待了一年多就回来了。我们这儿很多八路军，有游击队。头几年是二十九军进了城，有大刀队。

在邱县，离这儿 12 里地。有个地道，藏了 18 个人，日本人一下打死了 17 个，剩下的那个（是）我姑姑。

这时村里没人了，都逃的逃，死的死，有很多都死在外边了。民国 32 年时喝井水，下雨时喝凉水，一个姓梁的没走，得霍乱，她的两个女儿都走了，没死。下过雨之后没有得霍乱病的。

霍乱病的时候日本人不出城，八路军去打他，他才出城。今民（音）大队（穷人多，斗争的，都是村里人，上边指挥的，八路军让成立的）抢了粮食自己吃，不分。这种大队都是一个村一个村的，三村一个队。

老人为我们唱了一段顺口溜：

树枝花落用上问，草皮树粮全吃尽；面黄肌瘦相连连，老百姓饿死千千万；逃荒要饭到外边，村里村外没有烟；你说可怜不可怜，回想民国 32 年，吃不饱来穿不暖；自从有了共产党，天翻地覆不一般，天地人和变两样；荒地变成米粮田，有吃有穿人喜欢；男女老少笑开颜，男帅女美穿新衣；高跟皮鞋脚上穿，三码摩托无其如；水泥马路平又宽，从××把手机带；家家户户有彩电，冰箱空调家家有；鸡鸭鱼肉吃不完，家用电器 VCD；走到谁家都能看，自从成立秧歌队；三六九日来锻炼，能歌能舞真是棒；方圆十里观×咱，文艺生活继续搞；歌颂神舟六号飞上天，念到这里算一段；精彩节目在后边。

采访时间： 2007 年 5 月 3 日

采访地点： 曲周县槐桥乡刘郭屯

采 访 人： 常晓龙　石兴政　刘　颖

被采访人： 杨文秀（女　85 岁　属鼠）

那年下了七天七夜的大雨，人都死了，逃的逃。我娘家和婆家都在邱县，那时候得霍乱的人很多，都叫霍乱病，死的人千千万，数也数不清。也没钱治，又饿，面黄肌瘦体力弱，霍乱时上吐下泻，肚里又没有东西，呼啦啦的全死了，这病大人小孩都得，死得都很急，一下就死了。哎呀，十里人都没有个医生，我幸亏逃出去了。

谁也顾不上谁，儿女都顾不了，十八九的姑娘死了都不管，儿女死的死，卖的卖，死在路上的人有的是。

有一天我逃荒走在路上，看见三条狗吃一个人，哎哟，把我都吓死了，你说吓人不吓人，老天啊。

那会没听说过河开口子，不知道这事。日本人来得不多，他们在村里，戴着铁帽子，逮着吃的抢东西，谁不听话，就把人拿刺刀呼的杀了，一下子就杀了。日本人拿刺刀，揪着你的辫子，一下子就拽，问你是不是妇女救国会的，看你像，一下子就拿刀刺死你。吓死我了，哎呀，妈呀。

日本人来了，有人藏到了地洞里，日本人就放臭气往地道里面，人都让气给毒死了，尸体也没人管，死的人都没数，十个人会死八个。老少不能动，剩下的人逃出去了，逃出去的人出去的时候，把老人的衣服都扒了，老人都给冻死了。

西常屯

采访时间： 2007 年 5 月 6 日
采访地点： 邱县新马头镇西常屯
采 访 人： 李　斌　丛静静　韦秀秀
被采访人： 王士贵（男　80 岁　属龙）

民国 32 年在家，生活苦着哩，没收成。到七月才下雨，之前种不上地，买不起粮食。西北有土匪，馆陶有炮楼，出去买种子他们给抢去。都逃出去啦，家里没吃的。人都是1943年逃荒，1944年回来。

王士贵

七月下雨，七天七夜，房都塌了。下雨俺家都漏了，屋顶是个草席盖着。村里水不多，都流村外的大坑里，路都可以走。下雨时这剩的人就很少了。石正其给砸倒房里，救出来了。村里只能剩几十号人，十家里八家没人，留下的都是老人，要不就是家里有东西吃的。有的人逃之前把吃的埋地里，藏着，等逃荒回来再吃。天冷烤火，连烤带饿就饿死了。有的把孩子都卖了。城里的日本人皇协军来了，他们也饿，什么都抢。日本人一来，村里人都跑了。

民国32年灾荒也有人为的，要不是土匪和皇协军，那还能维持。立秋后种荞麦，下雨后种油菜，收荞麦还不错。没吃的，把荞麦花都捋吃了，别的也种不及，都七八月了。

土匪都是当地人，饿的逼的。在西北龙塔，现在是劳改农场，在那劫路。日本人刚来时土匪很多，是大队人马，那时共产党在地下，国民党逃了。平时日本人不打土匪，有时也是狗咬狗，到1940年土匪基本就没了，共产党那时就明了。八路军把土匪灭了。日本人在马固修炮楼，白天刚修，晚上就叫八路给毁了。

日本人天刚亮时经常来捂村。我们在村口放上手榴弹，拉的线。日本人进村碰到线，手榴弹响了，村里人就开始向外逃。灾荒年过后日本人就开始少了。1945年投降，跑了。

下雨的时候有霍乱，沙辛庄、李庄都有，咱这没有。霍乱那不是上哕下泻？有人在地里看瓜。下了七天七夜雨，没法回家，光吃西瓜、北瓜、甜瓜、南瓜，肚里没饭，不中，死啦。那边村离沙河近，可以种点粮，那边的人吃鲜粮食，都得霍乱，一个一个地往外抬，那村离这二里地，当时都知道。八月份发的病。俺村一点没收，都往外逃了，没霍乱这现象。俺家有个奶奶，没能逃，只吃菜、柳树叶、草籽。俺奶奶 1945 年死的，那年日本人最后一次扫荡。

民国 32 年八路还在地下，他们也没啥吃，都挺艰苦的。民国 32 年后，八路来帮老百姓种地，生产。1944 年闹蝗灾，小蚂蚱四月份在地里蹦，咬麦子。麦子还能收点，那个麦头蚂蚱吃不动，它光吃麦秆，麦子都掉在地上，蝗虫走了到地里拾起来。政府号召抓蚂蚱换粮食，一开始还行，到后来蚂蚱太多了，没粮食换。一会儿就逮一布袋，还不到秋天就变大了，之后就没了，向东北飞。粮食大部分都咬毁了，到地里拾麦穗，蝗虫不吃麦粒。那年还吃蚂蚱，用火烧烧就吃了。

日本人没见过，不敢跟他们见面，看见人就杀。牵牛、逮鸡，放狗咬死人。民兵自卫兵跟他们打，到后来他们就不敢来了。这是根据地，民兵多。

赵红早是八路队长，在陈村被捂住了，有日本人皇协军，用枪打他，他跑了。都说赵队长跑得快，虎口里拔牙。当时日本人要活埋他，皇协军那边没真想打死他，枪是往旁边打的，要真打他，他还逃得了啊。

日本人抓劳工，赵红旗被带到日本国待了好几年，日本败了以后才回来。在日本干活的有朝鲜人、越南人、高丽人，那里管得很严，日本快投降的时候管得就松了，劳工要求加工资回国。

采访时间：2007 年 5 月 6 日
采访地点：邱县新马头镇西常屯
采访人：李 斌 丛静静 韦秀秀
被采访人：王新平（男 84 岁 属鼠）

王新平

民国 32 年逃荒出去了。有日本人，实际上本来死不了多少人，周围的地方都有粮，但是敌人封锁着人都出不去，这才饿死老多人。我们这里三年缺雨，民国 32 年这下没下雨不知道，那时在外面，路上都有死人。这一带被封锁，有好多钉子（炮楼）。树叶都吃了。听说有的地方人都煮着吃了。我和兄弟、母亲三人逃到石家庄，那里好年景。路上逃的那人就像看会一样，有人半路上就死了。一天走90里地，往邢台走。饿得小孩给扔到道上，饿死的就让狗给吃了。一条狗趴在一个小孩后面，等小孩死了就上去吃了。我在邢台上的火车，俺母亲和哥哥挤进去，我跟着别人挤进去。日本人在车上打人，打我的头，不敢哭，怕一哭他杀了我。上车要买车票，日本人挣钱。出去的时候身上也带点粮，把身上的衣服，所有的东西都卖了，买张车票要饭去。

这村没有霍乱。我知道霍乱是什么，哕泻。灾荒前有，传染得厉害。沙辛庄和李村那有。灾荒年后半年，下雨以后生病，上哕下泻，不敢去瞧，一瞧就得上了。放放血就好了。那个地方有老沙河，河堤旁能种点地，吃那个新粮食得霍乱了，据说是这么得的。除了霍乱就是伤寒病，那个病放血晚了就要死。

西街村

采访时间： 2007年5月6日
采访地点： 邱县新马头镇西街村
采 访 人： 王　凯　张　慧　于婷婷
被采访人： 崔桐林（男　78岁　属蛇）

灾荒年前我上抗日游击队高小，这一片是八路军根据地，西至曲周，东至临清，北至卫县，南至馆陶。李村是四分区的卫生处，现在相当于省级卫生处。是八路军后方医院。我1944年参加的工作。隔一段集中就扫荡一次。一个医院，两个卫生所。小寨和闫村一个地方一个卫生所，我那时在小寨，是卫生员，伺候重伤员，叫四分区。小寨是一个所，医生很少，都是八路军带来的，培养的，外地带来的。

药品很缺。那时候打伤了没（抗）破伤风针，使碘酒烧伤口。没高压锅，都是用笼蒸消毒。伤员就从后方医院里待着。这两村正沙漠，树行，沙漠里都挖的洞，都是沙岗子，树行多，果木树多，敌人扫荡时，把重伤员藏洞里，盖上。轻的就抬走。敌人那时候没有大兵力，不敢往这儿来，这是老根据地，这个四分区日本人都封锁着呢，八路军偷运粮食，逮着了就打死。灾荒年八路军也供粮食，就是很少了。我12岁上的抗日游击队高小。邱县游击队，转换地方了，学生不多，一二十个。后来又多的，有外地学生，大学生往山里了，参加工作了。

铁壁合围从这个县来时，抗日游击高小分散，大学生参加工作，往延安了，小学生都回家了。我一个同学，叫马坤，上高小的同学，我才十几（岁），马坤十五六（岁），我妈掩护她，都在地里藏着。马坤嫁新乡了，后来1968年"文化大革命"调查了，问当时日本合壁（1942年时）被逮过，我给她证明说没逮过。

根据地当时没土匪，八路军控制着呢。当时邱县城里有日本人。八路军县大队有一个营，游击队有十几个，不是正规军，八路军正规军不往这运枪，他们还不够。

1943年上半年旱，下半年淹。灾荒年前半年大旱，旱得啥也不长，整个地里是一人深的野草。到阴历七月份下的大雨，接连下了七八十拉天。就有霍乱病。之前不知道有霍乱病，那时候不知道叫霍乱病，现在知道得了病呕吐，腹泻，然后就脱水。当时这村里有三分之一死的，都是得这个病死的，当时我父亲、弟弟和我下大雨前逃荒了，逃到清丰县。

我过了麦逃荒回来的，在那边待了一年，1943年1944年初就回来了。那时候领导自救。

行医后没碰到过这个病，很少。在后方医院也不记得有这个病了，都是伤员。不能动的就是重伤员。抗日政府八路军很困难，自己还没有药哩，这属于内科，我是搞外科的，不懂这个病怎么治，没见过得这病的人。逃到河南，那边老百姓没有得这病的。

小 寨

采访时间： 2007 年 5 月 6 日

采访地点： 邱县新马头镇小寨

采 访 人： 李 龙 张东东 赵 鹏

被采访人： 牛文科（男 76 岁 属狗）

牛文科

（我）没上过学，不识字，能记人名。党员。

民国 32 年，我才 12 岁。灾荒年，收了一部分吧，都没得吃，邱城有老毛子，几几年几几年我也说不清了。老毛子进中国有大炮打，东西没收好就逃了。南部有 100 来里地有，日本人、皇协军都是中国人。

俺父亲给人做木料活，一天不挣两斤粮食。我和母亲干活，吃不饱。早也收了一部分，你抢我我抢你，都瞎了，没熟。三口（人）要饭吃，也不给啥东西，要不来饿死的有。那时困难，家里没得吃，老人死了，放在门上就埋了。前后院都没人，都饿了。

民国 32 年灾荒年，下过雨，下了七八天雨，可怜啊，叮当叮当漏了。家里还没得吃，我父亲还有个姑姑在家，她饿死了，没人埋了，叫我父亲埋了。瓦房屋子漏了，叮当当的，没粮食吃，得霍乱，肚子里一难受上唠下吐，都抽筋。灾荒前都这个病。

咱村得霍乱死的不少，整天抬人。没吃连饿加上潮，死了不少人。老人都死了，年轻人没老人多。烧水的不多，都是喝生水。有井，都是砖井。1963 年下的水也能吃，也吃过地下的水，把井都填了。没井，都跟地平了。没点地了，1963 年街上都是水，多大的坑都满了，还往东北走。灾荒年没大水。1956、1963 年上大水，有下雨，也有说水库的水，南边河小，装不了就过来了。1963年那水还在。飞机送点小吃饼啊，饼干啊，一麻袋一麻袋。那水，平地里都是水，村西头人都漫了，都漫过头。灾荒时没投东西，那没人管，1956年也没人投。在北京、石家庄、月饼运过来，因为是根据地。

民国32年吃过蚂蚱，最多的时候压得高粱穗歪歪的。那会没农药。东西乱偷，没熟偷走了，拿小磨拐（搅拌）成面糊涂。

俺弟兄仨，父母亲、奶奶、姐姐出去了。灾荒年，还有种一百多亩的。那时穷，咱这是下中农，贫农都是一亩多地，种好了也顾不上生活，瞎年景就不中。村里灾荒年五百来口，逃荒回来四百来口。那时那些地给人家干活，给点工资，给地主家干活，是灾荒年，之后就没了，干多少活给多少工资，咱没见过钱，街坊上借点，不是谁（都）借给你，我家没借过。

八路军那时挖沟，把路都沟了，一跑步都沟里跑，打枪打不着老百姓，打死三四个游击队员。前几天侦察员来咱村侦察，这回没老毛子皇协军，侦察错了，打了游击队打死了三个。有一个没死，给撅（音）死了。同志说，背你吧，你跑吧，咱俩都死。亲眼见了。在沟里跑，早些有棵柏树，奶奶跑时打了好几枪。从前驻兵，有医院，治好了。共产党那时打游击，邱县县城都在那住着了。岁数大了，不记事。那时也就十五六岁，没上过学，不认字。1950年入党。党员开会，谁也不知道，秘密开会。那时还没解放，村里成立生产队，干管理，跟着瞎掺和，会计当了40多年，一选就选上了，不想当也当上了（笑）。

杏园村

采访时间: 2007 年 5 月 4 日

采访地点: 邱县新马头镇杏园村

采 访 人: 李廷婷 刘鹏程 刘 宝

被采访人: 赵春发（男 79 岁 属蛇）

赵春发

老毛子来时我 8 岁，民国 32 年，我 15 岁。1943 年不下雨，啥也不收。七八月下了七八天雨。那时不是土匪，是村里人饿，抢东西。有个人黑天来偷东西，我们就喊，他就走了。来抢糠窝窝，我们就喊。

主要是民国 32 年得霍乱的多，俺逃出去了，不清楚。那年我逃荒去了，我逃到西边八九十里地，开始逃到南边住两三个月，然后俺又跟俺爹逃到西边去了。俺娘在家，俺父亲死在那儿了，我冷的时候回来的，要饭回来的，后来又逃到黄河南华县，待了三四个月，到种地时回来的。一点点的种，麦子都让蚂蚱吃了。

死是在灾荒年，俺父亲死在西边，饿死的，俺母亲在家。我还有一个兄弟给人了，搬到西边去了。那时村子里的人很少，我母亲没有饿死，那时都没有人了。地种自个家的，没有牲口，不能犁地，地多了也种不过来，种不了地。那会儿有死的，有逃的，有生病死的，那人死得多了。饿死的，生不生病没人知道，死就死了，谁也不顾谁，有埋的有不埋的。

民国 32 年逃荒，日本人给老人发过良民证，进城带个良民证，如果不带不让进，老毛子在城里住着。村里那会儿没政府，八路军白天不敢行动，晚上走。日本人不打庄稼人，也不准人跑。

那时有老毛子，有皇协军，在庙里打死了一个人，因为他藏了起来。看你手有茧子的是庄稼人，他不打庄稼人。

阎 村

采访时间： 2007 年 5 月 6 日
采访地点： 邱县新马头镇阎村
采 访 人： 李　龙　张东东　赵　鹏
被采访人： 孙凤志（男　77 岁　属羊）

孙凤志

　　1943 年，那时候，日本老杂还在中国。1943 年大旱灾，没下雨，上半年没下雨，直到七月才下。剩下东西才吃，没东西了，为了找东西吃，都往外逃，逃到郓城又到黑龙江。我逃荒了没几天，就回来了。

　　七月下雨，长出来了瓜，倭瓜，再一个叫肥（音）瓜，没旱死。下了七八天，接接连连下了七八天。吃不好，吃糠吃菜，得浮肿病，浑身肿胀，吃菜吃的，还有食物中毒。浮肿病死的多了，五百多口，死了二百多口，有饿死的，有得浮肿病死的，有霍乱死的。一天埋好几个。霍乱就是抽筋病，搐搐，上哕下泻，血都是紫的，很快就死了。知道的，放血就好，有些人不知道。医生有知道的，给扎针。下了雨，潮湿，时间长，人不能修房顶，主要是下的时间长，潮湿。

　　那时候老杂他抢，日本人也抢，粮食运不过来，中间日本担（音）住，过不来被抢走了。

　　得霍乱还下雨，下雨那几天，就那几天重，我经历的，双喜才 12 岁，死了，他爹叫刘堡。双喜，他是得霍乱死的。饿死的有人，孙春成饿死，还有吃棉衣套子，饿死了，不知道名字，才四岁，没名。孙宝玉饿死的。我姨姨得霍乱死的，二十来岁，不是咱庄，婆家是小侯庄。灾荒前五百多口，过了灾荒年后二百七八十口多。那死人多了，没人埋了，东倒西歪，没劲。没串门，谁顾不住谁了，这些没有人认。那时烧开水喝，劈柴烧水喝。没劲了，没法烧，就喝生水。下七八天雨，这倒房那倒房，就潮湿。

马古有，离这十来里地。日本人抢烧杀，马庄东边地里就打死一个，马庄人，一个妇女怀里正揣着孩子，打死了，拿枪打的。名不知道，那时妇女没名，亲眼见的，揣着没几个月，两三个月，被压死了。没听说挑人。抓苦力到东北，孙洪延，咱村的，日本大扫荡，就抓走了，抓到辽宁，没回来。俺村里都知道，就是 1943 年春，抓去东北，马庄一个，南村一个，记不住名啦。共产党那时还不得势味，也有组织，地下组织。挖路沟，挖路让人好逃跑。邱县有个一中队、二中队（四五十个人）、青年连，县组织武装队，流动组织，不敢住，住一两天马上挪地方。那几个中队也是流动的，打赢就打，打不赢就跑。我 1958 年入党，晚。那时在儿童团站岗，上过几年学，在村里上过，在外面上过中师（相当于高中），给邯郸上的中师，初中在本县。

皇协军为日本人办事，要粮、抢人、牵牛、抓人要钱。没抓人当皇协，都是自动去的。八路军也收，日本也要。那我小，国民党就是政府，记不清了。

老杂有，土匪好几个团来，王来贤说不清多少人，住在东边倪寨，有机枪。还干好事来？

要粮要钱，还抢。一到解放战争就没了，跑了。马庄还有个团长刘凤超，给八路军毙了。

以前一口人二三亩地，我家四十来亩地，七口人。我家多点，平均一口人三亩来地。那时候五百来口，现在八百来口。咱村树林和荒地不在亩地，现在过去都一样。现在不交公粮了，带负担的不带负担的，剩下能收就收，不收就算了。

日本飞机没有扔过炸弹。

头年带翅儿蚂蚱，第二年不会飞，一平方米就三四百个。

镇东堡北大街

采访时间： 2007 年 5 月 6 日

采访地点： 邱县新马头镇镇东堡北大街

采 访 人： 齐　飞　刘晓燕　付尚民

被采访人： 王全付（男　76 岁　属猴）

王全付

　　我没有上过学，是贫农。弟兄三个是战士，大哥侦察员，二哥是指导员。我没当过兵。民国时家里十几口人，七十多亩地（斗了地主以后）。

　　民国 32 年下了七八天雨，有人得了霍乱病，潮湿，哕泻，埋都来不及，说死就死。有弟兄俩，埋了一个另一个没回来就死了。抽筋，扎不及。有个老头扎都扎不及，也有扎过来的。在南街没扎过来，吐得很厉害，没得救。有个老头扎针，病人多，扎不过来，很多病人都死了。

　　我见过日本人，日本人不抢，但皇协军抢。日本人光抢吃，光抓党员，本地皇协军爱财，年景不好，被子都被揭走了。日本人扫荡时毁过人。有个人穿白裤子，拿着锄头，认为是共产党。王长青就让日本人给挑死了，这街有一个女的，被皇协军挑死了。日本人还不赖，挑人的都是皇协军。皇协军什么也要。日本人不害人，抓人到炮楼上做工，咱村就有，王全义。

　　这里八路军有县大队，打了不管，就走了，白天八路军就过来了。八路军没了，日本人到村里。马头是根据地，日本人不到马头去。说来就来，黑了就出来，白天不见兵，在威县南贡住着。

　　曲周是民国 33 年解放的，日本人就走了，八路军解放了。

采访时间： 2007 年 5 月 6 日

采访地点： 邱县新马头镇镇东堡北大街

采 访 人： 王穆岩

被采访人： 翟茹荣（女　74 岁　属狗）

翟茹荣

　　小学毕业，年景不好，一会上一会不带上的。民国 32 年 10 岁。在娘家。有的记清，有的记不清。

　　灾荒年，大灾荒。头半年旱，后半年光下雨。生蚂蚱，捋蚂蚱吃，放锅里烧着吃。有得霍乱抽筋病，先饿后下雨得了，饿得无法，没劲，得病就死了。不知道有啥症状。饿得没人埋，刨坑也没劲。给个我窝窝就埋，饿得没人埋。死人不少，哪个村也死。

　　没法就逃荒。我逃到邢台，到太原，又到榆次县，我舅老爷在那里。下完雨后八九月走的，水还没冻，地里净水，老大一片，不能过。老爷爷领着我回来，又转出去，光记着净水。

　　见过日本鬼子，进中国时五六岁，先抓活牛，活鸡，到后来就抢砸。也加上皇协军，有啥就拿啥，成天在地里睡。

　　下雨那会没见日本鬼子，下雨之后日本鬼子不大来，下雨之前日本鬼子来，有大扫荡。喝砖井水，没盖子。没听说过日本鬼子投毒。天天见日本人飞机，有时高，有时低，矮的时候能看见轮。村里有八路军，附近没钉子（炮楼），东头有钉子（炮楼）。

　　中国飞机在城南扔过馍馍，大饼。

正西贺堡

采访时间： 2007 年 5 月 6 日

采访地点： 邱县新马头镇北贺堡

采 访 人： 陈洪友　李玉芝　张少勇

被采访人： 马德荣（男　63 岁　属狗）

马德荣

这里回民很少。听老人说 1943 年民国 32 年，邱县发生了大灾害，前旱后淹，地里一点没收。八月下了一场雨，地里更没收。人吃草、树皮、树根，有很多人妻离子散出去逃荒。回民有到河北一带的。

下大雨死了一半的人，得霍乱，缺医少药，没钱治病，大部分人有病死了。天天有人死，一开始有人抬，到后来连抬的劲也没有。俺家当时 14 口人，基本上死了一半。我伯伯家四口人死了三口，我奶奶，二大爷先饿后得病死了。霍乱传染，饿死的，得病死的各占一半左右。有资料说日本人撒了细菌。回民有医生，但如果没钱就不给治。用偏方治，主要是中医。发烧，腿肚子转筋。

回民互相帮助，一家有困难互相帮助，生活有局限，有的人嫁到丁县那带，有家有四个儿，给别人三个，剩一个去当兵。不敢坐火车，都是步行，怕日本人，怕皇协军，回民救助性强点，比汉人生存概率稍大点。回民也参加八路军，有回民救国会，阿訇也参加了，回民连收编后，只东固战役，回民连剩三十几个人，坚持到底。

日本人在老邱城的十字街，杀了好多人，往井里填了四十多个人。俺村有一个给日本人当翻译官（儿子），父子俩，爹为副官，但为共产党办事，共产党被日本鬼子逮住了，是翻译官帮忙放出来的。到后来，宪兵把翻译官抓走了（王喜党、王子询）。回民帮共产党做了很多好事，名上是给日本人办事，但实际上帮共产党办事，回民都是自动当皇协军。

俺村没有土匪。

其　他

采访时间：2007 年 5 月
采访地点：邱县
采 访 人：刘　静
被采访人：韩鸿章

那会粮食不够吃，年景好了够吃的。日本是民国 32 年以前来的，我还送过日本人哝。来村里抢哎，杀人，拿枪打的。

采访时间：2007 年 5 月
采访地点：邱县新马头镇
采 访 人：刘　静
被采访人：王金付

二十九军从咱这过来，住了一段，没伤害老百姓。

民国 32 年我在永店。下雨以后走的，房倒屋塌。灾荒年我 12（岁）了，有个弟弟。那会有四亩地，去给人家扛活，给人家磨面，蒸馍馍。民国 32 年，灾荒真可怜……人人得霍乱，那会天旱不下雨，以后八月下了七八天不停，房倒屋塌，大雨小雨不断。霍乱抽筋，得霍乱病，上边吐，下边泻，厉害，不厉害能死了啊。别症状不知道。下雨以后就没霍乱病了，就那几天。民国33年时候扎针的。得这病是潮湿，有治过来的，扎针早的就治过来了。死了一大半来。

把小孩给了人家，都逃荒走了。俺逃荒到藁城县，那解放早。那会蚂蚱乱成蛋蛋，就过来了，把粮食都吃了，把麦穗都弄地下了，没收成，饿死的不少。

过了灾荒年又逃回来了，在邢台那要饭叫人家抓走，下煤窑。不知道干多长时间的活，反是天天不见天。有点收成就叫日本抢走了。日本下雨时没来过。有霍乱病那会，日本没来。日本进城，好几年不出城。

那会日本人在俺村打死两个人，在家里干活，就叫日本人打死了。皇协军该不来啊，跟日本人一块来，经常来村里，抢东西，衣裳也要，有点粮食就抢了。还有村里坏人也抢。

民国32年八路军不少，打了之后就不管了。游击队成天在这住，他们都住百姓家里，跟百姓熟，不吃老百姓。

民国33年日本人就走了。

采访时间： 2007年5月6日
采访地点： 邱县
被采访人： 王来义

民国32年的事，那一年旱，死过人，那会没待家，我当了9年八路军。

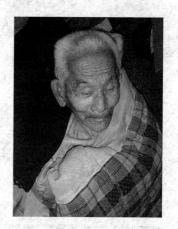

王来义

采访时间： 2007年5月3日
采访地点： 邱县南辛店乡
被采访人： 程明德（男　78岁　属马）

（我）离开过家，父母死得早，9岁没娘，灾荒年没父亲，有哥兄弟老小。说不清有多少日本鬼子，日本人骑着大洋马来，十二三岁正扫荡，使机关炮打射。在村里杀过人，日本人叫俺大爷跳井，戴铁帽子，捞抢，他不跳，在左胳膊上砍了一刀，用刺刀都砍了，大爷跑了，一刀了，不知道哪来的子弹。

程明德

老草长得老深了，吃树叶，花瓣，柳树皮，榆树皮，年轻人走得远，跑不动的不走了，往南去，邻居一家都去了。我家都没逃，俺娘好年死的，拾人家豆子。俺哥打仗死的，上岗楼死的。参加八路军，灾荒年当八路军，背草袋子，上皇协军，岗楼上梯子，一抬就死了。弟弟下雨之前死的，父亲好年死的，没听说过得病的。

灾荒年春天不下雨，秋天七天七夜的雨，十三四岁，穿得不厚，上北屋，一个西南角塌了，捧水喝，从天上接水，河大街上有水，御河过来的，下了七天七夜，沟满河平，下雨之后没听说过霍乱。出去要饭，我得过霍乱，七天七夜之后，在过口里得的，没什么病突然就得了，有人端过一碗面，稀溜溜的不得劲，没有上吐下泻。下雨后开到处逛悠，地上捡人胡萝卜吃，吃了不少，地上人收剩下的。

采访时间： 2007年5月3日

采访地点： 邱县南辛店乡

采访人： 徐　畅　于春晓　刘　静

被采访人： 孙连杰（男　82岁　属虎）

（我）出生于1925年10月29日，一直住在这儿，没挪过村。小学毕了业，母亲不让去了，去了没人做事了，盖里都搭好了，不让去。

有父母亲、哥哥、姐姐。哥 14 岁过事，嫂是一个村的。我 12 岁过事，大娘是 16 岁，小丈夫大媳妇，家里没人做事。那时候不兴彩礼。小时候家里种地为生，自己的地，七八十亩地（240 步一亩），种谷、高粱、小麦，还有棒子。十来岁来的棒子呢，好的小麦打 100 斤，好的高粱 200 斤，谷子 300 斤，种棉花 120—130 斤，棉花卖给村里，往临清卖（16 两老秤比现在还多三两）。那时一斤相当于现在一斤八九两。没种别人地，吃不了有时卖，有时不卖，有存屋里头。政府收税，老百姓完了粮。

孙连杰

小时日本鬼子就多，老些子"根"，小根都归王贤根，一万来人，他是司令。

啥都吃起来了，吃小盐了，那盐不苦，外村里面有碱地，村外五里地都不中，没有大盐。棉油吃起了，都吃那个。家庭算好一点的，过年杀个猪，自己养的。我们家没借过，我们家有啥吃，我们家有长工，雇个做活的，啥事都干，喂牛，除粪，犁地，给他钱，5 块大洋，12 块银圆，吃喝都在一起，一起吃。一个村的，地多的 800 多亩地，十来个光凑活的，做饭的，洗衣服的，碾米，自己的地自己种，三七分，100 斤棉花分 30 斤，种地的吃自己家的。400 亩棉花，啥子都有。大人不干别的，有个亲哥哥，比我大两岁，不上家，上邱县去宣传，日本人进中国还干着的，上级让宣传啥就宣传啥。土匪上家来的，把家里牛牵走，把哥带走了，我十五六（岁）了，日本人来时 12 岁，日本人来之后他干的。

咱这离日本人远点，轻易不来。馆陶县，程二寨，坞头。咱这是根据地，童西有，附近很少，威县，邱城，周围没钉子（炮楼），他们住县城，远。就不安，扫荡来过，16 岁那年来过。1940 年阴历三月二十三把我逮走了，让我领路，皇协军带的，我穿白鞋，他说："赶快换了，让日本人看见了，把你杀了"，我进他们村南，黑夜就走了，我也跟着走。

到僧寨，上那歇会，让我跟日本人借烟，"大八哥（音），我没有。"我说，"你有的有的，给我两盒。"日本人骑着马往南跑了，打仗去那。我16（岁）那年，日本人把八路军绑柱子上，离南馆陶20里地，把八路军都绑树上了，用刺枪刺死有六个，我亲眼见到的，地里头人都满了。当兵的都穿便衣，我在那三天，逮鸡，煮鸡，我那小，不打小，我说村里人都走了，让我走，待两天，我还要到你那去，同村里的皇协军，让我擦枪，我说不会，他说："你看，我把枪卸下来，过来我教你，你就会使枪。"我家里有枪，我是民兵，埋起来了，咱村里放哨有好几个，共产党组织的，听人来了，叫人跑，都是党员好多，有好几个。不是好百姓才是皇协军，都是瞎混的，咱村当皇协军都死了。民国32年灾荒，家里没吃的，都当皇协军了。

日本鬼子来过，日本鬼子逮了四十来个人，十五六岁那几年，逮了40个人，要用机枪打。没打王青朋，是村官，说不清归谁，是个官，日本人来了，他说"这都是苦力的干活"就都放了。有可能是共产党的。崔培德（音）在他家挂线，不然就打死了。那人一句话可顶用了。日本人不要，皇协军抢，衣裳，麦子，好衣裳要，孬的不要，日本人不要吃鸡，不在这住，来过几回，在村子里打死几个人都是老百姓。老远就打死了，打死的孩子才12岁。

八路军活动不敢说。民国32年灾荒年，八路军也问村长老百姓要粮，村长是共产党员，三斤五斤都要走，那他们也要，没吃的。伪军不要，他抢。王来贤不敢胡来，有人掐他，村里把四个门挖了，自己村里挖的，通水，一米深，过不来。他一来以后，不祸害。俺村里常永贵在家里些大，是个头，被打死了，可人物了，我那（年）11岁，王来贤司令都怕他。啥也不要，不要饭，行好那种人，有很大影响，很露脸。村里一万土匪都来这里，王来贤住咱村不敢祸害。

1941年不下雨，民国32年没下过雨，南走的，北走的，都走的。民国32年春天没闹灾荒，耩不上地，没水，我家那也吃不上，800亩地也没啥吃的。拆屋子，把屋子都拆了，有啥卖啥，地没人要，卖不出去，都逃荒了。都灾荒年走的，我母亲带我哥到梁上去了，就剩下我和老婆了。

爸灾荒年死的，不是很冷，春天以后死的，饿死的。民国 33 年回来的，过年那会回来，当时叫东园寨，村里 1500 人，逃得没人了。在家上她娘家，上东北临西县，离这三里地，都受灾了，来回走，没多长时间就下了。灾荒年那一点都没下，咱这一片没雨，俺这旱，一点都没下，数这边狠，没下雨，没收点，啥也没收，没点雨。七天七夜俺知道，房子都下漏了，床上都没能睡，就俺哥屋里没漏。没东西吃，村里没水，都流坑里去了。没听说霍乱抽筋的，人都出去了，没见很多人死。往南走十里二十里，都饿死在路上，有是有，不大多厉害，上吐下泻，抽筋，些严重，谁得那病，谁都活不成。没医生、先生，扎针有，有老中医，不知道扎哪，那小，不知道。中医还不多，死人没大些，以后没那病，从前不知道。

没听说过"黄沙会"，以前县城叫马头。

采访时间： 2007 年 5 月 6 日

采访地点： 邱县新马头镇敬老院（原香城周乡马落堡村）

采 访 人： 陈洪友　李玉芝　张少勇

被采访人： 赵林桐（男　87 岁　属鸡）

赵林桐

（我）20 岁参军，曲周游击队临南大队，济南公安厅任职（济南军区）。有个姐姐比我大岁，我去找她，她没在家，我等了三天还没回来，后来听说她逃到河南要饭去了。老百姓挖路沟，部队条件不好，没收成。

部队上吃小米，也不能管饱，做饭不叫做。老红军将树叶吃。官陶邱县，三八六旅六八八团。八路军帮老百姓，很团结，帮助挑水，一口一个大爷大娘的。没吃的就逃荒走，还能死外面那，还有病。有土匪，但是不多，逮住土匪就枪毙。

采访时间：2008 年 9 月 2 日

采访地点：馆陶县柴堡乡马张屯

采 访 人：石兴政　高灵灵　樊祎慧

被采访人：谢贵芳（女　78 岁　属羊）

谢贵芳

　　我叫谢贵芳。灾荒年以后过大军（国民党），过后来就是老毛子（日本人）过来的，老毛子走后就是解放军。老毛子戴着小铁帽，一开始还好，给小孩儿吃的，到后来越来越孬，打死人。

　　娘家民国 32 年闹年景，旱、蚂蚱、地里不收。一块高粱，蚂蚱过去之后都吃没了。秋后，蚂蚱把庄稼都吃了之后又下的雨。没来河水，洼地淹了，这儿没淹。雨到后边儿下的，小谷穗都很小。

　　连饿死带霍乱死了不少人。我娘家是邱县大岭（音）庄，当时没上这村来。光下大雨，河里没发水。过了麦以后，大约三四月开始死人。我村里那时三四千人，死了一千多口子，有饿死的，有得霍乱抽筋死的。死得快，一会儿就死。得霍乱时下没下雨忘了。

　　灾荒年时三个妹妹一个弟弟，父母和奶奶都死了，我就到这村来了。我爹叫谢学书，母亲叫刘蓝女，妹妹、弟弟叫啥忘了。不知道怎么得的霍乱，当时也没人管这事。当时八路军还没来。先过大军（国民党），又过老毛子，最后八路军来了。

　　这村有逃荒上邢台去的，那边年景好，离皇军钉子（炮楼）远，年景稍好点。那时皇军要公粮。我来的时候，这儿霍乱抽筋还轻点儿，死了几口子，粮食收成比我娘家好点儿。这边有日本人，我跟老头子还上南边小屯子躲过。没记得这儿上过水，河开口子也没记得。

1943年邱县雨、洪水、霍乱调查结果

邱县乡镇总数：7个；调查乡镇总数：7个

村庄总数：219个；调查村庄总数：125个

乡　镇	雨				洪水				霍乱				采访村庄总数
	有	无	记不清	未提及	有	无	记不清	未提及	有	无	记不清	未提及	
陈村回族乡	4	0	0	1	0	1	0	4	5	0	0	0	5
旦寨乡	22	1	0	0	4	0	0	19	20	2	0	1	23
梁二庄乡	21	1	0	0	6	7	0	9	20	1	0	1	22
南辛店乡	14	0	0	0	2	0	0	12	10	3	0	1	14
邱城镇	23	0	0	0	2	5	0	16	21	2	0	0	23
香城固镇	14	0	1	0	0	1	0	14	13	1	1	0	15
新马头镇	23	0	0	0	1	2	0	20	22	1	0	0	23
合　计	121	2	1	1	15	16	0	94	111	10	1	3	125

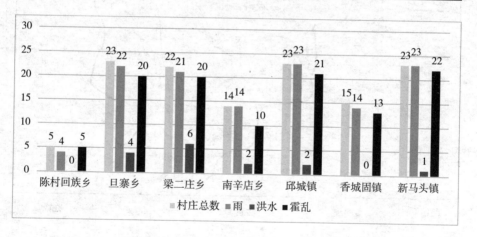

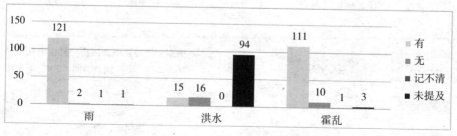

437

河北省邱县 1943 年霍乱流行示意图

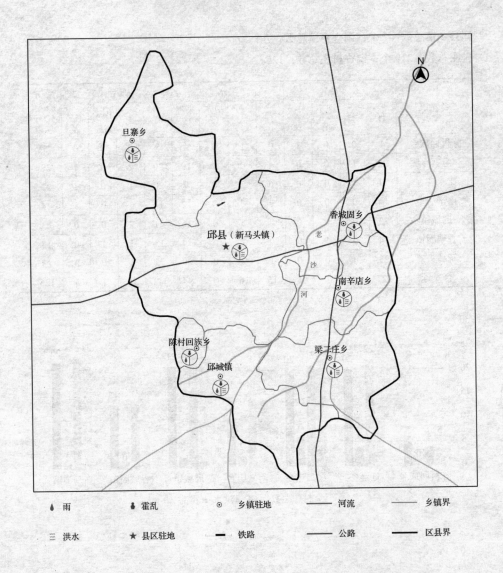

旦寨乡

邱县（新马头镇）

香城固乡

老
沙
河

南辛店乡

陈村回族乡
邱城镇

梁二庄乡

| ♦ 雨 | ♣ 霍乱 | ⊙ 乡镇驻地 | —— 河流 | —— 乡镇界 |
| 洪水 | ★ 县区驻地 | ━ 铁路 | —— 公路 | —— 区县界 |

山东大学鲁西细菌战历史真相调查会制
调查时间：2007 年 5 月

1943 年邱县陈村回族乡雨、洪水、霍乱调查结果

调查村庄总数：5

	雨	洪水	霍乱
有	4	0	5
无	0	1	0
记不清	0	0	0
未提及	1	4	0

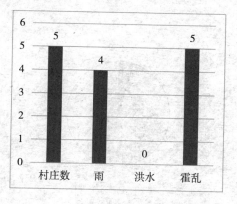

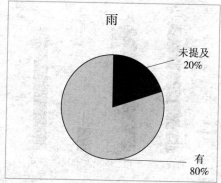

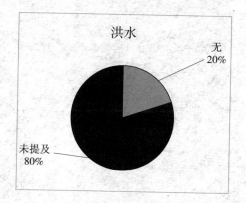

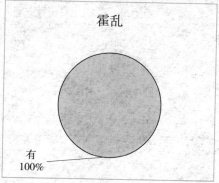

1943年邱县旦寨乡雨、洪水、霍乱调查结果

调查村庄总数：23

	雨	洪水	霍乱
有	22	4	20
无	1	0	2
记不清	0	0	0
未提及	0	19	1

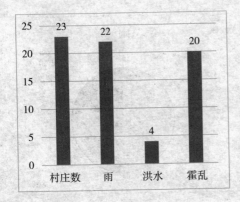

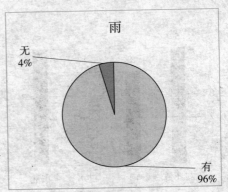

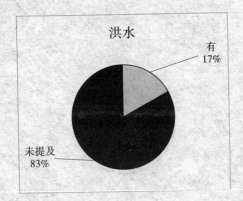

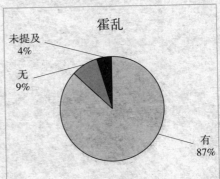

1943 年邱县梁二庄乡雨、洪水、霍乱调查结果

调查村庄总数：22

	雨	洪水	霍乱
有	21	6	20
无	1	7	1
记不清	0	0	0
未提及	0	9	1

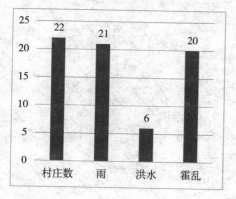

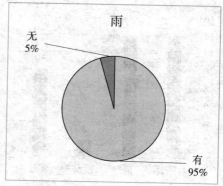

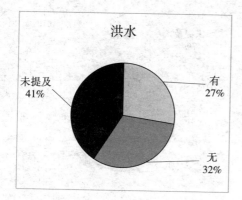

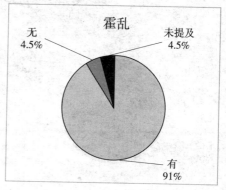

1943年邱县南辛店乡雨、洪水、霍乱调查结果

调查村庄总数：14

	雨	洪水	霍乱
有	14	2	10
无	0	0	3
记不清	0	0	0
未提及	0	12	1

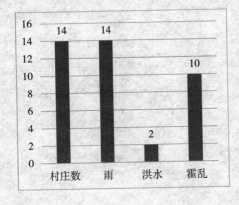

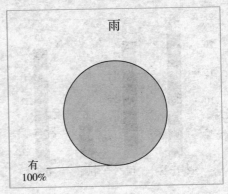

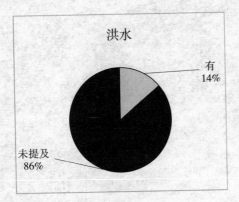

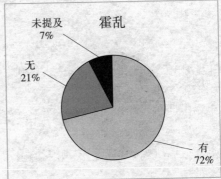

1943 年邱县邱城镇雨、洪水、霍乱调查结果

调查村庄总数：23

	雨	洪水	霍乱
有	23	2	21
无	0	5	2
记不清	0	0	0
未提及	0	16	0

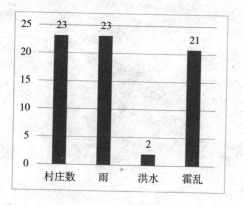

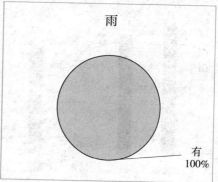

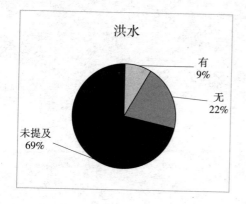

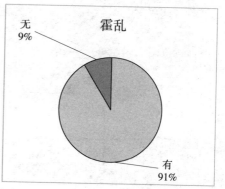

1943 年邱县香城固镇雨、洪水、霍乱调查结果

调查村庄总数：15

	雨	洪水	霍乱
有	14	0	13
无	0	1	1
记不清	1	0	1
未提及	0	14	0

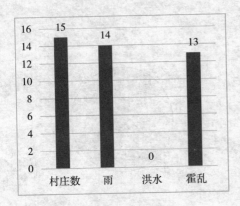
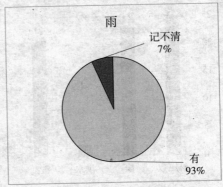
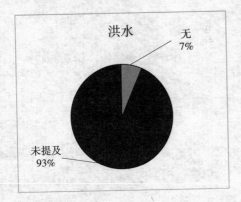
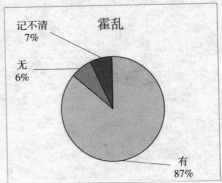

1943 年邱县新马头镇雨、洪水、霍乱调查结果

调查村庄总数：23

	雨	洪水	霍乱
有	23	1	22
无	0	2	1
记不清	0	0	0
未提及	0	20	0

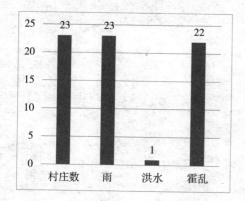

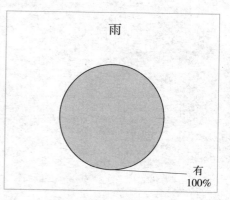

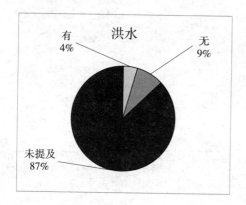

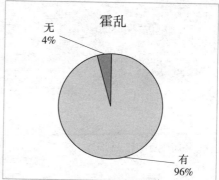